Linux 指令范例速查手册

（第3版）

黄照鹤◎编著

清華大學出版社
北 京

内 容 简 介

本书是获得大量读者好评的“Linux 典藏大系”中的《Linux 指令范例速查手册》的第 3 版。本书第 1、2 版出版后获得了大量读者的好评。本书结合 653 个典型示例和 424 个经验技巧，详细介绍常见的 426 个 Linux 指令的用法，是一本编排科学、查询方便的手册。本书按照 Linux 指令的功能分章讲解，每章介绍的指令按照其重要程度和使用频率排序，每个指令除了介绍其基本语法、选项和参数外，还给出使用经验和技巧，并提供典型示例，便于读者积累丰富的实战经验。**本书提供 492 分钟教学视频、思维导图、教学 PPT 和习题参考答案等超值配套资源，帮助读者高效、直观地学习。**

本书共 25 章，分为 3 篇。第 1 篇涵盖文件与目录操作、文本编辑、文本过滤与处理、备份与压缩、Shell 内部操作、关机、打印和其他操作等 Linux 基础操作方面的 170 个常用指令；第 2 篇涵盖用户和工作组管理、硬件管理、磁盘管理、文件系统管理、进程与作业管理、性能监测与优化、内核与模块管理、X-Window 系统管理、软件包管理、系统安全管理、编程开发等 Linux 系统管理方面的 184 个常用指令；第 3 篇涵盖网络配置、网络测试、网络应用、高级网络管理、网络服务器管理、网络安全管理等 Linux 网络管理方面的 72 个常用指令。附录部分提供了按英文字母排序的 Linux 指令索引表，便于读者查询。

本书指令全面，讲解详细，查询方便，实用性强，适合 Linux 初学者、Linux 运维管理人员、Linux 系统开发人员和 Linux 爱好者作为案头查询手册。

图书在版编目（CIP）数据

Linux 指令范例速查手册 / 黄照鹤编著. -- 3 版.
北京 : 清华大学出版社, 2024. 12. -- (Linux 典藏大系).
ISBN 978-7-302-67593-8
Ⅰ. TP316.85-62
中国国家版本馆 CIP 数据核字第 2024KC7576 号

责任编辑：王中英
封面设计：欧振旭
责任校对：胡伟民
责任印制：刘　菲

出版发行：清华大学出版社
网　　址：https://www.tup.com.cn，https://www.wqxuetang.com
地　　址：北京清华大学学研大厦 A 座　　邮　　编：100084
社 总 机：010-83470000　　邮　　购：010-62786544
投稿与读者服务：010-62776969，c-service@tup.tsinghua.edu.cn
质量反馈：010-62772015，zhiliang@tup.tsinghua.edu.cn
印 装 者：天津鑫丰华印务有限公司
经　　销：全国新华书店
开　　本：145mm×210mm　　印　　张 18.75　　字　　数：735 千字
版　　次：2011 年 2 月第 1 版　　2024 年 12 月第 3 版　　印　　次：2024 年 12 月第 1 次印刷
定　　价：99.80 元

产品编号：101192–01

前言

Linux 是开放源代码的类 UNIX 操作系统，具有安全性高、稳定可靠等特性。随着 Linux 操作系统日益发展壮大和功能不断增强，其市场份额逐年增长。目前，Linux 已经发展为全球第二大操作系统。就连微软公司的 Windows 系统都提供了 Linux 的子系统，以方便用户完成 Linux 系统的各项操作。

虽然 Linux 具有非常优秀的图形操作界面，但是其命令行操作方式更加灵活和强大。就连 Windows 提供的 Linux 子系统也是基于命令行的操作模式。Linux 有几百个常用指令，每个指令通常都有多个选项与参数，这无疑增大了掌握这些指令的难度。很多 Linux 初学者面对如此庞大的指令系统感到束手无策。不管是初学者，还是 Linux 专业人员，面对如此庞大的指令库，都需要一本比较全面的 Linux 指令手册作为日常工作和学习的参考书。

本书是获得大量读者好评的“Linux 典藏大系”中的《Linux 指令范例速查手册》的第 3 版。本书在第 2 版的基础上进行了全新改版，不但调整了一些指令对应的示例，而且修订了第 2 版中的一些疏漏，并移除了一些废弃的指令等，使其更加实用。本书详细介绍了 Linux 系统常用的 426 个指令的用法，涵盖 Linux 基础、系统管理和网络管理三大知识模块。本书在讲解的过程中穿插了 653 个典型示例和 424 个经验技巧提示。书中的每个指令按照基本语法、选项、参数、经验技巧和典型示例的体例编排，便于读者积累丰富的实战经验，同时还提供了大量的助记提示，帮助读者轻松记忆相关指令和选项。笔者还为每个指令录制了配套教学视频，帮助读者高效、直观地学习。另外，本书提供了按功能索引（目录）和英文字母索引（附录）两种检索方式，方便读者查询。

关于“Linux 典藏大系”

“Linux 典藏大系”是专门为 Linux 技术爱好者推出的系列图书，涵盖 Linux 技术的方方面面，可以满足不同层次和各个领域的读者学习 Linux 的需求。该系列图书自 2010 年 1 月开始陆续出版，上市后深受广大读者的好评。2014 年 1 月，作者对该系列图书进行了全面改版并增加了新品种。新版图书一上市就大受欢迎，各分册长期位居 Linux 图书销售排行榜前列。截至 2023

年 10 月底，该系列图书累计印数超过 30 万册。可以说，“Linux 典藏大系”是图书市场上的明星品牌，该系列中的一些图书多次被评为清华大学出版社“年度畅销书”，还曾获得“51CTO 读书频道”颁发的“最受读者喜爱的原创 IT 技术图书奖”，另有部分图书的中文繁体字版在中国台湾出版发行。该系列图书的出版得到了国内 Linux 知名技术社区 ChinaUnix（简称 CU）的大力支持和帮助，读者与 CU 社区中的 Linux 技术爱好者进行了广泛的交流，取得了良好的学习效果。另外，该系列图书还被国内上百所高校和培训机构选为教材，得到了广大师生的一致好评。

关于第 3 版

随着技术的发展，本书第 2 版与当前的 Linux 系统环境有所脱节，这给读者的学习带来了不便。应广大读者的要求，笔者对第 2 版图书进行了全面的升级改版，推出第 3 版。相比第 2 版图书，第 3 版在内容上的变化主要体现在以下几个方面：

- 对第 2 版中的一些疏漏进行修订，并对一些不够准确的内容重新表述；
- 对一些指令对应的示例进行调整，实用性更强；
- 移除一些已经废弃的指令，并增加新的指令；
- 为众多指令的选项增加助记提示，避免低效的死记硬背；
- 在每章后增加习题，帮助读者练习和巩固该章所学的指令；
- 新增思维导图，方便读者梳理所学的知识。

本书特色

1．指令全面，涵盖广泛

本书介绍 426 个常用的 Linux 指令，涵盖 Linux 基础、系统管理和网络管理三大知识模块的大部分常用指令，非常全面，可谓一册在手，万事无忧。

2．视频教学，高效、直观

本书特意为每个指令都配备教学视频（共 492 分钟），读者结合教学视频学习，更加高效、直观，可以取得更好的学习效果。

3．示例丰富，实用性强

本书在讲解每个指令时都给出对应的典型示例，全书示例达 653 个，这些示例可以帮助读者更好地理解相关指令的用法，而且读者也可以将其用于实际工作中，非常实用。

4. 总结大量的经验技巧

本书在介绍 Linux 指令的用法时穿插笔者总结的 424 个经验技巧，这些技巧对读者学习 Linux 指令有很好的启发，会给学习带来很大的帮助。

5. 适用于大多数Linux发行版本

本书介绍的绝大多数指令适用于 Redhat、SUSE、Debian、Fedora 和 Ubuntu 等主流 Linux 发行版本及其延伸版本，只有极少数指令及其一些选项与主流发行版本存在一定的差别。读者无论使用哪个发行版本的 Linux 系统，基本都可以顺利使用本书。

6. 提供两种检索方式，查询非常方便

本书不但提供按照功能检索（目录）的方式，而且还在附录中提供按照英文字母检索的方式，方便读者查询相关指令。

7. 提供大量助记提示，方便记忆

Linux 指令的选项大多数采用字母缩写的形式。例如，“-v”选项表示指令采用冗余模式，会产生更多的输出信息。这类指令数量众多且晦涩难懂。为了解决这个问题，笔者在选项对应的解释中添加对应的单词，提示选项的来源。例如，“-v”选项的解释为“冗余（verbose）模式，提供更详细的输出信息”，读者根据括号中的提示单词，即可轻松记住该选项。

8. 提供习题、思维导图和教学PPT

本书特意在每章后提供多道习题，用于帮助读者自测对该章指令的掌握情况，另外提供思维导图和教学 PPT 等配套资源，以方便读者学习和梳理相关知识。

本书内容

第1篇　Linux基础指令

本篇涵盖第 1～8 章，主要介绍文件与目录操作、文本编辑、文本过滤与处理、备份与压缩、Shell 内部操作、关机、打印和其他操作等 Linux 基础操作方面的 170 个常用指令的用法。

第2篇　Linux系统管理指令

本篇涵盖第 9～19 章，主要介绍用户和工作组管理、硬件管理、磁盘管

理、文件系统管理、进程与作业管理、性能监测与优化、内核与模块管理、X-Window 系统管理、软件包管理、系统安全管理和编程开发等 Linux 系统管理方面的 184 个常用指令的用法。

第3篇　Linux网络管理指令

本篇涵盖第 20～25 章，主要介绍网络配置、网络测试、网络应用、高级网络管理、网络服务器管理和网络安全管理等 Linux 网络管理方面的 72 个常用指令的用法。

体例说明

本书中的指令按照语法、功能介绍、选项说明、参数说明、经验技巧、示例和相关指令的体例进行讲解。如果某项内容未给出，则表示本指令没有相关内容。下面给出具体的解释。

【语法】：指令的语法说明；

【功能介绍】：介绍指令的常用功能；

【选项说明】：介绍指令的常用选项，如果没有出现该选项，则表示该指令没有任何选项；

【参数说明】：介绍指令的常用参数，如果没有出现该选项，则表示该指令没有任何参数；

【经验技巧】：介绍实际操作中的经验与技巧；

【示例】：介绍相关指令的上机操作示例；

【相关指令】：给出与本指令功能相关的其他指令，如果没有出现该选项，则表示该指令没有其他相关指令。

【★★★★★】：表示指令的使用频率，常见的指令都是 5 颗星。

读者对象

- Linux 初学人员；
- Linux 系统管理员和网络管理员；
- Linux 专业技术人员；
- Linux 爱好者和研究人员；
- 大中专院校的学生；
- 相关培训班的学员。

配套资源获取方式

本书涉及的配套资源如下：

- 教学视频；
- 思维导图；
- 教学 PPT；
- 习题参考答案。

上述配套资源有 3 种获取方式：关注微信公众号“方大卓越”，然后回复数字“35”自动获取下载链接；在清华大学出版社网站（www.tup.com.cn）上搜索到本书，然后在本书页面上找到“资源下载”栏目，单击“网络资源”按钮进行下载；在本书技术论坛（www.wanjuanchina.net）上的 Linux 模块进行下载。

技术支持

虽然笔者对书中所述内容都尽量予以核实，并多次进行文字校对，但是因时间所限，可能还存在疏漏和不足之处，恳请读者批评与指正。读者在阅读本书时若有疑问，可以通过以下方式获得帮助：

加入本书 QQ 交流群（群号为 302742131）进行提问；

在本书技术论坛（见上文）上留言，会有专人负责答疑；

发送电子邮件到 book@ wanjuanchina.net 或 bookservice2008@163.com 获得帮助。

黄照鹤

2024 年 11 月

目录

第1篇　Linux基础指令

第 2 篇 Linux 系统管理指令

第3篇 Linux网络管理指令

第1篇
Linux 基础指令

第 1 章　文件与目录操作

文件管理是操作系统的重要功能。在 Linux 中，所有的软硬件资源都被认为是特殊的文件。本章将介绍 Linux 的普通文件以及和目录相关的操作指令，这些指令是 Linux 管理员必须掌握的基础指令。

1.1　ls 指令：显示目录内容

【语　　法】ls [选项] [参数]　　★★★★★

【功能介绍】ls 指令用来列出（list）目录内容，在 Linux 系统中有较高的使用率。ls 指令的输出信息可以进行彩色加亮显示，以区分不同类型的文件。

【选项说明】

选　项	功　能
-a	显示包括隐藏文件（文件名以“.”开头）在内的所有（all）文件
-A	显示除了隐藏文件“.”和“..”以外的所有（all）文件列表
-C	多列（columns）显示输出结果。这是默认选项
--color[=WHEN]	使用不同的颜色（color）高亮显示不同类型的文件。可选值包括never、always和auto
-F	在每个输出项后追加文件（file）的类型标识符。具体含义为："*"表示具有可执行权限的普通文件；"/"表示目录；"@"表示符号链接；"|"表示命名管道FIFO；"="表示sockets套接字。当文件为普通文件时，不输出任何标识符
-b	将文件名中的不可输出字符以反斜线"\"加字符编码的方式输出
-B	不列出任何以~字符结束的项目
-c	与-lt选项连用时，按照文件的状态改变时间来排序并输出目录内容，排序依据是文件的索引节点中的ctime字段；与"-l"选项连用时，排序的依据是文件的状态改变时间
-d	仅显示目录（directory）名，而不显示目录下的内容列表；显示符号链接文件本身，而不显示其所指向的目录列表
-D	产生适合Emacs的dired模式使用的结果
-f	按照文件在磁盘上的存储顺序显示列表，对输出内容不进行排序操作。-f选项具有-a选项的功能，可以显示隐藏文件。不能和-f连用的选项有-l、--color和-s

续表

选　　项	功　　能
-F	加上文件（file）类型的指示符号（*、/、=、@、|其中的一个）
--file-type	与-F选项的功能相同，但是不显示*号
--format=WORD	关键字可以是across -x，commas -m，horizontal -x，long -l，single-column -1,verbose -l，vertical -c
--full-time	显示完整的日期时间，而不是使用标准的缩写。ls指令的日期时间格式与指令date的默认格式相同
-g	与-l选项的功能相同，但不列出所有者
--group-directories-first	在文件前分组目录。该选项与--sort一起使用，但是一旦使用--sort=none(-U)将禁用分组
-G	以一个长列表的形式输出，但不输出组（group）名
-h	与-l和-s一起使用，以人类（human）易于阅读的格式输出文件大小
--si	与-h选项类似，但是使用1000为基底而非1024
-H	使用命令列中的符号链接指示真正的目的地
--dereference-command-line-symlink-to-dir	跟随命令行中的指向目录的符号链接
--hide=PATTERN	不列出与Shell模式匹配的隐含条目
--hyperlink[=WHEN]	文件名使用超链接。WHEN可以是always（默认）、auto或never
--indicator-style=WORD	指定在每个项目名称后加上指示符号<方式>：none（默认）、slash(-p)、file-type(--file-type)及classify(-F)
-i	显示文件的索引节点号（inode）。一个索引节点代表一个文件
-I	忽略（ignore）任何匹配指定Shell<模式>的项目
-k	以KB（千字节）为单位显示文件大小
-l	以长（long）格式显示目录下的内容列表。输出的信息从左到右依次包括文件名、文件类型、权限模式、硬链接数、所有者、组、文件大小和文件的最后修改时间等。其与-C选项功能相反，所有输出信息以单列格式输出，不输出为多列
-L	忽略符号链接本身的信息，显示符号链接所指向的目标文件的信息
-m	以水平方式显示文件（每个文件之间用“,”和一个空格隔开），以便每行显示尽可能多的文件数
-n	文件所属的用户和组使用用户ID号和组ID号表示。使用此选项时将自动采用长格式输出目录列表
-N	输出未经引号引起来的项目名称

续表

选　项	功　能
-o	类似-l选项，但不列出有关组的信息
-p	对目录附加“/”作为指示符号
-q	以“?”字符代替无法打印的字符
--show-control-chars	原样显示无法打印的字符
-Q	将条目名称加上双引号（quote）
--quoting-style=WORD	使用指定引用的方式显示条目的名称。其中，可指定的条目名称包括literal、locale、shell、shell-always、shell-escape、shell-escape-always、c、escape
-r	以文件名反序（reverse order）排列并输出目录列表；否则按照文件名升序显示目录列表
-R	递归（recursive）显示目录下的所有文件列表和子目录列表
-s	以块（1块=1024字节）为单位显示文件的大小（size）
-S	根据文件大小排序（sort）
--sort=WORD	根据关键字代替名字排序。其中，可指定的关键字有none（-U）、size（-S）、time（-t）、version（-v）、extension（-X）
--time=WORD	更改使用的修改时间的次数
--time-style=TIME_STYLE	设置显示时间的格式（time format）
-t	按照文件的最后修改时间（time）降序显示目录内容列表，最近修改过的文件显示在前面
-T	指定制表符（Tab）的宽度，而非默认的8个字符
-u	当与-lt选项一起使用时，按照访问时间排序并显示；当与-l选项一起使用时，显示访问时间并按文件名排序。其他情况，按照访问时间排序，最新的最靠前
-U	不进行排序（unsort），按照目录顺序列出项目
-v	在文本中进行数字的自然排序
-x	逐行列出项目而不是逐栏列出
-X	根据扩展名（extension）按字母顺序进行排序
-Z	输出每个文件所有安全的上下文信息
-1	每行只列出一个文件。当与-q或-b一起使用时，避免'\n'
--help	显示命令帮助信息并退出
--version	显示版本信息并退出

【参数说明】

参　数	功　能
目录	指定要显示列表的目录，也可以是具体的文件

【经验技巧】

- ls 指令来自 coreutils 软件包，此软件包中还包含 dir 指令，此指令与 ls 指令的功能相同，因此不再单独介绍 dir 指令。
- ls 指令的--color 选项可以使其输出内容按照文件类型用彩色加亮显示。大部分的 Linux 系统默认情况下都已经设置了命令别名 alias ls --color=tty，所以在使用 ls 指令时不必再加上此选项。
- 当结合管道符号“|”使用 ls 指令时，ls 指令的输出结果送入管道后将失去彩色加亮功能。
- 使用 ls 指令的-l 选项以长（long）格式输出文件属性，输出信息的第一列为权限信息。它们代表的含义为：r 表示读（read）权限；w 表示写（write）权限；x 表示执行（execute）权限；“-”表示没有权限。
- 当使用-l 选项时，可执行权限位可能出现 s、S、t 和 T 字母。它们代表的含义为：s 表示 setuid、setgid 或可执行权限；S 表示虽然具有 setuid 权限或 setgid 权限，但是文件没有可执行权限；t 表示 sticky 权限，同时文件还具有可执行权限；T 表示文件具有 sticky 权限，但是没有可执行权限；x 表示文件仅具有可执行权限，不具有其他的特殊权限。
- 使用 ls 指令的-i 选项可以显示文件的索引节点号，具有相同索引节点号的文件本质上是同一个文件，因此其内容完全相同。
- 默认情况下 ls 指令只能显示非隐藏文件，如果要显示所有的文件列表，则必须使用-a 选项。

【示例 1.1】显示目录列表。默认情况下 ls 指令只能显示非隐藏文件，本例使用 ls 指令显示当前工作目录的非隐藏文件列表。在命令行中输入下面的命令：

```
#显示当前目录下的非隐藏文件和目录，当前目录用“.”表示
[root@localhost ~]# ls .
```

输出信息如下：

```
anaconda-ks.cfg  command.txt  Desktop  install.log  install.
log.syslog  test
```

说明：本例中的“.”表示当前的工作目录，也可以省略。

【示例 1.2】显示当前工作目录下包括隐藏文件在内的所有文件列表。如果要显示目录下包括隐藏文件在内的全部文件，则必须使用 ls 指令的-a 选项。在命令行中输入下面的命令：

```
#显示当前工作目录下包括隐藏文件在内的所有文件列表
[root@localhost ~]# ls -a .
```

输出信息如下：

```
.               .bashrc      .eggcups   .gnome2_private  .lesshst
test
..              .chewing     .esd_auth  .gstreamer-0.10.metacity
 .Trash
......省略部分输出内容......
.bash_profile    .dmrc        .gnome2    install. log.sy-slog  .
tcshrc
```

说明：可以发现，本例的输出文件比示例 1.1 的多，包含所有以点开头的隐藏文件和隐藏目录。

【示例 1.3】输出长格式列表。默认情况下，ls 指令仅列出目录下的文件列表，并不包含文件的详细信息。使用-l 选项可以得到文件的详细信息（包括文件类型、权限、文件大小、用户和组信息等）。在命令行中输入下面的命令：

```
[root@localhost ~]# ls -l .      #以长格式显示当前目录下的内容
```

输出信息如下：

```
total 80
drwxr-xr-x 2 root root    4096 Apr 15 23:08 Desktop
......省略部分输出内容......
lrwxrwxrwx 1 root group2    11 Apr 17 06:34 test -> install.log
```

说明：在长格式的输出信息中，每列代表一个文件，第一列表示文件类型和权限（权限信息共 9 个字符，每 3 个字符为一组，分别表示文件所有者的权限、工作组的权限和其他用户的权限），第二列表示文件的链接数（这里指的是硬链接），第三列表示文件的所有者，第四列表示文件所属的工作组，第五列表示文件的大小，第六列表示文件最后一次访问的时间，第七列表示文件名称。

【示例 1.4】显示文件的 inode 信息。索引节点（index node 简称为 inode）是 Linux 中的一个特殊概念，具有相同的索引节点号的两个文件本质上是同一个文件（除了文件名不同以外），使用 ls 指令的-i 选项可以显示文件的索引节点号。下面查看两个文件的索引节点号。在命令行中输入命令如下：

```
[root@localhost ~]# ls -i -l file1 file2      #显示文件的索引节点号
```

输出信息如下：

```
64930 -rw-r--r-- 2 root root 33726 5月 10  09:04 file1
64930 -rw-r--r-- 2 root root 33726 5月 10  09:04 file2
```

说明：在上面的输出信息中，文件 file1 和 file2 具有相同的索引节点号，所以其内容完全相同。当删除任何一个文件时，另一个文件依然存在并且内容不受影响；当修改任何一个文件内容时，另一个文件内容同时也会发生变化。

【示例 1.5】水平输出文件列表。默认情况下，ls 指令以每行一个文件的方式输出列表，这种输出方式占用的屏幕空间较大。为了节省屏幕空间，可以使用-m 选项以水平紧凑方式显示文件列表信息。在命令行中输入下面的命令：

```
[root@localhost ~]# ls -m        #目录列表的显示方式为水平紧凑方式
```

输出信息如下：

```
account, cache, crash, cvs, db, empty, ftp, games, gdm, lib, local,
lock, log,
lost+found, mail, named, nis, opt, preserve, racoon, run, spool,
tmp, www, yp
```

说明：在上面的输出信息中，每个文件之间使用逗号加一个空格隔开。当同时使用-m 选项与-l 选项时，-m 选项的功能将会失效。

【相关指令】 dir，vdir

1.2　cd 指令：将当前的工作目录切换为指定的目录

【语　　法】cd [选项] [参数]　★★★★★

【功能介绍】cd 指令用来切换（change）用户的当前工作目录（directory）。默认情况下，单独使用 cd 指令将会切换到用户的宿主目录（由环境变量 HOME 定义）。

【选项说明】

选　项	功　能
-P	如果要切换的目标目录是一个符号链接，该选项可以直接切换到符号链接指向的目标目录。例如，“cd /test”（test为指向/home/test的符号链接）命令直接切换到/home/test目录
-L	与-P选项相反，如果要切换的目标目录是一个符号链接，该选项可以直接切换到符号链接名所代表的目录，而非符号链接所指向的目标目录。例如，cd /test（test为指向“/home/test”的符号链接）命令会直接切换到/test目录
-	当仅使用“-”一个选项时，当前的工作目录将会被切换到环境变量OLDPWD所表示的目录下

【参数说明】

参　数	功　能
目录	指定要切换的目标目录

【经验技巧】

- 在使用 cd 指令时，可以使用 Tab 键利用命令行的自动补齐功能加快参数的输入速度和准确度。
- 在 Linux 操作系统中，每个用户都有宿主目录（即 Home Directory），它是用户登录之后所在的默认目录。用户切换到其他目录后，如果希望快速回到宿主目录，则可以使用 cd、cd ~或者 cd $HOME 中的任何一个指令。

【示例 1.6】改变工作目录。如果用户希望从当前的工作目录切换到其他目录，则将目标目录传递给 cd 指令即可，具体步骤如下。

（1）使用 pwd 指令显示当前的工作目录。在命令行中输入下面的命令：

```
[root@localhost etc]# pwd                #显示当前的工作目录
```

输出信息如下：

```
/etc
```

说明：上面的输出信息表明当前的工作目录为/etc。

（2）将当前的工作目录切换为“/var/log”目录。在命令行中输入下面的命令：

```
#将当前的工作目录切换为/var/log 目录
[root@localhost etc]# cd /var/log
```

（3）再次使用 pwd 指令显示当前的工作目录。在命令行中输入下面的命令：

```
[root@localhost log]# pwd                #显示当前的工作目录
```

输出信息如下：

```
/var/log
```

说明：从上面的输出信息中可以看到，当前的工作目录已经切换为/var/log 目录。

【示例 1.7】快速返回用户的宿主目录。如果用户希望快速返回到宿主目录，则可以使用不带任何参数和选项的 cd 指令，具体步骤如下。

（1）使用 pwd 指令显示当前的工作目录。在命令行中输入下面的命令：

```
[root@localhost httpd]# pwd              #显示当前的工作目录
```

输出信息如下：

```
/var/log/httpd
```

说明：从上面的输出信息中可以看到，当前的工作目录为/var/log/httpd。

（2）使用 cd 指令返回用户的宿主目录。在命令行中输入下面的命令：

```
[root@localhost httpd]# cd              #返回用户的宿主目录
```

说明：上面的命令没有任何输出信息。

（3）使用 pwd 指令显示当前所在的目录。在命令行中输入下面的命令：

```
[root@localhost ~]# pwd                 #显示当前工作目录
```

输出信息如下：

```
/root
```

说明：工作目录已经切换到了 root 用户的宿主目录。

【示例 1.8】-P 选项的用法。在 Linux 系统中可以使用符号链接实现类似快捷方式的功能，符号链接是一类特殊的文件，它保存了所指目录的真实的路径信息。使用 cd 指令的-P 选项可以切换到符号链接指向的实际目录，具体步骤如下。

（1）使用 pwd 指令显示当前的工作目录。在命令行中输入下面的命令：

```
[root@localhost ~]# pwd                 #显示当前的工作目录
```

输出信息如下：

```
/root
```

（2）使用 ls 指令的-l 选项显示符号链接文件所指向的实际目录。在命令行中输入下面的命令：

```
#文件 etc 为符号链接，其指向的实际目录为/etc
[root@localhost ~]# ls -l etc
```

输出信息如下：

```
lrwxrwxrwx 1 root root     5 05-13 09:03 bin -> /etc/
```

说明：从上面的输出中可以看到，符号链接文件 etc 指向的实际目录为/etc。

（3）使用 cd 指令的-P 选项切换到符号链接 etc。在命令行中输入下面的命令：

```
[root@localhost root]# cd -P etc        #切换到 etc 所指向的目录/etc
```

（4）使用 pwd 指令显示当前所在的目录。在命令行中输入下面的命令：

```
[root@localhost etc]# pwd               #显示当前工作目录
```

输出信息如下：

```
/etc
```

说明：用户的当前工作目录变成了/etc。从本例中可以看出，使用-P 选项时切换的目录是符号链接所指向的实际目录/etc，而不是符号链接所代表的目录/root/etc。

【示例 1.9】-L 选项的用法。cd 指令的-L 选项可以使当前的工作目录切换到符号链接所代表的目录，具体步骤如下。

（1）使用 pwd 指令显示当前的工作目录。在命令行中输入下面的命令：

```
[root@localhost root]# pwd              #显示当前的工作目录
```

输出信息如下：

```
/root
```

说明：从上面的输出信息中可以看到，当前所在路径为/root。

（2）使用 ls 指令的-l 选项显示符号链接。在命令行中输入下面的命令：

```
#“etc”为符号链接，其指向的实际目录为/etc
[root@localhost root]# ls -l etc
```

输出信息如下：

```
lrwxrwxrwx    1 root   root      9  2月 27 00:43 etc -> /etc/
```

说明：从上面的输出信息中可以看到，符号链接 etc 指向了“/etc”目录。

（3）使用 cd 指令的-L 选项切换到 etc。在命令行中输入下面的命令：

```
[root@localhost root]# cd -L etc     #切换到“/root/etc”目录
```

说明：上面的命令没有任何输出信息。

（4）使用 pwd 指令显示当前的工作目录。在命令行中输入下面的命令：

```
[root@localhost etc]# pwd               #显示当前的工作目录
```

输出信息如下：

```
/root/etc
```

说明：用户的当前工作目录变成了/root/etc。默认情况下，cd 指令切换到符号链接时与-L 选项的功能相同，所以通常可以省略-L 选项。

【相关指令】pwd

1.3　cp 指令：复制文件或目录

【语　　法】cp [选项] [参数]　　★★★★★

【功能介绍】cp 指令用来将一个或者多个源文件或者目录复制（copy）到指定的目标文件或目录中。它可以将单个源文件复制到一个指定文件名的具体文件中或者复制到一个已经存在的目录下。cp 指令还支持同时复制多个文件，当一次复制多个文件时，目标文件参数必须是一个已经存在的目录，否则将会出现错误。

【选项说明】

选　　项	功　　能
-a	保持源文件的所有（all）特征，如原有结构和属性，与选项-dpR的功能相同
-d	如果复制的源文件是符号链接，仅复制符号链接本身，而且保留符号链接所指向的目标文件或者目录
-f	强制（force）覆盖已经存在的目标文件，而且不提示用户进行确认。为了防止覆盖重要文件，通常不使用此选项
-i	交互（interactive）模式，在覆盖已存在的目标文件前提示用户进行确认。使用此选项可以防止覆盖重要的文件
-l	为源文件创建硬链接（link）（与ln指令的功能相同）。此选项可以节省磁盘空间，但是要求源文件和目标文件必须在同一个分区（或文件系统）上
-p	复制文件时保持（preserve）源文件的所有者、权限信息和时间属性
-R或-r	对目录进行复制操作，此选项以递归（recursive）的操作方式将指定目录及其子目录中的所有文件复制到指定的目标目录下
-s	不进行真正的复制操作，仅为源文件创建符号（signal）链接（与ln -s指令的功能相同）
-u	更新（update）模式，当目标文件不存在或者源文件比目标文件新时才进行复制操作，否则不进行复制
-S	在备份文件时，用指定的后缀SUFFIX代替文件名的默认后缀
-b	覆盖已存在的目标文件前，将目标文件备份（backup）
-v	冗余（verbose）模式，详细显示指令执行的操作

【参数说明】

参　　数	功　　能
源文件	指定源文件列表。默认情况下，cp指令不能复制目录，如果要复制目录，则必须使用-R选项
目标文件	指定目标文件。当“源文件”为多个文件时，要求“目标文件”为指定的目录

【经验技巧】

- cp 指令可以一次复制多个源文件，但是要求最后一个参数必须为目录。
- 通常在使用 cp 指令时，如果目标文件存在，则系统会提示是否进行覆盖操作。这是因为绝大多数 Linux 发行版都为 cp 指令指定了命令别名

"alias cp='cp -i'"，防止管理员的误操作。

- 在 Shell 脚本编程中使用 cp 指令时，为了避免-i 选项使程序必须和用户进行交互，可以使用-f 选项，以实现强制复制而不提示用户确认。
- cp 指令具备 ln 指令的功能，使用 cp 指令的-l 和-s 选项可以为源文件创建硬链接或符号链接。需要注意，当创建硬链接时，源文件和目标文件必须在同一个文件系统内（即同一个分区）。
- 由于硬链接具有相同的索引节点号，所以使用-l 选项创建硬链接时，源文件和目标文件必须在同一个文件系统下（即在同一个磁盘分区）。

【示例 1.10】复制单个文件。当使用 cp 指令复制单个文件时，第一个参数表示源文件，第二个参数表示目标文件。在命令行中输入下面的命令：

```
#复制单个文件
[root@localhost ~]# cp -v /etc/fstab /root/fstab.bak
```

输出信息如下：

```
"/etc/fstab" -> "/root/fstab.bak"
```

说明：为了便于说明，在上例中使用了-v 选项来显示 cp 指令执行的详细过程，通常可以省略-v 选项。在上例中将"/etc/fstab"文件备份为"/root/fstab.bak"文件。

【示例 1.11】复制多个文件。当使用 cp 指令复制多个文件时，最后一个参数必须是一个已经存在的目录。在命令行中输入下面的命令：

```
#复制多个源文件
[root@localhost ~]# cp -v file1 file2 file3 Desktop/
```

输出信息如下：

```
'file1' -> 'Desktop/file1'
'file2' -> 'Desktop/file2'
'file3' -> 'Desktop/file3'
```

【示例 1.12】使用通配符简化文件名的输入。上例中的源文件名有一定的规律，所以可以借助 Shell 中的通配符来简化命令的输入。在命令行中输入下面的命令：

```
#用通配符复制多个源文件
[root@localhost ~]# cp -v file[1-3] Desktop/
```

输出信息如下：

```
'file1' -> 'Desktop/file1'
'file2' -> 'Desktop/file2'
'file3' -> 'Desktop/file3'
```

说明：可以看到，使用通配符达到了简化命令行中指令输入的效果。

【示例 1.13】复制目录。在默认情况下，cp 指令只能复制普通文件。如果要进行目录的复制操作，则必须借助-R 或者-r 选项，否则将忽略目录的复制，具体步骤如下。

（1）在命令行中输入下面的命令：

```
[root@localhost ~]# cp /etc/ /root/      #复制目录，将出现错误
```

输出信息如下：

```
cp: omitting directory '/etc/'
```

说明：由于源文件/etc 是一个目录，所以 cp 指令默认情况下忽略了复制操作。

（2）使用-R 选项后则可以正常复制。在命令行中输入下面的命令：

```
#将/etc/目录复制到“/root”目录
[root@localhost ~]# cp -R /etc/ /root/
```

说明：上面的指令正常执行时将没有任何输出信息。

【示例 1.14】创建符号链接。cp 指令在复制文件时，如果指定了-s 选项，则会为源文件建立一个符号链接文件，而不进行实际的复制操作，具体步骤如下。

（1）在命令行中输入下面的命令：

```
#为源文件创建符号链接
[root@localhost ~]# cp -v -s /etc/fstab /root/myfstab
```

输出信息如下：

```
'/etc/fstab' -> '/share/myfstab'
```

（2）使用 ls 指令显示复制后的目标文件。在命令行中输入下面的命令：

```
[root@localhost ~]# ls -l /root/myfstab #显示目标文件的详细信息
```

输出信息如下：

```
lrwxrwxrwx 1 root root 10 May 14 23:53 /root/myfstab ->
/etc/fstab
```

说明：可以看到，目标文件是源文件的一个符号链接。

【示例 1.15】创建硬链接。cp 指令的选项-l 可以为源文件创建一个硬链接，具体步骤如下。

（1）在命令行中输入下面的命令：

```
#为源文件创建硬链接
[root@localhost ~]# cp -l install.log my_install.log
```

（2）使用 ls 指令查看源文件和目标文件的索引节点号。在命令行中输入

下面的命令：

```
#显示文件的索引节点号
[root@localhost ~]# ls -i install.log my_install.log
```

输出信息如下：

```
4415042 install.log 4415042 my_install.log
```

说明：从上面的输出信息中可以看出，源文件和目标文件的索引节点号都是“4415042”，表明它们是硬链接。

【示例 1.16】 提高复制操作的安全性。默认情况下在使用 cp 指令复制文件时，如果目标文件已存在，则 cp 指令会自动覆盖目标文件，而且不给出任何提示信息。这种情况很容易导致错误地覆盖掉重要文件。为了提高安全性，通常在使用 cp 指令时都加上-i 选项，以便在覆盖目标前进行提示确认。在命令行中输入下面的命令：

```
[root@localhost ~]# cp -i /etc/fstab /root/fstab #安全使用 cp 指令
```

输出信息如下：

```
cp: overwrite '/root/fstab'?y                #确认覆盖目标文件
```

说明：在上面的输出信息中，y 是用户输入的确认字符，表示覆盖目标文件，当不希望覆盖目标文件时可以输入 n。在多数 Linux 系统中，为 cp 指令设置的命令别名中已经包含-i 选项，所以在 Shell 中使用 cp 指令时将其省略也能够达到防止误操作的目的。

【相关指令】 dd，ln

1.4 mv 指令：移动文件或改名

【语　　法】 mv [选项] [参数]　　★★★★★

【功能介绍】 mv 指令可以移动（move）文件或为文件改名。

【选项说明】

选　项	功　能
--backup=<备份模式>	指定目标文件存在时如何进行备份操作。支持的备份模式如下： none和off：关闭备份功能； number和t：以为文件追加数字后缀的方式进行备份； existing和nil：如果使用数字后缀的备份文件已存在，则覆盖已存在的备份文件； simple和never：进行简单的备份

续表

选　项	功　能
-b	当目标文件存在时，覆盖前为其创建一个备份（backup）
-f	在覆盖已存在的目标文件前不提示用户确认。此选项具有一定的风险，可能会导致覆盖重要文件
-i	交互（interactive）模式，在覆盖已存在的目标文件前提示用户确认，防止覆盖重要的文件
-n	不（do not）覆盖已存在的文件
--strip-trailing-slashes	删除源文件中的斜杠“/”
-S <后缀>	为备份文件指定后缀（suffix），不使用默认的后缀
--target-directory=<目录>	指定源文件要移动到的目标目录
-T	将参数中所有<目标文件>部分视为（treat）普通文件
-u	更新（update）模式，当源文件比目标文件新或者目标文件不存在时才执行移动操作
-v	冗余（verbose）模式，对正在发生的操作给出解释
-Z	将目标文件的SELinux安全上下文设置为默认类型

【参数说明】

参　数	功　能
源文件	源文件列表
目标文件	如果“目标文件”是文件名，则在移动文件的同时将其改名为“目标文件”；如果“目标文件”是目录名，则将源文件移动到“目标目录”下

【经验技巧】

- 在同一个文件系统（即同一个磁盘分区）中，无论移动的文件有多大，速度都是非常快的。但是，如果在两个不同的 Linux 磁盘分区间移动文件，速度将明显降低。这是因为在同一个分区移动文件时，仅需要修改文件对应的指针即可；但是在不同分区间移动文件时，必须执行复制操作，所以导致速度明显降低。
- 如果在同一个目录下利用 mv 指令移动文件，可以实现文件改名操作。
- 为了防止误操作而覆盖已经存在的文件，在使用 mv 指令时，最好加上 -i 选项。绝大多数的 Linux 发行版都为 mv 指令设置了命令别名“alias mv='mv -i'”，可以直接使用 mv 指令而无须添加-i 选项。

【示例 1.17】文件改名。使用 mv 指令将当前目录下的文件 oldfile 改名为 newfile。在命令行中输入下面的命令：

```
[root@localhost ~]# mv oldfile newfile #将文件 oldfile 改名为 newfile
```

【示例 1.18】批量移动文件。使用命令行的通配符将多个文件同时移动到指定目录下，具体步骤如下。

（1）使用 ls 指令显示当前的目录列表。在命令行中输入下面的命令：

```
[root@localhost ~]# ls                    #列目录内容
```

输出信息如下：

```
newfilea  newfileb  newfilec  newfiled  newdirectory
```

（2）使用 mv 指令结合 Shell 通配符移动文件。在命令行中输入下面的命令：

```
#将 4 个文件移动到指定目录下
[root@localhost ~]# mv newfile[a-d] newdirectory/
```

说明：上面的命令没有任何输出信息。本例中的“newfile[a-d]”为 Shell 的通配符，匹配了 4 个文件。

【相关指令】rename

1.5　pwd 指令：显示当前的工作目录

【语　　法】pwd [选项]　★★★★★

【功能介绍】pwd 指令以绝对路径的方式显示（print）用户当前的工作目录（work directory）。

【选项说明】

参　数	功　能
--help	显示帮助信息
--version	显示版本信息

【经验技巧】

- 在使用 Linux 系统进行命令行操作时，经常需要在不同的目录间切换，使用 pwd 指令可以迅速地显示当前的工作目录。
- 在进行系统维护的 Shell 脚本开发时，可以结合 pwd 指令和反单引号在脚本内部实现一些特殊操作。

【示例 1.19】显示当前的工作目录。在命令行中输入下面的命令：

```
[root@localhost conf]# pwd                #显示当前的目录
```

输出信息如下：

```
/etc/httpd/conf
```

1.6　rm 指令：删除文件或目录

【语　　法】rm [选项] [参数]　★★★★★

【功能介绍】rm 指令用于删除（remove）给定的文件和目录。

【选项说明】

选　　项	功　　能
-d	如果当前系统支持unlink系统调用，则使用unlink系统调用进行删除文件和目录（directory）的操作
-f	强制（force）执行删除操作，不提示用户进行确认。此选项容易造成误操作，要慎用
-i	以交互式（interactive）的方式提示用户进行确认是否删除文件。用户可以使用n和y进行回答。其中，n表示不删除，y表示确认删除。使用-i选项可以防止误删除
-I	在删除超过3个文件或者递归删除前提示一次并要求确认。该选项比-i选项的提示内容更少，但同样可以避免大多数错误的发生
--interactive[WHEN]	根据指定的<WHEN>进行确认提示，可指定的值有never、once或always
--one-file-system	递归删除一个层级时，跳过所有不符合命令行参数的文件系统中的文件
-r或-R	用递归（recursive）的方式删除目录及目录下的所有内容
--no-preserve-root	不对“/”进行特殊处理
--preserve-root	不对根目录进行递归操作
-v	冗余（verbose）模式，显示指令的详细执行过程

【参数说明】

参　　数	功　　能
文件	指定被删除的文件列表，如果参数中含有目录，则必须加上-r或者-R选项

【经验技巧】

- 默认情况下，rm 指令只能删除普通文件，当删除目录时必须使用-r 或 -R 选项，以递归方式删除目录。
- 如果要删除的文件较多，可以结合 Shell 的通配符，以提高命令行的输入效率。
- 通常，在使用 rm 指令删除文件时，系统不会给出任何提示信息，这种情况很容易造成误删除。所以在使用 rm 指令删除文件时最好加上-i 选项，它在删除目标文件前会给出提示信息，询问是否进行覆盖，以防止误操作。大多数的 Linux 发行版已经设置了带-i 选项的 rm 指令的别名“alias rm='rm -i'”，用户在使用 rm 指令时不必添加-i 选项。

- 使用 rm 指令的-f 选项时，不会给出提示信息而是直接执行删除操作，必须谨慎使用此选项。在 Shell 脚本编程时使用-f 选项可以避免 Shell 脚本和用户交互。

【示例 1.20】直接使用 rm 指令删除一个或多个普通文件。在命令行中输入下面的命令：

```
[root@localhost ~]# rm t1.sh                    #删除 t1.sh 文件
```

输出信息如下：

```
rm: remove regular file 't1.sh'? y              #确认删除操作
```

说明：在上例中，当删除文件“t1.sh”时需要用户通过 y 或 n 进行确认。

【示例 1.21】强制删除文件。如果同时删除多个文件则需要确认多次，为了提高效率，可以使用-f 选项。在命令行中输入下面的命令：

```
[root@www1 ~]# rm -v -f file1 file2 file3     #同时删除 3 个文件
```

输出信息如下：

```
removed 'file1'
removed 'file2'
removed 'file3'
```

说明：从上面的输出信息中可以看到，使用-f 选项后不会再提示用户确认；-v 选项可以显示指令的详细执行过程。

【示例 1.22】使用通配符删除文件。删除多个文件时还可以使用 Shell 通配符，以简化 Shell 命令行的输入。在命令行中输入下面的命令：

```
[root@www1 ~]# rm -v -f file[1-3]               #同时删除 3 个文件
```

输出信息如下：

```
removed 'file1'
removed 'file2'
removed 'file3'
```

说明：使用 Shell 通配符达到了同样的效果，但是简化了命令行的输入。

【示例 1.23】删除目录，具体步骤如下。

（1）使用 ls 指令显示当前的目录列表。在命令行中输入下面的命令：

```
[root@www1 demo]# ls -l                          #显示目录列表
```

输出信息如下：

```
total 4
drwxr-xr-x 2 root root 4096 May 15 14:43 dir1
```

说明：当前目录下只有目录 dir1。

（2）当使用 rm 指令删除 dir1 目录时，系统将会报错。在命令行中输入下面的命令：

```
[root@localhost demo]# rm dir1/            #不带选项，删除目录
```

输出信息如下：

```
rm: cannot remove directory 'dir1/': Is a directory
```

说明：上面的示例表明 rm 指令不能直接删除目录。

（3）可以使用 rm 指令的-R 选项，实现递归删除目录及其下的所有内容，在命令行中输入下面的命令：

```
[root@localhost demo]# rm -R dir1/         #递归删除目录下的所有内容
```

输出信息如下：

```
rm: descend into directory 'dir1/'? y    #确认删除操作
```

说明：在上面的输出信息中输入 y 确认后，dir1 目录被删除。

【示例 1.24】 强制删除目录。如果目录下的文件很多，不希望显示系统的确认信息，可以使用 rm 指令的-f 选项删除目录而不显示确认信息，从而提高效率。在命令行中输入下面的命令：

```
[root@localhost demo]# rm -f -R -v dir1 #无确认信息，强制删除目录
```

输出信息如下：

```
removed 'dir1//test.o'
removed 'dir1//test.c.save'
......省略部分输出内容......
removed directory: 'dir1/'
```

说明：从上面的输出信息中可以发现，rm 指令首先删除 dir1 目录下的所有文件，然后删除 dir1 目录。

【相关指令】 rmdir，mv

1.7　rmdir 指令：删除空目录

【语　　法】 rmdir [选项] [参数]　　★★★★★

【功能介绍】 rmdir 指令用来删除（remove）空目录（directory）。

【选项说明】

选　项	功　能
-p或--parents	用递归的操作方式删除指定目录路径下的所有父级目录。要求路径中出现的目录下没有普通文件，否则会出错
--ignore-fail-on-non-empty	此选项使rmdir指令忽略由于删除非空目录而导致的错误信息
-v或--verbose	显示指令的详细执行过程
--help	显示指令的帮助信息
--version	显示指令的版本信息

【参数说明】

参　数	功　能
目录列表	要删除的空目录列表。当删除多个空目录时，目录名之间使用空格隔开

【经验技巧】rmdir 指令的-p 选项可以递归删除指定的目录树，但是要求每个目录必须是空目录。例如指令“rmdir -p /dir1/dir2/dir3”，将依次删除目录 dir3、dir2 和 dir1。

【示例 1.25】删除空目录，具体步骤如下。

（1）使用 ls 指令显示目录 dir1 的列表。在命令行中输入下面的命令：

```
[root@localhost ~]# ls dir1/                #显示 dir1 目录是否为空
```

说明：上面的命令没有任何输出信息，表明 dir1 是空目录。

（2）使用 rmdir 指令删除 dir1 目录。在命令行中输入下面的命令：

```
[root@localhost ~]# rmdir dir1              #删除空目录
```

说明：上面的命令没有任何输出信息。

【示例 1.26】删除非空目录，具体步骤如下。

（1）使用 ls 指令显示目录 mydir 的列表。在命令行中输入下面的命令：

```
[root@localhost ~]# ls mydir/               #显示 mydir 目录下的内容
```

输出信息如下：

```
anaconda-ks.cfg  install.log  install.log.syslog
```

说明：上面的输出信息表明 mydir 为非空目录。

（2）尝试使用 rmdir 指令删除 mydir 目录。在命令行中输入下面的命令：

```
[root@localhost ~]# rmdir mydir             #尝试删除非空目录
```

输出信息如下：

```
rmdir: 'mydir': Directory not empty
```

说明：上面报错信息表明 rmdir 指令不能用来删除非空目录。

【示例 1.27】递归删除目录树，具体步骤如下。

（1）使用 mkdir 创建一个小型的目录树。在命令行中输入下面的命令：

```
[root@localhost ~]#mkdir -p -v dir1/dir2/dir3    #创建目录树
```

输出信息如下：

```
mkdir: created directory 'dir1'
mkdir: created directory 'dir1/dir2'
mkdir: created directory 'dir1/dir2/dir3'
```

说明：上面的输出信息显示了创建的目录树的结构。

（2）使用 rmdir 指令的-p 选项，在删除 dir3 目录的同时，可以将目录 dir2 和目录 dir1 一起删除。在命令行中输入下面的命令：

```
[root@localhost ~]# rmdir -p -v dir1/dir2/dir3    #删除目录树
```

输出信息如下：

```
rmdir: removing directory, dir1/dir2/dir3/
rmdir: removing directory, dir1/dir2
rmdir: removing directory, dir1
```

说明：上面的输出信息显示了递归删除空目录的详细过程。

【相关指令】mkdir，rm

1.8　chgrp 指令：改变文件所属工作组

【语　　法】chgrp [选项] [参数]　　★★★★★

【功能介绍】chgrp 指令用来改变（change）文件和目录所属的工作组（group）。如果使用--reference 选项，则按照模板文件的所属工作组来设置文件所属的工作组。

【选项说明】

选　　项	功　　能
-c或--changes	显示文件所属组的改变
-f或--silent或--quiet	以静默模式运行指令，不显示任何报错信息
-h或 --no-dereference	当系统支持lchown系统调用时，此选项将修改符号链接文件本身所属的工作组，而不会修改符号链接指向的文件所属的工作组
-v或--verbose	显示指令的详细执行过程

续表

选　　项	功　　能
-R或--recursive	用递归的方式修改指定的目录及其下所有子目录和文件所属的工作组
--dereference	不改变符号链接本身所属的工作组，而修改符号链接指向的实际文件所属的工作组
--reference=<模板文件>	把指定文件所属的工作组改为与指定的模板文件所属的工作组相同
--preserve-root	对于“/”目录，不执行递归操作

【参数说明】

参　　数	功　　能
组	指定新工作组的名称
文件	指定要改变所属工作组的文件列表。多个文件或者目录之间使用空格隔开

【经验技巧】

- 使用 chgrp 指令的-R 选项可以一次性改变指定的目录及其下的所有文件和子目录的所属工作组。
- 当需要有规律地改变所属工作组的文件或目录名称时，可以借助 Shell 中的通配符功能来简化命令行操作。
- 当需要改变文件或目录的所属工作组时，使用组 ID 可以达到与使用组名相同的效果。

【示例 1.28】改变文件所属的组，具体步骤如下。

（1）使用 ls 指令的“-l”选项查看文件所属的工作组信息。在命令行中输入下面的命令：

```
[root@www1 zhangsan]# ls -l                    #以长格式显示文件信息
```

输出信息如下：

```
total 4
-rw-r--r-- 1 zhangsan zhangsan 1762 May 19 16:26 index.html
```

说明：可以看出，此时文件 index.html 属于 zhangsan 工作组。

（2）使用 chgrp 指令将 index.html 文件所属的工作组改为 root 工作组。在命令行中输入下面的命令：

```
#改变文件所属工作组 ID 为 0，即 root 组
[root@localhost zhangsan]# chgrp -v 0 index.html
```

说明：本例使用组 ID “0” 来表示 root 组。

输出信息如下：

```
changed group of 'index.html' to 0
```

（3）再次使用 ls 指令的-l 选项显示文件所属的工作组。在命令行中输入下面的命令：

```
[root@localhost zhangsan]# ls -l index.html  #以长格式显示文件信息
```

输出信息如下：

```
-rw-r--r-- 1 zhangsan root 1762 May 19 16:26 index.html
```

说明：上面的输出信息表明文件 index.html 所属的工作组已经被修改为 root 工作组。使用-v 选项可以显示文件所属工作组的变化情况。

【示例 1.29】用模板文件改变文件所属的工作组，具体步骤如下。

（1）使用 ls 指令的-l 选项显示文件当前所属的组信息。在命令行中输入下面的命令：

```
[root@www1 zhangsan]# ls -l          #以长格式显示文件信息
```

输出信息如下：

```
total 4
-rw-r--r-- 1 zhangsan root 1762 May 19 16:26 index.html
-rw-r--r-- 1 zhangsan zhangsan 0 May 19 16:33 template.html
```

说明：可以看出，此时文件 template.html 属于 zhangsan 工作组，文件 index.html 属于 root 工作组。

（2）使用 chgrp 指令将 index.html 文件所属的工作组改为与文件 template.html 所属的工作组相同。在命令行中输入下面的命令：

```
[root@www1 zhangsan]# chgrp -v --reference=template.html index.
html                                  #基于模板文件改变文件的工作组
```

输出信息如下：

```
changed group of 'index.html' to zhangsan
```

（3）再次使用 ls 指令的-l 选项显示当前文件所属的组信息。在命令行中输入下面的命令：

```
[root@www1 zhangsan]# ls -l          #以长格式显示文件信息
```

输出信息如下：

```
total 4
-rw-r--r-- 1 zhangsan zhangsan 1762 May 19 16:26 index.html
-rw-r--r-- 1 zhangsan zhangsan 0 May 19 16:33 template.html
```

说明：上面的输出信息表明文件 index.html 所属的工作组已经被改成与文件 template.html 相同的工作组，即都是 zhangsan 工作组。

【相关指令】chown

1.9　chmod 指令：改变文件访问权限

【语　　法】chmod [选项] [参数]　★★★★★

【功能介绍】chmod 指令用来改变指定文件的权限。在 chmod 指令中，权限支持字符标记法和数字标记法两种。

数字标记法表示的权限模式是 4 个八进制数，每个数由位权为 4、2、1 的 3 个二进制数相加得到。如果对应位的数字被省略，则将此位置的数字默认设置为 0。数字所代表的权限的含义为：0 表示没有权限，在第一个八进制数中，1 表示粘滞位；2 表示 sgid 权限；4 表示 suid 权限，然后将这 3 个数字相加所得到的数字即为最终权限。在第 2～4 个八进制数中，1 表示可执行权限；2 表示可写权限；4 表示可读权限，然后将这 3 个数字相加所得到的数字即为最终权限。第 2 位数字代表文件所有者（u）的权限。第 3 位数字代表文件所属组的用户（g）的权限。第 4 位数字代表其他用户（o）的权限。

字符标记法表示权限模式的语法格式为“[ugoa][[+-=] [rwxXstugo]]”。其中，“[ugoa]”表示对哪类用户设置权限，具体的含义为：u 表示 user，即文件或目录的所有者；g 表示 group，表示文件所属的组内的用户；o 表示 others，即除了 u 和 g 所代表的用户之外的其他用户；a 表示 all，即所有用户，涵盖 u、g 和 o 表示的用户。

字符标记法中的“[+-=]”表示权限的操作符，其具体含义为：“+”表示在文件原来权限的基础上添加指定的权限；“-”表示在文件原来权限的基础上去除指定的权限；“=”表示不考虑文件原来的权限，将文件的权限设置为指定的权限。

字符标记法中的“[rwxXstugo]”表示具体的权限，可以进行任意组合，它们的含义为：r 表示 read，即读权限；w 表示 write，即写权限；x 表示 execute，即执行权限；X 表示只有当目标文件对用户是可执行的或该目标文件是目录时才设置 X 权限；s 表示设置 suid（set-uid）权限和 sgid（set-gid）权限，其只能和 u、g 连用，如 u+s、g-s；t 表示 sticky，即粘滞位；u 表示将指定类别的权限设置成与文件所有者（user）的权限相同；g 表示将指定类别的权限设置成与文件所属工作组（group）的权限相同；o 表示将指定类别的权限设置成与其他用户（others）的权限相同。

【选项说明】

选　　项	功　　能
-c	显示文件权限的变化（change）情况
--silent或--quiet	安静模式，不显示任何错误信息
-v	冗余（verbose）模式，显示指令执行的详细信息
-R	以递归（recursive）的操作方式改变指定目录及其下所有子目录和文件的权限
--reference=<模板文件>	将指定文件的权限改为与指定模板文件的权限相同

【参数说明】

参　　数	功　　能
权限模式	指定文件的权限模式
文件	要改变权限的文件

【经验技巧】

- 系统管理员（root 用户）可以对具有执行权限（x）的文件设置 suid 权限，此时运行此文件的用户将临时具有与文件所有者相同的权限，如果可执行文件的所有者是 root 用户，则运行此文件的用户将临时具有 root 用户的权限。这种方式使权限的设置更加灵活，但很多情况下其被认为是一个安全隐患，黑客入侵系统后经常会设置一些具有 suid 权限的文件以便留下后门。要使用此功能必须具有管理员权限。
- 在使用 ls -l 指令显示不可执行文件的 suid 和 sgid 权限时，对应的权限位显示为大写的 S。在使用 ls -l 指令显示可执行文件的 suid 和 sgid 权限时，对应的权限位显示为小写的 s。这是因为 suid 和 sgid 权限仅对可执行文件有作用，对于不可执行文件没有意义，所以当看到对应的权限位显示为大写的 S 时将会忽略相应的权限。
- 在 chmod 指令中采用数字标识法表示权限时，权限模式通常采用 3 个数字来表示，此时特殊权限 suid、sgid 和 sticky 将被忽略。当使用 4 个数字表示权限模式时，第一个数字表示的是 3 个特殊权限位的组合。
- 目录的读权限表示可以用 ls 指令显示目录列表，目录的执行权限表示可以用 cd 指令进入目录，目录的写权限表示可以在目录下创建新文件或新的子目录。因此，只有目录的执行权限是没有太大作用的。
- 当使用 chmod 指令改变符号链接的权限时，实际改变的是符号链接所指向的文件的权限。而且在使用 chmod 指令的-R 选项进行递归方式操作时，chmod 指令将会忽略遇到的符号链接。

【示例 1.30】使用“+”和“-”设置权限。本例演示使用“+”和“-”设置文件的权限的方法，即在原有的权限基础上添加或者删除指定的权限，具体步骤如下。

（1）使用指令 ls -l 显示文件的原始权限。在命令行中输入下面的命令：

```
[root@localhost ~]# ls -l myfile          #以长格式显示文件信息
```

输出信息如下：

```
-rw-r--r--  1 root root 0 Mar 29 22:38 myfile
```

（2）使用“+”或“-”的组合方式在文件原有权限基础上修改文件的权限。在命令行中输入下面的命令：

```
#所有用户去除读权限，为文件所有者添加读权限
[root@localhost ~]# chmod a-r,u+x myfile
```

（3）再次使用指令 ls -l 显示文件权限。在命令行中输入下面的命令：

```
[root@localhost ~]# ls -l myfile          #以长格式显示文件信息
```

输出信息如下：

```
--wx------  1 root root 0 Mar 29 22:38 myfile
```

【示例 1.31】使用“=”设置权限。本例使用“=”为文件赋予全新的权限，具体步骤如下。

（1）使用指令 ls -l 显示文件的原始权限。在命令行中输入下面的命令：

```
[root@localhost ~]# ls -l myfile          #以长格式显示文件信息
```

输出信息如下：

```
-rwxr-x---  1 root root 0 Mar 29 22:38 myfile
```

（2）使用“=”为文件赋予全新的权限，在命令行中输入下面的命令：

```
#设置所有用户对 myfile 文件具有读、写和执行权限
[root@localhost ~]# chmod a=rwx myfile
```

（3）再次使用指令 ls -l 显示文件权限，在命令行中输入下面的命令：

```
[root@localhost ~]# ls -l myfile          #以长格式显示文件信息
```

输出信息如下：

```
-rwxrwxrwx  1 root root 0 Mar 29 22:38 myfile
```

说明：从上面的输出信息中可以看出，使用“=”将所有用户的权限都设置为具有读、写和执行权限。

【示例 1.32】使用数字方式设置权限，具体步骤如下。

（1）使用指令 ls -l 显示文件的原始权限。在命令行中输入下面的命令：

```
[root@localhost ~]# ls -l myfile          #以长格式显示文件信息
```

输出信息如下：

```
-r--r--r--  1 root root 0 Mar 29 22:38 myfile
```

（2）使用数字方式为文件设置新的权限。在命令行中输入下面的命令：

```
#文件所有者具有读、写和执行权限，其他用户没有任何权限
[root@localhost ~]# chmod 700 myfile
```

（3）再次使用指令 ls -l 显示文件权限。在命令行中输入下面的命令：

```
[root@localhost ~]# ls -l myfile          #以长格式显示文件信息
```

输出信息如下：

```
-rwx------  1 root root 0 Mar 29 22:38 myfile
```

【示例 1.33】特殊权限位 suid 的应用。本示例演示特殊权限位 suid 的应用，使普通用户临时具有超级用户的权限，具体步骤如下。

（1）使用 useradd 指令创建普通用户 user100。在命令行中输入下面的命令：

```
[root@localhost ~]# useradd user100                #创建普通用户
```

（2）将 rm 指令复制到 user100 用户的宿主目录下。在命令行中输入下面的命令：

```
[root@localhost ~]# cp /bin/rm /home/user100/    #复制 rm 指令
```

（3）使用 ls 指令的-l 选项显示 rm 指令的权限。在命令行中输入下面的命令：

```
[root@localhost ~]# ls -l /home/user100/rm   #以长格式显示文件信息
```

输出信息如下：

```
-rwxr-xr-x 1 root root 43740 May 20 10:15 /home/user100/rm
```

（4）使用 su 指令切换到 user100 用户身份，试图删除 root 用户的文件，在命令行中输入下面的命令：

```
[root@www1 ~]# su user100         #切换到 user100 用户身份
[user100@www1 root]$ cd           #切换到 user100 的宿主目录
[user100@www1 ~]$
#使用宿主目录下的 rm 指令删除 root 用户的文件
[user100@www1 ~]$ ./rm /root/install.log
#输入 y 确认
./rm: remove write-protected regular file '/root/install.log'? y
#提示权限不够
./rm: cannot remove '/root/install.log': Permission denied
```

说明：上面的输出信息表明 user100 用户无法使用 rm 指令删除 root 用户的文件，因为其权限不够。

（5）使用 exit 指令切换到 root 用户身份，使用 chmod 指令为 rm 指令设置 suid 权限。在命令行中输入下面的命令：

```
[user100@www1 ~]$ exit                          #切换到 root 用户身份
exit
[root@www1 ~]# chmod u+s /home/user100/rm #为 rm 指令设置 suid 权限
```

（6）使用 ls 指令的-l 选项显示 rm 指令的权限。在命令行中输入下面的命令：

```
[root@www1 ~]# ls -l /home/user100/rm         #以长格式显示文件信息
```

输出信息如下：

```
-rwsr-xr-x 1 root root 43740 May 20 10:15 /home/user100/rm
```

说明：在上面的输出中，对应的执行权限位上的显示信息由 x 变成了 s。

（7）再次使用 su 指令切换到 user100 用户身份，使用 rm 指令删除 root 的文件。在命令行中输入下面的命令：

```
[root@www1 ~]# su user100        #切换到 user100 用户身份
[user100@www1 root]$ cd          #切换到 user100 的宿主目录
[user100@www1 ~]$
#使用宿主目录下的 rm 指令删除 root 用户文件
[user100@www1 ~]$ ./rm /root/install.log
```

说明：调用 rm 指令后没有任何输出信息。

（8）使用 ls 指令查看上面删除的文件。在命令行中输入下面的命令：

```
[user100@www1 ~]$ ls /root/install.log        #显示文件
```

输出信息如下：

```
ls: /root/install.log: No such file or directory
```

说明：上面的输出信息表明 install.log 文件已经被 user100 用户使用具有 suid 权限的 rm 指令删除。

【示例 1.34】演示不可执行文件的特殊权限 suid，具体步骤如下。

（1）使用指令 ls -l 显示文件的原始权限。在命令行中输入下面的命令：

```
[root@localhost ~]# ls -l myfile     #以长格式显示文件信息
```

输出信息如下：

```
-rw-rw-rw-  1 root root 0 Mar 29 22:38 myfile
```

（2）为文件加上 suid 权限。在命令行中输入下面的命令：

```
[root@localhost ~]# chmod u+s myfile
#为文件 myfile 加上 suid 权限，但是对于不可执行文件 suid 权限不起作用（在下
#面显示 S）
```

说明：上面的命令没有任何输出信息。

（3）使用 ls 指令的-l 选项显示改变后的文件权限。在命令行中输入下面的命令：

```
[root@localhost ~]# ls -l myfile          #以长格式显示文件信息
```

输出信息如下：

```
-rwSrw-rw-  1 root root 0 Mar 29 22:38 myfile
```

说明：在上面的输出信息中，S 表示文件的原有执行权限位为不可执行，suid 特殊权限对于不可执行文件没有任何意义。

【示例 1.35】用 4 位数字修改特殊权限位，具体步骤如下。

（1）使用指令 ls -l 显示文件的原始权限。在命令行中输入下面的命令：

```
[root@localhost ~]# ls -l myfile          #以长格式显示文件信息
```

输出信息如下：

```
-rwxr-xr-x  1 root root 0 Mar 29 22:38 myfile
```

（2）为文件同时添加 suid 和 sgid 特殊权限。在命令行中输入下面的命令：

```
#为文件 myfile 加上 suid、sgid 和 sticky，不会改变文件的基本权限
[root@localhost ~]# chmod 6755 myfile
```

说明：在本例中，数字权限是 4 位，第 1 位表示特殊权限。上面的命令没有任何输出信息。

（3）再次使用指令 ls -l 显示文件权限。在命令行中输入下面的命令：

```
[root@localhost ~]# ls -l myfile          #以长格式显示文件信息
```

输出信息如下：

```
-rwsr-sr-x  1 root root 0 Mar 29 22:38 myfile
```

【相关指令】chown，chgrp

1.10　chown 指令：改变文件的所有者和所属工作组

【语　　法】chown [选项] [参数]　★★★★★

【功能介绍】chown 指令用来改变（change）文件的所有者（own）和所属的工作组。如果参数中只提供用户名，那么文件所属的工作组不会发生任何变化；如果同时提供用户名和所属的工作组，用户名和所属的工作组之间使用冒

号或者点隔开，那么文件的所属用户和所属工作组将会同时改变。

【选项说明】

选　项	功　能
-c或--changes	显示文件的所有者或所属工作组的详细变化情况
-f或--silent或--quiet	忽略任何错误信息
-h或--no-dereference	当系统中提供了lchown系统调用时，不改变符号链接所指向的文件的所有者和所属工作组，只是改变符号链接本身的所有者和所属的工作组
-v或--verbose	显示指令执行的详细过程
-R或--recursive	递归操作，依次修改指定目录及其下所有内容的所有者和所属的工作组
--dereference	修改符号链接指向的实际文件的所有者和所属的工作组，符号链接文件本身不发生变化
--reference=<模版文件>	把文件的所有者和所属工作组改为与模版文件相同

【参数说明】

参　数	功　能
用户:组	指定所有者和所属的工作组。当省略“:组”时，仅改变文件所有者
文件	指定要改变所有者和工作组的文件列表。支持多个文件和目录，支持Shell通配符

【经验技巧】

- 要同时改变文件的所有者和所属工作组，参数可以使用“用户:组”或者“用户.组”的方式。
- 当需要改变的所有者和工作组的文件在同一目录下时，使用-R 选项可以递归地完成对所有文件的修改。
- 当要修改的文件名有一定规律时，使用 Shell 通配符可以简化操作。
- 可以使用用户 ID 和工作组 ID 来代替 chown 指令中使用的用户名和工作组名称。

【示例 1.36】使用 chown 指令改变文件的所有者。具体步骤介绍如下。

在命令行中输入下面的命令：

```
#将 newfile 文件的所有者改为 root 用户
[root@localhost ~]# chown -v root newfile
```

输出信息如下：

```
changed ownership of 'newfile' to root
```

【示例 1.37】改变文件的所有者和所属工作组。使用 chown 指令可以同时修改文件的所有者和所属工作组。在命令行中输入下面的命令：

```
#将 newfle 文件所有者改为 user100，所属工作组改为 user100
[root@localhost ~]# chown -v user100:user100 newfile
```

输出信息如下：

```
changed ownership of 'newfile to user100:user100
```

【示例 1.38】递归改变目录下所有文件的所有者。使用 chown 指令的-R 选项以递归操作方式改变整个目录下所有内容的所有权。在命令行中输入下面的命令：

```
#递归改变给定目录下的所有内容
[root@localhost ~]# chown -R -v user100 dir1/
```

输出信息如下：

```
changed ownership of 'dir1/fstab.bak' to user100
......省略部分输出内容......
changed ownership of 'dir1/' to user100
```

【示例 1.39】使用通配符改变文件的所有者。chown 指令支持通配符操作，可以一次修改多个文件的所有者。在命令行中输入下面的命令：

```
#将 file1~file6 文件的所有者全部改为 user100
[root@localhost ~]# chown -v user100 file[1-6]
```

输出信息如下：

```
changed ownership of 'file1' to user100
......省略部分输出内容......
changed ownership of 'file6' to user100
```

说明：本例中，同时将 6 个文件的所有者修改设置为 user100。

【示例 1.40】使用模版文件改变文件的所有者和所属工作组。使用 chown 指令的--reference 选项可以把文件的所有者设置成和参考文件相同。在命令行中输入下面的命令：

```
#使用模板文件修改文件的所有者
[root@localhost ~]# chown -v --reference=template file1
```

输出信息如下：

```
changed ownership of 'file1' to user100:user100
```

【相关指令】chgrp

1.11　find 指令：查找文件并执行指定的操作

【语　　法】find [选项] [参数]　★★★★★

【功能介绍】find 指令在指定目录下查找文件。find 指令还能够对查找到的文件执行指定的操作，这种功能是通过调用其他 Linux 指令来实现的。使用 find 指令时必须指定一个查找的起始目录，find 指令将从指定目录向下递归地遍历其各个子目录，将满足查找条件的文件显示在标准输出设备（通常是显示终端）上或者对这些文件采取指定的操作。

【选项说明】

选　　项	功　　能
-name <查找模式>	按照指定的文件名查找模式查找文件
-lname <查找模式>	按照指定的文件名查找模式查找符号链接
-gid <组ID>	查找属于指定组（group）ID的所有文件
-uid <用户ID>	查找属于指定用户（user）ID的所有文件
-group <组名>	查找属于指定组名的所有文件
-user <用户名>	查找属于指定用户名的所有文件
-empty	查找文件大小为0的目录或文件
-path <查找模式>	按照指定的路径查找模式查找文件
-perm <权限模式>	按照指定的权限模式查找文件和目录
-size <文件大小>	按照指定的文件大小查找文件。“文件大小”的默认单位为块（每块为512字节）
-type <文件类型>	按照指定的文件类型查找文件，支持的文件类型如下： b 块设备文件（block device）、c 字符设备文件（character device）、d 目录（directory）、p 命名管道（FIFO）、f 普通文件、l 符号链接文件（symbolic links）、s 网络套接字文件（socket）
-xtype <类型>	仅查找符号链接文件，其他功能与-type选项相同
-amin <分钟数>	查找指定“分钟数”以前被访问过的所有文件
-atime <天数>	查找指定“天数”以前被访问过的所有文件
-cmin <分钟数>	查找指定“分钟数”以前被修改过文件状态的所有文件
-ctime <天数>	查找指定“天数”以前被修改过文件状态的所有文件
-mmin <分钟数>	查找指定“分钟数”以前被修改过文件内容的所有文件
-mtime <天数>	查找指定“天数”以前被修改过文件内容的所有文件
-exec 指令名称 {} \;	用指定的Linux指令操作查找到的文件。“{}”表示将查找到的文件作为Linux指令的参数；“\;”是固定字符，放在find指令的最后
-ok 指令名称 {} \;	用指定的Linux指令操作查找到的文件，语法与-exec选项相同。直接执行操作而不提示用户进行确认
-ls	详细列出找到的文件
-fprintf <文件名>	不在终端显示查找到的文件信息，而是将其保存到指定的文件中
-print	在标准输出设备上显示查找到的文件信息，这是默认选项，可以省略
-printf <格式>	指定显示查找结果的格式，与C语言的printf函数格式的输出语法相似

【参数说明】

参　数	功　能
起始目录	查找文件的起始目录

【经验技巧】

- find 指令支持逻辑运算符与（and）、或（or）和非（not）组成的复合查询条件。选项-a 为默认选项。逻辑与表示当所有给定的条件都满足时才符合查找条件；逻辑或表示只要所给的条件中有一个满足就符合查找条件；逻辑非表示查找与所给条件相反的文件。
- find 指令的-exec 选项可以通过外部 Linux 指令对找到的文件进行操作。如果找到的文件较多，则有可能出现“参数太长”或者“参数溢出”的错误。可以使用 xargs 指令每次只读取一部分查找到的文件，等处理完毕后再读取一部分查找到的文件，以此类推，直到所有的文件都被处理完毕。
- 为了缩短 find 指令的执行时间，要尽量地缩小查找的起始目录。因为 find 指令使用递归方式遍历目录，所以起始目录的范围较大，会导致 find 指令的运行过程过长。
- 不带任何选项和参数的 find 指令可以显示当前目录下的所有内容，包括所有子目录下的文件列表。

【示例 1.41】列表显示目录及子目录的内容。不带任何参数的 find 指令可以递归地列表显示当前目录及其下所有子目录的内容。在命令行中输入下面的命令：

```
[root@localhost test]# find                    #显示目录列表
```

输出信息如下：

```
./.mozilla
......省略部分输出内容......
./.kde/Autostart/.directory
```

【示例 1.42】按文件名查找。find 指令的-name 选项以文件名为依据进行查找。在命令行中输入下面的命令：

```
[root@hn ~]# find /etc -name httpd             #按文件名查找文件并显示
```

输出信息如下：

```
/etc/httpd
/etc/logrotate.d/httpd
/etc/rc.d/init.d/httpd
/etc/sysconfig/httpd
```

说明： find指令输出查找到的文件的绝对路径，每行一个文件。

【示例1.43】 查找文件并执行相关的操作。利用find指令提供的-exec选项可以调用外部指令完成对查找到的文件的操作。例如，利用find指令查找内核的core文件并将其删除。在命令行中输入下面的命令：

```
#查找并删除内核输出的core文件
[root@localhost ~]# find / -name core -print -exec rm -f {} \;
```

说明： 灵活地利用-exec选项还可以调用其他Linux指令完成更加复杂的任务。

【相关指令】 locate，updatedb

1.12　ln指令：为文件创建链接

【语　　法】 ln [选项] [参数]　　★★★★★

【功能介绍】 ln指令用来为文件创建链接。链接类型分为硬链接（hard link）和符号链接（symbolic link）两种，默认的链接类型是硬链接。如果要创建符号链接，则必须使用-s选项。

【选项说明】

选　　项	功　　能
-b	为每个存在的文件创建备份（backup）文件
-d或-F或 --directory	默认情况下不允许对目录创建硬链接，此选项允许root用户建立目录的硬链接。受系统设置的影响，此选项可能会导致命令执行失败
-f	强制（force）创建链接，即使目标文件已经存在。目标文件会被强制覆盖
-n或 --no-dereference	把指向目录的符号链接目标当作一个普通文件
-i或 --interactive	创建链接时，如果目标文件已经存在，则提示用户确认覆盖已存在的目标文件
-L或 --logical	如果目标为符号链接，本次创建链接时将取消引用
-s或 --symbolic	创建符号链接。如果系统不支持符号链接，则命令会出错
-S或 --suffix=SUFFIX	指定备份文件的后缀
-t或 --target-directory=DIRECTORY	在指定<目录>下创建链接
-T或 --no-target-directory	总是将给定的<链接名>当作普通文件
-v或--verbose	详细信息模式，输出指令的详细执行过程

【参数说明】

参　数	功　能
源文件	指定链接的源文件。如果使用-s选项创建符号链接，则“源文件”参数可以是文件或者目录。创建硬链接时，则“源文件”参数只能是文件
目标文件	指定源文件的目标链接文件

【经验技巧】

- ln 指令默认创建的链接为硬链接，所以不能对目录建立链接。要为目录建立链接必须使用-s 选项，指明创建的链接类型为符号链接。
- 只能为普通文件创建硬链接，不能为目录创建硬链接，而符号链接则没有任何限制。
- 互为硬链接的两个文件（源文件和目标文件）等同于一个文件，所不同的仅是文件名。可以使用 ls -i 指令查看文件的索引节点，互为硬链接的文件的索引节点（inode：index node）号相同。删除互为硬链接的两个文件中的任何一个文件，另一个文件的内容不受任何影响。而编辑或者修改其中任何一个文件，另一个文件的内容也会发生同样的变化。
- 创建硬链接时，源文件和目标文件必须在同一个磁盘分区，不能跨越不同的分区；而创建符号链接时，源文件和目标文件可以在任何磁盘分区。因为符号链接文件本身只记录源文件的路径信息，而硬链接要创建一个具有相同索引节点的链接文件，索引节点在不同的分区中是自成体系的，不同分区中的索引节点不能混用，所以硬链接只能在同一个磁盘分区。
- 符号链接文件中保存的是源文件的路径信息，所以删除源文件后，符号链接文件将失去意义。符号链接类似于“快捷方式”，可以简化文件或目录的访问路径。可以为路径很深或书写不方便的文件或目录创建符号链接，以提高访问效率。

【示例 1.44】为文件和目录创建链接。ln 命令默认创建的是硬链接。下面举例说明硬链接的创建步骤。

（1）在命令行中输入下面的命令：

```
#为源文件/etcfstab 创建硬链接 myfstab
[root@localhost ~]# ln /etc/fstab ./myfstab
```

说明：上面的命令没有任何输出信息。

（2）使用 ls 指令的-i 选项，显示源文件和硬链接文件的索引节点信息。在命令行中输入下面的命令：

```
#创建互为硬链接文件的索引节点号
[root@localhost ~]# ls -i /etc/fstab ./myfstab
```

输出信息如下：

```
1393895 ./myfstab  1393895 /etc/fstab
```

说明： 可以看出/etc/fstab 文件和“./myfstab”文件的索引节点号是相同的，因此除了文件名不同外，其他的完全相同。

（3）硬链接仅对文件起作用，如果要建立目录的硬链接将导致出错。在命令行中输入下面的命令：

```
[root@localhost ~]# ln mydir demolink    #试图对目录创建硬链接
```

输出信息如下：

```
ln: 'mydir: hard link not allowed for directory
```

说明： 错误信息说明目录不允许创建硬链接。

（4）可以使用 ln 指令的-s 选项创建目录的符号链接。在命令行中输入下面的命令：

```
#为目录 mydir 创建符号链接 demolink
[root@localhost ~]# ln -s mydir demolink
```

（5）使用 ls 指令查看链接文件的详细信息。在命令行中输入下面的命令：

```
[root@localhost ~]# ls -l                  #显示文件详细信息
```

输出信息如下：

```
total 84
drwxr-xr-x 2 root root  4096 May 14 15:16 Desktop
-rw------- 1 root root  1495 May 12 23:31 anaconda-ks.cfg
lrwxrwxrwx 1 root root     5 May 14 17:25 demolink -> mydir
drwxr-xr-x 2 root root  4096 May 14 17:25 mydir
```

说明： 从上面的输出信息 demolink->mydir 中可以看出，链接文件 demolink 是 mydir 目录的符号链接。

1.13　mkdir 指令：创建目录

【语　　法】 mkdir [选项] [参数]　　★★★★★

【功能介绍】 mkdir 指令用来创建目录。

【选项说明】

选　　项	功　　能
-Z	设置安全上下文，当使用SELinux时有效
-m <权限>或 --mode=<权限>	设置新创建的目录的默认权限。如果不设置此选项，则新创建的目录的权限=rwxrwxrwx减去umask指令设置的权限
-p或--parents	创建给定路径中缺少的中间目录
--verbose	详细信息模式，显示创建目录的详细过程

【参数说明】

参　　数	功　　能
目录	指定要创建的目录列表，多个目录之间用空格隔开

【经验技巧】

- 使用 mkdir 指令的-p 选项可以创建目录路径中所有不存在的目录。例如，创建 dir5 目录（路径为“/dir1/dir2/dir3/dir4/dir5”），当 dir1、dir2、dir3 和 dir4 目录都不存在时使用指令“mkdir –p /dir1/dir2/dir3/dir4/dir5”自动创建中间路径。
- 可以使用-m 选项指定新创建的目录的默认权限，从而使新建的目录权限不受 umask 指令设置的影响。
- 当 mkdir 指令与适当的 Shell 通配符搭配使用时，可以一次性地创建大量的目录。请参看典型示例。

【示例 1.45】创建目录，具体步骤如下。

（1）在命令行中输入下面的命令：

```
[root@localhost ~]# mkdir mydir1                    #创建目录
```

说明：上面的命令没有任何输出信息。

（2）当使用 mkdir 指令创建的目录缺少中间目录时，系统会报错。在命令行中输入下面的命令：

```
#使用不带-p 选项的 mkdir 指令创建 dir5 目录
[root@localhost ~]# mkdir dir1/dir2/dir3/dir4/dir5
```

输出信息如下：

```
mkdir: cannot create directory ' dir1/dir2/dir3/dir4/dir5': No
such file or directory
```

说明：上面的输出信息表明缺少中间目录，可以使用-p 选项在创建目录的同时创建中间缺少的目录。

（3）在命令行中输入下面的命令：

```
[root@localhost ~]    # mkdir -p --verbose dir1/dir2/dir3/
dir4/dir5                          #使用“-p”选项创建缺少的中间目录
```

输出信息如下：

```
mkdir: created directory 'dir1'
......省略部分输出内容......
mkdir: created directory 'dir1/dir2/dir3/dir4/dir5'
```

说明： 上面的输出信息显示了 mkdir 指令创建目录的详细过程。

【示例 1.46】 指定新建目录的权限，具体步骤如下。

（1）使用 umask 指令设置的权限掩码。在命令行中输入下面的命令：

```
[root@localhost ~]# umask                        #显示权限掩码
```

输出信息如下：

```
022
```

说明： 上面的输出信息表明，新建立的目录的权限应该是“755”（即 777–022 的结果）。

（2）创建目录 mydir。在命令行中输入下面的命令：

```
[root@localhost ~]# mkdir mydir                  #创建目录
```

（3）使用 ls -l -d 指令查看新建目录的权限。在命令行中输入下面的命令：

```
[root@localhost ~]# ls -l -d mydir/              #显示目录的详细信息
```

输出信息如下：

```
drwxr-xr-x 2 root root 4096 May 14 17:43 mydir/
```

说明： 在上面的输出信息中，mydir 目录的权限 rwxr-xr-x 对应的数字为 755，这个权限受到了 uamsk 指令的影响。

（4）使用 mkdir 指令的-m 选项为创建的目录指定默认权限。在命令行中输入下面的命令：

```
#为新创建的目录指定默认的权限
[root@localhost ~]# mkdir -m 000 demodir
```

（5）使用 ls -l -d 指令查看新建目录的权限。在命令行中输入下面的命令：

```
[root@localhost ~]# ls -l -d demodir/            #显示目录的详细信息
```

输出信息如下：

```
d--------- 2 root root 4096 May 14 17:49 demodir/
```

说明：在上面的输出信息中，mydir 目录的权限“---------”对应的数字为 000，这个权限是通过 mkdir 指令的-m 选项指定的默认权限，没有受到 umask 指令的影响。

【示例 1.47】大批量地创建目录。利用 mkdir 指令可以批量创建大量的目录。在命令行中输入下面的命令：

```
[root@localhost ~]#mkdir mydir_{1,2,3,4,5,6,7,8,9}  #批量创建目录
```

说明：上例使用 mkdir 指令一次性创建了 mydir_1 到 mydir_9 共 9 个目录。

【相关指令】rmkdir

1.14　whereis 指令：显示指令及相关文件的路径

【语　　法】whereis [选项] [参数]　★★★★★

【功能介绍】whereis 指令用来定位指令的二进制程序、源代码文件和 man 手册页等相关文件的路径。

【选项说明】

选　项	功　能
-b	仅查找二进制（binary）程序或命令
-B <目录>	仅从指定目录下查找二进制（binary）程序或命令
-m	仅查找man手册文件
-M <目录>	仅从指定目录下查找man手册文件
-s	只查找源代码（source）文件
-S <目录>	仅从指定目录下查找源代码（source）文件
-f	终止<目录>参数列表
-u	搜索不常见的记录
-l	输出有效查找路径列表（list）

【参数说明】

参　数	功　能
指令名	要查找的二进制程序、源文件和man手册页的指令名

【经验技巧】使用 whereis 指令可以显示与给出指令相关的文件路径，但是 whereis 通常只对指令执行查找其二进制程序、源代码文件和 man 手册页等

相关文件的操作。其他的普通文件使用 locate 指令进行定位。要仅显示指令的绝对路径则使用 which 指令。

【示例 1.48】 定位指令及相关文件。显示 rm 指令的程序和 man 手册页的位置，具体步骤如下。

（1）在命令行中输入下面的命令：

```
#显示 rm 指令的程序路径和 man 手册页路径
[root@localhost ~]# whereis rm
```

输出信息如下：

```
rm: /usr/bin/rm /usr/share/man/man1p/rm.1p.gz /usr/share/
man/man1/rm.1.gz
```

说明： 上面的输出信息不但包含 rm 指令的二进制程序的路径，而且包含 rm 指令的 man 手册的路径。

（2）使用-b 选项仅查找二进制程序信息。在命令行中输入下面的命令：

```
#显示 make 指令的二进制程序的路径
[root@localhost ~]# whereis -b make
```

输出信息如下：

```
Make: /usr/bin/make
```

说明： 上面的输出信息仅包含 make 指令的二进制程序的路径，没有包含指令的其他相关文件。

（3）使用-m 选项仅查找 man 手册信息。在命令行中输入下面的命令：

```
#显示 make 指令的 man 手册页路径
[root@localhost ~]# whereis -m make
```

输出信息如下：

```
make: /usr/share/man/man1p/make.1p.gz /usr/share/man/
man1/make.1.gz
```

【相关指令】 locate，which

1.15 which 指令：显示指令的绝对路径

【语　　法】 which [选项] [参数] ★★★★★

【功能介绍】 which 指令用于查找并显示给定指令的绝对路径，在环境变量 PATH 中保存了查找指令时需要遍历的目录。

【选项说明】

选　项	功　能
-a或--all	显示查找到的所有文件的路径信息。默认情况下仅显示第一个
--read-functions	从标准输入读取Shell函数的定义，将查找到的函数送到标准输出设备进行显示
--skip-tilde	忽略环境变量PATH中以波浪线开头的目录
--skip-dot	忽略环境变量PATH中以点开头的隐藏目录
--show-dot	如果一个PATH中的目录以“.”开头且为该路径找到了一个匹配的可执行文件，则显示“./programname”而不是显示完整路径
--show-tilde	当一个目录匹配HOME目录时，输出一个波浪号。如果以root用户执行which，则忽略该选项
--tty-only	如果不在tty上，则停止处理选项
--help	显示帮助信息
--version	显示版本信息

【参数说明】

参　数	功　能
指令名	指令名列表

【经验技巧】

- which 指令基于环境变量 PATH 查找路径信息，如果 PATH 设置有问题，则会出现指令找不到的错误信息。
- which 指令仅能显示指令的绝对路径，使用 whereis 指令可以显示指令的源代码文件和 man 手册的绝对路径。
- 使用 which 指令还可以显示 Linux 系统中定义的与所给指令同名的命令别名。

【示例 1.49】显示指令的绝对路径。使用 which 指令显示给定指令的绝对路径，具体步骤如下。

（1）在命令行中输入下面的命令：

```
[root@localhost ~]# which halt          #显示给定指令的绝对路径
```

输出信息如下：

```
/usr/sbin/halt
```

（2）如果给定的指令设置了命令别名，则 which 指令还可以显示命令别名的设置情况。在命令行中输入下面的命令：

```
[root@localhost ~]# which ls            #显示 ls 指令的绝对路径和命令别名
```

输出信息如下：

```
ls='ls --color=auto'
/usr/bin/ls
```

说明：在上面的输出信息中，第一行是与 cp 指令命令别名而非存在于磁盘上的一个二进制程序。

【相关指令】whereis

1.16　file 指令：探测文件类型

【语　　法】file [选项] [参数]　★★★★★

【功能介绍】file 指令用来探测给定文件的类型。file 指令对文件的检查分为文件系统检查、魔幻数检查和语言检查 3 个过程。

如果文件系统检查成功，则输出文件类型。输出的文件类型如下：

文件类型	说 明 信 息
text	文件中只有ASCII码字符，可以在字符终端显示文件内容
executable	文件是可以运行的
data	其他类型文件。此类型的文件一般是二进制文件或者不能在字符终端上直接显示的文件

file 指令能够判断一些在 Linux 中常用的包含二进制数据的文件格式（如内核的 core 文件）。

魔幻数检查是指检查文件中是否含有特殊的固定格式的数据，以此来判断文件类型。例如，使用 C 语言编译器编译生成的二进制文件 a.out，在文件开始部分的特殊位置保存有一个“魔幻数”，此魔幻数告诉操作系统此文件是二进制可执行文件。其他类型的文件的检查方法与此类似。Linux 中的所有魔幻数信息都保存在文件“/usr/share/magic”中，file 指令通过读取该文件的内容来完成对文件类型的判断。

如果文件是ASCII码文件，则file指令会进一步尝试检查文件的编写语言。由于语言检查不一定精确，所以放在最后执行。

【选项说明】

选　　项	功　　能
-b	输出信息使用精简格式，不输出文件名
-c	显示详细的指令执行过程，便于排错或分析程序执行的情形
-f <文件>	从指定文件（file）中读取需要检查文件类型的所有文件列表。文件中的每行代表一个文件。当文件参数为“-”时，表示从标准输入读取文件列表

续表

选　　项	功　　能
-F	使用指定分隔符号替换输出文件名后默认的“:”分隔符
-i	输出MIME类型字符串
-m <文件列表>	指定魔幻数文件（magic file）。如果是多个文件，则文件之间使用冒号分隔
-z	试图查看压缩文件的内部信息
-Z	仅显示压缩文件的内容
-L	显示符号链接指向的源文件
-n	当file指令检查完一个文件时就强制刷新标准输出。仅在检查一组文件时有效。一般在将file指令输出的文件类型输出到管道时使用此选项

【参数说明】

参　　数	功　　能
文件	要确定类型的文件列表，多个文件之间使用空格隔开，可以使用Shell通配符匹配多个文件

【经验技巧】

- file 指令默认的魔幻数文件通过环境变量 MAGIC 指定，默认值为“/usr/share/magic”。
- file 指令还可以显示指定的设备文件的类型。输出信息中包含设备的主设备号和子设备号。

【示例 1.50】 探测单个文件类型。使用 file 指令探测单个文件类型，具体步骤如下。

（1）在命令行中输入下面的命令：

```
[root@linuxsrv bin]# file /usr/bin/ls            #探测文件 ls 的类型
```

输出信息如下：

```
/usr/bin/ls: ELF 64-bit LSB pie executable, x86-64, version 1
(SYSV), dynamically linked, interpreter /lib64/ld-linux-x86-
64.so.2, BuildID[sha1]=49c2fad65d0c2df70025644c9bc7485b28bab899,
for GNU/Linux 3.2.0, stripped
```

说明： 从上面的输出信息中可以看出，文件 ls 是一个 64 位的二进制可执行程序，工作的 Linux 内核版本是 3.2.0。

（2）如果文件为文本文件，则使用 file 指令可以探测文件的编写语言。在命令行中输入下面的命令：

```
#探测文件 table.c 的类型
[root@hn proftpd-1.3.2a]# file src/table.c
```

输出信息如下：

```
src/table.c: ASCII C program text
```

说明：从上面的输出信息中可以看出，文件table.c是一个C程序源代码文件。

（3）当使用file指令探测设备文件时，还可以探测设备文件的类型和主次设备号。在命令行中输入下面的命令：

```
[root@localhost ~]# file /dev/tty0          #探测设备文件的类型
```

输出信息如下：

```
/dev/tty0: character special (4/0)
```

说明：从上面的输出信息中可以看出，文件tty0是字符设备文件，并且其主设备号为4，子设备号为0。

【示例1.51】 批量探测文件的类型。file指令支持批量探测多个文件的类型，可以将要探测的文件保存在一个文件中，通过-f选项传递给file指令，具体步骤如下。

（1）使用cat指令显示包含待探测内容的文件。在命令行中输入下面的命令：

```
[root@hn ~]# cat files                        #显示文本文件的内容
```

输出信息如下：

```
/usr/sbin/halt

/dev/nvme0
/etc
```

（2）使用file指令探测files中的文件。在命令行中输入下面的命令：

```
[root@hn ~]# file -f files                    #批量探测文件类型
```

输出信息如下：

```
/usr/sbin/halt:    symbolic link to ../bin/systemctl
/dev/nvme0:        character special (240/0)
/etc:              directory
```

（3）在命令行中指定多个文件或者使用Shell通配符也可以实现批量探测文件类型。下面举例说明通配符的应用，在命令行中输入下面的命令：

```
[root@localhost ~]# file /usr/bin/q*     #探测以q开头的文件类型
```

输出信息如下：

```
/usr/bin/qemu-ga:             ELF 64-bit LSB pie executable, x86-64,
version 1 (SYSV), dynamically linked, interpreter /lib64/ld-
linux-x86-64.so.2, BuildID[sha1]=799236c6ddbfb8e4754c0b2ad20344
c6f23deca2, for GNU/Linux 3.2.0, stripped, too many notes (256)
```

```
/usr/bin/qmicli:            ELF 64-bit LSB pie executable, x86-64,
version 1 (SYSV), dynamically linked, interpreter /lib64/ld-linux-
x86-64.so.2, BuildID[sha1]=84eaf1409333ea54705f9d120250d3dfd45
385f7, for GNU/Linux 3.2.0, stripped
/usr/bin/qmi-firmware-update: ELF 64-bit LSB pie executable,
x86-64, version 1 (SYSV), dynamically linked, interpreter /lib64/
ld-linux-x86-64.so.2, BuildID[sha1]=8aac8c706c0b65a793a357b1a8
2375fb94f70152, for GNU/Linux 3.2.0, stripped
/usr/bin/qmi-network:        a /usr/bin/sh script, ASCII text
executable
/usr/bin/quota:              ELF 64-bit LSB pie executable, x86-64,
version 1 (SYSV), dynamically linked, interpreter /lib64/ld-
linux-x86-64.so.2, BuildID[sha1]=646e2f66a5aa231391322fd39c085
01421c1287c, for GNU/Linux 3.2.0, stripped
/usr/bin/quotasync:          ELF 64-bit LSB pie executable, x86-64,
version 1 (SYSV), dynamically linked, interpreter /lib64/ld-
linux-x86-64.so.2, BuildID[sha1]=24a1226e49a9b262b8962e01d0a1
5683b5063ea7, for GNU/Linux 3.2.0, stripped
```

说明： 本例中测试了“/usr/bin/”目录下所有以 q 开头的文件类型。从输出信息中可以看出，文件 qemu-ga、qmicli、qmi-firmaware-update、quota 和 quotasync 是二进制可执行程序，而文件 qmi-network 则是 Bash 脚本程序。

1.17　touch 指令：设置文件的时间属性

【语　　法】 touch [选项] [参数]　★★★★★

【功能介绍】 touch 指令有两个功能：一是用于改变文件的时间属性，它将文件的最后访问时间和最后修改时间设置为系统的当前时间；二是用于创建新的空文件。

【选项说明】

选　　项	功　　能
-r <模板文件>或--reference=<模板文件>	将指定文件的时间属性设置为与指定的模板文件的时间属性相同
-t <时间>	指定文件的时间格式。指定的时间格式为MMDDhhmm[[CC]YY][.ss]，其含义从左到右分别表示月、日、小时、分钟、世纪、年和秒
-a <时间>	将指定文件的最后访问（access）时间设置为当前系统时间，其他时间属性不变
-c或--no-create	如果指定的文件不存在，则不创建这些不存在的文件
-m <时间>	仅将文件的最后修改（modify）时间设置为当前系统时间
-d <字符串>或--date=<字符串>	使用字符串所代表的时间来设置文件的时间属性

【参数说明】

参　　数	功　　能
文件	指定要设置时间属性的文件列表

【经验技巧】

- Linux 中没有单独的指令用来创建新的空文件，使用 touch 指令可以创建新的空文件，并且新创建的空文件的最后访问时间和最后修改时间均为当前的系统时间。
- 使用 touch 指令可以一次性创建大量的空文件。请参看典型示例。

【示例 1.52】 设置文件的时间属性。使用 stat 指令可以显示文件的时间属性，具体步骤如下。

（1）在命令行中输入下面的命令：

```
[root@localhost ~]# stat myfile      #显示 myfile 的时间属性
```

输出信息如下：

```
......省略部分输出内容......
最近访问：2023-05-16 17:58:50.845391606 +0800
最近更改：2023-05-16 17:58:50.845391606 +0800
最近改动：2023-05-16 17:59:09.181506731 +0800
创建时间：2023-05-16 17:58:50.845391606 +0800
```

（2）使用 touch 指令修改文件 myfile 的时间属性为当前系统时间。在命令行中输入下面的命令：

```
[root@localhost ~]# touch myfile     #设置文件的时间为当前系统时间
```

说明：上面的命令没有任何输出信息。

（3）再次使用 stat 指令显示 myfile 文件的时间属性。在命令行中输入下面的命令：

```
[root@localhost ~]# stat myfile      #显示文件的时间属性
```

输出信息如下：

```
......省略部分输出内容......
最近访问：2023-05-17 11:34:20.732465271 +0800
最近更改：2023-05-17 11:34:20.732465271 +0800
最近改动：2023-05-17 11:34:20.732465271 +0800
创建时间：2023-05-16 17:58:50.845391606 +0800
```

说明：从上面的输出信息中可以看出使用 touch 指令前后文件 myfile 的时间属性发生了变化。

【示例 1.53】 创建空文件。使用 touch 指令创建空文件 newfile，具体步骤如下。

在命令行中输入下面的命令：

```
[root@localhost ~]# touch newfile            #创建空文件 newfile
```

说明：上面的命令没有任何输出信息。

【示例 1.54】大批量地创建空文件。利用 touch 指令可以批量创建大量的空文件，具体步骤如下。

（1）在命令行中输入下面的命令：

```
[root@hn demo]#touch file_{1,2,3,4,5,6,7,8,9}     #批量创建空文件
```

说明：在上例中使用 touch 指令一次性创建了 file_1 到 file_9 共 9 个空文件。

（2）使用 ls 指令显示创建的空文件列表。在命令行中输入下面的命令：

```
[root@hn demo]# ls                                #显示文件列表
```

输出信息如下：

```
file_1  file_2  file_3  file_4  file_5  file_6  file_7  file_8
file_9
```

1.18　locate/slocate 指令：快速定位文件的路径

【语　　法】locate [选项] [参数]　　★★★★☆

【功能介绍】locate 指令用于快速查找文件系统中某个文件或目录的位置。该指令不是实时搜索整个文件系统，而是通过搜索一个预先建立的数据库（通常是/var/lib/plocate/plocate.db）实现快速查找的功能。为了保证查询结果的准确度，管理员必须定期更新 locate 数据库。

【选项说明】

选　　项	功　　能
-c或--count	不将文件名输出到终端，而是只显示符合条件的文件数目
-d <目录>或--database=<目录>	指定存放locate数据库的目录
-i	忽略（ignore）文件名大小写
-q	忽略错误信息
-r <正则表达式>或--regexp=<正则表达式>	进行查找匹配时，使用基本的POSIX正则表达式

【参数说明】

参　　数	功　　能
查找字符串	要查找的文件名中包含的字符串

【经验技巧】

- ❑ 由于 locate 指令基于数据库进行查询，所以第一次运行前必须使用 updatedb 指令创建 locate 数据库。
- ❑ locate 指令的数据库需要定期更新，以提高 locate 指令的准确性。大多数的 Linux 发行版都设置了自动调用 updatedb 指令来更新数据库。
- ❑ locate 指令与 slocate 指令的功能相同。slocate 指令是 GNU locate 指令的安全增强版。在大多数的 Linux 发行版中，考虑到与 UNIX 系统的兼容性，locate 指令实际是 slocate 指令的符号链接。

【示例 1.55】查找文件路径。在命令行中输入下面的命令：

```
#查找文件名中包含 rmdir 关键字的所有文件的绝对路径
[root@localhost ~]# locate rmdir
```

输出信息如下：

```
warning: locate: warning: database /var/lib/slocate/slocate.db'
is more than 8 days old
/bin/rmdir
......省略部分输出内容......
/usr/share/man/man3p/rmdir.3p.gz
```

说明：输出的第一行信息“warning: locate: warning: database /var/lib/slocate/slocate.db' is more than 8 days old”表示 locate 数据库存放的位置为“/var/lib/slocate/”目录，但是此数据库已经太老了，查询到的结果并不准确，需要手动使用 updatedb 指令更新 locate 数据库。

【示例 1.56】统计符合条件的文件数。使用 locate 指令的-c 选项可以统计符合条件的文件总数。在命令行中输入下面的命令：

```
[root@localhost ~]# locate -c gcc        #统计匹配的文件数目
```

输出信息如下：

```
229
```

【相关指令】whereis，updatedb

1.19　dd 指令：复制文件并进行内容转换

【语　　法】dd [选项]　　★★★★☆

【功能介绍】dd 指令用于复制文件并对原文件的内容进行转换和格式化处理。

【选项说明】

选　项	功　能
if=<输入文件>	指定输入文件（input file）。如果不指定if选项，则从标准输入设备读入信息
of=<输出文件>	指定输出文件（output file），否则输出到标准输出设备
ibs=<字节数>	指定每次输入（input）的字节数（bytes）。默认值是512字节
obs=<字节数>	指定每次输出（output）的字节数（bytes）。默认值是512字节
bs=<字节数>	设定每次读写的字节数（bytes）。此选项将覆盖ibs和obs选项
cbs=<字节数>	为块转换和非块转换指定转换（convert）块的字节数（bytes）
skip=<块数>	跳过输入文件最初指定的块数，块大小由ibs选项指定
seek=<块数>	跳过输出文件前面的指定块数开始写入，块大小由ibs选项指定
count=<块数>	只复制输入文件前面指定的块数（块大小由ibs选项指定）
conv=<关键字,关键字...>	将文件按指定关键字的方式转换（注意在“,”前后没有空格）。支持的转换方式如下： ascii：将EBCDIC码转换成ASCII码； ebcdic：将ASCII码转换成EBCDIC码； ibm：将ASCII码转换成可变EBCDIC码； block：每行输入信息无论其长短，输出都是选项cbs指定的字节数，并且其中的“换行符”用空格替换。如果有必要，行尾填充空格； unblock：用“换行符”替换每个输入块（由选项cbs设定字节数）末尾的空格； lcase：将大写字母转换成小写字母； ucase：将小写字母转换成大写字母； swab：交换每对输入字节。如果读入的字节数是奇数，则最后一个字节只是简单地复制到输出； noerror：当读取信息发生错误时，仍然继续执行； notrunc：对输出文件不进行截断操作； sync：用0填充每个输入块的末尾，使其大小为选项ibs的值

【经验技巧】

- 使用 dd 指令可以在复制文件的同时对文件内容进行转换或格式化处理。
- 使用 dd 指令可以用来制作光盘的映像文件。制作光盘的 ISO 映像文件的指令格式为“dd　if=/dev/cdrom　/path/cdrom.iso”。

【示例 1.57】复制文件并转换文件内容。使用 dd 指令可以在复制文件的同时将文件中的小写字母转换为大写，具体步骤如下。

（1）使用 cat 指令显示原始文件的内容。在命令行中输入下面的命令：

```
[root@localhost ~]# cat test.sh                    #显示文本文件的内容
```

输出信息如下：

```
#!/bin/bash
for i in 1 2 3 4 5 6 7
do
        echo $i
done
```

说明：此时的文件内容全部是小写字母。

（2）使用 dd 命令复制文件并将文件中的小写字母全部转换成大写字母，同时使用 if、of 和 conv 选项。在命令行中输入下面的命令：

```
#复制文件的同时将文件中的小写字母全部转换成大写字母
[root@localhost ~]# dd if=test.sh conv=ucase of=newtest.sh
```

输出信息如下：

```
0+1 records in
0+1 records out
53 bytes (53 B) copied, 0.000146282 seconds, 362 kB/s
```

（3）再次使用 cat 指令显示复制生成的新文件的内容，在命令行中输入下面的命令：

```
[root@localhost ~]# cat newtest.sh              #显示文本文件的内容
```

输出信息如下：

```
#!/BIN/BASH
FOR I IN 1 2 3 4 5 6 7
DO
        ECHO $I
DONE
```

说明：可以发现文件的内容已经由小写字母转换成大写字母。

【示例 1.58】制作光盘 ISO 映像文件。把光盘的设备文件作为 dd 指令的输入文件（if），将要生成的 ISO 映像文件作为 dd 指令的输出文件（of），dd 指令自动完成转换工作，具体步骤如下。

在命令行中输入下面的命令：

```
#制作光盘映像文件
[root@localhost ~]#dd  if=/dev/cdrom  of=/path/cdrom.iso
```

说明：生成的光盘 ISO 映像文件为 cdrom.iso，格式为 ISO9660，可以被用来刻录光盘。

【示例 1.59】备份/dev/sda 磁盘数据到指定路径的 image 文件中。把磁盘/dev/sda 文件作为 dd 指令的输入文件（if），将要生成的 image 文件作为 dd 指令的输出文件（of），dd 指令自动完成转换工作。具体步骤介绍如下。

在命令行中输入下面的命令：

```
#备份磁盘中的文件
[root@localhost ~]#dd  if=/dev/sda  of=/path/image
```

说明：生成的备份文件为 image。当用户的/dev/sda 磁盘中的数据丢失时，可以通过 image 文件恢复。

【相关指令】cp

1.20　updatedb 指令：创建或更新 slocate 数据库

【语　　法】updatedb [选项]

【功能介绍】updatedb 指令用来创建或更新 slocate 指令必备的数据库文件。updatedb 指令的执行过程较长，因为在执行时它会遍历整个系统的目录树，并将所有的文件信息写入 slocate 数据库文件。

【选项说明】

选　项	功　能
-o <文件>	忽略默认的数据库文件，输出（output）到指定的slocate数据库文件
-U <目录>	更新（update）指定目录的slocate数据库
-v	冗余（verbose）模式，显示指令执行的详细过程

【经验技巧】

- 第一次使用 updatedb 指令时，其运行速度比较慢，这是由于要新创建当前操作系统中所有文件信息的数据库。第二次使用 updatedb 指令时仅执行数据库的更新操作，因此速度比较快。
- 在使用-U 选项时，必须使用绝对路径。

【示例 1.60】更新 slocate 数据库。可以直接使用 updatedb 指令更新 slocate 数据库。在命令行中输入下面的命令：

```
[root@localhost ~]# updatedb                    #更新 slocate 数据库
```

说明：如果是第一次执行上面的指令，则执行时间较长。

【示例 1.61】更新指定目录的 slocate 数据库。使用 updatedb 指令的-U 选项可以指定要更新的 slocate 数据库的目录。在命令行中输入下面的命令：

```
#仅更新指定目录的 slocate 数据库
[root@localhost ~]# updatedb -U /usr/local/
```

说明：上例中仅更新目录/usr/local/的 slocate 数据库记录。

【相关指令】locate，slocate

1.21　dirname 指令：去除文件名中的非目录部分

【语　　法】dirname [选项] [参数]　★★★★☆

【功能介绍】dirname 指令用于去除文件名中的非目录部分，仅显示与目录有关的内容。

【选项说明】

选　　项	功　　能
--help	显示帮助
--version	显示版本号

【参数说明】

参　　数	功　　能
文件	带目录的文件名，如/var/log/message

【经验技巧】dirname 指令通常应用在 Shell 脚本程序设计中，以得到文件名中的目录信息。

【示例 1.62】仅显示文件的目录信息。用 dirname 指令仅显示文件名中的目录信息。在命令行中输入下面的命令：

```
#显示目录信息
[root@localhost ~]# dirname /var/log/httpd/access_log
```

输出信息如下：

```
/var/log/httpd
```

【相关指令】basename

1.22　pathchk 指令：检查文件路径名的有效性和可移植性

【语　　法】pathchk [选项] [参数]　★★★★☆

【功能介绍】pathchk 指令用来检查文件名中不可移植的部分。

【选项说明】

选　　项	功　　能
-p	检查大多数的POSIX系统
-P	检查空名字和以“-”开头的文件

续表

选　　项	功　　能
--portability	检查所有POSIX系统的规范，等同于“-p -P”选项
--help	显示帮助
--version	显示版本号

【参数说明】

参　　数	功　　能
文件	带路径信息的文件，如/var/log/message
后缀	可选参数，指定要去除的文件后缀字符串

【经验技巧】pathchk 指令仅用于测试路径的可移植性，其参数可以是并不存在的路径。

【示例 1.63】检查路径名的有效性。使用 pathchk 指令检查系统中“/etc/httpd/conf/httpd.conf”路径名称的有效性和可移植性。在命令行中输入下面的命令：

```
#检查路径名的可移植性
[root@localhost ~]# pathchk /etc/httpd/conf/httpd.conf
```

1.23　unlink 指令：调用 unlink()函数删除指定的文件

【语　　法】unlink [选项] [参数]　　★★★★☆

【功能介绍】unlink 指令使用系统调用函数 unlink()删除指定的文件。

【选项说明】

选　　项	功　　能
--help	显示帮助
--version	显示版本号

【参数说明】

参　　数	功　　能
文件	指定要删除的文件

【经验技巧】

- unlink 指令仅能删除普通文件，不能删除目录。
- unlink 指令没有 rm 指令中的-i 选项，所以无法防止误删除操作，在使用时要特别小心。

【示例1.64】删除文件。使用unlink指令删除普通的文件。在命令行中输入下面的命令：

```
[root@localhost ~]# unlink myfile100            #删除普通的文件
```

说明：unlink指令执行成功后没有任何输出信息。

【示例1.65】删除目录。当使用unlink删除目录时将会出现错误。在命令行中输入下面的命令：

```
[root@localhost ~]# unlink mydir                #删除目录
```

输出信息如下：

```
unlink: cannot unlink 'mydir': Is a directory
```

【相关指令】rm

1.24　basename指令：去掉文件名中的路径和扩展名

【语　　法】basename [选项] [参数]　★★★★☆

【功能介绍】basename指令用于显示去掉路径信息和文件扩展名之后的文件名。

【选项说明】

选　项	功　能
--help	显示帮助
--version	显示版本号

【参数说明】

参　数	功　能
文件	带路径信息的文件，如/var/log/message
后缀	可选参数，指定要去除的文件后缀字符串

【经验技巧】

- basename指令的第二个参数为可选项，如果省略此选项，则仅去掉路径信息。
- basename指令通常应用在Shell脚本程序设计中，以获得文件名中需要的部分字符串。

【示例1.66】去掉文件名中的路径信息。使用basename指令去掉给定的绝对路径的文件名中包含的路径信息。在命令行中输入下面的命令：

```
#去掉路径信息仅显示文件名
[root@localhost ~]# basename /var/log/message
```

输出信息如下：

```
message
```

说明：上例中仅显示去除路径信息后的文件名 message。

【示例 1.67】去掉文件的路径信息和后缀。如果为 basename 指令指定第二个参数，则 basename 指令在去掉路径信息的同时将文件的后缀也去除，仅显示不带后缀的文件名。在命令行中输入下面的命令：

```
#显示去掉路径和后缀的文件名
[root@localhost ~]# basename /etc/updatedb.conf .conf
```

输出信息如下：

```
Updatedb
```

【相关指令】dirname

1.25　rename 指令：批量为文件改名

【语　　法】rename [参数]　★★★★★

【功能介绍】rename 指令用字符串替换的方式批量改变文件名。

【参数说明】

参　　数	功　　能
原字符串	需要替换文件名的字符串
目标字符串	将文件名中的原字符串替换成目标字符串
文件	指定要改变文件名的文件列表

【经验技巧】如果文件名有一定的规律，则可以用 rename 指令批量改变文件名。rename 指令的本质是采用替换的方式将文件名中的指定字符串替换为目标字符串，在进行替换时需要使用 Shell 通配符来匹配文件名。

【示例 1.68】批量重命名文件，具体步骤如下。

（1）使用 ls 指令显示当前目录下的文件列表。在命令行中输入下面的命令：

```
[root@localhost ~]# ls -l                          #显示目录列表
```

输出信息如下：

```
total 64
drwxr-xr-x 2 root root  4096 May 14 15:16 Desktop
-rw------- 1 root root  1495 May 12 23:31 anaconda-ks.cfg
-rw-r--r-- 1 root root     0 May 22 14:59 file_0
```

```
-rw-r--r-- 1 root root     0 May 22 14:59 file_1
……省略部分输出内容……
-rw-r--r-- 1 root root     0 May 22 14:59 file_8
-rw-r--r-- 1 root root     0 May 22 14:59 file_9
-rw-r--r-- 1 root root 42568 May 12 23:30 install.log
-rw-r--r-- 1 root root     0 May 12 22:44 install.log.syslog
```

（2）使用 rename 指令将文件名中的字符串“file_”替换为“linux_”。在命令行中输入下面的命令：

```
[root@localhost ~]# rename file_ linux_ file *    #批量重命名文件
```

（3）再次使用 ls 指令显示当前目录下的文件列表。在命令行中输入下面的命令：

```
[root@localhost ~]# ls                             #显示目录列表
```

输出信息如下：

```
total 64
drwxr-xr-x 2 root root  4096 May 14 15:16 Desktop
-rw------- 1 root root  1495 May 12 23:31 anaconda-ks.cfg
-rw-r--r-- 1 root root 42568 May 12 23:30 install.log
-rw-r--r-- 1 root root     0 May 12 22:44 install.log.syslog
-rw-r--r-- 1 root root     0 May 22 14:59 linux_0
-rw-r--r-- 1 root root     0 May 22 14:59 linux_1
……省略部分输出内容……
-rw-r--r-- 1 root root     0 May 22 14:59 linux_8
-rw-r--r-- 1 root root     0 May 22 14:59 linux_9
```

说明：上面的输出信息表明批量修改文件名成功。

【相关指令】mv

1.26　习　　题

一、填空题

1．文件管理是操作系统的重要功能。在 Linux 中，所有的软硬件资源都被认为是________。

2．file 指令对文件的检查分为三个过程，分别为__________、__________和________。

3．touch 指令有两个功能，一是________；二是________。

二、选择题

1．下面的（　　）指令用来显示当前的工作目录。

A．ls　　B．cd　　C．pwd　　D．find

2．使用 find 指令查找文件，（　　）选项依据文件的名称进行查找。

A．-name　　B．-size　　C．-type　　D．-user

3．下面的（　　）命令可以改变文件的相关属性。

A．chgrp　　B．chmod　　C．chown　　D．ls

三、判断题

1．创建硬链接时，源文件和目标文件必须在同一个磁盘分区，不能跨越不同的分区。而创建符号链接时，源文件和目标文件可以在任何磁盘分区。（　　）

2．使用 dd 指令可以在复制文件的同时对文件内容进行转换或格式化处理。（　　）

3．rmdir 命令和 rm 命令的作用一样，都是删除整个目录。（　　）

四、操作题

1．创建一个目录 test 并使用 ls 命令查看其属性。

2．切换到 test 目录并查看当前目录，然后删除 test 目录。

3．创建一个名为 test.txt 的文件。

第2章　文 本 编 辑

在操作系统中，信息以文件的方式保存在存储介质上，而文本文件则是最常使用的文件格式。文本编辑是系统管理员最常见的操作任务之一。Linux 系统提供了众多优秀的文本编辑工具，熟练掌握这些文本编辑工具，可以极大地提高管理员的工作效率。本章将介绍 Linux 最常用的文本编辑指令。

2.1　vi 指令：全屏纯文本编辑器

【语　　法】vi [选项] [参数]　　★★★★★

【功能介绍】vi 是 UNIX 操作系统和类 UNIX 操作系统中最通用的全屏幕纯文本编辑器。Linux 中的 vi 编辑器叫 vim，它是 vi 的增强版（Vi IMproved），与 vi 编辑器完全兼容，而且实现了很多增强功能。

vi 编辑器支持编辑模式和命令模式。在编辑模式下可以完成文本的编辑功能；在命令模式下可以完成对文件的操作。要正确使用 vi 编辑器，就必须熟练掌握这两种切换模式。默认情况下，打开 vi 编辑器后自动进入命令模式。从编辑模式切换到命令模式使用 Esc 键，从命令模式切换到编辑模式使用 A、a、O、o、I 和 i 键（功能描述请看下面的内置命令列表）。

vi 编辑器提供了丰富的内置命令，有些内置命令使用键盘上的组合键即可完成，有些内置命令则需要以冒号“:”作为开头进行输入。常用的内置命令如下。

内置命令	功　　能
Esc	从编辑模式切换到命令模式
ZZ	在命令模式下保存当前文件所做的修改后退出vi
Ctrl+d	将显示内容向下滚动半屏
Ctrl+u	将显示内容向上滚动半屏
Ctrl+f	将显示内容向下滚动一屏
Ctrl+b	将显示内容向上滚动一屏
:行号	光标跳转到指定行的行首
:$	光标跳转到最后一行的行首
x	删除当前光标所在位置的字符
X	删除当前光标所在位置的前一个字符

续表

内置命令	功　　能
D	删除从当前光标到光标所在行尾的全部字符
dd	删除光标行的整行内容
ndd	删除当前光标所在行的后（包括当前光标所在行）*n*（*n*为数字）行内容
Y	复制当前光标所在行的全部内容，复制的内容放到内存缓冲区备用
nyy	复制当前光标所在行的后（包括当前光标所在行）*n*（*n*为数字）行内容，复制的内容放到内存缓冲区备用
p	粘贴文本操作，用于将缓存区的内容粘贴到当前光标所在位置的下方
P	粘贴文本操作，用于将缓存区的内容粘贴到当前光标所在位置的上方
/字符串	文本查找操作，用于从当前光标所在位置开始向文件尾部查找指定字符串的内容，查找到的字符串会被加亮显示
?name	文本查找操作，用于从当前光标所在位置开始向文件头部查找指定字符串的内容，查找到的字符串会被加亮显示
a,b s/F/T	替换文本操作，用于在第a行到第b行之间，将F字符串换成T字符串。其中，“s/”表示进行替换操作
a	从命令模式切换到编辑模式，并且从当前光标所在位置之后开始输入内容
A	从命令模式切换到编辑模式，并且从当前光标所在行的行末开始输入内容
i	从命令模式切换到编辑模式，并且从当前光标所在位置开始插入文本内容
I	从命令模式切换到编辑模式，并且从当前光标所在行的行首开始插入文本内容
o	从命令模式切换到编辑模式，并且在当前光标所在行的下方新建一个空行开始插入文本
O	从命令模式切换到编辑模式，并且在当前光标所在行的上方新建一个空行开始插入文本
:wq	在命令模式下执行存盘写入（write）并退出（quit）操作
:w	在命令模式下执行存盘写入（write）操作
:w!	在命令模式下执行强制存盘写入（write）操作（即使文件是只读的）
:w 文件名	在命令模式下将当前文件名另存为指定的文件名
:q	在命令模式下执行退出（quit）vi操作（如果文件内容发生改变但是尚未保存，则提示是否保存）
:q!	在命令模式下执行强制退出vi操作（无论文件是否保存）
:e 文件名	在命令模式下打开并编辑（edit）指定名称的文件
:n	在命令模式下如果同时打开了多个文件，则继续编辑下一个（next）文件
:f	在命令模式下显示当前的文件名、光标所在行的行号及显示比例
:set number	在命令模式下在最左端显示行号，可用简写方式:set nu
:set nonumber	在命令模式下取消在最左端显示的行号，可用简写方式:set nonu

【选项说明】

选　　项	功　　能
+<行号>	从指定行号的行开始显示文本内容
-b	以二进制模式打开文件，用于编辑二进制文件和可执行文件
-c <指令>	在完成对第一个文件的编辑任务后，执行给出的指令
-d	以diff模式打开文件。当进行多文件编辑时，显示文件的差异部分
-l	使用Lisp模式。打开lisp和showmatch选项
-m	取消写文件功能，重置write选项，仅允许编辑缓冲区中的内容，但是不允许将改变写入磁盘文件
-M	关闭修改文件功能，取消write和modifiable选项的设置，所以不允许执行修改文件和写文件操作
-n	不使用缓存功能，不会产生.swap的交换文件
-o<文件数目>	同时打开（open）指定数目的文件
-R	以只读（read-only）方式打开文件。使用该选项可以设置readonly选项
-s	安静（silence）模式，不显示指令的任何错误信息

【参数说明】

参　　数	功　　能
文件列表	指定要编辑的文件列表，多个文件之间使用空格分隔开

【经验技巧】

- 在编辑文件时，可以在命令模式下使用:set nu 和:set nonu 来显示和取消行号。
- 在使用 vi 编辑器编辑文件时，可以通过多按几次 Esc 键以确认切换到编辑模式。
- 默认情况下，vi 编辑器为了提高运行效率使用了缓存功能。在编辑文件时，会在文件所在目录下创建一个形如.filename.swp 的交换文件。当退出 vi 时，交换文件将被删除。如果没有正常退出 vi 或者同一个文件被打开两次，则会出现警告信息。

【示例 2.1】显示文件行号，具体步骤如下。

（1）在编辑文件时（特别是程序源代码），可以通过:set nu 显示文件中的行号，以增强可读性。在命令行中输入下面的命令：

```
[root@hn ~]# vi /etc/rc.d/rc.local   #编辑 Shell 脚本文件 rc.local
```

输出信息如下：

```
#! /bin/bash
#
......省略部分输出内容......
```

```
touch /var/lock/subsys/local
"rc.local" 14L, 474B
```

（2）vi 编辑器会自动进入命令模式，直接输入“:set number”指令以显示行号。输出信息如下：

```
     1 #! /bin/bash
     2 #
......省略部分输出内容......
     13 touch /var/lock/subsys/local
:set number                                          #输入显示行号的指令
```

说明： 在上面的输出信息中，每一行的开头都显示了行号，如果要取消显示行号，可以使用:set nonumber 指令。需要注意，显示行号仅是为了方便阅读，并非文件的正文。

2.2　emacs 指令：全屏文本编辑器

【语　　法】 emacs [选项] [参数]　★★★★★

【功能介绍】 emacs 指令是由 GNU 组织的创始人 Richard Stallman 开发的一个功能强大的全屏文本编辑器，它支持多种编程语言，具有很多优良的特性。有众多的系统管理员和软件开发者都在使用 emacs。

【选项说明】

选　　项	功　　能
+<行号>	启动emacs编辑器并将光标移动到指定行号的行中
-q	启动emacs编辑器但不加载初始化文件
-u <用户>	启动emacs编辑器时加载指定用户（user）的初始化文件
-t <文件>	启动emacs编辑器时把指定的文件作为终端（terminal），不使用标准输入（stdin）与标准输出（stdout）
-f <函数>	执行指定的Lisp语言函数（function）
-l <lisp代码文件>	加载指定的Lisp代码文件
-batch	以批处理模式运行emacs编辑器

【参数说明】

参　　数	功　　能
文件	指定要编辑的文本文件

【经验技巧】 emacs 编辑器的内置指令和相关操作及其扩展功能相当丰富，初学者不太容易掌握。读者可以先从最基本的操作入手，逐步掌握 emacs 的使用方法。详细的指令和功能介绍请参考相关的书籍。

【示例2.2】启动emacs编辑器。

可以在命令行中将待编辑的文件传递给emacs指令。在命令行中输入下面的命令：

```
#启动emacs编辑文件"/etc/fstab"
[root@hn ~]# emacs /etc/fstab
```

emacs指令的输出信息会占满整个终端屏幕，为了节省篇幅，此处省略。

说明：可以在emacs编辑器运行界面按F1键，获取emacs指令的帮助信息。

2.3　ed指令：行文本编辑器

【语　　法】ed [选项] [参数]　★★★★☆

【功能介绍】ed指令是单行纯文本编辑器，它有命令模式（command mode）和输入模式（input mode）两种工作模式，默认的工作模式为命令模式。当由命令模式切换到输入模式时，使用a、c或i命令（具体功能描述参看下面的内置命令列表）中的任何一个命令即可；当由输入模式切换为命令模式时，在新的空行中输入"."后按Enter键即可。ed指令支持多个内置命令。常见的内置命令如下。

内置命令	命令功能描述
A	切换到输入模式，在文件的最后一行之后输入新的内容
C	切换到输入模式，用输入的内容替换最后一行的内容
i	切换到输入模式，在当前行之前加入一个新的空行用来输入内容
d	用于删除（delete）最后一行文本内容
n	用于显示最后一行的行号与内容
w <文件名>	以给定的文件名保存当前正在编辑的文件
q	退出（quit）ed编辑器

【选项说明】

选　　项	功　　能
-G或--traditional	强制使用向后兼容模式
-p <提示符>或--prompt= <提示符>	设置命令模式下的命令提示符
-s或--quiet或--silent	打开文件时不执行检查功能，常用在脚本中

【参数说明】

参　　数	功　　能
文件	待编辑的文件

【经验技巧】

- 使用 ed 编辑器时，如果指定了要编辑的文件，则将该文件读入 ed 指令的缓冲区中。对文件所做的修改不会直接改变磁盘中的文件，而是仅影响缓冲区中的文件内容。如果 ed 异常退出，则将丢失对文件所做的修改。
- 在 Linux 中经常出现一些超大规模的文件（超过 2GB），如果直接使用 vi 等全屏幕的文本编辑器，则可能导致内存问题，此时可以利用 ed 编辑器轻松地编辑这些超大规模的文件。
- 在 Linux 中，经常使用 ed 指令在 Shell 脚本中完成对文件的编辑功能。

【示例 2.3】 以行为单位编辑文本文件，具体步骤如下。

（1）使用 cat 指令显示文本文件的内容。在命令行中输入下面的命令：

```
[root@localhost test]# cat /etc/fstab.bak    #显示文本文件内容
```

输出信息如下：

```
#
# /etc/fstab
......//省略部分输出内容......
/dev/mapper/rhel-root        /         xfs     defaults    0 0
UUID=beb1b7b8-e7f6-498e-     /boot     xfs     defaults    0 0
8ab3-ce90265b0e48
/dev/mapper/rhel-home        /home     xfs     defaults    0 0
/dev/mapper/rhel-swap        none      swap    defaults    0 0
```

（2）使用 ed 编辑器编辑文件/etc/fstab.bak。在命令行中输入下面的命令：

```
#编辑文件/etc/fstab.bak
[root@localhost test]# ed /etc/fstab.bak
```

输出信息如下：

```
654                                 #显示文件当前的字节数
1                                   #显示第一行的内容
#
i                                   #进入输入模式，在文件开头加入新内容
hello! This is a Demo for ed!       #输入的新文本
.                                   #切换到命令模式
,s/xfs/TTT/g                        #将文件中的 xfs 全部替换为 TTT
w                                   #保存所做的修改
684                                 #显示文件当前的字节数
q                                   #退出 ed 编辑器
[root@hn ~]#
```

说明：本例中黑体部分的内容需要从键盘输入。

（3）显示使用 ed 编辑器编辑过的文件内容。在命令行中输入下面的命令：

```
[root@localhost test]# cat /etc/fstab.bak     #显示文本文件的内容
```

输出信息如下：

```
hello! This is a Demo for ed!
#
# /etc/fstab
# Created by anaconda on Sat Dec  3 04:40:30 2022
......省略部分输出内容......
/dev/mapper/rhel-home      /home    TTT      defaults      0 0
/dev/mapper/rhel-swap      none     swap     defaults      0 0
```

说明：在上面的输出信息中，第一行的内容 hello! This is a Demo for ed!是 ed 编辑器插入的文本。文件中的字符串 xfs 被替换成了 TTT。

【相关指令】 sed

2.4　ex 指令：以 Ex 模式运行 vi 指令

【语　　法】 ex [参数]　　★★★★☆

【功能介绍】 ex 指令以 Ex 模式（单行模式）启动 vi 编辑器。它与指令 vi -E 的运行效果等同。

【参数说明】

参　　数	功　　能
文件	指定待编辑的文件

【经验技巧】 ex 指令是 vi 的单行编辑模式，当 vi 指令进入 Ex 模式时，输入 visual 即可恢复全屏编辑模式，此时将具有 vi 编辑器的全部功能。

【示例 2.4】 使用 vi 的 Ex 模式编辑文件，具体步骤如下。

（1）ex 指令是 vi 编辑器的单行编辑模式。在命令行中输入下面的命令：

```
#用 Ex 模式编辑文件/etc/passwd
[root@localhost test]# ex /etc/passwd
```

输出信息如下：

```
"/etc/passwd" 46L, 2186C
Entering Ex mode.  Type "visual" to go to Normal mode.
:
```

说明：上面的输出信息中，可以在冒号后面输入相关的操作命令。

（2）在冒号提示符下输入行号，可以显示指定行号的内容。在命令行中输入下面的命令：

```
:3                                       #显示第 3 行的内容
```

```
#文件/etc/passwd 第 3 行的内容
daemon:x:2:2:daemon:/sbin:/sbin/nologin
```

（3）在冒号提示符下输入 q 命令，退出 ex 编辑器。在命令行中输入下面的命令：

```
:q                                         #退出 ex 编辑器
[root@localhost test]#                     #回到 Shell 提示符状态
```

【相关指令】 vi

2.5　jed 指令：程序员的文本编辑器

【语　　法】 jed[选项][参数]　★★★★☆

【功能介绍】 jed 指令是由 Slang 开发的，其主要用途是编辑程序的源代码。它支持彩色语法加亮显示，可以模拟 Emacs、EDT、Wordstar 和 Brief 编辑器。

【选项说明】

选　项	功　能
-n	不（do not）加载配置文件.jedrc
-2	将jed运行窗口分隔为上下两个编辑区
-batch	以批处理方式运行jed，这是一种非交互式的操作方式
-f <函数>	执行指定的函数（function）
-g <行号>	打开文件并将光标移动到指定的行
-i <文件>	将指定的文件插入（insert）当前缓冲区
-s <字符串>	查找（search）指定的字符串

【参数说明】

参　数	功　能
文件	指定待编辑的文件列表

【经验技巧】 jed 指令是专门为程序设计人员准备的文本编辑器，支持多种编程语言的语法加亮显示，可以模拟多种编辑器。

【示例 2.5】 编辑 Shell 脚本文件。

jed 指令可以给程序员提供友好的显示和操作界面，便于程序员编辑程序源代码。例如，编辑 Shell 脚本文件，在命令行中输入下面的命令：

```
[root@hn ~]# jed /etc/rc.d/rc          #使用 jed 编辑 Shell 脚本
```

jed 指令的输出信息会占满整个终端屏幕，为了节省篇幅，此处省略。

说明： jed 指令的输出信息将会以彩色加亮显示，使用 F10 键可以激活屏幕最上方的菜单命令。

【相关指令】 vi，ed

2.6　nano 指令：文本编辑器

【语　　法】 nano [选项] [参数]　　★★★☆☆

【功能介绍】 nano 是 UNIX 和类 UNIX 系统中的一个文本编辑器，是 Pico 的替代品。它操作简单，提供了丰富的快捷键。常用的快捷键如下。

快捷键（^代表Ctrl键）	功能描述
^G	获得nano的帮助信息
^O	保存文件内容。如果是新文件，则需要输入文件名
^R	在当前光标位置插入指定的一个文本文件中的内容
^Y	向前翻页
^V	向后翻页
^W	对文件进行搜索
^K	剪切当前行到粘贴缓冲区
^U	粘贴缓冲区中的内容到当前光标所在位置
^C	显示当前光标位置
^T	调用拼写检查功能，对文档进行拼写检查（仅限英文）
^J	段落重排
^X	退出，当文件内容发生改变时，提示是否保存修改

【选项说明】

选　　项	功　　能
-h	显示帮助信息（help）
-j	使用切换功能
-k	当使用剪切命令时，把光标所在行的内容全部删除
-m	激活鼠标（mouse）选择对应命令的功能
-n	不要（do not）读取文件，仅写入
-o <工作目录>	设置指令的操作（operating）目录
-s <拼写检查器>	指定进行指令拼写检查的拼写（spell）检查器
-t	当使用^X退出时，保存更改后的缓冲区而不提示
-v	以只读方式查看（view）文件内容

续表

选　项	功　能
-w	关闭自动换行功能，以便编辑长内容
-x	关闭屏幕下方的命令帮助信息
-z	支持Ctrl+z键中止程序的运行，将其放到后台作业
+<行号>	当进入编辑模式时，将光标移动到指定的行号上

【参数说明】

参　数	功　能
文件	指定要编辑的文件

【示例 2.6】用 nano 编辑指定的文本文件。在命令行中输入下面的命令：

```
[root@localhost ~]# nano  /etc/fstab           #编辑文本文件
```

输出信息如下：

```
  GNU nano 5.6.1            /etc/fstab
......省略部分输出内容......
/dev/mapper/rhel-home   /home     xfs      defaults       0 0
/dev/mapper/rhel-swap   none      swap     defaults       0 0


^G 帮助    ^O 写入    ^W 搜索    ^K 剪切    ^T 执行命令     ^C 位置
M-U 撤销    M-A 设置标记
^X 离开    ^R 读档    ^\ 替换    ^U 粘贴    ^J 对齐        ^_ 跳行
M-E 重做    M-6 复制
```

说明：使用 nano 指令对文本文件进行操作时，只要注意查看屏幕下方的快捷键帮助即可方便地完成所有操作步骤。

【相关指令】vi

2.7　sed 指令：用于文本过滤和转换的流式编辑器

【语　　法】sed [选项] [参数]　★★★★★

【功能介绍】sed 指令是一个流（stream）式文本编辑器（editor），用于在输入流（可以是一个文本文件或者从命令管道送来的文本内容）上处理基本的文本转换。sed 指令还具有强大的文本过滤功能。

sed 指令在工作时首先将文本文件中的一行内容读取到称为“模式空间”（pattern space）的临时缓冲区中，然后对文本进行处理，处理完成后将缓冲区中的文本显示到标准输出设备（显示终端）上，然后处理下一行文本，重复此过程，直到文件结束。

sed 指令支持丰富的内部命令，常用的命令有 d（删除指定的行）、s（替换指定的文本）、i（插入文本）。

【选项说明】

选　　项	功　　能
-n或--quiet或--silent	禁止模式空间（pattern space）自动显示到标准输出设备上，除非显式地要求显示模式空间的内容
-e <脚本>或--expression=<脚本>	在命令行中添加脚本并执行
-f <脚本文件>或--file=<脚本文件>	在命令行中添加脚本文件并执行
-i<后缀>或--in-place=<后缀>	在适当的位置编辑文件。如果提供后缀，则执行备份操作
-c或--copy	当使用-i选项移动文件时，使用复制操作代替重命名操作（避免改变输入文件的所有权）
-l <数字>或--line-length=<数字>	指定行的最大字符长度。当超过此值时将自动换行
--posix	关闭所有的GNU扩展功能
-r或--regexp-extended	在脚本中使用扩展的规则表达式
-s或--separate	将每个文件看作单独的文本，而不是将所有文件看作一个长的文本流
-u或--unbuffered	从文件中加载最少的数据量，增加清空输出缓冲区的频率

【参数说明】

参　　数	功　　能
文件	指定待处理的文本文件列表

【经验技巧】

- sed 指令是单行文本流式编辑器，它一次处理一行内容。当 sed 指令工作时，首先将当前行保存在称为“模式空间”（pattern space）的临时缓冲区，然后使用内部命令处理缓冲区中的内容，最后将处理完的“模式空间”的内容在显示终端上显示。处理完一行内容后接着处理下一行，直到文件结束。
- 使用 sed 指令处理文本文件时，原来的文本文件的内容是不发生改变的。除非使用 Shell 的重定向功能保存输出的内容。
- sed 指令可以自动编辑或者处理一个或多个文本文件，这样可以极大地简化对文本文件的反复操作和对文件内容的转换等。

- 如果文本文件很大（例如一个文本文件达到 2GB），直接使用 vi 之类的编辑器的效率是很低的，也有可能根本打不开文件。这种情况下，使用 sed 进行文本处理是非常合适的。
- sed 指令的内部命令最好使用单引号引起来，以防止 Shell 扩展一些特殊的字符时影响程序的执行。

【示例 2.7】删除指定的行，具体步骤如下。

（1）使用 sed 指令的内部命令 d 可以删除指定的行。例如，删除文件的第一行，在命令行中输入下面的命令：

```
#删除文件 fstab 的第一行
[root@localhost ~]# sed -e '1d' /etc/fstab
```

输出信息如下：

```
# /etc/fstab
# Created by anaconda on Sat Dec  3 04:40:30 2022
......省略部分输出内容......
/dev/mapper/rhel-swap   none            swap    defaults        0 0
```

说明：上面显示的内容是将文件“/etc/fstab”第一行删除之后的结果。

（2）显示文件“/etc/fastab”的原始内容（注意，源文件的内容是不发生变化的）并与上面的输出信息进行对比。在命令行中输入下面的命令：

```
[root@hn ~]# cat /etc/fstab                     #显示文本文件的内容
```

输出信息如下：

```
#
# /etc/fstab
# Created by anaconda on Sat Dec  3 04:40:30 2022
......省略部分输出内容......
/dev/mapper/rhel-swap   none            swap    defaults      0 0
```

（3）使用 d 命令还可以删除多行内容。在命令行中输入下面的命令：

```
#删除文件 fstab 的 1～3 行
[root@localhost ~]# sed -e '1,3d' /etc/fstab
```

输出信息如下：

```
#
# Accessible filesystems, by reference, are maintained under
'/dev/disk/'.
# See man pages fstab(5), findfs(8), mount(8) and/or blkid(8) for
more info.
......省略部分输出内容......
/dev/mapper/rhel-swap   none    swap    defaults        0 0
```

说明：在本例中，逗号前后的数字分别表示要删除的起始行和结束行。

【示例 2.8】删除文件中以"#"开头的行，具体步骤如下。

（1）sed 指令支持规则表达式，对符合规则表达式匹配规则的内容执行相应的操作。在命令行中输入下面的命令：

```
#删除文件/etc/vsftpd/vsftpd.conf 中以#开头的行
[root@localhost ~]#sed -e '/^#/d' /etc/vsftpd/vsftpd.conf
```

输出信息如下：

```
anonymous_enable=NO
local_enable=YES
write_enable=YES
local_umask=022
dirmessage_enable=YES
xferlog_enable=YES
connect_from_port_20=YES
xferlog_std_format=YES
listen=NO
listen_ipv6=YES

pam_service_name=vsftpd
userlist_enable=YES
```

说明： 文件"/etc/vsftpd/vsftpd.conf"中含有很多以"#"开头的注释内容。在上面的输出信息中已经将以"#"开头的注释内容删除。

（2）显示文件"/etc/vsftpd/vsftpd.conf"的原始内容并与上面的输出信息进行对比。在命令行中输入下面的命令：

```
#显示文本文件 vsftpd.conf 的内容
[root@hn ~]# cat /etc/vsftpd/vsftpd.conf
```

输出信息如下：

```
# Example config file /etc/vsftpd/vsftpd.conf
#
# The default compiled in settings are fairly paranoid. This sample
file
......省略部分输出内容......
pam_service_name=vsftpd
userlist_enable=YES
```

【示例 2.9】替换指定的内容，具体步骤如下。

（1）使用 sed 指令的内部命令 s 可以替换指定的内容，例如，将文件/etc/fstab 中的 defaults 替换为 hello。在命令行中输入下面的命令：

```
#将文件"/etc/fstab"中的 defaults 替换为 hello
[root@hn ~]# sed -e 's/defaults/hello/g' /etc/fstab
```

输出信息如下：

```
......省略部分输出内容......
/dev/mapper/rhel-root      /           xfs        hello       0 0
```

```
UUID=beb1b7b8-e7f6-498e-    /boot     xfs       hello        0 0
8ab3-ce90265b0e48
/dev/mapper/rhel-home       /home     xfs       hello        0 0
/dev/mapper/rhel-swap       none      swap      hello        0 0
```

（2）输出文件“/etc/fstab”的原始内容并与上面的输出信息进行对比。在命令行中输入下面的命令：

```
[root@hn ~]#cat /etc/fstab                              #显示文本文件的内容
```

输出信息如下：

```
......省略部分输出内容......
/dev/mapper/rhel-root       /         xfs       defaults     0 0
UUID=beb1b7b8-e7f6-498e-    /boot     xfs       defaults     0 0
8ab3-ce90265b0e48
/dev/mapper/rhel-home       /home     xfs       defaults     0 0
/dev/mapper/rhel-swap       none      swap      defaults     0 0
```

【相关指令】 ed

2.8　joe 指令：全屏文本编辑器

【语　　法】 joe [选项] [参数]　　★★★☆☆

【功能介绍】 joe 指令是一款功能强大的纯文本编辑器，拥有众多编写程序和文本的优良特性。

【选项说明】

选　　项	功　　能
-force	当保存文件时，强制在文件的最后一行添加换行符
-lines <数字>	指定屏幕显示的行数
-lightoff	执行块命令后，取消块的加亮显示
-autoindent	自动缩进，对于编写代码很有帮助

【参数说明】

参　　数	功　　能
文件	指定要编辑的文件

【经验技巧】 joe 指令内置了众多操作指令，可以在打开 joe 编辑器后，按组合键 Ctrl+K+H 显示这些操作指令。

【示例 2.10】 使用 joe 编辑文本文件，具体步骤如下。

（1）使用 joe 指令打开要编辑的文本文件。在命令行中输入下面的命令：

```
[root@hn ~]# joe /etc/fstab                  #使用 joe 打开文本文件 fstab
```

输出信息如下：

```
   I      /etc/fstab                               Row 1    Col 1

......省略部分输出内容......
/dev/mapper/rhel-root       /        xfs       defaults    0 0
UUID=beb1b7b8-e7f6-498e-    /boot    xfs       defaults    0 0
8ab3-ce90265b0e48
/dev/mapper/rhel-home       /home    xfs       defaults    0 0
/dev/mapper/rhel-swap       none     swap      defaults    0 0
```

（2）在 joe 指令的界面中按组合键 Ctrl+K+H 显示操作指令的含义。输出信息如下：

```
    REGION    GO TO    GO TO    DELETE    EXIT     SEARCH
    ^Arrow Select ^Z Prev. word^U/^V PgUp/PgDn   ^D Char.
^KX Save  ^KF Find
    ^KB Begin          ^X Next word MISC          ^Y Line  ^C
Abort     ^L  Next
    ^KK End   ^KU Top of file   ^KJ Paragraph^W >Word ^KQ All
HELP
    ^KC Copy  ^KV End of file   ^KA Center line   ^O Word< FILE
Esc . Next
    ^KM Move  ^A Beg. of line   ^K Space Status   ^J >Line ^KE
Edit Esc , Prev
    ^KW File  ^E End of line    SPELL    ^[O Line<    ^KR Insert
^KH Off
    ^KY Delete    ^KL To line no.  Esc N Word    ^_ Undo  ^KD
Save ^T  Menu
    ^K/ Filter    ^G  Matching (   Esc L File    ^^ Redo  ^K`
Revert
   I      /etc/fstab                               Row 1    Col 1

......省略部分输出内容......
/dev/mapper/rhel-home      /home    xfs    defaults       0 0
/dev/mapper/rhel-swap  none     swap   defaults       0 0
```

说明：上面的输出信息中，上半部分为快捷键的帮助信息，下半部分为文件的正文。

2.9　习　　题

一、填空题

1. 在操作系统中信息以________的方式保存在存储介质上，而________则是最常使用的文件格式。

2. vi 编辑器支持________模式和________模式。

3. sed 是一个________文本编辑器，用于在输入流上处理基本的文本转换。

二、选择题

1．下面的（　　）编辑器是全屏文本编辑器。

A．vi　　B．emacs　　C．ed　　D．joe

2．使用 vi 编辑器编辑文本时，按（　　）键进入编辑模式。

A．A　　B．I　　C．O　　D．Y

3．使用 vi 编辑器时，（　　）命令用来保存并退出文本操作。

A．:w　　B．wq　　C．:q　　D．:q!

三、判断题

1．使用 vi 编辑器编辑文件时，可以在命令模式下使用“:set nu”和“:set nonu”来显示和取消行号。（　　）

2．ed 指令是一个行文本编辑器，包括命令和输入两种模式。（　　）

3．sed 指令是单行文本流式编辑器，它一次只能处理一行内容。（　　）

四、操作题

1．使用 vi 编辑器创建一个文本文件 test 并输入如下内容：

```
Hello World!
This is a text document.
```

2．为 test 文件的内容添加行号。

3．保存并退出 test 文本编辑模式。

第 3 章　文本过滤与处理

在命令行操作过程中，用户经常需要对文本文件的内容进行适当的处理，以满足系统管理和应用的需求。Linux 系统提供了丰富的文本处理指令。通过这些指令，用户可以在不编写任何程序的情况下灵活地完成复杂的文本过滤与处理操作。本章将介绍 Linux 中文本过滤与处理相关的指令。

3.1　cat 指令：连接文件并显示文件内容

【语　　法】 cat [选项] [参数]　　★★★★★

【功能介绍】 cat 指令用于连接（concatenate）多个文件并将结果通过标准输出显示出来。

【选项说明】

选　项	功　能
-A	显示所有（all）字符，包括不可打印字符其中，行尾显示$，Tab字符显示为^I，相当于指定了-vET选项
-b	不在空行前面显示行号
-e	等价于-vE选项
-n	显示所有行的行号（number），包括空行
-s	压缩（suppress）空行，多个空行连续出现时仅显示一个空行
-t	相当于-vT选项
-T	Tab字符显示为“^I”
-v	显示不可打印（nonprinting）字符。其中，“^”代表LFD，M-代表Tab

【参数说明】

参　数	功　能
文件列表	指定要连接的文件列表

【经验技巧】

- cat 指令通常作为文本文件的显示指令来使用。
- 当 cat 指令不带任何参数和选项时，表示将标准输入内容复制到标准输出，即输入一行内容后立即将所输入的内容显示到标准输出设备上。

【示例 3.1】压缩文件中多余的空行，具体步骤如下。

（1）显示文件的原始内容。在命令行中输入下面的命令：

```
[root@data /root]# cat /etc/fstab          #显示文件的原始内容
```

输出信息如下：

```
......省略部分内容......
/dev/mapper/rhel-home      /home    xfs      defaults      0 0
/dev/mapper/rhel-swap      none     swap     defaults      0 0
```

（2）使用 cat 指令的-s 选项可以将文件中多个连续的空行压缩为一行显示。在命令行中输入下面的命令：

```
[root@data /root]# cat -s /etc/fstab     #合并多个连续空白行为一行
```

输出信息如下：

```
LABEL=/        /            ext2     defaults           1 1
......此处为一个空白行......
LABEL=/data    /data        ext2     defaults           1 2
/dev/fd0       /mnt/floppy  auto     noauto,owner       0 0
```

【示例 3.2】显示非空行的行号，具体步骤如下。

使用 cat 指令的“-b”选项可以显示非空行的行号。在命令行中输入下面的命令：

```
[root@data /root]# cat -b /etc/fstab     #显示非空行的行号
```

输出信息如下：

```
    1  LABEL=/        /            ext2     defaults           1 1
......此处为多个连续的空白行......
    2  LABEL=/data    /data        ext2     defaults           1 2
    3  /dev/fd0    /mnt/floppy  auto     noauto,owner       0 0
```

【示例 3.3】显示文件中的所有内容，包括不可打印字符，具体步骤如下。

使用 cat 指令的“-A”选项可以显示文件中的所有内容，包括不可打印字符。在命令行中输入下面的命令：

```
#显示所有内容，不可打印字符用特殊符号代替
[root@data /root]# cat -A test.txt
```

输出信息如下：

```
zhangsan 33$
lisi^I80$
wangwu ^I100$
lili^I60$
```

说明：在上面的输出信息中，“$”表示行尾，“^I”表示 Tab。

【相关指令】tac

3.2　more 指令：文件内容分屏查看器

【语　　法】more [选项] [参数]　★★★★☆

【功能介绍】more 指令是一个基于 vi 编辑器的文本过滤器，它以全屏幕的方式按页显示文本文件的内容，支持 vi 中的关键字定位操作。more 指令中内置了一些快捷键，常用的有 H（获得帮助信息）、Enter（向下滚动一行）、空格（向下滚动一屏）和 Q（退出指令）。

【选项说明】

选　项	功　能
-<数字>	指定每屏显示的行数
-d	显示[Press space to continue, 'q' to quit.]和[Press 'h' for instructions.]提示信息，但不使用蜂鸣器
-c	不进行滚屏操作，每次刷新屏幕
-s	将多个空行压缩（squeeze）成一行显示
-u	禁止下画线（underline）
+<数字>	从指定数字的行开始显示

【参数说明】

参　数	功　能
文件	指定分页显示内容的文件

【经验技巧】

- 由于 more 指令基于 vi 编辑器，所以在 more 指令中可以使用部分 vi 编辑器的功能。例如，使用“/”或“？”进行字符串搜索。
- 当使用 more 指令显示文件内容时，只能从头到尾地顺序查看，不能倒退查看已显示过的内容。
- 在 Linux 命令行中，如果这里的输出信息超过一屏，则借助 more 指令将其输出的信息分屏显示，以方便用户阅读。

【示例 3.4】分屏显示指定的文件。

more 指令可以根据终端或者虚拟终端屏幕的大小调整每一屏显示的行数，使用“-<数字>”选项可以固定每一屏的输出行数。在命令行中输入下面的命令：

```
#以每屏 15 行的方式显示文件内容
[root@hn ~]# more -15 /etc/httpd/conf/httpd.conf
```

输出信息如下：

```
#
# This is the main Apache server configuration file.  It contains
the
......省略部分输出内容......
#  1. Directives that control the operation of the Apache server
process as a
--More--(2%)
```

说明：在上面的输出信息中，最后一行显示了输出信息所占文件总长度的百分比。

【示例 3.5】分屏显示其他指令的输出信息。

more 指令通过管道和其他指令连接，可以方便地查阅指令的输出信息，例如，分屏查看 ps 指令的输出信息。在命令行中输入下面的命令：

```
#使用 more 指令分屏显示 ps 指令的输出信息
[root@hn ~]# ps -eux  |  more -20
```

输出信息如下：

```
Warning: bad syntax, perhaps a bogus '-'? See /usr/share/doc/
procps-3.2.7/FAQ
USER PID  %CPU  %MEM  VSZ  RSS  TTY  STAT  START   TIME   COMMAND
root 1    0.0   0.0   2060 656  ?    Ss    08:06   0:07   init [5]
......省略部分输出内容......
root 491  0.0   0.0   0    0    ?    S<    08:07   0:00   [scsi_eh_0]
--More--
```

说明：在上面的输出信息中，最后一行并没有给出显示内容的百分比。这是因为通过管道操作时，上一个指令的输出信息是随机的，所以 more 指令无法进行百分比的计算。

【相关指令】less

3.3　less 指令：分屏显示文件内容

【语　　法】less [选项] [参数]　★★★★☆

【功能介绍】less 指令用来分屏查看文件内容，它的功能与 more 指令类似，但是比 more 指令更加强大，并且支持各种显示终端，支持向后查看已经显示过的文件内容。less 指令在显示文件内容时并不是一次性将整个文件加载之后才显示，而是根据显示需要来加载内容，对于显示大型文件效率较高。

【选项说明】

选　项	功　能
-e	文件内容显示完毕后，自动退出（exit）

续表

选　　项	功　　能
-f	强制（force）显示文件
-g	不加亮显示搜索到的所有关键词，仅显示当前显示的关键字，以提高显示速度
-I	搜索时忽略（ignore）大小写差异
-N	每行的行首显示行号（number）
-s	将连续的多个空行压缩（squeeze）为一行显示
-S	一行显示较长的内容，不换行显示
-x <数字>	将Tab字符显示为指定个数的空格字符

【参数说明】

参　　数	功　　能
文件	指定要分屏显示内容的文件

【经验技巧】

- less 指令是基于 more 指令和 vi 指令实现的，所以其操作方式与 more 指令兼容，在 less 指令中可以使用 vi 指令中的部分功能。
- less 指令比 more 指令的功能更加强大，可以使用小键盘上的上下左右箭头键查看文件内容。
- 当使用 less 指令查看文件内容时，如果希望不退出 less 指令就能够执行 Shell 中的其他指令，则可以使用“!command”的方式直接执行指令 command，执行结束后自动返回 less 指令。

【示例 3.6】 分屏查看文件内容，具体步骤如下。

（1）less 指令经常用来查看内容超过一屏的文件内容。在命令行中输入下面的命令：

```
#分屏查看文件 httpd.conf
[root@hn ~]# less /etc/httpd/conf/httpd.conf
```

输出信息如下：

```
#
# This is the main Apache server configuration file.  It contains
the
......省略部分输出内容......
#  2. Directives that define the parameters of the 'main' or
'default' server,
/etc/httpd/conf/httpd.conf
```

（2）less 指令有很多快捷键。在 less 指令运行过程中，按 h 键可以显示 less 指令的快捷键帮助信息。由于输出信息占用了整个屏幕，比较浪费空间，此处省略输出信息。

说明：在 less 指令的帮助信息中，左边一列显示的是快捷键，右边一列显示的是功能说明。

【示例 3.7】分屏查看其他指令的输出信息，具体步骤如下。

（1）less 指令可以和管道操作连用，以显示其他指令的输出信息。例如，lsof 指令的输出信息很多，可以借助 less 指令进行分屏查看，而且还可以使用查找功能进行关键字的快速定位。在命令行中输入下面的命令：

```
[root@hn ~]# lsof | less              #分屏显示 lsof 指令的输出信息
```

输出信息如下：

```
COMMAND    PID    USER   FD    TYPE   DEVICE   SIZE        NODE NAME
init         1    root   cwd   DIR    8,1      4096           2 /
......省略部分输出内容......
ksoftirqd    3    oot     txt      unknown          /proc/3/exe
:
```

（2）可以在“:”提示符下输入要查找的关键字，以实现快速定位。在命令行中输入下面的命令：

```
/soft                                 #输入查询的关键字 soft
```

输出信息如下：

```
ksoftirqd  3   root  rtd   DIR   8,1     4096          2 /
ksoftirqd  3   root  txt   unknown       /proc/3/exe
......省略部分输出内容......
:
```

【相关指令】more

3.4 grep 指令：在文件中搜索匹配的行

【语　　法】grep [选项] [参数]　★★★★★

【功能介绍】grep 指令按照某种匹配规则（或者匹配模式）搜索指定的文件，并将符合匹配条件的行输出。

【选项说明】

选　　项	功　　能
-E	使用扩展（extended）规则表达式解释匹配模式。与egrep指令的功能相同
-F	将匹配模式当作固定的（fixed）字符串
-G	使用基本规则表达式解释匹配模式
-h	当搜索多个文件时，显示匹配的行，但不显示该行所属的文件名

续表

选　项	功　能
-H	当搜索多个文件时，显示匹配的行并显示该行所属的文件名
-i	忽略字母（ignore）大小写的不同
-n	显示匹配行的行号（number）
-s	当文件不存在或文件不可读时，抑制（suppress）错误信息输出
-v	反转（invert），选中不含指定字符串的行
-w	整个单词（word）匹配
-x	整行匹配

【参数说明】

参　数	功　能
匹配模式	指定进行搜索的匹配模式
文件	指定要搜索的文件

【经验技巧】

- Linux 系统中的 grep 指令有两个变种指令，分别是 egrep 指令（功能与 grep -E 相同）和 fgrep 指令的（功能与 grep -F 相同）。
- grep 的匹配模式支持正则表达式。

【示例 3.8】搜索并显示含有指定字符串的行，具体步骤如下。

使用 grep 指令在文件 anaconda-ks.cfg 中搜索含有 network 的行并显示其内容。在命令行中输入下面的命令：

```
#搜索并显示含有 network 的行
[root@luntan root]# grep network anaconda-ks.cfg
```

输出信息如下：

```
network --device eth0 --bootproto dhcp
network --device eth1 --bootproto dhcp
network --device eth2 --bootproto dhcp
```

【示例 3.9】搜索并显示不含指定字符串的行。

使用 grep 的-v 选项，可以实现在指定文件中搜索指定的字符串，但是显示不含指定字符串的行。在命令行中输入下面的命令：

```
#搜索并显示不含 ext3 的行
[root@proxy1 root]# grep -v ext3 /etc/fstab
```

输出信息如下：

```
none              /dev/pts      devpts  gid=5,mode=620  0 0
......省略部分输出内容......
/dev/fd0        /mnt/floppy   auto  noauto,owner,kudzu 0 0
```

【示例 3.10】使用正则表达式进行搜索。

grep 指令支持正则表达式的搜索操作，例如，在文件中搜索以 fs 结尾的行。在命令行中输入下面的命令：

```
#在文件中搜索以 fs 结尾的行并显示行号
[root@hn ~]# grep -n 'fs$' /proc/filesystems
```

输出信息如下：

```
1:nodev sysfs
......省略部分输出内容......
24:nodev        autofs
```

【示例 3.11】统计匹配的行数。

使用 grep 指令的-c 选项可以统计符合匹配模式的行数。在命令行中输入下面的命令：

```
#统计文件 httpd.conf 中含有 log 的行数
[root@hn ~]# grep -c log /etc/httpd/conf/httpd.conf
```

输出信息如下：

```
25
```

说明：上面的输出信息表明，在文件 httpd.conf 中共有 25 行含有字符串 log。

【相关指令】egrep，fgrep

3.5　head 指令：显示文件的头部内容

【语　　法】head [选项] [参数]　　★★★★★

【功能介绍】head 指令用于显示文件开头部分的内容。默认情况下，head 指令显示文件的前 10 行内容。

【选项说明】

选　　项	功　　能
-n <行数>	指定显示头部内容的行数（number）
-c <字符数>	指定显示头部内容的字符（character）数
-v	冗余（verbose）模式，总是显示文件名的头信息
-q	安静（quiet）模式，不显示文件名的头信息

【参数说明】

参　　数	功　　能
文件列表	指定显示头部内容的文件列表

【经验技巧】

- head 指令可以显示多个文件的头部内容，在显示时文件之间用空行隔开，而且会显示每个文件的文件名。
- 如果文件较大，为了提高运行效率，可以使用 head 指令的-n 选项显示文件指定行数的头部内容。
- head 指令默认以行为单位显示文件的头部内容，使用-c 选项可以字节为单位显示文件的头部内容。

【示例 3.12】显示文件的头部内容。

head 指令显示文件的前 10 行内容。在命令行中输入下面的命令：

```
[root@department root]# head anaconda-ks.cfg  #显示文件的前 10 行
```

输出信息如下：

```
# Kickstart file automatically generated by anaconda.
......省略部分输出内容......
network --device eth1 --bootproto dhcp
```

【示例 3.13】显示多个文件的头部内容。

使用 head 指令可以显示多个文件的头部内容。在命令行中输入下面的命令：

```
#显示两个文件的前 10 行内容
[root@proxy1 root]# head /proc/net/arp /proc/cpuinfo
```

输出信息如下：

```
==> /proc/net/arp <==
IP address     HW type  Flags   HW address   Mask  Device
......省略部分输出内容......
172.16.56.18  0x1      0x2     00:EA:01:06:08:56 * eth1

==> /proc/cpuinfo <==
processor       : 0
......省略部分输出内容......
siblings        : 2
```

【示例 3.14】显示指定行数的文件头部内容。

使用 head 指令的-n 选项指定要显示的文件头部内容的行数。在命令行中输入下面的命令：

```
#显示文件的前两行内容
[root@proxy1 root]# head -n 2 /proc/modules
```

输出信息如下：

```
ipt_MASQUERADE      2424   1 (autoclean)
iptable_nat    22744   1 (autoclean) [ipt_MASQUERADE]
```

【相关指令】tail

3.6　tail 指令：输出文件的尾部内容

【语　　法】tail [选项] [参数]　　★★★★★

【功能介绍】tail 指令用于输出文件中的尾部内容。

【选项说明】

选　　项	功　　能
--retry	即使在tail指令启动时文件不可访问或者文件稍后变得不可访问，也始终尝试打开文件。使用此选项时需要与选项"--follow=name"连用
-c <N>或--bytes=<N>	输出文件尾部的*N*（*N*为整数）个字节内容
-f <name/descriptor>或 --follow<name|descriptor>	显示文件最新追加的内容。name表示以文件名的方式监视文件的变化；descriptor表示以文件描述符的方式监视文件的变化；-f与-f descriptor等效
-F	与选项--follow=name和--retry连用时的功能相同
-n <N>或--lines=<N>	输出文件尾部的*N*（*N*为整数）行内容
--pid=<进程号>	与-f选项连用，当指定进程号（process id）的进程终止时，自动退出tail指令
-q或--quiet或—silent	安静（quiet）模式，当有多个文件参数时，不输出各个文件名
-s <秒数>或 --sleep-interval=<秒数>	与-f选项连用，指定监视文件变化时间隔的秒数
-v或--verbose	当有多个文件参数时，总是输出各个文件名
--help	显示指令的帮助信息
--version	显示指令的版本信息

【参数说明】

参　　数	功　　能
文件列表	指定要显示文件尾部内容的文件列表

【经验技巧】

- tail 指令默认显示文件尾部的 10 行内容，可以通过-n 选项设置要显示的行数。
- 对于内容很长的文件，如果仅希望显示文件尾部的若干行内容，可以使用 tail 指令快速定位。
- tail 指令的-f 选项可以实时监控文件内容的增长情况，适合监控日志文件的变化。可以使用 Ctrl+C 组合键退出 tail 指令。
- 当使用-f name 选项监视文件时，如果在监视过程中文件名发生了改变，则失去监视功能。当使用-f descriptor 选项监视文件时，如果在监视过程中文件名发生了改变，那么仍然能够监视文件内容的变化情况。这是因为 descriptor 是文件描述符，当文件名发生改变时文件描述符并未发生改变。

【示例 3.15】显示文件的尾部内容。

默认情况下，tail 指令显示文件的尾部 10 行内容。在命令行中输入下面的命令：

```
[root@hn ~]# tail  /etc/passwd        #显示文件尾部的 10 行内容
```

输出信息如下：

```
webalizer:x:67:67:Webalizer:/var/www/usage:/sbin/nologin
......省略部分输出内容......
sabayon:x:86:86:Sabayon user:/home/sabayon:/sbin/nologin
```

【示例 3.16】使用 tail 指令的-f 选项可以方便地监视日志文件的变化情况。例如，监视日志文件“/var/log/mssage”，在命令行中输入下面的命令：

```
#监视日志文件的变化情况
[root@department root]# tail -f /var/log/messages
```

输出信息较多，此处省略。

说明：使用-f 选项时 tail 指令不会自动退出，可以使用 Ctrl+C 快捷键退出 tail 指令。

【相关指令】head

3.7 wc 指令：统计文件的字节数、单词数和行数

【语　　法】wc [选项] [参数]　★★★★★

【功能介绍】wc 指令用于统计文本文件的字节数、单词数和行数信息。

【选项说明】

选　项	功　能
-c或--bytes	统计字节数
-m或--chars	显示统计字符
-l或--line	显示行号
-L或--max-line-length	设定最长行的长度
-w或--words	显示单词数
--help	显示指令的帮助信息
--version	显示指令的版本信息

【参数说明】

参　　数	功　　能
文件	需要统计的文件列表

【经验技巧】

- wc 指令经常和管道连用，用于统计上一个指令的输出内容的字节数、单词数和行数信息。
- wc 指令可以一次统计多个文件。如果不输入“文件”或者使用“-”代替文件参数，则 wc 指令统计从标准输入设备输入的文本内容。

【示例 3.17】使用 wc 指令统计指定文件的行数、单词数和字节数。在命令行中输入下面的命令：

```
[root@hn ~]# wc  /etc/httpd/conf/httpd.conf  #统计 httpd.conf 文件
```

输出信息如下：

```
 991  4834 33726 /etc/httpd/conf/httpd.conf
```

说明：上面的输出信息表明，文件“/etc/httpd/conf/httpd.conf”有 991 行、4834 个单词、33 726 字节。

【示例 3.18】对多个文件进行统计。

wc 指令支持一次统计多个文件。例如，要对“/etc”目录下以“.conf”结尾的配置文件进行统计，在命令行中输入下面的命令：

```
[root@hn ~]# wc  /etc/*.conf                   #对多个文件进行统计
```

输出信息如下：

```
   70    369   2726 /etc/autofs_ldap_auth.conf
......省略部分输出内容......
   20     38    346 /etc/yum.conf
 8059  39763 263695 total
```

说明：在上面的输出信息中，每一行显示一个文件的统计结果，最后一行给出了所有文件的汇总统计信息。

【示例 3.19】wc 指令经常和管道符号连用以统计前面指令的输出结果。在命令行中输入下面的命令：

```
#wc 指令与管道连用
[root@department root]# ps aux | grep httpd | wc -l
```

说明：本例使用 ps 指令显示系统中所有的进程信息，通过管道把 ps 指令的输出信息发送给 grep 指令。grep 指令从 ps 指令的输出信息中搜索含有 httpd 的行，然后通过管道将 grep 的搜索结果送给 wc 指令，wc 指令将统计总行号。本例中的指令用于统计当前系统中的 httpd 进程数目。

输出信息如下：

```
13
```

3.8　uniq 指令：报告或忽略文件中的重复行

【语　　法】uniq [选项] [参数]　★★★★★

【功能介绍】uniq 指令用于报告或忽略文件中的重复行。

【选项说明】

选　　项	功　　能
-c或--count	在行首显示该行重复出现的次数
-d或--repeated	仅输出文件中重复行的内容。重复的行只输出一次
-D	显示所有重复行的内容
-f<N>或--skip-fields	比较内容时不比较前*N*（*N*为整数）列的内容
-i或--ignore-case	比较内容时忽略大小写
-s<N>或--skip-chars=<N>	比较内容时不比较前*N*（*N*为整数）个字符
-u或--unique	仅显示不重复行的内容
-w<N>或--check-chars=<N>	比较内容时，设置每行的最大比较字符数为*N*（*N*为整数）
--help	显示指令的帮助信息
--version	显示指令的版本信息

【参数说明】

参　　数	功　　能
输入文件	指定要去除重复行的文件。如果不指定此选项，则从标准输入中读取数据
输出文件	指定将去除重复行后的内容写入的输出文件。如果不指定此选项，则将内容在标准输出设备（显示终端）上显示

【经验技巧】

- uniq 指令仅能对有序文件进行去除重复行的操作。uniq 指令对无序文件得不到预期的效果。如果文件是无序的，则必须先排序（如使用 sort 指令进行排序），然后才能使用 uniq 指令去除重复行。
- uniq 指令要求文件中的各个字段用空白分隔开。

【示例 3.20】删除有序文件的重复行，具体步骤如下。

（1）uniq 指令用于去除文件中的重复行，但是要求输入的文件必须是有序的。显示有序文件的内容，在命令行中输入下面的命令：

```
[root@hn ~]# cat chengji                #显示文本文件 chengji 的内容
```

输出信息如下：

```
huangzhaohe         80
huangzhaohe         80
huangzhaohe         80
jijie               9
zhangwu             50
```

说明：从上面的输出信息中可以看到，文件 chengji 是按照第一列内容包含的字母升序排列的有序文件。

（2）使用 uniq 去除重复的行。在命令行中输入下面的命令：

```
[root@hn ~]# uniq chengji                    #去除文件中的重复行
```

输出信息如下：

```
huangzhaohe         80
jijie               9
zhangwu             50
```

说明：上面的输出信息是将文件 chengji 中的重复行 huangzhaohe80 删除后的内容。

（3）使用 uniq 指令的-c 选项可以统计重复行出现的次数。在命令行中输入下面的命令：

```
[root@hn ~]# uniq -c chengji     #删除重复行并显示重复行出现的次数
```

输出信息如下：

```
3 huangzhaohe       80
1 jijie             9
1 zhangwu           50
```

说明：在上面的输出信息中，第一列的数字是该行内容在文件中出现的次数，并非文件的正文。

（4）如果希望将 uniq 指令的运行结果保存到另外的文件中，则可以增加“输出文件”参数，以便将运行结果保存到“输出文件”中。在命令行中输入下面的命令：

```
#将 uniq 的输出信息保存到文件 chengji-uniq 中
[root@hn ~]# uniq -c chengji chengji-uniq
```

说明：上面的命令没有任何输出信息，uniq 指令的输出信息被保存在文件 chengji-uniq 中。

（5）使用 cat 指令显示文件 chengji-uniq 的内容。在命令行中输入下面的命令：

```
[root@hn ~]# cat chengji-uniq         #显示文本文件的内容
```

输出信息如下：

```
3 huangzhaohe      80
1 jijie            9
1 zhangwu          50
```

【示例 3.21】 仅显示重复行的内容，具体步骤如下。

（1）uniq 指令还可以显示有序文件中重复行的内容。显示有序文件的内容，在命令行中输入下面的命令：

```
[root@hn ~]# cat chengji              #显示文本文件 chengji 的内容
```

输出信息如下：

```
huangzhaohe     80
huangzhaohe     80
huangzhaohe     80
jijie          9
zhangwu        50
```

说明： 从上面的输出信息中可以看到，文件 chengji 是按照字母升序排列的有序文件。

（2）使用 uniq 指令的-d 选项仅显示文件 chengji 中重复行的内容。在命令行中输入下面的命令：

```
[root@hn ~]#uniq -d chengji           #仅显示重复行的内容
```

输出信息如下：

```
huangzhaohe     80
```

【示例 3.22】 uniq 指令与其他指令整合应用，具体步骤如下。

（1）uniq 指令可以利用管道与其他指令进行整合，以方便命令行的操作。例如，无序文件无法直接使用 uniq 指令删除重复行，可以利用 sort 指令进行排序后再删除重复行。显示无序文件的内容，在命令行中输入下面的命令：

```
[root@hn ~]# cat test                 #显示无序文件 test 的内容
```

输出信息如下：

```
linux 100
window 58
linux 48
linux 100
windows 99
windows 99
solaris 100
freebsd 59
solaris 100
```

（2）使用管道功能将 sort 指令和 uniq 指令整合应用，以删除文件 test 中的重复内容。在命令行中输入下面的命令：

```
[root@hn ~]# sort test | uniq -c     #删除无序文件 test 中的重复行
```

输出信息如下：

```
1 freebsd 59
2 linux 100
1 linux 48
2 solaris 100
1 window 58
2 windows 99
```

【相关指令】 sort

3.9　cut 指令：输出文件中的指定字段

【语　　法】 cut [选项] [参数]　★★★★★

【功能介绍】 cut 指令用于显示文件中的指定字段。

【选项说明】

选　　项	功　　能
-b <起始字节位置-结束字节位置>	仅显示行中指定字节（byte）范围的内容。例如，“-b 2-10”将显示第2～10个字节位置的内容。当只有一个数字时，则仅显示指定字节位置的内容
-c <起始字符位置-结束字符位置>	仅显示行中指定范围的字符（character）。例如，“-b 2-10”将显示第2～10个字符位置的内容。当只有一个数字时，则仅显示指定字符位置的内容
-d <分隔符>	指定字段的分隔符（delimiter），默认的字段分隔符为TAB
-f <起始字段位置-结束字段位置>	显示指定字段（field）的内容
--complement	补足被选择的字节、字符或者字段
-s	不显示不包含字段分隔符的行
--out-delimiter=<字段分隔符>	指定输出内容时的字段分隔符
--help	显示指令的帮助信息
--version	显示指令的版本信息

【参数说明】

参　　数	功　　能
文件	指定要进行内容过滤的文件

【经验技巧】

- 在使用选项-c、-b 和-f 时，需要提供显示范围。有几种情况：第一，单独的数字（例如 8），仅显示指定位置的内容；第二，数字加“-”（例如 8-），显示从指定数字的位置（包括该数字位置）开始到行尾的内容；第三，数字范围（例如 8-20），显示指定范围的内容；第四，“-”加数字（例如-8），显示从行的开头到指定数字的这部分内容。
- 如果使用“-”代替“文件”参数，则要显示的内容来自标准输入设备。
- 在使用-d 选项指定字段分隔符时，字段分隔符只能是单个字符，并需要用引号引起来。

【示例 3.23】显示指定字段的内容，具体步骤如下。

（1）使用 cat 指令显示文件/etc/fstab 的内容。在命令行中输入下面的命令：

```
[root@hn ~]# cat /etc/fstab                         #显示文本文件的内容
```

输出信息如下：

```
LABEL=/              /            ext3    defaults        1 1
LABEL=SWAP-sda2      swap         swap    defaults        0 0
```

（2）使用 cut 指令显示第一列的内容，在命令行中输入下面的命令：

```
[root@hn ~]# cut -f 1 -d " " /etc/fstab       #显示第一个字段的内容
```

说明：在本例中使用-f 1 指定显示第一个字段的内容，使用-d 指定字段分隔符为空白字符。

输出信息如下：

```
LABEL=/
LABEL=SWAP-sda2
```

【示例 3.24】显示指定字符的内容，具体步骤如下。

（1）使用 cat 指令显示文件/proc/net/arp 的内容。在命令行中输入下面的命令：

```
[root@hn ~]# cat /proc/net/arp                      #显示文本文件的内容
```

输出信息如下：

```
IP address       HW type   Flags  HW address          Mask  Device
172.16.143.221   0x1       0x0    00:23:8B:AD:B5:51   *     eth0
172.16.211.45    0x1       0x0    00:19:66:A8:F7:96   *     eth0
```

（2）文件/proc/net/arp 中保存着当前内核的 ARP 表项，本例使用 cut 指令取得 IP 地址列表。在命令行中输入下面的命令：

```
[root@hn ~]# cut -c -15 /proc/net/arp #显示开头到第 15 个字符的内容
```

输出信息如下：

```
IP address
172.16.143.221
172.16.211.45
```

说明：在本例中使用指令“cut -f 1 -d ' ' /proc/net/arp”可以达到相同的效果。

【相关指令】colrm

3.10　sort 指令：对文件进行行排序

【语　　法】sort [选项] [参数]　　★★★★★

【功能介绍】sort 指令用于对文件进行排序并将排序结果输出到标准输出设备上。

【选项说明】

选　　项	功　　能
-b	忽略行间空白（blank）
-d	使用字典（dictionary）排序，仅考虑空白、字母和数字
-f	将小写字母转换（fold）为大写字母，从而忽略大小写差异
-i	仅比较可打印字符，忽略（ignore）不可打印字符
-M	进行月份（month）比较。例如，JAN小于DEC
-n	根据字符串表示的数字值（numerical value）进行排序
-r	反转（reverse）排序结果
-c	检查（check）输入信息是不是有序的，但不执行排序操作
-k 位置1,位置2	设置比较关键字（key）的位置在位置1和位置2之间。关键字的默认位置为1
-m	合并（merge）已排序的文件，不执行排序操作
-o <输出文件>	将排序结果输出（output）到指定文件中
-S <缓冲区大小>	指定内存缓冲区大小（size）
-t <字段分隔符>	指定字段分隔符
-T <临时目录>	指定临时（temporary）目录
-z	结尾行是null，而非换行符
--help	显示指令的帮助信息
--version	显示指令的版本信息

【参数说明】

参　　数	功　　能
文件	指定待排序的文件列表

【经验技巧】

- 默认情况下 sort 指令的排序结果会在显示终端上显示，可以使用-o 选项将排序结果保存到指定的文件中。

- 默认情况下sort指令是按照升序排序的，可以使用-r选项进行降序排序。

【示例 3.25】 排序文件，具体步骤如下。

（1）使用 cat 指令显示未排序的文件内容。在命令行中输入下面的命令：

```
[root@hn ~]# cat /etc/fstab            #显示未排序的文本文件的内容
```

输出信息如下：

```
LABEL=/           /          ext3    defaults          1 1
tmpfs             /dev/shm   tmpfs   defaults          0 0
LABEL=SWAP-sda2   swap       swap    defaults          0 0
```

（2）使用 sort 指令排序文件。在命令行中输入下面的命令：

```
[root@hn ~]# sort  /etc/fstab          #对文件进行增序排序
```

输出信息如下：

```
LABEL=/           /          ext3    defaults          1 1
LABEL=SWAP-sda2   swap       swap    defaults          0 0
tmpfs             /dev/shm   tmpfs   defaults          0 0
```

说明： 在排序时，英文字符按照其 ASCII 码值比较大小。

3.11　join 指令：将两个文件的相同字段合并

【语　　法】 join [选项] [参数]　　★★★★★

【功能介绍】 join 指令通过连接字段将多个文件内容合并为一行，默认情况下把文件中的第一个字段作为连接字段，字段之间用空格分隔。

【选项说明】

选　　项	功　　能
-a <文件号>	显示指定文件中不配对的行。文件号的可选值为1或2，分别表示第1个文件参数和第2个文件参数
-e <EMPTY>	使用EMPTY代替丢失的输入字段
-i	比较字段时忽略（ignore）大小写
-1 <字段>	在第1个文件参数的指定字段上进行合并操作
-2 <字段>	在第2个文件参数的指定字段上进行合并操作
-t <字符>	用指定的字符作为字段分隔符
-o <格式字符串>	用指定的“格式字符串”样式显示合并的结果
--help	显示指令的帮助信息
--version	显示指令的版本信息

【参数说明】

参　数	功　能
文件1	要进行合并操作的第1个文件参数
文件2	要进行合并操作的第2个文件参数

【经验技巧】在使用 join 指令合并文件时，给出的两个文件参数必须是使用 sort 指令排序之后的，并且排序字段与合并字段相同。

【示例 3.26】合并文件中的相同字段，具体步骤如下。

（1）使用 cat 指令显示两个文本文件的内容。首先显示 math 文件的内容，在命令行中输入下面的命令：

```
[root@hn ~]# cat math                        #显示 math 文件的内容
```

输出信息如下：

```
liuliu 40
jiangze 88
wusong 70
likui 99
zhengwu 68
zouzou 69
zhangsan 100
```

（2）显示 english 文件的内容。在命令行中输入下面的命令：

```
[root@hn ~]# cat english                     #显示 english 文件的内容
```

输出信息如下：

```
zhangsan 60
liuliu 30
zhengwu 88
jiangze 49
zouzou 88
wusong 60
likui 70
```

说明：从上面的输出信息中可以看出，文件 math 和 english 中的第一个字段是没有排序的，此时无法使用 join 指令将第一个字段合并。

（3）使用 sort 指令对两个文件的第一个字段进行排序。在命令行中输入下面的命令：

```
[root@hn ~]# sort math > math.new         #排序文件
[root@hn ~]# sort english > english.new #排序文件
```

说明：使用 sort 排序后生成两个有序的新文件 math.new 和 english.new。

（4）使用 join 指令合并文件 math.new 和 english.new 中的第一个字段。在命令行中输入下面的命令：

```
[root@hn ~]# join math.new english.new  #合并两个文件中的第一个字段
```

输出信息如下：

```
jiangze 88 49
likui 99 70
liuliu 40 30
wusong 70 60
zhangsan 100 60
zhengwu 68 88
zouzou 69 88
```

【相关指令】 paste

3.12　split 指令：将文件分割成碎片

【语　　法】 split [选项] [参数]　　★★★★★

【功能介绍】 split 指令用于将文件分割成固定大小（默认为 1 000 行）的碎片，每个碎片保存为一个文件。碎片文件的命名原则为 PREFIXaa、PREFIXab 和 PREFIXac，以此类推。

【选项说明】

选　项	功　能
-a <N>或--suffix-length=<N>	指定碎片文件的后缀名长度为*N*（*N*为整数）。默认值为2
-b <字节数>或--bytes=<字节数>	指定每个碎片文件的字节数
-C <字节数>或--line-bytes=<字节数>	指定碎片文件中每行的最大字节数
-d或--numeric-suffixes	用数字代替字母作为碎片文件的后缀
-l <行数>或--lines=<行数>	设置每个碎片文件的行数
--help	显示指令的帮助信息
--version	显示指令的版本信息

【参数说明】

参　数	功　能
文件	指定待分割的原文件
前缀	指定生成的碎片文件的前缀

【经验技巧】

- 当 split 指令的选项中需要指定字节数时，可以使用的单位有 B、KB 和 MB，分别表示 512 字节、1 千字节和 1 兆字节。
- split 指令经常被用来分割大文件（如达到 2GB 的日志文件），以方便对文件进行操作。

【示例 3.27】分割 apache 日志文件，具体步骤如下。

（1）可以使用 split 指令将超大的 apache 日志文件分割为小文件。在命令行中输入下面的命令：

```
[root@www1 ~]# split /var/log/httpd/access_log   #分割日志文件
```

输出信息如下：

```
split: Output file suffixes exhausted
```

说明：上面的信息是一条出错信息，表明默认的两个字符的后缀命名空间不够用，这是因为 apache 的日志文件 access_log 太大，分割后的碎片文件从 xaa 至 xzz 不够用。

（2）为了解决上面的问题，可以使用-a 选项增大后缀长度。在命令行中输入下面的命令：

```
#指定后缀长度为 3
[root@www1 ~]# split -a 3 /var/log/httpd/access_log
```

说明：设定后缀长度为 3，指令正确执行，没有任何输出信息。

【相关指令】csplit

3.13　unexpand 指令：将空格（space）转换为制表符

【语　　法】unexpand [选项] [参数]　★★★★☆

【功能介绍】unexpand 指令用于将给定文件中的空格字符（space）转换为制表符（Tab），并把转换结果显示在标准输出设备（显示终端）上。

【选项说明】

选　项	功　能
-a或--all	转换文件中所有的空格字符
--first-only	仅转换开头的空格字符。此选项将覆盖掉“-a”选项的功能
-t<N>	指定Tab所代表的*N*个（*N*为整数）字符数。默认的*N*值是8
--help	显示指令的帮助信息
--version	显示指令的版本信息

【参数说明】

参　数	功　能
文件	指定要转换空格为Tab的文件列表

【经验技巧】 unexpand 指令的功能与 expand 指令的功能相反，使用它们可以使文件的格式更加紧凑，更加容易阅读和打印。

【示例 3.28】 将文件中的空白转换为 Tab，具体步骤如下。

（1）如果在文本文件中有太多的空白字符，则会影响阅读和打印。为了方便阅读和打印，可以使用 unexpand 指令将多余的空格字符转换为 Tab。在命令行中输入下面的命令：

```
[root@hn ~]# cat test.txt                     #显示文本文件的内容
```

输出信息如下：

```
liuli                                       zhangsi
weishi                                      zouzhu
```

（2）为了使文件 test.txt 的内容更加紧凑，使用 unexpand 将多余的空格字符转换为 Tab。在命令行中输入下面的命令：

```
#将文件中连续的 60 个空格字符转换为一个制表符
[root@hn ~]# unexpand -t 60 test.txt
```

输出信息如下：

```
liuli      zhangsi
weishi      zouzhu
```

说明： 使用 unexpand 指令可以使文件 test.txt 的内容更加紧凑，方便阅读和打印。

【相关指令】 expand

3.14　tr 指令：转换和删除字符

【语　　法】 tr [选项] [参数]　★★★★☆

【功能介绍】 tr 指令用于从标准输入中转换和删除指定的字符，将结果送到标准输出。

【选项说明】

选　　项	功　　能
-c或-C或--complement	使用字符集SET1的补集（complement）
-d或--delete	删除数组中的字符，但不进行字符转换操作
-s或--squeeze-repeats	仅保留连续出现的字符的第一个字符，删除其余的字符
-t或--truncate-set1	进行操作前截取参数“字符集1”的长度与“字符集2”等长
--help	显示指令的帮助信息
--version	显示指令的版本信息

【参数说明】

参　　数	功　　能
字符集1	指定要转换或删除的原字符集。当执行转换操作时，必须使用参数“字符集2”指定转换的目标字符集，但执行删除操作时不需要参数“字符集2”
字符集2	指定要转换的目标字符集

【经验技巧】

- tr 指令是字符处理工具，而非字符串处理工具。因此，只能替换和删除单个字符，如果需要对字符串进行操作，可以使用 sed 指令。
- tr 指令处理的数据源于标准输入，如果要处理文件中的数据，则需要使用重定向或者管道，将文件的内容送给 tr 指令来处理。
- tr 指令的处理结果会直接显示在标准输出设备上，如果需要保存处理结果，则需要使用输出重定向功能。

【示例 3.29】转换特定字符，具体步骤如下。

（1）使用 tr 指令进行字符转换时，必须同时使用“字符集 1”（表示要转换的“原字符集”）和“字符集 2”（表示要转换的“目标字符集”）两个参数。在转换前使用 cat 指令显示源文件的内容。在命令行中输入下面的命令：

```
[root@hn ~]# cat /etc/fstab                    #显示文本文件的内容
```

输出信息如下：

```
LABEL=/             /            ext3      defaults          1 1
tmpfs               /dev/shm     tmpfs     defaults          0 0
devpts              /dev/pts     devpts    gid=5,mode=620    0 0
sysfs               /sys         sysfs     defaults          0 0
proc                /proc        proc      defaults          0 0
LABEL=SWAP-sda2     swap         swap      defaults          0 0
```

（2）使用 tr 指令转换字符。在命令行中输入下面的命令：

```
[root@hn ~]# tr dev xyz < /etc/fstab           #转换文件中的指定字符
```

输出信息如下：

```
LABEL=/             /            yxt3      xyzaults          1 1
tmpzs               /xyv/shm     tmpzs     xyzaults          0 0
xyvpts              /xyv/pts     xyvpts    gix=5,moxy=620    0 0
syszs               sys          syszs     xyzaults          0 0
proc                /proc        proc      xyzaults          0 0
LABEL=SWAP-sxa2     swap         swap      xyzaults          0 0
```

说明：本例实现的功能并非将字符串 def 转换为 xyz，而是字符替换（将 d 转换为 x、e 转换为 y、f 转换为 z）。在本例中使用了输入重定向“<”将文件“/etc/fstab”发送给 tr 指令进行处理。

【示例 3.30】将文件“/etc/hosts”中的所有小写字母转换为大写字母，具体步骤如下。

（1）使用 cat 指令显示文件的内容。在命令行中输入下面的命令：

```
[root@hn ~]# cat /etc/hosts                    #显示文本文件的内容
```

输出信息如下：

```
# Do not remove the following line, or various programs
# that require network functionality will fail.
127.0.0.1              localhost.localdomain localhost
::1            localhost6.localdomain6 localhost6
```

（2）使用 tr 指令将文件的内容转换为大写字母。在命令行中输入下面的命令：

```
[root@hn ~]# tr a-z A-Z < /etc/hosts     #将小写字母转换为大写字母
```

输出信息如下：

```
# DO NOT REMOVE THE FOLLOWING LINE, OR VARIOUS PROGRAMS
# THAT REQUIRE NETWORK FUNCTIONALITY WILL FAIL.
127.0.0.1              LOCALHOST.LOCALDOMAIN LOCALHOST
::1            LOCALHOST6.LOCALDOMAIN6 LOCALHOST6
```

说明： 本例中的 a-z 表示所有小写字母，A-Z 表示所有大写字母。上面的指令也可以写成“tr [a-z] [A-Z] < /etc/hosts”。

【示例 3.31】数字转换，具体步骤如下。

（1）将文件 test.txt 中的数字 0～9 反序转换为 9～0（即 0 转换为 9，1 转换为 8，以此类推）。使用 cat 指令显示文件的内容，在命令行中输入下面的命令：

```
[root@hn ~]# cat test.txt                      #显示文本文件的内容
```

输出信息如下：

```
0123456789
```

（2）使用 tr 指令转换数字。在命令行中输入下面的命令：

```
[root@hn ~]# tr [0-9] [9876543210] < test.txt          #转换数字
```

输出信息如下：

```
9876543210
```

【示例 3.32】删除指定的字符，具体步骤如下。

（1）删除文件 help.txt 中指定的字符。使用 cat 指令显示文件的内容，在命令行中输入下面的命令：

```
[root@hn ~]# cat help.txt                      #显示文本文件的内容
```

输出信息如下：

```
root bin adminstrator
linux unix freebsd solaris
windows
```

（2）使用 tr 指令的-d 选项删除文件中的指定字符。在命令行中输入下面的命令：

```
[root@hn ~]# tr -d linux < help.txt       #删除文件中的指定字符
```

输出信息如下：

```
root b admstrator
 freebsd soars
wdows
```

说明：在本例中删除了文件中包含 linux 的各个字符，而不是仅删除字符串 linux。

【示例 3.33】删除重复出现的多余字符。

使用 tr 指令的-s 选项可以删除重复出现的多余字符。在命令行中输入下面的命令：

```
#删除多余字符
[root@hn ~]# echo "LLLLLiiiiinnnnnuuuuuxxxxx"  |  tr -s Linux
```

输出信息如下：

```
Linux
```

说明：在本例中，将 Linux 中重复出现的多余字符删除，仅保留第一个字符。

【示例 3.34】利用 tr 进行格式优化，使环境变量$PATH 的输出更加易读。在命令行中输入下面的命令：

```
[root@hn ~]# echo $PATH  |  tr ":" "\n"        #用换行符替换冒号
```

输出信息如下：

```
/usr/lib/qt-3.3/bin
/usr/kerberos/sbin
......省略部分输出内容......
/usr/bin
/root/bin
```

说明：本例使用换行符“\n”替换了变量中的冒号，使其输出更加友好。

3.15　tee 指令：将输入的内容复制到标准的输出或文件中

【语　　法】 tee [选项] [参数]　　★★★★★

【功能介绍】 tee 指令从标准输入读取数据，将其保存到指令的文件列表中或者发送到标准输出设备上。

【选项说明】

选　　项	功　　能
-a或--append	将内容追加到文件的末尾
-i或--ignore-interrupts	忽略中断信号
--help	显示指令的帮助信息
--version	显示指令的版本信息

【参数说明】

参　　数	功　　能
文件列表	指定要保存内容的文件列表

【经验技巧】

- tee 指令可以将输入的内容一次性保存成多个副本。
- 如果文件列表参数为“-”，则表示将内容发送到标准输出。

【示例 3.35】 使用 tee 指令保存文件的多个副本。在命令行中输入下面的命令：

```
#将文件/etc/fstab 保存 4 个副本
[root@hn ~]# cat /etc/fstab | tee file1 file2 file3 fiel4
```

输出信息如下：

```
LABEL=/           /          ext3    defaults        1 1
LABEL=SWAP-sda2  swap          swap    defaults        0 0
```

3.16　tac 指令：以行为单位反序连接和显示文件

【语　　法】 tac [选项] [参数]　　★★★★☆

【功能介绍】 tac 指令用于将文件以行为单位反序输出，即第一行最后显示，最后一行先显示。

【选项说明】

选　　项	功　　能
-b或--before	在前面显示分隔符
-r或--regex	将分隔符作为正则表达式
-s或--separator=<字符串>	用指定的字符串代替新行符并作为分隔符
--help	显示指令的帮助信息
--version	显示指令的版本信息

【参数说明】

参　　数	功　　能
文件	指定要反序显示的文件

【经验技巧】 tac 指令以行为单位反序显示文件内容。tac 刚好是 cat 的反序，所以与 cat 指令的作用刚好相反。

【示例 3.36】 以行为单位反序显示文件内容，具体步骤如下。

（1）使用 cat 指令正序显示文件“/etc/fstab”的内容。在命令行中输入下面的命令：

```
[root@hn ~]# cat /etc/fstab                    #正序显示文件内容
```

输出信息如下：

```
LABEL=/         /           ext3    defaults        1 1
tmpfs           /dev/shm     tmpfs   defaults        0 0
devpts          /dev/pts    devpts  gid=5,mode=620  0 0
```

（2）使用 tac 指令将文件“/etc/fstab”以行为单位反序输出。在命令行中输入下面的命令：

```
[root@hn ~]# tac /etc/fstab                    #以行为单位反序显示文件内容
```

（3）输出信息如下：

```
devpts          /dev/pts     devpts  gid=5,mode=620    0 0
tmpfs      /dev/shm       tmpfs   defaults        0 0
LABEL=/    /                ext3    defaults        1 1
```

【相关指令】 cat，rev

3.17　spell 指令：拼写检查

【语　　法】 spell [参数]　　★★★★☆

【功能介绍】 spell 指令对文件进行拼写检查，并把拼写错误的单词输出。

【参数说明】

参　　数	功　　能
文件	指定需要进行拼写检查的文件

【经验技巧】spell 指令只能基于英文文档进行单词拼写检查。

【示例 3.37】对文件进行拼写检查，具体步骤如下。

对文件进行拼写检查，在命令行中输入下面的命令：

```
[root@ns1 root]# spell /etc/fstab    #对文件/etc/fstab 进行拼写检查
```

输出信息如下：

```
cdrom
......省略部分输出内容......
udf
```

说明：上面的输出信息都不是英文单词，所以 spell 指令认为是拼写错误。

【相关指令】ispell

3.18　paste 指令：合并文件

【语　　法】paste　[选项] [参数]　★★★★★

【功能介绍】paste 指令用于将多个文件按照列对列的方式进行合并。

【选项说明】

选　　项	功　　能
-d <分隔符>	用指定的分隔符（delimiter）代替Tab
-s	串行（serial）处理方式，而非并行处理方式
--help	显示帮助信息
--version	显示版本信息

【参数说明】

参　　数	功　　能
文件列表	指定需要合并的文件列表

【经验技巧】paste 指令将文件合并后发送到标准输出设备上，要想保存合并的结果，需要使用输出重定向功能。

【示例 3.38】合并两个文件，具体步骤如下。

（1）使用 cat 指令显示两个独立的文件。在命令行中输入下面的命令：

```
[root@hn ~]# cat test1.txt                    #显示文本文件的内容
```

输出信息如下：

```
math    100
java    50
c++     89
Linux   75
```

（2）显示第二个文件的内容。在命令行中输入下面的命令：

```
[root@hn ~]# cat test2.txt                    #显示文本文件内容
```

输出信息如下：

```
math
java
c++
Linux
```

（3）使用 paste 指令合并文件 test1.txt 和 test2.txt，在命令行中输入下面的命令：

```
[root@hn ~]# paste test1.txt test2.txt        #合并两个文件
```

输出信息如下：

```
math    100     math
java    50      java
c++     89      c++
Linux   75      Linux
```

3.19　diff 指令：比较给定的两个文件的不同

【语　　法】 diff [选项] [参数]　★★★★★

【功能介绍】 diff 指令在最简单的情况下比较给定的两个文件的不同之处。如果使用“-”代替文件参数，则要比较的内容来自标准输入。cmp 指令也可以用来比较两个文件，但是 cmp 指令以字节为单位进行比较，而 diff 指令是按行为单位进行比较的。

【选项说明】

选　　项	功　　能
-a	把两个文件都当作文本文件按照行为单位进行比较，即使给定的文件不是文本文件
-b	忽略空白（blank）字符导致的不同
-B	忽略由于插入或者删除空行（blank line）而导致的不同
--brief	只报告两个文件是否不相同，但不报告细节
-c	使用上下文（context）的输出格式
-C <行数>	使用上下文（context）的输出格式，并且指定显示的上下文的行数

续表

选　项	功　能
-d,--minimal	改变比较算法，用于查找更细微的不同。此选项可能会导致diff指令运行速度变慢
-e	使输出作为一个ed脚本
--exclude=<模式>	当比较目录时，忽略匹配指定模式的文件比较
-i	忽略（ignore）大小写导致的不同
-I <正则表达式>	忽略（ignore）匹配指定的正则表达式的行所导致的不同
--ignore-all-space	比较行内容时忽略空白字符
--ignore-blank-lines	忽略空行导致的不同
-r	当进行目录比较时，递归（recursive）比较指定目录下的所有子目录下的文件
-s	检查两个文件是否相似
-y	使用side by side的输出格式

【参数说明】

参　数	功　能
文件 1	指定要比较的第一个文件
文件 2	指定要比较的第二个文件

【经验技巧】

- 如果参数“文件 1”是一个目录，而“文件 2”不是目录，则 diff 指令将比较指定目录下与“文件 2”参数相同的文件。要求“文件 2”参数不能是“-”。
- 如果参数“文件 1”和“文件 2”同时为目录，则 diff 指令将按照字母表的顺序比较两个目录下的同名文件。

【示例 3.39】比较两个文本文件的不同，具体步骤如下。

（1）使用 cat 指令显示两个文本文件的内容。显示第一个文本文件的内容，在命令行中输入下面的命令：

```
[root@hn ~]# cat from-file                    #显示文本文件的内容
```

输出信息如下：

```
math    100
java    50
c++     89
Linux   75
```

（2）显示第二个文本文件的内容。在命令行中输入下面的命令：

```
[root@hn ~]# cat to-file                      #显示文本文件的内容
```

输出信息如下：

```
math    100
java    50
c++
Linux
```

（3）使用 diff 比较两个文件的不同。在命令行中输入下面的命令：

```
#比较两个文件的不同之处，并用默认格式显示详细的内容
[root@hn ~]# diff from-file to-file
```

输出信息如下：

```
3,4c3,4
< c++   89
< Linux 75
---
> c++
> Linux
```

（4）使用上下文的格式显示两个文件的不同。在命令行中输入下面的命令：

```
#比较两个文件的不同之处，并用上下文格式显示详细的内容
[root@hn ~]# diff -c from-file to-file
```

输出信息如下：

```
*** from-file   Wed Jun 17 12:13:35 2009
--- to-file     Thu Jul  2 00:11:11 2009
***************
*** 1,4 ****
  math  100
  java  50
! c++   89
! Linux 75
--- 1,4 ----
  math  100
  java  50
! c++
! Linux
```

（5）使用 side by side 的格式显示两个文件的不同之处。在命令行中输入下面的命令：

```
#比较两个文件的不同，并用 side by side 格式显示详细的内容
[root@hn ~]# diff -y from-file to-file
```

输出信息如下：

```
math    100                                       math    100
java    50                                        java    50
c++     89                                        | c++
Linux   75                                        | Linux
```

说明：在上面的输出信息中，左右两边各显示了两个文件的内容，本例中的后两行内容是不相同的（两个文件中不相同的行用|分隔）。

【示例 3.40】比较两个目录下的文件的不同之处，具体步骤如下。

（1）使用 diff 指令可以批量比较两个目录下的文件。使用 ls 指令显示目录列表。在命令行中输入下面的命令：

```
[root@hn ~]# ls dir1/ dir2/      #同时显示两个目录列表
```

输出信息如下：

```
dir1/:
mine  older  yours

dir2/:
mine  older  test  test.txt  test1.txt  test2  test2.txt  yours
```

（2）使用 diff 指令比较两个目录下的文件的不同之处。在命令行中输入下面的命令：

```
[root@hn ~]# diff dir1/ dir2/   #批量比较两个目录下的同名文件的不同
```

输出信息如下：

```
diff dir1/mine dir2/mine
1,3c1,3
< zhangsan      100
< lisi  80
< wangwu       88
---
> hangsan      100
> isi   80
> angwu 88
......省略部分输出内容......
diff dir1/yours dir2/yours
1c1
< zhangsan      100
---
> zhangsan      70
4c4
< wusong       80
---
> wusong       50
```

说明：从上面的输出信息中可以看出，diff 指令依次比较两个目录下的同名文件。在两个目录下没有同时存在的文件，diff 指令以 only in 的格式显示其文件名。

【相关指令】cmp，comm，diff3

3.20　cmp 指令：比较两个任意类型的文件

【语　　法】cmp [选项] [参数]　★★★★★

【功能介绍】cmp 指令用于比较两个任意类型的文件是否相同，并且将两个文件的不同之处显示到标准输出设备上。

【选项说明】

选　　项	功　　能
-l	显示两个文件不同之处的字节编号，以及在两个文件中的字符对应的八进制数
-s	对于不相同的两个文件，仅返回exit状态，不显示任何信息

【参数说明】

参　　数	功　　能
文件1	指定比较的第一个文件
文件2	指定比较的第二个文件
偏移量1	可选参数，指定在第一个文件中的偏移量
偏移量2	可选参数，指定在第二个文件中的偏移量

【经验技巧】

- cmp 指令可以比较两个任意类型的文件，包括二进制文件。
- 当 cmp 指令没有任何输出信息时，表示两个文件完全相同。
- 可选参数偏移量 1 和偏移量 2 分别指定从文件 1 和文件 2 的第几个字符开始比较。偏移量的值默认为十进制数，如果使用十六进制数，则必须以“0x”开头，使用八进制数则必须以“0”开头。

【示例 3.41】比较两个二进制文件，具体步骤如下。

（1）cmp 指令可以比较两个二进制文件，使用 cmp 指令比较 ls 指令和 mail 指令。在命令行中输入下面的命令：

```
[root@hn ~]# cmp /bin/ls /bin/mail                #比较两个二进制文件
```

输出信息如下：

```
/bin/ls /bin/mail differ: char 25, line 1
```

说明：上面的输出信息表明，ls 指令和 mail 指令在第一行的第 25 个字节处不相同。

（2）比较两个相同的文件。在命令行中输入下面的命令：

```
[root@hn ~]# cmp /bin/ls /bin/ls                  #比较同一个文件
```

说明：因为比较的是同一个文件，所以其内容完全相同，没有任何输出信息。

【相关指令】diff，diff3

3.21　look 指令：显示文件中以指定字符串开头的行

【语　　法】look [选项] [参数]　　★★★★★

【功能介绍】look 指令用于显示文件中以指定字符串开头的任意行。由于 look 指令执行的是二进制的搜索操作，所以要求目标文件已经以行为单位进行了排序（通常使用 sort 指令进行排序）。

【选项说明】

选　项	功　能
-d	仅比较字母和数字，其余字符都忽略
-f	忽略字母大小写
-a	使用替代（alternative）字典文件"/usr/share/dict/web2"
-t	指定字符串的结束字符（termination character）

【参数说明】

参　数	功　能
字符串	指定要查找的字符串
文件	指定要查找的目标文件

【经验技巧】

- 使用 look 指令时，要求指定的文件必须是有序文件，可以使用 sort 指令先对文件进行排序。
- 当不指定文件参数时，look 指令将从字典文件/usr/share/dict/words 中查询给定的字符串。如果使用了-a 选项，则使用字典文件/usr/share/dict/web2。这两个字典文件的格式为每行一个单词。
- 当查询两个字典文件时，不区分大小写；当查询目标文件时，默认是区分大小写的。

【示例 3.42】显示以指定字符串开头的行，具体步骤如下。

（1）look 指令要求文件是有序的，本例使用 sort 指令对文件进行排序，再使用 look 指令显示以指定字符串开头的行。在命令行中输入下面的命令：

```
#以字典顺序排序文件，将结果保存到文件 text 中
[root@hn ~]# sort -d /etc/httpd/conf/httpd.conf  > text
```

说明：本例使用 sort 指令的-d 选项实现字典方式的排序。

（2）使用 look 指令显示文件 text 中以 Max 开头的行。在命令行中输入下

面的命令：

```
#在 text 文件中查询以 Max 开头的行并显示查询结果
[root@hn ~]# look Max text
```

输出信息如下：

```
MaxClients          150
MaxClients        256
......省略部分输出内容......
MaxSpareServers   20
MaxSpareThreads     75
```

【示例 3.43】查字典，具体步骤如下。

随 look 指令分发的有两个字典文件/usr/share/dict/words 和/usr/share/dict/web2。当不指定文件参数时将使用字典文件，本例使用默认的字典文件/usr/share/dict/words。在命令行中输入下面的命令：

```
#从字典文件“/usr/share/dict/words”中查找以 party 开头的单词
[root@hn ~]# look party
```

输出信息如下：

```
party
party-colored
......省略部分输出内容......
party-walled
party-zealous
```

3.22　ispell 指令：拼写检查程序

【语　　法】ispell [参数]　★★★★☆

【功能介绍】ispell 指令用于检查文件中出现的拼写错误。

【参数说明】

参　　数	功　　能
文件	指定要进行拼写检查的文件

【经验技巧】

- ispell 指令本质上是一个与 aspell 指令兼容的 Shell 脚本程序。ispell 指令可以自动调用 aspell 指令完成拼写检查。
- ispell 指令可以交互式地纠正文件中的拼写错误。

【示例 3.44】对文件拼写检查并纠正错误，具体步骤如下。

（1）使用 ispell 指令检查文件 file.txt 中的拼写错误。该文件内容如下：

```
[root@hn ~]# cat file.txt
helol
thsi
```

在命令行中输入下面的命令：

```
[root@hn ~]# ispell file.txt          #对文件 file.txt 进行拼写检查
```

输出信息如下：

```
   helol              File: file.txt

helol

 0: hell
 1: hello
 2: helot


[SP] <number> R)epl A)ccept I)nsert L)ookup U)ncap Q)uit e(X)it
or ? for help
```

说明： 在上面的输出信息中，ispell 指令自动将拼写错误的单词加亮显示（在本例中为 helol），在屏幕的下半部分显示了可选的正确拼写（以数字开头）。在底部光标处输入对应的数字，即可完成拼写纠正。屏幕的底部还显示了 ispell 支持的操作指令。

（2）在底部光标显示处输入“1”，将 helol 纠正为 hello。输出信息如下：

```
   thsi              File: file.txt

hello
thsi

 0: Thai
 1: this
 2: th Si
 3: th-Si


[SP] <number> R)epl A)ccept I)nsert L)ookup U)ncap Q)uit e(X)it
or ? for help
```

说明： ispell 指令完成对 helol 的拼写纠正后，依次跳转到下一个拼写错误的单词处完成对整篇文档的拼写检查与纠错。

【相关指令】 spell

3.23　fold 指令：指定文件显示的宽度

【语　　法】 fold [选项] [参数]　　★★★☆☆

【功能介绍】 fold 指令用于控制文件内容输出时所占用的屏幕宽度。

【选项说明】

选　　项	功　　能
-b	统计字节（byte）数，而非列数
-w <宽度>	设置每行显示的宽度（width），默认值为80

【参数说明】

参　　数	功　　能
文件	指定要显示的文件

【经验技巧】当不指定文件参数或者使用“-”代替文件参数时，要显示的内容来自标准输入设备。

【示例 3.45】设置文件显示的行宽，具体步骤如下。

用 fold 指令修改文件显示时的行宽。在命令行中输入下面的命令：

```
[root@hn ~]# fold -w 20 /etc/fstab                     #指定行宽为 20
```

输出信息如下：

```
LABEL=/
   /
......省略部分输出内容......
        swap    defa
ults        0 0
```

说明：当文件中的一行文本超过 20 个字符的宽度时，则分为多行显示。

【相关指令】fmt

3.24　fmt 指令：优化文本格式

【语　　法】fmt [选项] [参数]　　★★★☆☆

【功能介绍】fmt 指令用于读取文件的内容，根据选项的设置对文件格式进行简单的优化处理，并将结果输出到标准输出设备上。

【选项说明】

选　　项	功　　能
-c	前两行缩进
-p <字符串>	重新格式化以指定字符串开头的行
-s	分割（split）较长的行
-t	第一行使用和第二行不同的缩进格式
-u	单词之间使用一个空白分隔，句子之间使用两个空白分隔
-w <行宽>	指定行宽（width），默认值是75

续表

选　项	功　能
--help	显示指令的帮助信息
--version	显示指令的版本信息

【参数说明】

参　数	功　能
文件	指定要优化格式的文件

【经验技巧】如果不指定文件参数，或者使用“-”代替文件参数，则 fmt 指令要格式化的内容将从标准输入设备录入。

【示例 3.46】设置文件的显示格式，具体步骤如下。

（1）fmt 指令可以设置文件的显示格式，例如：可以使用 fmt 指令的-u 选项压缩空格字符；使用 cat 指令显示文件的原始内容。在命令行中输入下面的命令：

```
[root@hn ~]# cat /etc/fstab                    #显示文本文件的内容
```

输出信息如下：

```
LABEL=/             /           ext3    defaults        1 1
......省略部分输出内容......
LABEL=SWAP-sda2      swap    swap    defaults        0 0
```

（2）使用 fmt 指令压缩文件中的空格。在命令行中输入下面的命令：

```
[root@hn ~]# fmt -u /etc/fstab                 #压缩文件中多余的空格
```

输出信息如下：

```
LABEL=/ / ext3 defaults 1 1 tmpfs /dev/shm tmpfs defaults 0 0 devpts
/dev/pts devpts gid=5,mode=620 0 0 sysfs /sys sysfs defaults 0 0
proc
/proc proc defaults 0 0 LABEL=SWAP-sda2 swap swap defaults 0 0
```

【相关指令】fold

3.25　expand 指令：将制表符转换为空格

【语　　法】expand [选项] [参数]　　★★★☆☆

【功能介绍】expand 指令用于将文件中的制表符（Tab）转换为空格（Space），并将结果显示到标准输出设备上。

【选项说明】

选　项	功　能
-t <数字>	指定制表符（Tab）所代表的空格的个数，不使用默认的8

【参数说明】

参 数	功 能
文件	指定要将制表符转换为空格的文件

【经验技巧】当不使用文件参数或者使用“-”代替文件参数时，转换的内容要从标准输入设备录入。

【示例 3.47】将文件中的 Tab 转换为空格，具体步骤如下。

（1）显示文件的原始内容。在命令行中输入下面的命令：

```
[root@hn ~]# cat test.txt                    #显示文本文件的内容
```

输出信息如下：

```
zhangsan            100
lisi                80
wangwu              89
liuliu              70
```

（2）将文件中的 Tab 转换为空格。在命令行中输入下面的命令：

```
#将文件中的 Tab 转换为空格，并且一个 Tab 代表 15 个空格
[root@hn ~]# expand -t 15 test.txt
```

输出信息如下：

```
zhangsan                       100
lisi                           80
wangwu                         89
liuliu                         70
```

【相关指令】unexpand

3.26 col 指令：具有反向换行的文本过滤器

【语 法】col [选项] ★★★★☆

【功能介绍】col 指令是一个标准输入文本过滤器，它从标准输入设备上读取文本内容，并把内容显示到标准输出设备上。

【选项说明】

选 项	功 能
-b	不输出任何退格（backspace）符，仅在每列位置处显示最后一个字符
-f	允许前进一半换行
-p	强制不改变未知的控制序列，将其显示为字符
-x	用多个空格代替Tab字符
-l<数字>	用指定的数字设置缓冲区，不使用默认的128

【经验技巧】

- col 指令经常被用来过滤其他指令输出的信息中的控制字符，如 nroff 指令和 tb1 指令的输出信息。
- 使用重定向功能保存的文本内容中经常包含许多控制字符（如 man ls > ls.txt），影响阅读，使用 col 指令可以去除这些控制字符。

【示例 3.48】过滤控制字符，具体步骤如下。

（1）使用 col 指令过滤文本文件 file1.txt 中包含的控制字符。使用 vi 打开文件 file1.txt。在命令行中输入下面的命令：

```
[root@hn ~]# vi file1.txt                        #打开文本文件
```

输出信息如下：

```
ssss
sss
^V^V^V^F^F^F^F
......省略部分空白行......
"file1.txt" 3L, 18C
```

说明：在上面的输出信息中，第 3 行是控制字符。

（2）使用 col 指令过滤控制字符。在命令行中输入下面的命令：

```
#过滤文件 file1.txt 中的控制字符，并将结果保存到文件 file2.txt 中
[root@hn ~]# cat file1.txt | col > file2.txt
```

说明：在本例中，使用管道将文件 file1.txt 的内容发送给 col 指令，使用输出重定向 “>” 将 col 指令过滤后的内容保存到文件 file2.txt 中。

（3）使用 vi 打开文件 file2.txt。在命令行中输入下面的命令：

```
[root@hn ~]# vi file2.txt                        #打开文本文件
```

输出信息如下：

```
ssss
sss

......省略部分空白行......
"file2.txt" 3L, 10C
```

说明：在上面的输出信息中，第 3 行为空白行，已经不包含任何控制字符。

【相关指令】expand

3.27　colrm 指令：删除文件中的指定列

【语　　法】colrm [参数]　　★★★☆☆

【功能介绍】colrm 指令用于删除文件中的指定列。

【参数说明】

参 数	功 能
起始列号	指定要删除的起始列
结尾列号	指定要删除的结尾列

【经验技巧】

- colrm 指令要操纵的内容来自标准输入，并将输出信息发送到标准输出设备上。
- 如果只给定“起始列号”而省略“结尾列号”，则删除从指定列号开始一直到每行行尾的全部内容。
- colrm 指令中所指的“列”表示行中的字符序列。例如，“第 2 列”即为“第 2 个字符”。

【示例 3.49】删除文件中的指定列，具体步骤如下。

（1）使用 cat 指令显示文件“/etc/fstab”的内容。在命令行中输入下面的命令：

```
[root@hn ~]# cat /etc/fstab                  #显示文本文件的内容
```

输出信息如下：

```
LABEL=/           /             ext3    defaults        1 1
LABEL=SWAP-sda2      swap       swap   defaults        0 0
```

（2）删除第 25 列之后的所有内容。在命令行中输入下面的命令：

```
[root@hn ~]# colrm 25 < /etc/fstab           #删除指定 25 列后的所有内容
```

说明：本例使用了输入重定向“<”，将文件“/etc/fstab”的内容发送给 colrm 指令进行处理。

输出信息如下：

```
LABEL=/
LABEL=SWAP-sda2
```

（3）删除第 25～48 列的所有内容。在命令行中输入下面的命令：

```
[root@hn ~]# colrm 25 48 < /etc/fstab     #删除指定列范围的内容
```

输出信息如下：

```
LABEL=/                  ext3    defaults        1 1
LABEL=SWAP-sda2         swap   defaults        0 0
```

【相关指令】cut

3.28　comm 指令：以行为单位比较两个已排序的文件

【语　　法】 comm [选项] [参数]　★★★☆☆

【功能介绍】 comm 指令以行为单位比较两个已排序的文件，并将比较结果显示到标准输出设备上。

【选项说明】

选　项	功　能
-1	不显示在第一个文件中出现的内容
-2	不显示在第二个文件中出现的内容
-3	不显示同时在两个文件中都出现的内容

【参数说明】

参　数	功　能
文件1	指定要比较的第一个有序文件
文件2	指定要比较的第二个有序文件

【经验技巧】 使用 comm 指令时要求比较的文件是已排序的有序文件。

【示例 3.50】 比较两个文件，具体步骤如下。

（1）使用 cat 指令显示第一个文件 math 的内容，在命令行中输入下面的命令：

```
[root@hn ~]# cat math                                  #显示文本文件的内容
```

输出信息如下：

```
liuliu 40
jiangze 88
wusong 70
likui 99
zhengwu 68
zouzou 69
zhangsan 100
```

（2）使用 cat 指令显示第二个文件 english 的内容。在命令行中输入下面的命令：

```
[root@hn ~]# cat english                                  #显示文本文件的内容
```

输出信息如下：

```
zhangsan 60
liuliu 40
zhengwu 88
```

```
jiangze 49
zouzou 88
wusong 60
likui 99
```

说明：从上面的输出信息中可以发现，文件 math 和 english 都不是有序文件，必须对文件排序后才能用 comm 指令进行比较。

（3）使用 sort 指令排序文件 math 和 english。在命令行中输入下面的命令：

```
[root@hn ~]# sort math > math.sorted                #排序 math
[root@hn ~]# sort english >english.sorted           #排序 english
```

（4）使用 comm 指令比较有序文件 math.sorted 和 english.sorted。在命令行中输入下面的命令：

```
[root@hn ~]# comm english.sorted math.sorted       #比较有序文件
```

输出信息如下：

```
jiangze 49
        jiangze 88
                likui 99
                liuliu 40
wusong 60
        wusong 70
        zhangsan 100
zhangsan 60
        zhengwu 68
zhengwu 88
        zouzou 69
zouzou 88
```

说明：在上面的输出信息中，第一列表示在第一个文件中出现的内容，第二列表示在第二个文件中出现的内容，第三列表示在两个文件中都出现的内容。

（5）使用适当的选项可以控制输出的内容。例如，使用“-1 -2”选项可以只显示在两个文件中同时出现的行。在命令行中输入下面的命令：

```
#比较两个有序文件，只显示在两个文件中都出现的内容
[root@hn ~]# comm -1 -2 english.sorted math.sorted
```

输出信息如下：

```
likui 99
liuliu 40
```

【相关指令】diff

3.29　csplit 指令：将文件分割为若干小文件

【语　　法】 csplit [选项] [参数]　　★★★☆☆

【功能介绍】 csplit 指令用于将一个大文件分割成小的碎片，并且将分割后的每个碎片保存成一个文件。碎片文件的命名类似 xx00 和 xx01。

【选项说明】

选　项	功　能
-b <字符串>	指定分割后的碎片文件的后缀格式，默认为%02d（表示后缀为两位数字）
-f <字符串>	指定分割后的碎片文件的前缀字符串，默认为xx
-k	发生错误时保留（keep）输出的碎片文件
-n <数字>	设置生成碎片文件后缀的数字位数（number），默认值为2
-s	不显示产生的碎片文件的大小
-z	删除空的输出文件
--help	显示指令的帮助信息
--version	显示指令的版本信息

【参数说明】

参　数	功　能
文件	指定要分割的源文件
模式	指定分割文件时采用的匹配模式

【经验技巧】

- 当-b 选项和-n 选项连用时，-n 选项不起作用。
- csplit 指令以行为单位分割文件。

【示例 3.51】 从指定行号处分割文件，具体步骤如下。

（1）在 csplit 指令的文件分割模式中，最简单的就是基于行号对文件进行分割。在命令行中输入下面的命令：

```
#在 200 行处将文件 httpd.conf 分割为两个文件
[root@hn conf]# csplit httpd.conf 200
```

输出信息如下：

```
7883
25843
```

说明： 上面的输出信息表明，生成的碎片文件的大小分别为 7 883 字节和 25 843 字节。

（2）使用 ls 指令查看生成的碎片文件。在命令行中输入下面的命令：

```
[root@hn conf]# ls                                    #显示当前的目录列表
```

输出信息如下：

```
httpd.conf  magic  xx00  xx01
```

说明：在上面的输出信息中，文件 xx00 和 xx01 为生成的碎片文件。

【示例 3.52】自定义输出文件名，具体步骤如下。

（1）cspit 指令的“-b”和“-f”选项可以用来设置分割后生成的文件的名称，在命令行中输入下面的命令：

```
#自定义输出文件名称
[root@hn conf]# csplit -b %05d -f piece_ httpd.conf 200
```

输出信息如下：

```
7883
25843
```

（2）使用 ls 指令查看生成的碎片文件。在命令行中输入下面的命令：

```
[root@hn conf]# ls                                    #显示当前的目录列表
```

输出信息如下：

```
httpd.conf  magic  piece_00000  piece_00001
```

说明：在上面的输出信息中，文件 piece_00000 和 piece_00001 为生成的碎片文件。

【示例 3.53】指定文件分割模式，具体步骤如下。

（1）csplit 指令可以使用灵活模式来设置分割文件的具体动作。在命令行中输入下面的命令：

```
#从第 100 行处开始按照每 100 行大小切分 5 次
[root@hn conf]# csplit -n 6 httpd.conf 100 {5}
```

输出信息显示了生成的 7 个文件大小。其中，第 1 个文件包含前 99 行数据，第 2～6 个文件分别包含 100 行数据，第 7 个文件包含分割剩下的所有数据。

```
3689
4194
3461
2839
3538
3077
12928
```

（2）使用 ls 指令查看生成的碎片文件。在命令行中输入下面的命令：

```
[root@hn conf]# ls                                    #查看当前的目录列表
```

输出信息如下：

```
httpd.conf  xx000000  xx000002  xx000004  xx000006
magic      xx000001  xx000003  xx000005
```

【相关指令】split

3.30　diff3 指令：比较 3 个文件的不同之处

【语　　法】diff3 [选项] [参数]　　★★★★☆

【功能介绍】diff3 指令用于比较 3 个文件，并将 3 个文件的不同之处显示到标准输出。

【选项说明】

选　　项	功　　能
-a	把所有（all）的文件都当作文本文件按照行为单位进行比较，即使给定的文件不是文本文件
-A	将第2个文件和第3个文件的不同之处合并到第1个文件中，有冲突的内容用括号引起来
-e	生成一个ed脚本，用于将第2个文件和第3个文件的不同之处合并到第1个文件中
--easy-only	除了不显示互相重叠的变化，与选项-e的功能相同
-i	为了和System V系统兼容，在ed脚本的最后生成w和q命令。此选项必须和选项-AeExX3连用，但是不能和-m连用
--initial-tab	在每行的前面加上Tab字符以便对齐

【参数说明】

参　　数	功　　能
文件1	指定要比较的第1个文件
文件2	指定要比较的第2个文件
文件3	指定要比较的第3个文件

【经验技巧】diff 指令与 diff3 指令的功能相似，但是前者用来比较 2 个文件的不同之处，后者用来比较 3 个文件的不同之处。

【示例 3.54】比较 3 个文件的不同之处，具体步骤介绍如下。

（1）显示第 1 个文本文件的内容。在命令行中输入下面的命令：

```
[root@hn ~]# cat mine                              #显示文本文件的内容
```

输出信息如下：

```
zhangsan        100
lisi    80
```

```
wangwu  88
wusong  40
liuliu  60
```

（2）显示第 2 个文本文件的内容。在命令行中输入下面的命令：

```
[root@hn ~]# cat older                          #显示文本文件的内容
```

输出信息如下：

```
zhangsan        10
lisi    80
wangwu  88
usong   40
iuliu   60
```

（3）显示第 3 个文本文件的内容。在命令行中输入下面的命令：

```
[root@hn ~]# cat yours                          #显示文本文件的内容
```

输出信息如下：

```
zhangsan        100
lisi    70
wangwu  68
wusong  80
liuliu  60
```

（4）使用 diff3 指令比较 3 个文件。在命令行中输入下面的命令：

```
[root@hn ~]# diff3 mine older yours             #比较 3 个文件
```

输出信息如下：

```
====
1:1,5c
  zhangsan      100
  lisi  80
  wangwu        88
  wusong        40
  liuliu        60
2:1,5c
  zhangsan      10
  lisi  80
  wangwu        88
  usong 40
  iuliu 60
3:1,5c
  zhangsan      100
  lisi  70
  wangwu        68
  wusong        80
  liuliu        60
```

【相关指令】 diff

3.31　diffstat 指令：显示 diff 输出的柱状图信息

【语　　法】diffstat [选项] [参数]　　★★★★☆

【功能介绍】diffstat 指令用来显示 diff 指令输出的柱状图信息。

【选项说明】

选　项	功　能
-c	在每个输出行前显示"#"
-e <文件>	将标准输出的错误（error）信息重定向到指定的文件中
-k	在报告中禁止合并文件名
-l	仅列出（list）文件名，不进行其他操作
-n	指定文件名的最小宽度
-u	在报告中禁止对文件名进行排序

【参数说明】

参　数	功　能
文件	指定保存有diff指令的输出信息的文件

【经验技巧】在开放源代码领域中，经常需要给软件的源代码打补丁。通常的补丁程序都是由 diff 指令生成的。diff 指令对比新程序和旧程序的不同，然后生成补丁程序文件。使用 diffstat 指令可以显示补丁程序文件中所要完成的对旧文件的修改。

【示例 3.55】显示 diff 输出的统计信息，具体步骤如下。

（1）使用 diff 指令比较两个文件，并将 diff 指令的输出信息保存到指定文件中。在命令行中输入下面的命令：

```
#比较两个文件并将结果保存到文件"diff-out"中
[root@hn ~]# diff -c from-file to-file  > diff-out
```

（2）使用 cat 指令显示文件 diff-out 的内容。在命令行中输入下面的命令：

```
[root@hn ~]#cat diff-out                              #显示文本文件的内容
```

输出信息如下：

```
*** from-file   Wed Jun 17 12:13:35 2009
--- to-file     Thu Jul  2 00:11:11 2009
***************
*** 1,4 ****
  math  100
  java  50
! c++   89
```

```
! Linux 75
--- 1,4 ----
  math  100
  java  50
! c++
! Linux
```

（3）使用 diffstat 指令统计 diff 指令的比较结果。在命令行中输入下面的命令：

```
[root@hn ~]# diffstat diff-out                    #统计 diff 指令的输出信息
```

输出信息如下：

```
 to-file |    4 !!!!
 1 file changed, 4 modifications(!)
```

说明：上面的输出信息表明有一个文件被改变，此文件中有 4 处将被修改。

【示例 3.56】统计 Linux 内核补丁程序的操作记录，具体步骤如下。

（1）使用 wget 指令下载 Linux 核心 2.6.0 的补丁程序。在命令行中输入下面的命令：

```
[root@hn ~]# wget http://www.kernel.org/pub/linux/kernel/v2.6/
patch-2.6.0.bz2                                   #下载内核补丁程序
```

输出信息如下：

```
--01:30:59--  http://www.kernel.org/pub/linux/kernel/v2.6/
patch-2.6.0.bz2
......省略部分输出内容......
100%[======================>] 10,727      22.9K/s   in 0.5s
01:31:00 (22.9 KB/s) - 'patch-2.6.0.bz2' saved [10727/10727]
```

（2）使用 bzip2 指令解压缩内核补丁程序。在命令行中输入下面的命令：

```
[root@hn ~]#bzip2 -d patch-2.6.0.bz2              #解压缩补丁程序
```

（3）使用 diffstat 指令统计补丁程序需要完成的文件修改操作。在命令行中输入下面的命令：

```
[root@hn ~]# diffstat patch-2.6.0                 #统计补丁程序需要完成的操作
```

输出信息如下：

```
 Makefile                                         |    2 -
......省略部分输出内容......
scripts/file2alias.c                              |    7 +++
 43 files changed, 218 insertions(+), 117 deletions(-)
```

说明：使用 diffstat 指令在打补丁前可以知道补丁程序的具体细节。

【相关指令】diff

3.32　printf 指令：格式化并输出数据

【语　　法】printf [选项] [参数]　★★★★★

【功能介绍】printf 指令用于格式化输出信息并将结果输出到标准输出。

【选项说明】

选　项	功　能
--help	显示指令的帮助信息
--version	显示指令的版本信息

【参数说明】

参　数	功　能
输出格式	指定数据输出的格式
输出字符串	指定要输出的数据

【经验技巧】printf 指令用于格式化输出信息，它的用法与 C 语言中的 printf()函数相似，可以参考 printf()函数中的输出格式。

【示例 3.57】格式化输出信息，具体步骤如下。

使用 printf 指令格式化输出信息。在命令行中输入下面的命令：

```
[root@hn ~]# printf "%s\n%s\n%s\n" "Hello." "My Name Is Linux."
"I'm an operation system."                                    #格式化输出信息
```

说明：本例中的“%s”表示使用字符串进行替换，3 个“%s”分别与后面的 3 个字符串参数一一对应；“\n”表示换行。

输出信息如下：

```
Hello.
My Name Is Linux.
I'm an operation system.
```

3.33　pr 指令：将文本转换为适合打印的格式

【语　　法】pr [选项] [参数]　★★★★☆

【功能介绍】pr 指令用于将文本文件转换成适合打印的格式，它可以把较大的文件分割成多个页面进行打印，并为每个页面添加标题。

【选项说明】

选　　项	功　　能
-h <标题>	为页面指定标题（header）
-l <行数>	指定每页的行数（line number）

【参数说明】

参　　数	功　　能
文件	需要转换格式的文件

【经验技巧】 pr 指令用于输出适合打印的文本格式，可以使用重定向功能直接打印，或者将其保存到文件中以后打印。

【示例 3.58】 格式化文本内容，具体步骤如下。

（1）使用 pr 指令格式化文本文件/etc/fstab，并将结果保存到文件 print_friend 中。在命令行中输入下面的命令：

```
#转换格式并将其保存到指定的文件中
[root@hn ~]# pr /etc/fstab > print_friend
```

说明： 本例使用输出重定向将转换结果保存到了指定的文件中。

（2）文件/etc/fstab 的内容较少，只有一页，生成的文件 print_friend 共有 66 行（这是 pr 指令的默认值），使用 wc 指令统计此文件的行数。在命令行中输入下面的命令：

```
[root@hn ~]# wc -l print_friend                    #统计文件行数
```

输出信息如下：

```
66 print_friend
```

3.34　od 指令：将文件导出为八进制或其他格式

【语　　法】 od [选项] [参数]　　★★★★☆

【功能介绍】 od 指令用于输出（dump）八进制（octal）、十六进制或其他格式的字符，通常用于显示或查看文件中不能直接显示在终端上的字符。

【选项说明】

选　　项	功　　能
-A<地址的基数>	设置地址的基数，可选值为d、o、x和n，代表含义如下： d：十进制；o：八进制；x：十六进制；n：不显示位移值
-j<字节数>	跳过（jump）文件开头指定字节数的字符

续表

选　　项	功　　能
-t<输出格式>	设置输出类型（type），可选值包括c、d、f、o、u和x，含义如下： a：名称字符；c：ASCII；d：有符号十进制数； f：浮点数；o：八进制数；u：无符号十进制； x：十六进制。 除c选项外，其他选项后面都可以跟一个十进制数，用于指定每个显示值所代表的字节数

【参数说明】

参　　数	功　　能
文件	指定要显示的文件

【经验技巧】 od 指令对于显示或查看文件中不能直接在终端上显示的字符很有帮助。

【示例 3.59】 以指定的编码格式显示文件，具体步骤如下。

使用 od 指令以指定的编码格式显示文件中的可显示字符和不可显示字符。在命令行中输入下面的命令：

```
[root@hn ~]# od -tcx1 text.txt #用字符和十六进制编码对比方式显示文件
```

说明： 本例中的选项-tcx1 表示显示为字符和十六进制编码方式（每个十六进制数表示一个字符）。

输出信息如下：

```
0000000   L   i   n   u   x  \n
         4c  69  6e  75  78  0a
0000006
```

3.35　rev 指令：将文件的每行内容以字符为单位反序输出

【语　　法】 rev [参数]　　★★★★☆

【功能介绍】 rev 指令将文件中的每行内容以字符为单位反序（reverse）输出，即第一个字符最后输出，最后一个字符最先输出，以此类推。

【参数说明】

参　　数	功　　能
文件	指定要反序显示的文件

【经验技巧】rev 指令反序输出每行的内容，但是行的次序没有发生改变，而 tac 指令则是行的内容没有变化，行的次序变成反序输出。

【示例 3.60】以字符为单位反序输出每行的内容，具体步骤如下。

（1）使用 cat 指令正序显示文件“/etc/fstab”的内容。在命令行中输入下面的命令：

```
[root@hn ~]# cat /etc/fstab                          #正序显示文件内容
```

输出信息如下：

```
LABEL=/           /        ext3    defaults          1 1
LABEL=SWAP-sda2  swap     swap    defaults          0 0
```

（2）使用 rev 指令反序输出文件内容。在命令行中输入下面的命令：

```
[root@hn ~]# rev /etc/fstab                          #反序输出每行的内容
```

输出信息如下：

```
1 1        stluafed    3txe     /                 /=LEBAL
0 0        stluafed    paws    paws         2ads-PAWS=LEBAL
```

【相关指令】tac

3.36　习　　题

一、填空题

1．________指令用于将多个文件进行连接并将结果通过标准输出显示出来。

2．wc 指令可以用来统计文本文件的________、________和________。

3．默认情况下，sort 指令是按照________排序的。

二、选择题

1．下面的（　　）指令用于分屏显示文件内容。

A．more　　B．less　　C．cat　　D．head

2．当使用 head 或 tail 命令查看文本内容时，默认显示头或者尾的（　　）行内容。

A．1　　B．5　　C．10　　D．15

3．下面的（　　）指令用于删除文件中的指定字段。

A．spell　　B．uniq　　C．diff　　D．cut

三、判断题

1．uniq 指令可以对所有文件进行去除重复行的操作。　　（　　）

2．tr 指令是字符串处理工具，而非字符处理工具。　（　　）

3．spell 指令只能基于英文文档进行单词拼写检查。　（　　）

四、操作题

1．使用 cat 命令查看“/etc/passwd”文件的内容。

2．使用 more 或 less 分别查看 Apache 的配置文件 httpd.conf 的内容。

3．使用 wc 指令统计“/etc/passwd”文件的行数。

第 4 章　备份与压缩

Linux 是因特网上最重要的服务器操作系统。为了保证服务器系统的安全性，经常需要对服务器上的数据进行备份。Linux 操作系统提供了多种强大的压缩和备份指令，通过结合使用这些指令，可以实现对服务器重要数据的备份。本章将介绍 Linux 的备份与压缩指令。

4.1　tar 指令：打包备份

【语　　法】 tar [选项] [参数]　★★★★★

【功能介绍】 tar 指令是 Linux 中的归档（archiving）实用工具，用于为文件和目录创建 tar 格式的打包文件。tar 指令还支持 gzip、bzip2 和 compress 等压缩格式，可以直接使用 tar 指令将打包文件压缩或者解压缩。

【选项说明】

选　　项	功　　能
-c	创建（create）打包文件
-x	解开（extract）打包文件
-t	显示tar包中的文件列表（list）
-z	使tar指令具有gzip指令的功能，可以在创建打包文件时进行压缩，解包时进行解压缩
-Z	使tar指令具有compress指令的功能，可以在创建打包文件时进行压缩，解包时进行解压缩
-j	使tar指令具有bzip2指令的功能，可以在创建打包文件时进行压缩，解包时进行解压缩
-v	详细（verbose）显示打包的过程
-f	指定tar包的文件名（file name）
-p	保留（preserve）源文件的原始属性
-P	打包文件时使用绝对路径（path）
-N <日期>	打包新文件，仅打包比指定日期更新的文件
--exclude <文件>	指定打包时忽略的文件

【参数说明】

参　　数	功　　能
文件或目录	指定要打包的文件或目录列表

【经验技巧】

- tar 指令最早起源于 UNIX，用于将数据备份到磁带机上。tar 指令的功能非常强大，可以将生成的 tar 包保存在磁盘上，而且还具有数据压缩功能，支持 gzip、bzip2 和 compress 等压缩格式。
- tar 指令的 3 个主选项-c、-x 和-t 只能使用一个，不能同时使用，否则将导致命令报错。

【示例 4.1】使用 tar 指令将整个目录下的所有文件与子目录打包到一个 tar 包中。在命令行中输入下面的命令：

```
[root@hn ~]# tar -cvf boot.tar /boot     #打包/boot 目录下的所有内容
```

输出信息如下：

```
tar: Removing leading '/' from member names
/boot/
......省略部分输出内容......
/boot/xen-syms-2.6.18-92.el5
/boot/symvers-2.6.18-92.el5.gz
```

【示例 4.2】打包文件。

打包“/etc”目录下以“host”开头的文件。在命令行中输入下面的命令：

```
#打包/etc/目录下以 host 开头的文件
[root@hn ~]# tar -cvf test.tar /etc/host*
```

输出信息如下：

```
tar: Removing leading '/' from member names
/etc/host.conf
/etc/hosts
/etc/hosts.allow
/etc/hosts.deny
```

【示例 4.3】打包并用 gzip 压缩。

使用 tar 指令的-z 选项，在创建打包文件时可以自动将其压缩为 gzip 格式的压缩文件。在命令行中输入下面的命令：

```
[root@hn ~]# tar -czf etc.tar.gz /etc/  #打包并压缩为 gzip 格式
```

说明：本例没有使用-v 选项，所以不会显示打包过程。

【示例 4.4】打包并用 bzip2 进行压缩。

使用 tar 指令的-j 选项，在创建打包文件时可以自动将其压缩为 bzip2 格式的压缩文件。在命令行中输入下面的命令：

```
[root@hn ~]# tar -cjf etc.tar.bz2 /etc/ #打包并压缩为 bzip2 格式
```

说明： 本例没有使用-v 选项，所以不会显示打包过程。

【示例 4.5】 打包并使用 compress 压缩。

使用 tar 指令的“-Z”选项，在创建打包文件时，可以自动将其压缩为 compress 格式的压缩文件。在命令行中输入下面的命令：

```
[root@hn ~]# tar -cZf etc.tar.Z /etc/    #打包并压缩为 compress 格式
```

说明： 本例没有使用-v 选项，所以不会显示打包过程。另外，在 RHEL 9 中不再提供 compress 命令安装包，所以在该系统中无法使用 compress 压缩。

【示例 4.6】 显示 tar 包中的文件，具体步骤如下。

（1）使用 tar 指令的-t 选项可以显示 tar 包中的文件列表。在命令行中输入下面的命令：

```
[root@hn ~]# tar -tf boot.tar           #显示 tar 包中的文件列表
```

输出信息如下：

```
anaconda-ks.cfg
install.log
install.log.syslog
```

（2）使用-tv 选项可以显示 tar 包中的文件的详细信息。在命令行中输入下面的命令：

```
[root@hn ~]# tar -tvf boot.tar          #显示 tar 包中的文件的详细信息
```

输出信息如下：

```
-rw------- root/root
1800 2022-12-03 04:44:27 anaconda-ks.cfg
-rw-r--r-- root/root
11855 2022-12-03 04:44:06 install.log
-rw-r--r-- root/root
6743 2022-12-03 04:43:36 install.log.syslog
```

【示例 4.7】 显示压缩后的 tar 包中的文件。使用-z、-Z 和-j 选项可以分别显示经 gzip、compress 和 bzip2 压缩过的 tar 包。例如，显示 bzip2 压缩过的 tar 包，在命令行中输入下面的命令：

```
#显示 bzip2 压缩过的 tar 包内的文件
[root@hn ~]# tar -tjf boot.tar.bz2
```

输出信息如下：

```
boot/
boot/grub/
......省略部分输出内容......
```

```
boot/xen-syms-2.6.18-92.el5
boot/symvers-2.6.18-92.el5.gz
```

【示例 4.8】解开 tar 包，在命令行中输入下面的命令：

```
[root@hn ~]# tar -xvf bak.tar                #在当前目录下解开 tar 包
```

输出信息如下：

```
etc/passwd
etc/shadow
etc/group
etc/fstab
```

说明：本例将在当前目录下创建 etc 目录，将对应的文件释放到此目录下。

【示例 4.9】解开压缩过的 tar 包。

经 gzip、bzip2 和 compress 压缩过的 tar 包，可以使用-z、-j 和-Z 选项直接解压缩和解包。例如，解开 compress 压缩过的 tar 包。在命令行中输入下面的命令：

```
[root@hn ~]# tar -Zxvf bak.tar.Z             #解压缩和解包一步完成
```

输出信息如下：

```
etc/passwd
etc/shadow
etc/group
etc/fstab
```

说明：在本例中首先由 tar 指令完成解压缩操作，再解包。操作完成后在当前目录下创建 etc 目录，将对应的文件存放到此目录下。

4.2　gzip 指令：GNU 的压缩与解压缩工具

【语　　法】gzip [选项] [参数]　★★★★★

【功能介绍】gzip 指令采用 Lempel-Ziv 编码（LZ77）压缩文件，经 gzip 压缩过的文件的后缀为.gz。

【选项说明】

选　　项	功　　能
-a	ASCII文本模式，按本地习惯转换行结束符。此选项仅在一些非UNIX操作系统（例如，在MSDOS中，压缩时CR和LF被转换为LF，解压缩时LF被转换为CR和LF）中被支持
-c	将输出信息显示到标准输出上但不改变源文件
-d	解压缩（decompress）

续表

选　项	功　能
-f	强制（force）进行压缩和解压缩，即使文件有多个连接或者相同的文件已经存在
-l	对于每个压缩文件，列出（list）如下字段信息： compressed size（压缩后文件的大小）、uncompressed size（未压缩时的文件大小）、ratio（压缩比率，0.0%表示未知）、uncompressed_name（未被压缩时的文件名）
-L	显示软件许可证信息（license）
-n	压缩文件时，不保存源文件名和时间标记
-N	压缩文件时，保存源文件名和时间标记
-q	禁止输出所有的警告信息，保持安静（quiet）模式
-r	递归（recursive）遍历访问目录下的所有文件并将其进行压缩
-S <后缀>	指定压缩后文件的后缀（suffix）
-t	检查（test）压缩文件的正确性
-<数字1～9>	指定压缩率，其值介于1～9之间。默认值为6，值越大，压缩率越高，但是压缩速率越来越慢
--best	最好的压缩率，同-9选项的效果相同
--fast	最快的压缩速度，同“-1”选项的效果相同
-v	显示指令执行的详细过程
-V	显示指令的版本信息（version）

【参数说明】

参　数	功　能
文件列表	指定要压缩的文件列表

【经验技巧】

- 默认情况下，gzip 指令压缩文件的后缀为.gz，可以使用-S 选项指定压缩文件的后缀。如果压缩文件的后缀不是.gz，则在解压缩时需要使用-S 选项指明压缩文件的后缀。
- 使用-d 选项可以解压缩指定的.gz 压缩包，与 gunzip 指令的功能相同。
- gzip 指令在进行压缩或者解压缩时，如果遇到目录则会自动跳过，即 gzip 指令不能压缩目录。

【示例 4.10】使用 gzip 指令单独压缩文件。在命令行中输入下面的命令：

```
#压缩打包文件 etc.tar 并显示运行的详细信息
[root@hn test]# gzip -v etc.tar
```

输出信息如下：

```
etc.tar:   88.0% -- replaced with etc.tar.gz
```

说明：上面的输出信息表明文件的压缩比率为 88.0%，生成的压缩文件为 etc.tar.gz，文件后缀.gz 是自动添加的。

【示例 4.11】使用 gzip 指令的-S 选项可以设置新生成的压缩文件的后缀。在命令行中输入下面的命令：

```
#压缩文件并设置压缩文件的后缀为.gzip
[root@hn test]# gzip -S .gzip -v etc.tar
```

输出信息如下：

```
etc.tar:   88.0% -- replaced with etc.tar.gzip
```

说明：从上面的输出信息中可看出，文件的压缩比为 88%，压缩文件的后缀为.gzip。

【示例 4.12】使用 gzip 指令压缩多个文件，具体步骤如下。

（1）使用 ls 指令显示当前的目录列表。在命令行中输入下面的命令：

```
 [root@hn ~]# ls                          #显示目录列表
```

输出信息如下：

```
Desktop  anaconda-ks.cfg  install.log  install.log. syslog test
```

（2）使用 gzip 指令压缩当前目录下的所有文件。在命令行中输入下面的命令：

```
#压缩当前目录下的所有文件，“*”匹配任何非隐藏文件，并显示指令执行的详细信息
[root@hn ~]# gzip -v *
```

输出信息如下：

```
anaconda-ks.cfg:   46.8% -- replaced with anaconda-ks.
cfg.gz
gzip: Desktop is a directory -- ignored
install.log:          73.7% -- replaced with install.log.gz
install.log.syslog:   74.9% -- replaced with install.log.
syslog.gz
gzip: test is a directory -- ignored
```

（3）再次使用 ls 指令显示压缩后的当前目录列表。在命令行中输入下面的命令：

```
[root@hn ~]# ls                           #显示目录列表
```

输出信息如下：

```
Desktop  anaconda-ks.cfg.gz  install.log.gz  install.log.syslog.
gz  test
```

【示例 4.13】显示当前目录下的所有压缩文件的信息，在命令行中输入下

面的命令：

```
[root@hn ~]# gzip -l *        #显示当前目录下所有压缩文件的详细信息
```

输出信息如下：

```
        compressed  uncompressed  ratio uncompressed_ name
              991    1800  46.8% anaconda-ks.cfg
gzip: Desktop is a directory -- ignored
            11855             44930  73.7% install.log
             1730              6743  74.9% install.log.
                               syslog
gzip: test is a directory -- ignored
            14576             53473  72.8% (totals)
```

【相关指令】gunzip

4.3　gunzip 指令：解压缩.gz 压缩包

【语　　法】gunzip [选项] [参数]　　★★★★★

【功能介绍】gunzip 指令用来解压缩由 gzip 指令压缩生成的压缩文件。

【选项说明】

选　　项	功　　能
-a	以ASCII文本模式按本地习惯转换行结束符。此选项仅在一些非UNIX操作系统中（例如，在MSDOS中，压缩时CR和LF被转换为LF，解压缩时LF被转换为CR和LF）被支持
-c	将输出信息显示到标准输出但不改变源文件
-f	强制（force）进行压缩和解压缩，即使文件有多个连接或者相同的文件已经存在
-l	对于每个压缩文件，列出（list）如下字段信息： compressed size（压缩后文件的大小）、uncompressed size（未压缩时的文件大小）、ratio（压缩比率，0.0%表示未知）、uncompressed_name（未被压缩时的文件名）
-n	解压缩文件时，不保存源文件名和时间标记
-N	解压缩文件时，保存源文件名和时间标记
-q	禁止输出所有的警告信息，保持安静（quiet）模式
-r	递归（recursive）遍历访问目录下的所有文件并将其进行解压缩
-S <后缀>	指定压缩文件的后缀（suffix）
-t	检查（test）压缩文件的正确性
-<数字1～9>	指定压缩率，其值介于1～9之间。默认值为6，值越大，压缩率越高，但是压缩速度越慢
-v	显示指令执行的详细过程
-V	显示指令的版本信息（version）

【参数说明】

参　数	功　能
文件列表	指定要解压缩的压缩包

【经验技巧】 指令 gzip -d 与 gunzip 指令的功能相同。

【示例 4.14】 使用 gzip 指令解压缩常规的.gz 压缩包，在命令行中输入下面的命令：

```
#解压缩标准后缀的压缩文件
[root@hn ~]# gunzip -v anaconda-ks.cfg.gz
```

输出信息如下：

```
anaconda-ks.cfg.gz:    46.8% -- replaced with anaconda-ks.cfg
```

【示例 4.15】 解压缩非标准后缀的压缩文件，具体步骤如下。

（1）如果使用 gzip 解压缩非标准后缀的压缩文件（即后缀不是.gz），gzip 指令将给出出错信息。在命令行中输入下面的命令：

```
[root@hn test]# gunzip -v etc.tar.gzip  #解压缩非标准后缀的压缩包
```

输出信息如下：

```
gunzip: etc.tar.gzip: unknown suffix -- ignored
```

说明： 上面的输出信息表明，压缩文件的后缀不是.gz，因此无法完成解压缩任务，需要使用-S 选项指定压缩文件的后缀。

（2）使用 gzip 指令的-S 选项指定压缩文件的后缀。在命令行中输入下面的命令：

```
[root@hn test]# gunzip -S .gzip -v etc.tar.gzip
#解压缩非标准后缀的压缩文件，使用-v 指定压缩文件后缀，-v 显示指令的详细执行
#过程
```

输出信息如下：

```
etc.tar.gzip:   88.0% -- replaced with etc.tar
```

【相关指令】 gzip

4.4　bzip2 指令：创建和管理.bz2 压缩包

【语　　法】 bzip2 [选项] [参数]　★★★★★

【功能介绍】 bzip2 指令用于创建和管理（包括解压缩）.bz2 格式的压缩包。

【选项说明】

选　项	功　能
-c	在标准输出设备上显示压缩或者解压缩的运行结果
-d	解压缩（decompress）.bz2压缩包
-f	当进行解压缩时，强制（force）覆盖已存在的文件
-k	解压缩后，保留（keep）.bz2压缩包，否则将删除.bz2压缩包
-s	当运行bzip2指令时，使用较少的内存资源
-t	测试（test）.bz2压缩包的完整性
-z	强制执行压缩操作
-q	禁止输出不重要的警告信息，保持安静（quiet）模式
-v	冗余（verbose）模式，显示每个文件的压缩比率
-L	显示软件版本、许可证（license）限制和条件
--repetitive-best	当文件中有重复出现的内容时，提高压缩比率
--repetitive-fast	当文件中有重复出现的内容时，加快执行速度
-<数字1到9>	指定压缩比率的等级，数字越大压缩率越高，运行速度也越慢

【参数说明】

参　数	功　能
文件	指定要压缩的文件

【经验技巧】

- 当使用 bzip2 指令压缩文件时，使用“*”可以分别压缩指定目录下的所有文件。
- bzip2 指令使用的压缩算法为 Burrows-Wheeler block sorting text，比一般的压缩算法的压缩比率高。如果希望节省磁盘空间或者网络传输时间，那么优先选择 bzip2 指令。
- 使用 bzip2 指令的-s 选项可以使 bzip2 指令占用更少的系统资源，但是此时压缩速度较慢。
- 如果使用-d 选项，bzip2 指令不但可以创建.bz2 压缩文件，而且可以实现解压缩.bz2 压缩包。
- bzip2 指令仅针对单个文件进行压缩，如果有很多文件需要进行备份或者通过网络进行传输，通常先使用 tar 指令对这些文件进行打包，然后使用 bzip2 指令对打包文件进行压缩。
- 默认情况下，使用 bzip2 指令压缩文件后，仅存在.bz2 的压缩文件，而源文件将不存在。使用 bzip2 指令解压缩文件后，仅存在源文件，而压缩文件将不存在。

【示例 4.16】压缩单个文件，具体步骤如下。

（1）bzip2 指令针对单个文件进行压缩，压缩后的文件名以.bz2 为后缀，并且会删除源文件。使用 bzip2 指令压缩单个文件，在命令行中输入下面的命令：

```
[root@localhost ~]# bzip2 install.log    #压缩 install.log 文件
```

（2）使用 ls 指令查看压缩后的文件。在命令行中输入下面的命令：

```
[root@localhost ~]#ls                    #显示目录列表
```

输出信息如下：

```
install.log.bz2
```

说明：从上面的输出信息中可以看出，完成压缩后的源文件将会被删除，压缩文件自动加上.bz2 后缀。

【示例 4.17】使用 bzip2 指令的-v 选项可以在压缩的同时显示压缩比率。在命令行中输入下面的命令：

```
[root@hn log]# bzip2 -v messages         #显示压缩过程的详细信息
```

输出信息如下：

```
  messages:  0.524:1, 15.256 bits/byte, -90.70% saved, 43
in, 82 out.
```

【示例 4.18】一次压缩多个文件，具体步骤如下。

（1）如果需要压缩的文件较多，可以借助 Shell 中的通配符来简化操作。首先，使用 ls 指令显示目录列表。在命令行中输入下面的命令：

```
[root@hn test]# ls                       #显示目录列表
```

输出信息如下：

```
anaconda-ks.cfg  fstab  install.log  install.log.syslog  root.arj
```

（2）使用通配符“*”压缩所有文件。在命令行中输入下面的命令：

```
[root@hn test]# bzip2 -v *               #压缩目录下的所有文件
```

输出信息如下：

```
  anaconda-ks.cfg:  1.664:1,  4.809 bits/byte, 39.89%  saved,
1800 in, 1082 out.
  fstab:            2.562:1,  3.123 bits/byte, 60.96%  saved,
456 in, 178 out.
  install.log:           4.665:1,  1.715 bits/byte, 78.56%
saved,
44930 in, 9632 out.
  install.log.syslog:    4.028:1,  1.986 bits/byte, 75.17%
saved, 6743 in, 1674 out.
  root.arj:         0.973:1,  8.225 bits/byte, -2.82%  saved,
14876 in, 15295 out.
```

（3）使用 ls 指令显示压缩后的文件列表。在命令行中输入下面的命令：

```
[root@hn test]# ls                                 #显示压缩后的目录列表
```

输出信息如下：

```
anaconda-ks.cfg.bz2  fstab.bz2  install.log.bz2  install.log.
syslog.bz2  root.arj.bz2
```

【示例 4.19】 压缩打包文件，具体步骤如下。

（1）在进行系统文件的备份时，先使用 tar 指令将要备份的文件放到一个 tar 包中，然后使用 bzip2 进行压缩。使用 tar 打包文件，在命令行中输入下面的命令：

```
#将/etc 目录下的所有子目录和文件打包为单一文件 etc.tar
[root@hn test]# tar -cf etc.tar /etc/
```

（2）使用 bzip2 指令压缩 tar 包。在命令行中输入下面的命令：

```
[root@hn test]# bzip2 etc.tar                      #压缩 tar 包
```

【相关指令】 bunzip2

4.5　bunzip2 指令：解压缩.bz2 压缩包

【语　　法】 bunzip2 [选项] [参数]　★★★★★

【功能介绍】 bunzip2 命令用于解压缩由 bzip2 指令创建的.bz2 压缩包。

【选项说明】

选　项	功　能
-f	当进行解压缩时，强制（force）覆盖已存在的文件
-v	冗余（verbose）模式，显示文件解压缩的详细信息
-k	解压缩后，保留（keep）.bz2压缩文件
-s	压缩时占用较少的内存

【参数说明】

参　数	功　能
.bz2压缩包	指定需要解压缩的.bz2压缩包

【经验技巧】

- 使用 bzip2 指令的-d 选项可以实现和 bunzip2 指令完全相同的效果。
- 为了保留.bz2 压缩文件，可以使用 bunzip2 指令的-k 选项。

【示例 4.20】 解压缩单个.bz2 压缩包，具体步骤如下。

（1）使用 bunzip2 指令解压缩单个.bz2 文件。在命令行中输入下面的命令：

```
[root@localhost ~]# bunzip2 install.log.bz2        #解压缩.bz2 文件
```

说明： 此命令没有任何输出信息，解压缩后原来的压缩文件 install.log.bz2 将会被删除。

（2）使用 bunzip2 指令的-k 选项可以在解压缩完成后保留原来的压缩文件，在命令行中输入下面的命令：

```
#解压缩后不删除原始压缩文件
[root@localhost ~]# bunzip2 -k install.log.bz2
```

说明： 解压缩后，压缩文件 install.log.bz2 仍然存在。

【示例 4.21】解压缩多个.bz2 压缩包，具体步骤如下。

（1）使用 ls 指令显示所有的.bz2 压缩文件。在命令行中输入下面的命令：

```
[root@hn test]# ls                          #显示.bz2 压缩文件列表
```

输出信息如下：

```
anaconda-ks.cfg.bz2  fstab.bz2  install.log.bz2
install.log.syslog.bz2  root.arj.bz2
```

（2）使用通配符“*”解压缩所有文件。在命令行中输入下面的命令：

```
[root@hn test]# bunzip2 -v *           #解压缩目录下的所有.bz2 压缩文件
```

输出信息如下：

```
  anaconda-ks.cfg.bz2:     done
  fstab.bz2:               done
  install.log.bz2:         done
  install.log.syslog.bz2:  done
  root.arj.bz2:            done
```

【相关指令】 bzip2，bzcat

4.6　cpio 指令：存取归档包中的文件

【语　　法】cpio [选项]　　★★★★★

【功能介绍】cpio 指令用于将文件复制到归档包中，或者从归档包中复制文件。cpio 支持 tar 指令创建的归档文件。cpio 指令支持 copy-out、copy-in 和 copy-pass 这 3 种操作模式。

copy-out 模式把指定的文件复制到归档包中，copy-in 模式负责从归档包中读取文件或者显示归档包中的内容，copy-pass 模式负责在目录树之间复制文件。

【选项说明】

选　项	功　能
--append	当归档文件由-O选项或者-F选项生成时，将指定文件追加到归档文件中。适用于copy-out模式
-B	设置I/O块（block）为5120B（字节），默认值为512B
-c	使用跨平台格式
-F <归档包>	指定归档文件（file），否则使用标准输入或标准输出
--force-local	将归档文件作为本地文件，与-F、-I或-O选项连用
-i	copy-in模式
-I 归档文件	指定归档文件，否则使用标准输入
-L	复制符号链接（link）指向的实际文件而不是链接文件本身
--no-absolute-filenames	在copy-in模式中，在当前目录下创建所有相关的文件，即使它们在归档包中有绝对路径名
--no-preserve-owner	在copy-in和copy-pass模式中不改变文件的属主关系
-o	copy-out模式
-O 归档文件	指定输出（output）的归档文件，否则使用标准输出
-p	copy-pass模式
-R <用户:组>	在copy-out和copy-pass模式中指定文件的所有者和组，可以省略组信息
--list	显示归档文件中的文件列表
-u	即使存在的文件较新也替换文件
--dot	处理一个文件，输出一个“.”

【经验技巧】

- 当使用 cpio 指令生成归档文件或者操纵已经存在的归档文件时需要使用输出重定向“>”和输入重定向“<”。
- cpio 指令的 copy-out 模式生成的归档文件中包含文件的所有者、时间和权限等信息，适合进行系统备份。如果备份时出现磁盘坏块，则影响面较小，只有坏块部分不能访问，其他部分不受任何影响。
- cpio 指令经常通过管道符号“|”与其他指令联合使用。例如，如果要备份的文件较分散，可以使用 find 指令搜索全部要备份的文件后，再使用管道符号传递给 cpio 指令进行备份。

【示例 4.22】使用 cpio 指令备份/etc 目录。在命令行中输入下面的命令：

```
#备份 etc 目录下的所有文件
[root@localhost ~]#find /etc print | cpio -o > etc.bak
```

说明：本例使用 find 指令显示“/etc”目录下文件的绝对路径，通过管道符号“|”将要备份的带路径的文件名传递给 cpio 指令进行打包备份。

输出信息如下：

```
210160 blocks
```

【相关指令】 tar

4.7　dump 指令：ext2、ext3 和 ext4 文件备份工具

【语　　法】 dump [选项] [参数]　★★★★★

【功能介绍】 dump 指令用于备份 ext2、ext3 和 ext4 系统文件。dump 指令参考配置文件“/etc/fstab”确定需要备份的文件系统，然后将整个文件系统或指定文件备份为一个文件。

【选项说明】

选　　项	功　　能
-f<文件>	指定生成的备份文件或者备份的目标设备
-<备份等级>	指定备份等级，支持0～9共10个备份等级。默认的备份等级为9。0级是完全备份，表示将整个系统文件进行备份，一般用于首次备份。大于0级称为增量备份
-T<日期时间>	指定开始备份的日期和时间（time）
-w	仅显示需要备份的文件
-W	显示需要备份的文件及其最后一次备份的备份等级、时间与日期

【参数说明】

参　　数	功　　能
备份源	指定要备份的文件、目录或文件系统

【经验技巧】

- dump 指令不同于 cpio 或 tar 等打包备份指令，dump 指令基于文件系统进行备份，属于较低层的备份工具。配置文件“/etc/fstab”中指明了需要备份的文件系统。
- dump 指令支持完全备份和增量备份。首次备份使用完全备份（备份等级为 0），以后可以使用增量备份，以缩短备份时间并节省磁盘空间。
- 当备份目录时，只能使用完全备份（即 0 级备份），不支持增量备份。
- 文件“/etc/dumpdates”记录了 dump 增量备份文件系统的过程，依靠此文件可以实现增量备份。

【示例 4.23】备份目录，具体步骤如下。

（1）使用 dump 指令备份指定的目录。在命令行中输入下面的命令：

```
[root@hn test]# dump -f home-dump.bak /home/     #备份/home 目录
```

输出信息如下：

```
DUMP: Date of this level  dump: Wed May  24 00:54:25 2023
DUMP: Dumping /dev/sda1 (/ (dir home)) to home-dump.bak
......省略部分输出内容......
DUMP: Average transfer rate: 730 KB/s
DUMP: DUMP IS DONE
```

（2）可以使用 restore 指令查看 dump 生成的备份目录的列表。在命令行中输入下面的命令：

```
[root@hn test]# restore -tf home-dump.bak    #查看备份目录的列表
```

输出信息如下：

```
Dump  date: Wed May  24 00:54:25 2023
Dumped from: the epoch
Level 0 dump of / (dir home) on hn.ly.kd.adsl:/dev/sda1
Label: /
       2      .
   2398785      ./home
   2398786      ./home/test
   ......省略部分输出内容......
   2398809      ./home/ttt/.bashrc
   2398810      ./home/ttt/.bash_logout
```

【示例 4.24】备份文件系统，具体步骤如下。

（1）使用 dump 指令进行完全备份。在命令行中输入下面的命令：

```
#完全备份/dev/sdc1 文件系统
[root@hn test]#dump -0u -f /bak/sdc1.bak  /dev/sdc1
```

说明：本例中的-0 选项表示进行增量备份，-u 表示更新备份数据库记录文件“/etc/dumpdates”，如果不使用此选项则无法实现增量备份。

输出信息如下：

```
DUMP: Date of this level 0 dump: Wed May  24 17:50:58 2023
DUMP: Dumping /dev/sdc1 (/accesslog) to sdc1.bak
......省略部分输出内容......
DUMP: Average transfer rate: 7586 kB/s
DUMP: DUMP IS DONE
```

说明：上面的输出信息表明，备份的文件系统“/dev/sdc1”对应的加载点为“/accesslog”，并且显示了备份操作的整个过程。第一行显示了完全备份的信息。

（2）在目录“/accesslog”中复制几个文件后对文件系统进行增量备份。在命令行中输入下面的命令：

```
#增量备份/dev/sdc1 文件系统
[root@hn test]#dump -0u -f /bak/sdc1.bak1  /dev/sdc1
```

输出信息如下：

```
DUMP: Date of this level 1 dump: Wed May  24 17:54:33 2023
DUMP: Date of last level 0 dump: Wed May  24 17:50:58 2023
......省略部分输出内容......
DUMP: Average transfer rate: 0 kB/s
DUMP: DUMP IS DONE
```

说明： 在上面的输出信息中，前两行为增量备份的备份历史。

【相关指令】 restore

4.8　restore 指令：还原 dump 备份

【语　　法】 restore [选项] [参数]　　★★★★★

【功能介绍】 restore 指令是 dump 指令的逆过程，用于还原 dump 指令生成的备份文件。

【选项说明】

选　　项	功　　能
-C	此选项允许比较（comparison）dump备份中的文件。restore指令读取备份中的文件，与磁盘上存在的文件进行比较
-f <备份文件>	指定需要使用的dump备份文件（file）
-i	允许使用交互（interactive）方式还原备份
-P	从dump备份中创建一个快速访问文件
-m	还原指定索引节点的文件或目录
-r	还原（restore）文件系统，用于重建损坏的文件系统
-R	在执行文件系统全面还原（restore）时，指定初始还原的位置
-t	显示备份中的内容列表（list）
-x	设置从指定的存储介质中读入的文件名称，如果在备份文件中存在此文件，则将其还原到文件系统中
-y	当出现错误时，不询问是否退出指令，总是尝试跳过坏块继续还原

【经验技巧】 restore 指令只能还原使用 dump 指令创建的备份。

【示例 4.25】 完全还原，具体步骤如下。

（1）本例演示备份和还原“/boot”文件系统的整个过程。首先使用 dump

指令备份“/boot”文件系统。在命令行中输入下面的命令：

```
[root@hn test]# dump -f boot-dump.bak /boot/#备份 boot 文件系统
```

输出信息如下：

```
  DUMP: Date of this level  dump: Wed May  24 18:38:13 2023
  DUMP: Dumping /dev/sda3 (/boot) to boot-dump.bak
  ......省略部分输出内容......
  DUMP: Average transfer rate: 6100 kB/s
  DUMP: DUMP IS DONE
```

（2）使用 rm 指令删除“/boot”目录下的所有内容。在命令行中输入下面的命令：

```
[root@hn test]# rm -rf /boot/* #强制删除“/boot”目录下的所有内容
```

（3）切换到“/boot”目录并使用 restore 指令还原“/boot”目录，在命令行中输入下面的命令：

```
 [root@hn test]#cd /boot                          #切换到/boot 目录
[root@hn root]# restore -tf boot-dump.bak     #还原“/boot”目录
```

（4）使用 ls 指令查看“/boot”的内容列表。在命令行中输入下面的命令：

```
[root@hn boot]# ls -1            #显示目录列表，每个文件显示一行
```

输出信息如下：

```
System.map-2.6.18-92.el5
......省略部分输出内容......
xen-syms-2.6.18-92.el5
xen.gz-2.6.18-92.el5
```

说明：上面的输出信息表明“/boot”文件系统还原成功。

【示例 4.26】交互式还原，具体步骤如下。

（1）当文件系统中的部分文件被破坏时，没有必要进行完全还原，使用选择性还原更合适。本例演示使用 restore 指令交互式还原指定文件的操作过程。首先使用 rm 指令删除“/boot”目录下的若干文件。在命令行中输入下面的命令：

```
[root@hn test]# rm -f /boot/initrd-2.6.18-92.el5.img /boot/
vmlinuz-2.6.18-92.el5                                  #强制删除文件
```

（2）切换到“/boot”目录，然后使用 restore 指令的-i 选项进入交互式模式还原指定的文件。在命令行中输入下面的命令：

```
#进入交互式模式
[root@hn boot]# restore -if /root/test/boot-dump.bak
```

输出信息如下：

```
restore >
```

说明：“restore>”为交互式还原模式的命令提示符。

（3）使用 help 命令显示 restore 指令的帮助信息。在命令行中输入下面的命令：

```
restore > help                              #显示交互式模式的帮助信息
```

输出信息如下：

```
Available commands are:
        ls [arg] - list directory
......省略部分输出内容......
        prompt - toggle the prompt display
        help or '?' - print this list
If no 'arg' is supplied, the current directory is used
```

（4）在“restore>”提示符下输入 ls 命令查看备份中的文件列表。在命令行中输入下面的命令：

```
restore > ls                                #显示备份中的文件列表
```

输出信息如下：

```
.:
System.map-2.6.18-92.el5     message
......省略部分输出内容......
initrd-2.6.18-92.el5xen.img  xen.gz-2.6.18-92.el5
```

（5）使用“add”命令标记需要还原的文件。在命令行中输入下面的命令：

```
restore > add vmlinuz-2.6.18-92.el5         #指定需要还原的文件
restore > add initrd-2.6.18-92.el5.img
```

（6）使用 ls 命令查看文件时，发现需要还原的文件前面加上了“*”。在命令行中输入下面的命令：

```
restore > ls                                #显示备份中的文件列表
```

输出信息如下：

```
.:
......省略部分输出内容......
 grub/                          vmlinuz-2.6.18-92.el5xen
*initrd-2.6.18-92.el5.img       xen-syms-2.6.18-92.el5
 initrd-2.6.18-92.el5xen.img    xen.gz-2.6.18-92.el5
```

（7）使用 extract 命令还原标记的文件。在命令行中输入下面的命令：

```
restore > extract                         #还原标记的文件
You have not read any volumes yet.
Unless you know which volume your file(s) are on you should start
with the last volume and work towards the first.
#指定磁带分卷 volume，本例中的备份介质为磁盘，因此没有分卷，输入 1
Specify next volume # (none if no more volumes): 1
set owner/mode for '.'? [yn] n            #设置恢复文件而非整个文件系统

restore >quit                             #退出 restore 指令
```

【相关指令】dump

4.9　compress 指令：压缩文件

【语　　法】compress [选项] [参数]　★★★★★

【功能介绍】compress 指令使用 Lempel-Ziv 编码压缩数据文件。源文件被压缩后将会被含有“.Z”后缀的压缩文件替代。

【选项说明】

选　　项	功　　能
-f	不提示用户，强制（force）覆盖目标文件
-c	将结果发送到标准输出，无文件被改变
-r	递归（recursive）操作方式

【参数说明】

参　　数	功　　能
文件	指定要压缩的文件列表

【经验技巧】compress 指令仅用于压缩普通文件，符号链接文件将被忽略。

【示例 4.27】压缩文件，具体步骤介绍如下。

（1）使用 ls 指令查看压缩前文件的详细信息。在命令行中输入下面的命令：

```
[root@hn etc]# ls -l                              #显示文件的详细信息
```

输出信息如下：

```
total 8
-rw-r--r-- 1 root root  456 May 24 03:59 fstab
-rw-r--r-- 1 root root 2186 May 24 04:44 passwd
```

（2）使用 compress 压缩文件 fstab 和 passwd。在命令行中输入下面的命令：

```
[root@hn etc]# compress fstab passwd              #压缩指定的文件
```

（3）再次使用 ls 指令查看压缩后文件的详细信息。在命令行中输入下面的命令：

```
[root@hn etc]# ls -l                              #显示文件的详细信息
```

输出信息如下：

```
total 8
-rw-r--r-- 1 root root  187 May 24 03:59 fstab.Z
-rw-r--r-- 1 root root 1204 May 24 04:44 passwd.Z
```

📄说明：通过第（1）步和第（3）步的输出信息，可以对比压缩前后文件所占用的磁盘空间。

【相关指令】uncompress

4.10 uncompress 指令：解压缩.Z 压缩包

【语　　法】uncompress [选项] [参数] ★★★★★

【功能介绍】uncompress 指令用来解压缩由 compress 指令压缩后生成的“.Z”压缩包。

【选项说明】

选　　项	功　　能
-f	不提示用户，强制（force）覆盖目标文件
-c	将结果发送到标准输出，无文件被改变
-r	递归（recursive）操作方式

【参数说明】

参　　数	功　　能
文件	指定要解压缩的“.Z”压缩包

【经验技巧】compress 指令生成的压缩包的后缀名为“.Z”，使用 uncompress 指令可以解压缩“.Z”文件。

【示例 4.28】解压缩.Z 文件，具体步骤如下。

（1）使用 ls 指令查看解压缩前文件的详细信息。在命令行中输入下面的命令：

```
[root@hn test]# ls -l                    #显示文件的详细信息
```

输出信息如下：

```
total 23788
-rw-r--r-- 1 root root 24326521 May  24 08:07 etc.tar.Z
```

（2）使用 uncompress 指令解压缩文件。在命令行中输入下面的命令：

```
[root@hn test]# uncompress etc.tar.Z     #解压缩 etc.tar.Z
```

（3）再次使用 ls 指令查看解压缩后文件的详细信息。在命令行中输入下面的命令：

```
[root@hn test]# ls -l                    #显示文件的详细信息
```

输出信息如下：

```
total 106864
-rw-r--r-- 1 root root 109312000 May  24 08:07 etc.tar
```

说明：通过第（1）步和第（3）步的输出信息，可以对比解压缩前后文件所占用的磁盘空间。

【相关指令】compress

4.11　zip 指令：文件压缩和打包工具

【语　　法】zip [选项] [参数]　★★★★★

【功能介绍】zip 指令可以用来压缩文件或者将文件打包。zip 格式压缩的文件后缀为“.zip”，此格式被大多数操作系统所支持。

【选项说明】

选　　项	功　　能
-a	将文件转换为ASCII格式
-A	创建自解压zip文件
-B	强制以二进制（binary）方式读文件。默认情况下为文本方式
-b <路径>	指定临时zip文件的路径
-c	为每个文件添加一行注释信息（comment）
-d	从zip压缩包中删除（delete）指定的文件
-f	替换zip压缩包中的指定文件（file）
-F	修复（fix）zip压缩包
-g	向zip压缩包中追加文件
-h	显示指令的帮助信息（help）

【参数说明】

参　　数	功　　能
zip压缩包	指定要创建的zip压缩包
文件列表	指定要压缩的文件列表

【经验技巧】使用-A 选项可以创建具有自解压功能的压缩包。

【示例 4.29】使用 zip 指令将多个文件打包压缩成一个压缩包。在命令行中输入下面的命令：

```
#将/root 目录下的文件添加到压缩包 root.zip 中
[root@hn /]# zip root /root/*
```

说明：本例使用通配符“*”表示所有的非隐藏文件。

输出信息如下：

```
adding: root/anaconda-ks.cfg (deflated 47%)
adding: root/Desktop/ (stored 0%)
adding: root/install.log (deflated 74%)
adding: root/install.log.syslog (deflated 75%)
adding: root/test/ (stored 0%)
```

【相关指令】unzip

4.12　unzip 指令：解压缩.zip 压缩包

【语　　法】unzip [选项] [参数]　★★★★★

【功能介绍】unzip 指令用于解压缩由 zip 指令压缩的".zip"压缩包。

【选项说明】

选　　项	功　　能
-f	强制（force）覆盖已存在的文件
-l	不解压缩，仅显示（list）压缩包内的文件信息
-t	测试（test）压缩包的正确性
-z	仅显示压缩包中文件的备注信息
-a	对文本文件进行必要的字符转换
-b	不对文本文件进行字符转换，均作为二进制（binary）数据来处理
-C	设置在压缩包中的文件名大小写不敏感（case-insensitive）
-j	丢弃（junk）压缩包中原有的路径信息
-L	将压缩包中的大写文件名转换为小写（lowercase）字母
-M	用more指令分屏显示输出信息
-n	如果文件已存在，则不进行覆盖操作
-o	覆盖（overwrite）原来的文件时不提示用户
-q	不显示任何输出信息，保持安静（quiet）模式
-d <目录>	指定解压后文件的存放目录（directory）
-x <文件>	不解压压缩包中的指定文件

【参数说明】

参　　数	功　　能
压缩包	指定要解压缩的".zip"压缩包

【示例 4.30】使用 unzip 指令解压缩指定的".zip"文件。在命令行中输入下面的命令：

```
#解压缩 root.zip 压缩包，-v 用于显示详细的解压缩过程
[root@hn test]# unzip -v root.zip
```

说明：本例使用-v 选项显示解压缩的详细过程。

输出信息如下：

```
Archive:  root.zip
Length Method Size  Cmpr   Date      Time   CRC-32     Name
------ ------ ----  -----  ----      ----   -----      -----
1800   Defl:N 957   47%    06-14-09 04:44  131b8707   root/anaco
                                                       nda-ks.cfg
......省略部分输出内容......
-----------          -------  ---       -------
  53473               14475   73%        5 files
```

【示例 4.31】使用 unzip 指令的-l 选项显示压缩包内文件的详细信息。在命令行中输入下面的命令：

```
[root@hn test]# unzip -l root.zip          #显示压缩包内文件的详细信息
```

输出信息如下：

```
Archive:  root.zip
  Length     Date    Time    Name
 --------   -----   ----    ----
   1800    06-14-09 04:44   root/anaconda-ks.cfg
......省略部分输出内容......
      0   07-06-09 11:01   root/test/
 --------                 ----------
    53473                5 files
```

【相关指令】zip

4.13　arj 指令：.arj 压缩包管理器

【语　　法】arj[参数]　★★★★☆

【功能介绍】arj 指令是.arj 格式的压缩文件管理器，用于创建和管理.arj 压缩包。

【参数说明】

参　　数	功　　能
操作指令	对.arj压缩包执行的操作指令。支持的操作指令及功能说明如下： ac：将章节加入（add）章节（chapter）压缩包 cc：将压缩包转换（convert）为章节（chapter）压缩包 dc：从压缩包中删除（delete）最近的章节（chapter） a：将指定文件加入（add）压缩包 b：执行批处理（batch）操作或者dos指令 c：为压缩包文件添加注释信息（comment） d：从压缩包中删除（delete）指定的文件

续表

参　数	功　能
操作指令	e：从压缩包中解压缩（extract）文件 f：刷新（freshen）压缩包中的文件 i：检查arj程序的完整性（integrity） j：将多个arj压缩包合并（join）到一个压缩包中 k：删除过时的备份（backup）文件 l：显示（list）压缩包中的文件列表 m：将文件移动（move）到压缩包中 n：重命名（rename）压缩包中的指定文件 o：排序（order）压缩包中的文件 p：将压缩包中的文件内容显示（display）在标准输出设备上 q：修复被破坏的arj压缩文件 r：将文件名中的路径信息删除（remove） s：将文件内容显示到屏幕上并暂停 t：测试（test）压缩包的完整性 u：更新（update）指定文件至压缩包中 v：输出压缩包中文件的详细信息（verbose） w：在压缩包中的文件内搜索指定的字符串 x：解压缩（extract）文件时包括文件的全路径 y：用新选项复制（copy）压缩包
压缩包名称	指定要操作的arj压缩包名称

【经验技巧】

- 当创建 arj 压缩包时，可省略.arj 后缀，由 arj 指令自动添加；对现有的 arj 压缩包操作时必须同时指明文件名和后缀。
- arj 指令还提供了丰富的 switch 选项，可以实现更多的操作，具体请参考 arj 指令的 man 手册。

【示例 4.32】创建 arj 压缩包，显示压缩包中的文件列表，具体步骤如下。

（1）使用 arj 指令中的 a 命令可以创建压缩包，并把指定的文件添加到压缩包中。在命令行中输入下面的命令：

```
[root@hn ~]# arj a system-log /var/log/secure /var/log/
messages /var/log/wtmp       #将 3 个文件添加到压缩包 system-log.arj 中
```

说明：压缩包为 system-log，后缀.arj 由 arj 指令自动添加。

输出信息如下：

```
ARJ32 v 3.10, Copyright (c) 1998-2004, ARJ Software Russia.
Creating archive  : system-log.arj
Adding    /var/log/secure                 68.5%
Adding    /var/log/messages              100.0%
```

```
Adding    /var/log/wtmp                   4.0%
    3 file(s)
```

说明：上面的输出信息显示了创建 system-log.arj 压缩包和将 3 个文件添加到压缩包中的整个过程，并且显示了文件的压缩比率。

（2）使用 arj 指令的 l 命令可以显示压缩包中的文件列表。在命令行中输入下面的命令：

```
[root@hn ~]# arj l system-log.arj         #显示压缩包中的文件列表
```

输出信息如下：

```
ARJ32 v 3.10, Copyright (c) 1998-2004, ARJ Software Russia.
[03 Dec 2021]
Processing archive: system-log.arj
Archive created: 2023-05-24 07:30:05, modified: 2023-05-24
07:30:05
Filename      Original Compressed Ratio DateTime modified
Attributes/GUA BPMGS
------- ----- --------------- ------------- -----
secure  311 213 0.685 23-05-24 06:45:36 -rw----- ---  +1
messages  43  43 1.000 23-05-24 04:02:13 -rw------- --- +0
wtmp  77952  3092 0.040 23-04-15  07:03:21 -rw-rw-r- --  +1
------------ ---------- ---------- -----
    3 files     78306       3348 0.043
```

（3）上面的输出信息仅显示了压缩包中的文件的基本信息。如果希望得到更详细的信息，则需要使用 v 命令。在命令行中输入下面的命令：

```
#显示 arj 压缩包中的文件的详细信息列表
[root@hn ~]# arj v system-log.arj
```

输出信息如下：

```
ARJ32 v 3.10, Copyright (c) 1998-2004, ARJ Software Russia. [03
Dec 2021]
Processing archive: system-log.arj
Archive created: 2023-05-24 07:30:05, modified: 2023-05-24
07:30:05
Sequence/Pathname/Comment/Chapters
Rev/Host OS   Original Compressed Ratio DateTime modified
Attributes/GUA BPMGS
------- ----- ---------------- ------------- -----
001) var/log/secure
 11 UNIX  311  213 0.685 23-05-24 06:45:36 -rw-------  +1
                            DTA   23-05-24 04:02:13
......省略部分输出内容......
003) var/log/wtmp
 11 UNIX     77952      3092 0.040 23-05-24 07:03:21
-rw-rw-r-- ---  +1
                            DTA   23-05-24 09:03:12
                            DTC   23-05-24 07:03:21
------------ ---------- ---------- -----
    3 files     78306      3348     0.043
```

说明：可以看到，输出信息中包含被压缩文件的原始路径等更加详细的信息。

【示例 4.33】压缩整个目录，忽略文件路径，具体步骤如下。

（1）将整个目录下的所有文件加入压缩包。在命令行中输入下面的命令：

```
#将/root 目录下的所有文件加入压缩包，不保留文件的原始路径
[root@hn ~]# arj a -e root *
```

说明：本例中的-e 选项在压缩文件时不保留文件的原始路径信息。

（2）使用 v 命令显示压缩包中的文件列表的详细信息。在命令行中输入下面的命令：

```
[root@hn ~]# arj v root.arj      #显示 arj 压缩包中的文件的详细信息列表
```

输出信息如下：

```
ARJ32 v 3.10, Copyright (c) 1998-2004, ARJ Software Russia. [03
Dec 2021]
......省略部分输出内容......
------------ ---------- ---------- -----
     4 files      53929      14537 0.270
```

说明：由于使用了-e 选项，因此在压缩包中的文件将不保留原始路径信息。

【相关指令】unarj

4.14　unarj 指令：解压缩.arj 压缩包

【语　　法】unarj [选项] [参数]　　★★★★☆

【功能介绍】unarj 指令用来解压缩由 unarj 指令创建的压缩包。

【选项说明】

选　　项	功　　能
e	解压缩（extract）.arj压缩包
x	当解压缩.arj压缩包时，还原文件的原始路径
l	列出（list）压缩文包中包含的文件

【参数说明】

参　　数	功　　能
.arj压缩包	指定要解压缩的.arj压缩包

【经验技巧】unarj 指令支持的命令行选项与 arj 指令完全相同，可以把 unarj 指令看作 arj 指令的一个简单包装。这里仅列出了与解压缩有关的两个选

项，更详细的信息可参考 arj 指令。

【示例 4.34】使用 unarj 指令的 e 命令完成对.arj 文件的解压缩。在命令行中输入下面的命令：

```
[root@hn test]# unarj e root.arj          #解压缩.arj 压缩包
```

输出信息如下：

```
ARJ32 v 3.10, Copyright (c) 1998-2004, ARJ Software Russia. [03
Dec 2021]
......省略部分输出内容......
Extracting install.log.syslog        OK
    4 file(s)
```

【示例 4.35】显示压缩文件中包含的文件。在命令行中输入下面的命令：

```
[root@hn ~]# unarj l etc.arj              #显示压缩文件中包含的文件
```

输出信息如下：

```
UNARJ (Demo version) 2.43 Copyright (c) 1991-97 ARJ Software, Inc.

Processing archive: etc.arj
Archive created: 2031-03-11 04:23:54, modified: 2031-03-11
04:23:54
Filename     Original Compressed Ratio DateTime modified CRC-32
AttrBTPMGVX
------------ ---------- ---------- ----- -----------------
-------- -----------
fstab              806         464      0.576 29-01-15 30:28:36
0BF5D877  AS-W B+1
passwd             3079        1059     0.344 29-01-16 01:57:14
5B737A80  AS-W B+1
------------ ---------- ---------- ----- -----------------
    2 files       3885         1523     0.392 31-03-11 04:23:54
```

【相关指令】arj

4.15　bzcat 指令：显示.bz2 压缩包中的文件内容

【语　　法】bzcat [参数]　　★★★★☆

【功能介绍】bzcat 指令用于解压缩指定的.bz2 文件，并显示解压缩后的文件内容。

【参数说明】

参　　数	功　　能
.bz2压缩文件	指定要显示的.bz2压缩文件

【经验技巧】bzcat 指令仅对文本文件的压缩包起作用。如果文件为二进制或其他格式的数据文件，则使用 bzcat 指令时会显示乱码。

【示例 4.36】显示.bz2 压缩包中的文件内容，具体步骤如下。

（1）使用 file 指令探测要显示内容的文件类型。在命令行中输入下面的命令：

```
[root@hn ~]# file fstab.bz2                    #显示 fstab.bz2 文件类型
```

输出信息如下：

```
fstab.bz2: bzip2 compressed data, block size = 900k
```

说明：上面的输出信息说明文件 fstab.bz2 是 bzip2 压缩后生成的。

（2）使用 bzcat 指令显示压缩包的内容。在命令行中输入下面的命令：

```
[root@hn ~]# bzcat fstab.bz2                   #显示压缩包中的文件内容
```

输出信息如下：

```
LABEL=/            /              ext3    defaults        1 1
......省略部分输出内容......
LABEL=SWAP-sda2     swap          swap    defaults        0 0
```

说明：本例中，bzcat 指令首先将 fstabh.bz2 解压缩，然后显示压缩文件的内容。

【相关指令】bzip2，bunzip2

4.16　bzcmp 指令：比较.bz2 压缩包中的文件

【语　　法】bzcmp [参数]　　★★★★☆

【功能介绍】bzcmp 指令在不真正解压缩.bz2 压缩包的情况下，比较两个压缩包中的文件，省去了解压缩再调用 cmp 指令的过程。

【参数说明】

参　　数	功　　能
文件1	指定要比较的第一个.bz2压缩包
文件2	指定要比较的第二个.bz2压缩包

【经验技巧】

- bzcmp 指令自己并没有任何选项，但是可以使用 cmp 指令的相关选项，所有的选项将直接传递给 cmp 指令。
- 使用 bzcmp 指令时会在临时目录“/tmp”下生成解压缩后的临时文件，以供 cmp 指令使用。指令执行完毕后将删除此临时文件。

【示例 4.37】使用 bzcmp 指令比较.bz2 压缩包 fstab.bz2 和 fstab.bak.bz2 中

的文件，具体步骤如下。

（1）使用 bzcat 显示压缩包 fstab.bz2 中的文件内容，在命令行中输入下面的命令：

```
[root@hn ~]# bzcat fstab.bz2                    #显示压缩包中的文件内容
```

输出信息如下：

```
LABEL=/            /              ext3    defaults        1 1
......省略部分输出内容......
LABEL=SWAP-sda2      swap         swap    defaults        0 0
```

（2）使用 bzcat 显示压缩包 fstab.bak.bz2 中的文件内容。在命令行中输入下面的命令：

```
root@hn ~]# bzcat fstab.bak.bz2                 #显示压缩包中的文件内容
```

输出信息如下：

```
ABEL=/              /             ext3    defaults        1 1
......省略部分输出内容......
LABEL=SWAP-sda2      swap        swap    defaults        0 0
```

（3）使用 bzcmp 指令比较两个压缩包。在命令行中输入下面的命令：

```
 [root@hn ~]# bzcmp fstab.bz2 fstab.bak.bz2 #比较两个压缩包中的文件
```

输出信息如下：

```
- /tmp/bzdiff.fLTCz12215 differ: char 77, line 2
```

【相关指令】bzdiff

4.17　bzdiff 指令：比较两个.bz2 压缩包中的文件

【语　　法】bzdiff [参数]　　★★★★☆

【功能介绍】bzdiff 指令用于直接比较两个“.bz2”压缩包中的文件，省去了解压缩后调用 diff 指令的过程。

【参数说明】

参　　数	功　　能
文件1	指定要比较的第一个.bz2压缩包
文件2	指定要比较的第二个.bz2压缩包

【经验技巧】bzdiff 指令并没有任何选项，但是可以使用 diff 指令的相关选项，所有的选项将直接传递给 diff 指令。

【示例 4.38】使用 bzdiff 指令比较.bz2 压缩包 fstab.bz2 和 fstab.bak.bz2 中的文件，具体步骤如下。

（1）本例中使用 bzcat 显示压缩包 fstab.bz2 中的文件内容。在命令行中输入下面的命令：

```
[root@hn ~]# bzcat fstab.bz2                    #显示压缩包中的文件内容
```

输出信息如下：

```
LABEL=/            /            ext3       defaults          1 1
tmpfs              /dev/shm     tmpfs      defaults          0 0
devpts             /dev/pts     devpts     gid=5,mode=620    0 0
sysfs              /sys         sysfs      defaults          0 0
proc               /proc        proc       defaults          0 0
LABEL=SWAP-sda2    swap         swap       defaults          0 0
```

（2）使用 bzcat 显示压缩包 fstab.bak.bz2 中的文件内容。在命令行中输入下面的命令：

```
[root@hn ~]# bzcat fstab.bak.bz2                #显示压缩包中的文件内容
```

输出信息如下：

```
LABEL=/            /            ext3       defaults          1 1
mpfs               /dev/shm     tmpfs      defaults          0 0
devpts             /dev/pts     devpts     gid=5,mode=620    0 0
sysfs              /sys         sysfs      defaults          0 0
roc                /proc        proc       defaults          0 0
LABEL=SWAP-sda2    swap         swap       defaults          0 0
```

（3）使用 bzdiff 指令比较.bz2 压缩包中的文件。在命令行中输入下面的命令：

```
#比较两个.bz2 压缩包中的文件
[root@hn ~]# bzdiff fstab.bz2 fstab.bak.bz2
```

输出信息如下：

```
2c2
< tmpfs             /dev/shm    tmpfs   defaults 0 0
---
> mpfs             /dev/shm     tmpfs   defaults 0 0
5c5
< proc              /proc      proc    defaults 0 0
---
> roc              /proc       proc    defaults 0 0
```

【相关指令】 bzcmp

4.18　bzgrep 指令：搜索.bz2 压缩包中的文件内容

【语　　法】 bzgrep [参数]　　★★★★☆

【功能介绍】 bzgrep 指令使用正则表达式搜索“.bz2”压缩包中的文件内容，并将匹配的行显示到标准输出。

【参数说明】

参　　数	功　　能
搜索模式	指定搜索的模式
.bz2文件	指定要搜索的.bz2压缩包

【经验技巧】

- bzgrep 指令本身没有任何必带的选项，但是它支持 grep 指令的所有选项。在命令行中的选项将会直接传递给 grep 指令。
- bzgrep 指令和 bzegrep 指令、bzfgrep 指令的功能相同。

【示例 4.39】使用 bzgrep 指令直接在“.bz2”压缩包中搜索匹配的行并显示，具体步骤如下。

（1）使用 bzcat 显示压缩包中的文件内容。在命令行中输入下面的命令：

```
[root@hn ~]# bzcat fstab.bz2                    #显示压缩包中的文件内容
```

输出信息如下：

```
LABEL=/              /            ext3      defaults              1 1
tmpfs                /dev/shm     tmpfs     defaults              0 0
devpts               /dev/pts     devpts    gid=5,mode=620        0 0
sysfs                /sys         sysfs     defaults              0 0
proc                 /proc        proc      defaults              0 0
LABEL=SWAP-sda2      swap         swap      defaults              0 0
```

（2）使用 bzgrep 指令在压缩包 fstab.bz2 中搜索含有 defaults 的行。在命令行中输入下面的命令：

```
#在.bz2 压缩包中搜索包含 defaults 的行
[root@hn ~]# bzgrep defaults fstab.bz2
```

输出信息如下：

```
LABEL=/              /            ext3      defaults              1 1
tmpfs                /dev/shm     tmpfs     defaults              0 0
sysfs                /sys         sysfs     defaults              0 0
proc                 /proc        proc      defaults              0 0
LABEL=SWAP-sda2      swap         swap      defaults              0 0
```

4.19　bzip2recover 指令：恢复被破坏的.bz2 压缩包中的文件

【语　　法】bzip2recover [参数]　★★★★★

【功能介绍】bzip2recover 指令试图恢复被破坏的.bz2 压缩包中的文件。

【参数说明】

参　数	功　能
文件	指定要恢复数据的.bz2压缩包

【经验技巧】bzip2recover 尝试恢复被破坏的 bz2 压缩包中的文件，但是有可能恢复失败。

【示例 4.40】使用 bzip2recover 尝试恢复被破坏的.bz2 压缩包中的文件。在命令行中输入下面的命令：

```
#试图恢复被破坏的压缩包 fstab.bz2 中的文件
[root@hn ~]# bzip2recover fstab.bz2
```

输出信息如下：

```
bzip2recover 1.0.8: extracts blocks from damaged .bz2 files.
......省略部分输出内容......
  writing block 1 to 'rec00001fstab.bz2' ...
bzip2recover: finished
```

4.20　bzmore 指令：分屏查看.bz2 压缩包中的文本文件

【语　　法】bzmore [参数]　★★★★☆

【功能介绍】bzmore 指令用于查看.bz2 压缩包中的文本文件，当一屏显示不下时可以进行分屏显示。

【参数说明】

参　数	功　能
文件	指定要分屏显示的.bz2压缩包

【经验技巧】bzmore 指令的功能和用法与 more 指令大致相同，不同的是，bzmore 指令对使用 bzip2 指令压缩的文本文件有效，而 more 指令则对未压缩的文本文件有效。

【示例 4.41】分屏查看压缩包中的文件。

使用 bzmore 指令查看.bz2 类型的文件 httpd.conf.bz2，源文件 httpd.conf 的内容较长，可以分页显示。在命令行中输入下面的命令：

```
[root@hn ~]# bzmore httpd.conf.bz2        #分屏显示压缩包中的文件
```

输出信息如下：

```
------> httpd.conf.bz2 <------
#
# This is the main Apache server configuration file.  It
```

```
contains the
......省略部分输出内容......
# consult the online docs. You have been warned.
--More--
```

说明：bzmore 指令的操作和 more 指令完全相同，请参考 more 指令的操作方法。

【相关指令】more，bzless

4.21　bzless 指令：增强的.bz2 压缩包分屏查看器

【语　　法】bzless [参数]　★★★☆☆

【功能介绍】bzless 指令是增强的.bz2 压缩包查看器，bzless 比 bzmore 指令的功能更加强大。

【参数说明】

参　　数	功　　能
文件	指定要分屏显示的.bz2压缩包

【经验技巧】bzless 指令的功能和用法与 less 指令大致相同，不同的是，bzless 指令对使用 bzip2 指令压缩的文本文件有效，而 less 指令则对未压缩的文本文件有效。

【示例 4.42】分屏查看压缩包中的文件。

使用 bzless 指令查看.bz2 类型的文件 newfile1.bz2，源文件 httpd.conf 的内容较长，可以分页显示。在命令行中输入下面的命令：

```
[root@hn ~]# bzless newfile1.bz2            #分屏显示压缩包中的文件
```

输出信息如下：

```
------>newfile1.bz2 <------
#
......省略部分输出内容......
# consult the online docs. You have been warned.
:
```

说明：bzless 指令的操作和 less 指令完全相同，请参考 less 指令的操作方法。

【相关指令】less，bzmore

4.22　zipinfo 指令：显示 zip 压缩包的细节信息

【语　　法】zipinfo [选项] [参数]　★★★☆☆

【功能介绍】zipinfo 指令用来显示.zip 压缩包的详细信息，包括压缩包中的文件数量、解压缩后所占用的空间、压缩文件的大小、压缩比率、加密状态、每个压缩文件的权限及日期等信息。

【选项说明】

选　　项	功　　能
-l	使用长（long）UNIX格式（ls -l）输出信息
-s	使用（short）UNIX格式（ls -l）输出信息
-m	使用中等（medium）UNIX格式（ls -l）输出信息
-1	仅显示压缩包中的文件名
-2	显示压缩包中的文件名，允许与-h、-t和-z选项连用
-x	显示列表中排除（excluded）指定的文件
-z	显示压缩包中文件的备注信息
-C	压缩包中的文件名大小写不敏感（case-insensitive）
-T	以可排序（sortable）十进制格式输出文件的时间
-t	显示汇总信息（total）
-M	用内置的more指令分屏显示输出信息
-h	显示标题头（header line）
-v	冗长的（verbose）多页输出。显示的信息更加详细

【参数说明】

参　　数	功　　能
文件	指定zip格式的压缩包

【经验技巧】使用 zipinfo 指令可以不执行解压缩操作，而直接显示压缩包内的文件列表。

【示例 4.43】显示 zip 压缩包的细节信息。在命令行中输入下面的命令：

```
[root@hn test]# zipinfo root.zip          #显示 root.zip 的细节信息
```

输出信息如下：

```
Archive:  root.zip   15211 bytes   5 files
-rw-------  2.3 unx    1800 tx defN 14-Jun-09 04:44
root/anaconda-ks.cfg
......省略部分输出内容......
5 files, 53473 bytes uncompressed, 14475 bytes compressed:  72.9%
```

【示例 4.44】显示压缩包的内文件列表，具体步骤如下。

（1）使用 zipinfo 指令的-1 选项可以只列出 zip 压缩包内的文件。在命令行中输入下面的命令：

```
[root@hn test]# zipinfo -1 root.zip       #仅显示压缩包内的文件列表
```

输出信息如下：

```
root/anaconda-ks.cfg
......省略部分输出内容......
root/test/
```

（2）使用-2 选项显示压缩包中的文件列表，可以结合-h 和-t 选项显示标题头和汇总信息。在命令行中输入下面的命令：

```
#显示文件列表并显示标题头和汇总信息
[root@hn test]# zipinfo -2 -h -t root.zip
```

输出信息如下：

```
Archive:  root.zip   15211 bytes   5 files
root/anaconda-ks.cfg
......省略部分输出内容......
5 files, 53473 bytes uncompressed, 14475 bytes compressed:
72.9%
```

【示例 4.45】显示压缩文件的冗长信息。

使用 zipinfo 的-v 选项可以显示压缩文件更加全面的信息。在命令行中输入下面的命令：

```
[root@hn test]# zipinfo -v fstab.zip     #显示压缩包更加详细的信息
```

输出信息如下：

```
Archive:  fstab.zip   283 bytes   1 file
  ......省略部分输出内容......
  The central-directory extra field contains:
  - A subfield with ID 0x5455 (universal time) and 5 data
bytes.
    The local extra field has UTC/GMT modification/access times.
  - A subfield with ID 0x7855 (Unix UID/GID) and 0 data bytes.
  There is no file comment.
```

说明：通过-v 选项可以了解 zip 压缩包最全面的信息。

【相关指令】zip

4.23　zipsplit 指令：分割 zip 压缩包

【语　　法】zipsplit [选项] [参数]　　★★★☆☆

【功能介绍】zipsplit 指令用于将较大的 zip 压缩包分割（split）成多个较小的 zip 压缩包。

【选项说明】

选　　项	功　　能
-n	指定分割后每个zip文件的大小

续表

选　项	功　能
-t	报告将要产生的较小的zip文件数量
-b	指定分割后的zip文件的存放位置

【参数说明】

参　数	功　能
文件	指定要分割的zip压缩包

【经验技巧】

- 通过电子邮件或者其他网络方式传输文件时，经常需要将较大的文件分割成多个较小的文件，以方便传输。zipsplit 指令可以轻松实现此操作。
- 使用-b 选项指定分割的文件大小，必须大于压缩包中最大的文件大小，否则无法完成分割操作。
- 解压缩分割后的 zip 压缩文件时，要求所有的 zip 分卷文件必须在同一个目录下，否则无法正常解压缩。

【示例 4.46】分割较大的 zip 压缩包，具体步骤如下。

（1）显示要分割的 zip 压缩包的详细信息。在命令行中输入下面的命令：

```
[root@hn test]# ls -l                        #显示文件的详细信息
```

输出信息如下：

```
total 948
-rw-r--r-- 1 root root 964639 May  24 18:07 etc.zip
```

（2）使用 zipsplit 指令将 948KB 的 zip 压缩包 etc.zip 进行分割。在命令行中输入下面的命令：

```
#以 600KB 为单位分割 zip 压缩包
[root@hn test]# zipsplit -n 600000 etc.zip
```

（3）以 600KB 为单位分割 etc.zip 压缩包。输出信息如下：

```
2 zip files will be made (100% efficiency)
creating: etc1.zip
creating: etc2.zip
```

（4）使用 ls 指令查看分割后文件的详细信息。在命令行中输入下面的命令：

```
[root@hn test]# ls -l                        #显示文件的详细信息
```

输出信息如下：

```
total 1904
-rw-r--r-- 1 root root 964639 May  24 18:07 etc.zip
-rw-r--r-- 1 root root 569380 May  24 18:17 etc1.zip
-rw-r--r-- 1 root root 395281 May  24 18:17 etc2.zip
```

说明：在上面的输出信息中，文件 etc1.zip 和 etc2.zip 是分割时生成的小文件，它们的大小都没有超过 600KB。

【相关指令】zip，unzip

4.24　zforce 指令：强制为 gzip 格式的文件添加.gz 扩展名

【语　　法】zforce [参数]　★★★★☆

【功能介绍】zforce 指令强制为 gzip 格式的压缩文件添加.gz 后缀。

【参数说明】

参　　数	功　　能
文件列表	指定需要添加.gz后缀的gzip压缩文件

【经验技巧】在使用 gzip 指令时，如果被压缩的文件后缀不是.gz，则可以使用 gzip 指令重复压缩。重复压缩已经压缩过的文件是没有任何意义的，使用 zforce 指令可以使 gzip 格式的文件具有.gz 后缀，防止二次压缩。

【示例 4.47】为 gzip 格式的文件添加.gz 后缀，具体步骤如下。

（1）使用 file 指令显示当前目录下的文件格式。在命令行中输入下面的命令：

```
[root@hn test]# file *        #探测当前目录下所有非隐藏文件的类型
```

输出信息如下：

```
fstab:  gzip compressed data, was "fstab", from Unix, last
modified: Wed May  24 18:26:22 2023
......省略部分输出内容......
shadow: gzip compressed data, was "shadow", from Unix, last
modified: Wed May  24 18:26:40 2023
```

（2）使用 zforce 指令强制为 gzip 格式的文件添加.gz 后缀。在命令行中输入下面的命令：

```
[root@hn test]# zforce *    #为当前目录下的所有 gzip 格式文件添加.gz 后缀
```

（3）使用 ls 指令显示当前目录下的文件名。在命令行中输入下面的命令：

```
[root@hn test]# ls            #显示当前目录列表
```

输出信息如下：

```
fstab.gz  group.gz  host.conf.gz  hosts.allow.gz  hosts.deny.gz
hosts.gz  passwd.gz  shadow.gz
```

【相关指令】gzip

4.25 znew 指令：将.Z 文件重新压缩为.gz 文件

【语　　法】znew [选项] [参数]　　★★★☆☆

【功能介绍】znew 指令用于将使用 compress 指令压缩的.Z 压缩包重新转换为使用 gzip 指令压缩的.gz 压缩包。

【选项说明】

选　项	功　能
-f	强制（force）执行转换操作，即使目标.gz已经存在
-t	删除原来的文件前，测试（test）新文件
-v	冗余（verbose）模式，显示文件名和每个文件的压缩比
-9	使用优化的压缩比，速度较慢
-P	使用管道（pipe）完成转换操作，以节省磁盘空间
-K	当.Z文件比.gz文件小时，保留（keep）.Z文件

【参数说明】

参　数	功　能
文件	指定使用compress指令压缩生成的.Z压缩包

【经验技巧】通常，gzip 指令比 compress 指令的压缩比率高，使用 znew 指令可以将 compress 指令生成的压缩包转换为 gzip 格式的压缩包，以节省磁盘空间。

【示例 4.48】将.Z 文件转换为.gz 文件，具体步骤如下。

（1）使用 ls 指令查看 compress 指令生成的.Z 文件。在命令行中输入下面的命令：

```
[root@hn test]# ls -l                    #查看.Z 文件的详细信息
```

输出信息如下：

```
total 23788
-rw-r--r-- 1 root root 24326521 May  24 21:15 etc.tar.Z
```

（2）使用 znew 指令将.Z 文件转换为.gz 压缩格式。在命令行中输入下面的命令：

```
[root@hn test]# znew etc.tar.Z           #转换.Z 文件为.gz 压缩格式
```

（3）使用 ls 指令查看.gz 文件的信息。在命令行中输入下面的命令：

```
[root@hn test]# ls -l                    #查看.gz 文件的详细信息
```

输出信息如下：

```
total 12848
-rw-r--r-- 1 root root 13133214 May  24 21:15 etc.tar.gz
```

说明：对比第（1）步和第（3）步的输出信息可以发现，使用 gzip 格式的文件可以明显节省磁盘空间。

【相关指令】gzip，compress

4.26　zcat 指令：显示.gz 压缩包中的文件内容

【语　　法】zcat [选项] [参数]　　★★★☆☆

【功能介绍】zcat 指令不真正解压缩文件，只显示压缩包中的文件内容。

【选项说明】

选　　项	功　　能
-S <后缀>	指定gzip格式的压缩包的后缀（suffix）。当后缀不是标准的压缩包后缀时使用此选项
-c	将文件内容写到标准输出，保留原文件
-d	执行解压缩（decompress）操作
-l	显示压缩包中的文件列表（list）
-L	显示软件许可信息（license）
-q	安静（quiet）模式，禁用警告信息
-r	在目录上执行递归（recursive）操作
-t	测试（test）压缩文件的完整性
-v	冗长信息（verbose）模式
-V	显示指令的版本信息（version）
-1	更快的压缩速度
-9	更高的压缩比

【参数说明】

参　　数	功　　能
文件	指定要显示文件内容的压缩包

【经验技巧】zcat 指令不但可以显示 gzip 压缩包中的文件内容，还可以显示由 compress 指令生成的压缩包中的文件内容，因为它们使用的都是 Lempel-Ziv 压缩算法。

【示例 4.49】使用 zcat 指令显示压缩包中的文件内容。在命令行中输入下面的命令：

```
[root@hn test]# zcat fstab.gz                    #显示压缩包文件的内容
```

输出信息如下：

```
LABEL=/                /              ext3    defaults        1 1
LABEL=SWAP-sda2         swap          swap    defaults        0 0
```

说明：在显示压缩包中的文件内容时并没有生成 fstab 文件。

【相关指令】gzip，compress

4.27　gzexe 指令：压缩可执行文件

【语　　法】gzexe [选项] [参数]　★★★☆☆

【功能介绍】gzexe 指令用来压缩可执行（executable）文件，压缩后的文件仍然为可执行文件，在执行时进行自动解压缩。gzexe 指令不能压缩具有 suid 权限位的可执行文件。

【选项说明】

选　项	功　能
-d	解压缩（decompress）被gzexe压缩过的可执行文件

【参数说明】

参　数	功　能
文件	指定需要压缩的可执行文件

【经验技巧】gzexe 指令主要应用在嵌入式系统等磁盘空间较少的场景，压缩后生成的可执行文件实际上是一个 Bash 脚本，它的开头部分是启动 gzexe 指令的 Shell 脚本，后面则是压缩后的二进制文件的内容。

【示例 4.50】压缩可执行程序，具体步骤如下。

（1）使用 gzexe 指令压缩可执行文件。在命令行中输入下面的命令：

```
[root@hn test]# gzexe /usr/bin/quota              #压缩可执行文件 quota
```

说明：指令执行成功后，原来的 quota 文件被保存为 quota~。

输出信息如下：

```
/usr/bin/quota:  57.2%
```

说明：在上面的输出信息中，57.2 表示文件的压缩比。

（2）使用 file 指令探测新生成的 quota 文件的类型。在命令行中输入下面的命令：

```
[root@hn test]# file /usr/bin/quota               #探测 quota 文件的类型
```

输出信息如下：

```
/usr/bin/quota: Bourne shell script text executable
```

新生成的 quota 文件是一个 Shell 脚本程序。

（3）使用 head 指令显示 quota 文件前 13 行的内容。在命令行中输入下面的命令：

```
#显示 quota 文件前 13 行的内容
[root@hn test]# head -n 13 /usr/bin/quota
```

输出信息如下：

```
#!/bin/sh
skip=14
......省略部分输出内容......
  exit 1
fi; exit $res
```

说明： 上面的输出信息展现了压缩后 quota 文件执行的详细过程。

【相关指令】 gzip

4.28　习　　题

一、填空题

1．gunzip 指令用来解压缩由________指令压缩后生成的压缩文件。

2．gzexe 指令用来压缩________，压缩后的文件仍然为________，在执行时自动解压缩。

3．dump 指令支持________和________。

二、选择题

1．使用 tar 指令在创建打包文件时，下面的（　　）选项用于将其压缩为 bzip2 格式。

A．-c　　B．-z　　C．-j　　D．-x

2．bzip2 指令用于创建和管理（　　）格式的压缩包。

A．tar.gz　　B．bz2　　C．gz　　D．tar

3．使用 bzip2 指令的（　　）选项可以实现和 bunzip2 指令完全相同的效果。

A．-s　　B．-d　　C．-f　　D．-v

三、判断题

1．gzip 指令不能压缩目录，只能压缩文件。　　（　　）

2．zcat 指令不会真正解压缩文件，只能显示压缩包文件的内容。
（　）

3．使用 dump 指令备份目录时只能使用完全备份，不支持增量备份。
（　）

四、操作题

1．使用 tar 命令打包“/etc”目录下的所有内容，创建打包文件名为 etc.tar。

2．显示 etc.tar 包中的文件的详细信息。

3．使用 gzip 命令单独压缩打包文件 etc.tar。

第 5 章　Shell 内部操作

Shell 又称为命令的外壳。Linux 中的指令都是通过 Shell 输入执行的。可以说，Shell 是 Linux 给系统管理员提供的最有效的工具。Linux 默认的 Shell 称为 Bash。在 Bash 中内置了很多指令，利用这些指令可以完成许多基本的管理任务和环境设置工作。本章重点介绍 Bash 中的内置指令。

5.1　echo 指令：显示变量或字符串

【语　　法】 echo [选项] [参数]　　★★★★★

【功能介绍】 echo 指令用于在 Shell 中显示 Shell 变量的值，或者直接输出指定的字符串。

【选项说明】

选　　项	功　　能
-e	激活（enable）转义字符

【参数说明】

参　　数	功　　能
变量	指定要显示的变量

【经验技巧】 使用 echo 指令可以显示变量的值，使用户了解系统的运行情况，变量名前必须加上“$”符号。echo 指令也经常显示用来在命令行中显示提示信息。

【示例 5.1】 使用 echo 指令显示环境变量 PATH 的值。在命令行中输入下面的命令：

```
[root@hn /]# echo $PATH                        #显示环境变量的值
```

输出信息如下：

```
/root/.local/bin:/root/bin:/usr/local/bin:/usr/local/sbin:/usr
/bin:/usr/sbin
```

【示例 5.2】 在命令行中显示提示信息。在命令行中输入下面的命令：

```
[root@hn /]# echo "The current user is $USER,and $USER's home
directory is $HOME"                            #显示自定义的提示信息
```

说明：本例中的环境变量$USER 表示当前用户名；$HOME 表示当前用户的宿主目录。

输出信息如下：

```
The current user is root,and root's home directory is /root
```

5.2 kill 指令：杀死进程

【语 法】kill [选项] [参数] ★★★★★

【功能介绍】kill 指令用于管理进程和作业，通过向进程和作业发送信号来实现相应的管理功能。

【选项说明】

选 项	功 能
-l	列出（list）系统支持的信号
-s	指定向进程发送的信号（signal）

【参数说明】

参 数	功 能
进程或作业标识号	指定要杀死的进程或作业

【经验技巧】

- kill 指令默认使用的信号为 15，用于结束进程或者作业。如果进程或者作业忽略此信号，则可以使用信号 9 强制杀死进程或者作业。
- 在使用 kill 指令杀死作业时指定的作业号前必须加上“%”，作业号可以通过 jobs 指令查询。

【示例 5.3】使用 kill 指令的-l 选项显示系统支持的所有信号列表。在命令行中输入下面的命令：

```
[root@hn /]# kill -l                              #显示系统支持的信号
```

输出信息如下：

```
 1) SIGHUP       2) SIGINT       3) SIGQUIT      4) SIGILL
 5) SIGTRAP      6) SIGABRT      7) SIGBUS       8) SIGFPE
......省略部分输出内容......
59) SIGRTMAX-5  60) SIGRTMAX-4  61) SIGRTMAX-3  62) SIGRTMAX-2
63) SIGRTMAX-1  64) SIGRTMAX
```

【示例 5.4】杀死作业，具体步骤如下。

（1）使用 jobs 指令查看作业列表。在命令行中输入下面的命令：

```
[root@hn /]# jobs                                 #显示任务（作业）列表
```

输出信息如下：

```
 [2]-  Stopped                 vi
[3]+  Stopped                 wc -l
```

（2）关闭 3 号作业。在命令行中输入下面的命令：

```
[root@hn /]# kill %3                                #杀死指定的作业
```

（3）使用 jobs 指令查看作业列表。在命令行中输入下面的命令：

```
[root@hn /]# jobs
```

输出信息如下：

```
[2]+  Stopped                 vi
[3]-  Terminated               wc -l
```

说明：从上面的输出信息中可以看出，3 号作业已经被终止。

（4）杀死 2 号作业。在命令行中输入下面的命令：

```
[root@hn /]# kill %2
```

（5）再次使用 jobs 指令查看作业列表。在命令行中输入下面的命令：

```
[root@hn /]# jobs
```

输出信息如下：

```
[2]+  Stopped                 vi
```

说明：2 号作业没有任何变化，表明 kill 指令执行无效。

（6）使用信号 9 杀死作业。在命令行中输入下面的命令：

```
[root@hn /]# kill -s 9 %2                           #强制杀死指定作业
```

输出信息如下：

```
[2]+  Stopped                 vi
```

（7）再次使用 jobs 指令查看作业列表。在命令行中输入下面的命令：

```
[root@hn /]# jobs
```

输出信息如下：

```
[2]+  Killed                  vi
```

说明：上面的输出信息表明 2 号作业被强制杀死。

5.3　alias 指令：设置命令别名

【语　　法】alias [选项]　　★★★★★

【功能介绍】alias 指令用于定义命令别名，命令别名在执行时就像 Shell

的内部指令一样。

【选项说明】

选　项	功　能
-p	显示已经设置的命令别名

【参数说明】

参　数	功　能
命令别名设置	定义命令别名，格式为“命令别名='实际命令'”。例如la='ls -a'，表示输入命令别名“la”时实际执行的为ls -a

【经验技巧】

- 使用 alias 设置命令别名，可以使较长的不容易记忆的指令，变为较短且容易记忆的指令，而且支持命令行的自动补齐功能。alias 指令还可以屏蔽不安全的指令选项，以防止误操作。
- 使用 alias 指令定义的命令别名仅在当前 Shell 中起效，切换 Shell 或者重新登录后将不起作用。为了每次登录都能够使用自定义的命令别名，可以把相应的 alias 指令放入 Bash 的初始化文件“/etc/bashrc”或“$HOME/.bashrc”中。
- 在定义命令别名时，最好将实际指令使用单引号引起来，防止出现特殊字符导致设置错误。

【示例 5.5】设置命令别名，具体步骤如下。

（1）使用 alias 指令设置新的命令别名。在命令行中输入下面的命令：

```
#设置新的命令别名
[root@hn ~]# alias bakpasswd='cp /etc/passwd /etc/shadow /bak'
```

（2）命令别名在执行时和 Shell 的内部与外部命令很相似，可以使用 type 指令显示指令的类型。例如，要显示指令 bakpasswd 的类型，在命令行中输入下面的命令：

```
[root@hn ~]# type bakpasswd                    #显示指令类型
```

输出信息如下：

```
bakpasswd is aliased to 'cp /etc/passwd /etc/shadow /bak'
```

【示例 5.6】使用 alias 指令的-p 选项（或者不带任何选项和参数的 alias 指令）显示当前已存在的命令别名。在命令行中输入下面的命令：

```
[root@hn ~]# alias -p                          #显示已存在的命令别名
```

输出信息如下：

```
alias cp='cp -i'
alias l.='ls -d .* --color=tty'
```

```
......省略部分输出内容......
alias rm='rm -i'
alias which='alias | /usr/bin/which --tty-only
--read-alias --show-dot --show-tilde'
```

【相关指令】unalias

5.4　unalias 指令：取消命令别名

【语　　法】unalias [选项] [参数]　★★★★★

【功能介绍】unalias 指令用于取消命令别名。

【选项说明】

选　　项	功　　能
-a	取消所有（all）命令别名

【参数说明】

参　　数	功　　能
命令别名	指定要取消的命令别名

【经验技巧】使用 unalias 指令取消命令别名时，可以使用-a 选项取消所有的命令别名。

【示例 5.7】使用 alias 指令取消已定义的命令别名。在命令行中输入下面的命令：

```
[root@hn ~]# unalias bakpasswd            #取消 bakpasswd 命令别名
```

说明：取消后的命令别名不能再使用，否则会提示 command not found 错误信息。

【相关指令】alias

5.5　jobs 指令：显示任务列表

【语　　法】jobs [选项]　★★★★★

【功能介绍】jobs 指令用于显示 Linux 中的任务列表及任务状态，包括后台运行的任务。

【选项说明】

选　　项	功　　能
-l	显示进程号

续表

选　项	功　能
-p	仅显示任务对应的进程号（process number）
-n	显示任务状态的变化情况
-r	仅输出运行状态（running）的任务
-s	仅输出停止状态（stoped）的任务

【参数说明】

参　数	功　能
任务标识号	指定要显示的任务标识号

【经验技巧】jobs 指令可以显示任务标识号和对应的进程号。任务号和进程号是两个不同的概念，前者是站在普通用户的角度而言的，而进程号则是从系统管理员的角度来看待的，一个任务可能对应一个或者多个进程号。fg 指令和 bg 指令使用任务号，kill 指令则默认使用进程号。如果要使用任务号，则需要在任务号前面加上“%”。

【示例 5.8】显示任务列表。

使用 jobs 显示任务列表时，可以显示任务编号。如果附加-n 选项还可以显示任务对应的进程号。在命令行中输入下面的命令：

```
[root@hn /]# jobs -l                                  #显示任务列表
```

输出信息如下：

```
 [3] 9711
[1]-  9705 ヨ                     wc
[2]+  9710 ヨ                     vi
[3]   9711 Running                find / -name passwd &
```

说明：在上面的输出信息中，第 1 列表示任务编号，第 2 列表示任务对应的进程号，第 3 列表示任务的运行状态（“ヨ”表示后台挂起），第 4 列表示启动任务的具体指令。

【相关指令】fg，bg

5.6　bg 指令：后台执行作业

【语　　法】bg [参数]　★★★★★

【功能介绍】bg 指令用于将作业放到后台（background）运行，使前台可以执行其他任务。

【参数说明】

参　数	功　能
作业标识	指定需要放到后台的作业标识号

【经验技巧】

- 如果要执行的任务很耗时，则可以使用 bg 指令将其放到后台运行，以便前台终端可以继续其他工作。
- 使用 bg 指令的效果与在运行的指令后面添加“&”的效果相同，都可以将其放到后台执行。
- 需要注意，放到后台执行的任务的输出信息还是会输出到前台，可以使用输出重定向使其不显示到前台终端。

【示例 5.9】将任务放到后台执行，具体步骤如下。

（1）启动一个耗时的前台任务，在任务运行时按 Ctrl+Z 组合键挂起任务。在命令行中输入下面的命令：

```
[root@hn ~]# find / -name passwd                    #运行 find 指令
```

输出信息如下：

```
/usr/bin/passwd
/usr/share/doc/nss_ldap-253/pam.d/passwd
/usr/lib/news/bin/auth/passwd
[1]+  Stopped                   find / -name passwd
```

说明：在上面的输出信息中，最后一行是按 Ctrl+Z 组合键后显示挂起的作业信息，其中，“[1]”表示作业编号。

（2）使用 bg 指令将挂起的作业放到后台执行。在命令行中输入下面的命令：

```
[root@hn ~]# bg 1                          #将编号为 1 的作业放到后台执行
```

说明：本例中因为只有一个挂起的作业，所以不使用 1 参数也能达到相同的效果。

输出信息如下：

```
[1]+ find / -name passwd &
```

说明：上面的输出信息表明，使用 bg 指令的效果与直接使用“find / -name passwd &”的效果相同。

【相关指令】fg

5.7　fg 指令：将后台作业放到前台执行

【语　　法】fg [参数]　★★★★★

【功能介绍】fg 指令用于将后台作业（在后台运行的或者在后台挂起的作业）放到前台（foreground）终端运行。

【参数说明】

参　　数	功　　能
作业标识	指定要放到前台的作业标识号

【经验技巧】如果后台作业只有一个，则将此作业放到前台运行时可以省略作业号。

【示例 5.10】将后台作业放到前台运行，具体步骤如下。

（1）使用 jobs 指令查看后台作业列表。在命令行中输入下面的命令：

```
[root@hn ~]# jobs                          #显示作业列表
```

输出信息如下：

```
[1]-  Stopped                 wc
[2]+  Stopped                 find / -name passwd
```

说明：上面的输出信息中，方括号内的数字为作业号。

（2）使用 fg 指令将指定的作业放到前台运行。在命令行中输入下面的命令：

```
[root@hn ~]# fg 2                          #将 2 号作业放到前台运行
```

输出信息如下：

```
find / -name passwd
```

【相关指令】bg

5.8　set 指令：显示或设置 Shell 特性与变量

【语　　法】set [选项] [参数]　★★★★★

【功能介绍】set 指令用于显示系统中已存在的 Shell 变量，或者重新设置已存在的 Shell 变量的值。

【选项说明】

选　　项	功　　能
-a	将Shell变量输出为环境变量
-b	立即报告Shell后台作业的运行状态，而不是等到下一个提示符出现时才报告

续表

选　项	功　能
-n	读取指令但不执行。用于测试Shell脚本的正确性。此选项在交互式Shell中将被忽略
-p	打开特权模式
-P	在Shell中执行指令时，不使用符号链接而是使用物理目录结构
-C	禁止使用Shell中的重定向符号（>，>&和<>）重写文件
-t	读取和执行一个指令后退出

【参数说明】

参　数	功　能
变量	指定要操作的Shell变量

【经验技巧】

- set 指令不能定义新的 Shell 变量，如果需要定义新的 Shell 变量，那么可以使用 declare 指令或者在 Shell 中使用“变量名=值”的方式定义。
- 在使用 set 指令更改 Shell 的特性时，“+”和“-”的作用相反。例如，-p 为打开特权模式，+p 为关闭特权模式。
- 使用不带任何选项和参数的 set 指令，以可重用的方式输出已定义的 Shell 变量和环境变量。

【示例 5.11】 使用 set 指令以可重用的格式显示已存在的 Shell 变量和环境变量。在命令行中输入下面的命令：

```
[root@hn ~]# set                                    #显示已定义的变量
```

输出信息如下：

```
BASH=/bin/bash
BASH_ARGC=()
......省略部分输出内容......
consoletype=pty
qt_prefix=/usr/lib/qt-3.3
```

说明：在上面的输出信息中，“=”右边的内容是设置的新的变量。

【示例 5.12】 将 Shell 变量输出为环境变量，具体步骤如下。

（1）由于 set 指令不能定义新的 Shell 变量，所以需要使用 declare 指令定义新的 Shell 变量。在命令行中输入下面的命令：

```
[root@hn ~]# declare var1="linux"                   #声明 shell 变量
```

（2）利用 set 指令的-a 选项将 Shell 变量 var1 输出为环境变量。在命令行中输入下面的命令：

```
[root@hn ~]# set -a var1          #将 shell 变量 var1 输出为环境变量
```

（3）使用 env 指令显示环境变量，并用 grep 指令搜索是否存在环境变量 var1。在命令行中输入下面的命令：

```
[root@hn ~]# env | grep var1     #查询名称为 var1 的环境变量
```

输出信息如下：

```
var1=linux
```

【相关指令】unset，env，declare

5.9　unset 指令：删除指定的 Shell 变量与函数

【语　　法】unset [选项] [参数]　★★★★★

【功能介绍】unset 指令用于删除已定义的 Shell 变量（包括环境变量）和 Shell 函数。

【选项说明】

选　项	功　能
-f	删除定义的Shell函数（function）
-v	删除定义的Shell变量（variable）

【参数说明】

参　数	功　能
Shell变量或函数	指定要删除的Shell变量或Shell函数

【经验技巧】unset 指令不能删除只读的 Shell 变量和环境变量。

【示例 5.13】输出环境变量，具体步骤如下。

（1）使用 declare 指令声明环境变量。在命令行中输入下面的命令：

```
[root@hn ~]# declare -x var1='100'         #定义环境变量 var1
```

（2）使用 env 指令显示环境变量 var1。在命令行中输入下面的命令：

```
[root@hn ~]# env | grep var1                #查找环境变量 var1
```

输出信息如下：

```
var1=100
```

（3）使用 unset 指令删除环境变量 var1。在命令行中输入下面的命令：

```
[root@hn ~]# unset var1                     #输出环境变量 var1
```

（4）查看是否存在环境变量 var1。在命令行中输入下面的命令：

```
[root@hn ~]# env |grep var1                 #查找环境变量 var1
```

说明：上面的命令没有任何输出信息，表明没有找到环境变量 var1，unset 已经将其删除。

【相关指令】set

5.10　env 指令：在定义的环境中执行指令

【语　　法】env [选项] [参数]　★★★★☆

【功能介绍】env 指令用于显示系统中已存在的环境（environment）变量，并且在定义的环境中执行指令。env 指令并非 Shell 内部指令，由于其和 Shell 环境密切相关，所以将其放在 Shell 内部指令中介绍。

【选项说明】

选　　项	功　　能
-i	开始一个新的空的环境，忽略（ignore）原有的环境
-u <变量名>	从当前环境中删除指定的变量

【参数说明】

参　　数	功　　能
变量定义	定义在新环境中的变量，多个变量之间用空格隔开，格式为“变量名=值”
指令	指定要执行的指令和参数

【经验技巧】

- 当只使用“-”选项时，其实隐含了-i 选项的功能，如果没有任何选项和参数，则显示当前的环境变量。
- 当使用 env 指令在新的环境中执行指令时，由于没有定义环境变量 PATH，所以会出现 such file or directory 的错误提示。可以在新环境中定义新的 PATH 环境变量或者使用绝对路径来解决此问题。

【示例 5.14】在新环境中执行指令，具体步骤如下。

（1）在新环境中执行 Shell 内部指令 echo。在命令行中输入下面的命令：

```
[root@hn /]# env -i echo  "hello"       #在新的空环境中执行
```

说明：由于 echo 指令是 Shell 的内部指令，所以可以直接执行。

输出信息如下：

```
hello
```

（2）在新环境中执行 Shell 内部指令 fdisk。在命令行中输入下面的命令：

```
[root@hn /]# env -i fdisk -l             #在新环境中执行外部指令
```

输出信息如下：

```
env: fdisk: No such file or directory
```

说明：由于 fdisk 为外部指令，而外部指令的执行依赖于环境变量 PATH，在新环境中没有任何环境变量的定义，所以会提示“文件或目录找不到”的错误。

（3）为了解决（2）中的问题，在新环境中使用绝对路径。在命令行中输入下面的命令：

```
#在新环境中使用绝对路径执行外部指令
[root@hn /]# env -i /sbin/fdisk -l
```

使用绝对路径后，外部指令即可正确执行。输出信息如下：

```
Disk /dev/sda: 19.3 GB, 19327352832 bytes
255 heads, 63 sectors/track, 2349 cylinders
Units = cylinders of 16065 * 512 = 8225280 bytes
   Device Boot  Start    End   Blocks    Id  System
/dev/sda1   *       1    1275  0241406   83  Linux
/dev/sda2       1276    1402  1020127+  82  Linux swap /
                                              Solaris
```

【相关指令】declare，set

5.11　type 指令：判断内部指令和外部指令

【语　　法】type [选项] [参数]　★★★★☆

【功能介绍】type 指令用于判断给出的指令是内部指令还是外部指令。

【选项说明】

选　项	功　能
-t	输出file、alias、keyword、function或者builtin，表示给定的指令为外部指令、命令别名、保留字、函数或者内部指令等类型（type）
-p	如果给出的指令为外部指令，则显示其绝对路径（path）
-a	在环境变量PATH指定的路径中，显示给定指令的信息，包括命令别名

【参数说明】

参　数	功　能
指令	要显示类型的指令

【经验技巧】当不带任何选项时，使用 type 指令可以显示给定的是内部指令还是外部指令。

【示例 5.15】显示 ls、cd 和 fdisk 指令的类型。在命令行中输入下面的命令：

```
[root@hn /]# type ls cd fdisk          #显示指令是内部指令还是外部指令
```

输出信息如下：

```
ls is aliased to 'ls --color=tty'
cd is a shell builtin
fdisk is /usr/sbin/fdisk
```

5.12　logout 指令：退出登录

【语　　法】logout ★★★★★

【功能介绍】logout 指令用于退出当前登录的 Shell。

【经验技巧】当需要退出登录的终端或者 Shell 时，可以使用 logout 指令，也可以使用 Ctrl+D 组合键。

【示例 5.16】退出当前登录的 Shell。在命令行中输入下面的命令：

```
[root@hn /]# logout                    #退出登录的 Shell
```

说明：上面的指令执行后，将退出当前登录的 Shell。

【相关指令】exit

5.13　exit 指令：退出 Shell

【语　　法】exit [参数] ★★★★★

【功能介绍】exit 指令用于退出 Shell 并返回给定值。

【参数说明】

参　　数	功　　能
返回值	指定Shell的返回值

【经验技巧】

- 如果忽略返回值，则 exit 指令返回上一条指令的返回值。
- logout 指令、Ctrl+D 组合键和 exit 指令的功能类似，都能够退出 Shell，但是 exit 指令通常用于退出 Shell 并且返回指定的值给调用者。

【示例 5.17】使用 exit 指令退出 Shell。在命令行中输入下面的命令：

```
[root@hn ~]# exit                      #退出当前登录的 Shell
```

说明：上面的指令执行后，将会退出当前登录的 Shell，并且将上一条指令的返回值作为 exit 指令的返回值。

【相关指令】logout

5.14　export 指令：将变量输出为环境变量

【语　　法】export [选项] [参数]　★★★★★

【功能介绍】export 指令用于将 Shell 变量输出为环境变量，或者将 Shell 函数输出为环境变量。

【选项说明】

选　项	功　能
-f	将Shell函数输出为环境变量
-p	显示Shell中已输出的环境变量
-n	删除指定的环境变量

【参数说明】

参　数	功　能
变量	指定要输出或者删除的环境变量

【经验技巧】使用 export 指令的-n 选项可以删除给定的环境变量。

【示例 5.18】将变量输出为环境变量，具体步骤如下。

（1）定义 Shell 变量。在命令行中输入下面的命令：

```
[root@hn ~]# abc=123                    #定义 Shell 变量
```

（2）将 Shell 变量输出为环境变量。在命令行中输入下面的命令：

```
[root@hn ~]# export abc                 #将 Shell 变量 abc 输出为环境变量
```

（3）使用 export 指令的-p 选项显示环境变量。在命令行中输入下面的命令：

```
[root@hn ~]# export -p                  #显示所有的环境变量
```

输出信息如下：

```
declare -x CVS_RSH="ssh"
declare -x G_BROKEN_FILENAMES="1"
......省略部分输出内容......
declare -x USER="root"
declare -x abc="123"
```

说明：本例显示了所有的环境变量，最后一行显示的是第（2）步中输出的环境变量。

【相关指令】env，set

5.15　wait 指令：等待进程执行完后返回终端

【语　　法】wait [参数]　★★★★★

【功能介绍】wait 指令用来等待指定的指令，直到其执行完毕后返回终端。

【参数说明】

参　　数	功　　能
进程或作业标识	指定进程号或者作业号

【经验技巧】

- wait 指令经常用在 Shell 脚本编程中，等待指定的指令执行完毕后才能执行下面的任务。
- 当使用 wait 指令等待作业时，作业标识号前需要加上百分号“%”。

【示例 5.19】使用 wait 指令等待指定的任务完成后返回终端。在命令行中输入下面的命令：

```
[root@hn ~]# wait %3          #等待作业号为 3 的任务执行完毕后返回终端
```

输出信息如下：

```
/etc/passwd
/etc/pam.d/passwd
/root/etc/passwd
[3]-  Done                    find / -name passwd
```

说明：从上面的输出信息中可以看出，作业号为 3 的任务执行的指令为 find / -name passwd。

5.16　history 指令：显示历史命令

【语　　法】history　★★★★★

【功能介绍】history 指令用于显示指定数目的命令，并将历史命令文件中的目录读取到历史命令缓冲区中，然后将历史命令缓冲区中的目录写入历史命令文件中。

【选项说明】

选　　项	功　　能
-c	清空（clear）历史命令
-a	将历史命令缓冲区中的命令写入历史命令文件中
-r	将历史命令文件中的命令读入（read）历史命令缓冲区
-w	将缓冲区中的历史命令写入（write）历史命令文件中

【参数说明】

参　数	功　能
n	显示最近的n条历史命令

【经验技巧】

- history 指令用来显示历史命令，在命令行中使用“!”可以执行指定的历史命令。例如，“!!”可以执行上一条指令，“!10”可以执行历史命令的第 10 条指令，“! find”可以执行最近以 find 开头的指令。
- Shell 中的历史命令被保存在内存中，当退出 Shell 时，内存缓冲区中的历史命令将会自动写入历史命令文件中。下次登录 Shell 时，再将历史命令从历史命令文件中读取到内存中。
- 保存历史命令的文件由环境变量 HISTFILE 指定，其值通常为 $HOME/.bash_history。
- 历史命令会占用内存空间，为了提高效率，通常仅记录 1 000 条历史命令，即历史命令的数量为 1 000，它由环境变量 HISTSIZE 控制。

【示例 5.20】显示历史命令，具体步骤如下。

（1）使用 history 指令显示最近 10 条指令。在命令行中输入下面的命令：

```
[root@hn ~]# history 10                          #显示最近 10 条指令
```

输出信息如下：

```
 1012  find / -name  passwd;
......省略部分输出内容......
 1021  history 10
```

说明：在上面的输出信息中，最前面的数字表示该指令在历史命令表中的编号。

（2）执行第 1012 条指令。在命令行中输入下面的命令：

```
[root@hn ~]# !1012                               #执行第 1012 条指令
```

输出信息如下：

```
find / -name  passwd
/usr/share/bash-completion/completions/passwd
/usr/share/doc/passwd
/usr/share/lintian/overrides/passwd
/usr/bin/passwd
/etc/passwd
/etc/pam.d/passwd
/snap/core22/1380/etc/pam.d/passwd
...省略部分输出内容...
```

说明：在上面的输出信息中，第一行为完整的指令，后面的信息为指令的输出信息。

【相关指令】fc

5.17　read 指令：从键盘输入变量值

【语　　法】read [选项] [参数]　★★★★★

【功能介绍】read 指令可以从键盘输入变量的值，通常用在 Shell 脚本中与用户进行交互的场景。

【选项说明】

选　　项	功　　能
-p <提示符>	指定读取值时的提示符（prompt）
-t <等待秒数>	指定读取值时等待的时间（time），单位为s

【参数说明】

参　　数	功　　能
变量	指定读取值的变量名

【经验技巧】read 指令可以一次输入多个变量的值，变量和输入的值都用空格隔开。

【示例 5.21】输入变量值，具体步骤如下。

（1）使用 read 指令输入变量值。在命令行中输入下面的命令：

```
[root@hn ~]# read var1 var2        #从键盘输入两个变量的值
100 200                            #输入两个变量的值，变量之间用空格隔开
```

（2）使用 echo 指令显示输入的变量值。在命令行中输入下面的命令：

```
[root@hn ~]# echo $var1 $var2    #显示两个变量的值
```

输出信息如下：

```
100 200
```

5.18　enable 指令：激活或关闭内部命令

【语　　法】enable [选项] [参数]　★★★★★

【功能介绍】enable 指令用于临时关闭或者激活指定的 Shell 内部命令。

【选项说明】

选　项	功　能
-n	关闭指定的内部命令
-a	显示所有（all）激活的内部命令
-f <文件>	从指定文件（file）中读取内部命令

【参数说明】

参　数	功　能
内部命令	指定要关闭或激活的内部命令

【经验技巧】如果希望暂时屏蔽掉某些内部命令，可以使用 enable 指令的 -n 选项将这些内部命令暂时关闭。需要使用时，使用 enable 指令将其激活即可。

【示例 5.22】关闭与激活内部命令，具体步骤如下。

（1）使用 enable 指令的-n 选项关闭内部指令。在命令行中输入下面的命令：

```
[root@hn /]# enable -n alias            #将内部指令 alias 关闭
```

（2）由于 alias 指令被关闭，所以执行 alias 指令时将报错。在命令行中输入下面的命令：

```
[root@hn /]# alias                      #测试被关闭的内部指令能否执行
```

输出信息如下：

```
-bash: alias: command not found
```

☎**提示：**在不同的操作系统中，关闭内部指令后，再执行该内部指令时输出的结果会不同。

（3）使用不带选项的 enable 指令激活 alias 指令。在命令行中输入下面的命令：

```
[root@hn /]# enable alias               #将内部指令 alias 激活
```

（4）再次调用 alias 指令时将会正确运行。在命令行中输入下面的命令：

```
[root@hn /]# alias
```

输出信息如下：

```
alias cp='cp -i'
......省略部分输出内容......
alias rm='rm -i'
```

5.19　exec 指令：调用并执行指令

【语　　法】exec [选项] [参数]　★★★★☆

【功能介绍】exec 指令用于调用并执行（execute）指定的指令。

【选项说明】

选　　项	功　　能
-c	在空环境中执行指定的指令

【参数说明】

参　　数	功　　能
指令	要执行的指令和相应的参数

【经验技巧】

- exec 指令通常应用在 Shell 脚本中，以调用其他指令完成特殊的功能。
- exec 指令用指定的指令代替当前 Shell，执行完毕后立即退出指令。如果在当前终端使用 exec 指令，则指定的指令执行完毕后会立即退出终端。

【示例 5.23】在空环境变量中执行 Shell 脚本，具体步骤如下。

（1）使用 cat 指令输出需要执行的 Shell 脚本程序的内容。在命令行中输入下面的命令：

```
[root@hn /]# cat a.sh                    #输出 Shell 脚本的内容
```

输出信息如下：

```
#!/bin/bash
echo $HOME
echo $MAIL
echo $USER
```

说明：上面 Shell 脚本分别输出环境变量$HOME、$MAIL 和$USER 的值。

（2）执行 Shell 脚本 a.sh。在命令行中输入下面的命令：

```
[root@hn /]# bash a.sh                   #执行 Shell 脚本 a.sh
```

输出信息如下：

```
/root
/var/spool/mail/root
root
```

（3）在空环境变量中执行脚本程序 a.sh。在命令行中输入下面的命令：

```
[root@hn /]# exec -c bash a.sh           #执行 Shell 脚本 a.sh
```

输出信息如下：

```
......输出内容为 3 个空白行，此处省略......
```

说明：使用-c 选项时环境变量将会失效，因此上面输出了 3 个空行，并且退出当前的 Shell。

5.20　ulimit 指令：限制用户使用 Shell 资源

【语　　法】 ulimit [选项]　　★★★★☆

【功能介绍】 ulimit 指令用于限制系统用户对 Shell 资源的使用。

【选项说明】

选　　项	功　　能
-a	显示所有（all）的限制
-c	设定核心文件（core file）的最大容量
-d	设定程序数据（data）可使用的最大容量
-f	设定可建立的最大文件（file）容量，单位为KB。通常值为2GB
-l	设定可用于锁定（lock）的内存
-n	设定最多打开的文件数目
-p	设定可用于管道（pipe）处理的数量
-r	设定最大的real-time调度优先级
-t	设定使用的最大CPU时间（time），单位为s
-u	设定单用户（user）可使用的最大进程数
-v	设定Shell可利用的最大虚拟（virtual）内存数量
-H	硬限制（hard limit），不允许超过设定的限制
-S	警告限制，用户可超过设置的值，但是会得到警告信息

【经验技巧】

- 普通用户和超级用户都可以使用 ulimit 指令，但是普通用户使用 ulimit 指令时只能将值改小，不能增大（例如最多打开文件数量默认为 1024，普通用户只能设置比 1024 还小的数字），而超级用户不受限制。
- 通常使用 ulimit 指令限制用户对系统资源的使用，防止资源被某个用户过度占用。

【示例 5.24】 使用 ulimit 指令的-a 选项显示支持的所有限制选项。在命令行中输入下面的命令：

```
[root@hn ~]# ulimit -a                    #显示所有限制选项
```

输出信息如下：

```
core file size          (blocks, -c) 0
data seg size           (kbytes, -d) unlimited
......省略部分输出内容......
virtual memory          (kbytes, -v) unlimited
file locks                      (-x) unlimited
```

【示例 5.25】显示并设置打开的最大文件数量，具体步骤如下。

（1）使用 ulimit 指令的-n 选项显示在 Shell 中允许打开的最大文件数量。在命令行中输入下面的命令：

```
[root@hn ~]# ulimit -n                  #显示当前打开的最大文件数量
```

输出信息如下：

```
1024
```

（2）在步骤（1）中显示最多允许打开 1024 个文件，在特殊情况下，可能需要打开超过此数目的文件，此时需要增大此数字。在命令行中输入下面的命令：

```
[root@hn ~]# ulimit -n 2048             #将最多打开的文件数量增大为 2048
```

5.21　umask 指令：设置权限掩码

【语　　法】umask [选项] [参数]　★★★★☆

【功能介绍】umask 指令用于设置 Linux 下的权限模式掩码，使用户创建文件时拥有默认的权限。

【选项说明】

选　　项	功　　能
-p	输出的权限掩码可直接作为指令来执行
-S	以符号（symbol）方式输出权限掩码

【参数说明】

参　　数	功　　能
权限掩码	指定权限掩码

【经验技巧】

- 权限掩码的作用是屏蔽新建文件的部分权限。例如，权限掩码为“022”，则新建的目录权限为“777–022=755”，新建的普通文件权限为“666–022=644”（因为在 Linux 中执行权限至关重要，关系着系统的安全，所以必须手工设置普通文件的执行权限）。
- umask 支持两种权限掩码，一种为八进制数字表示方法，另一种为符号表示方法。具体的权限信息可参考 chmod 指令。

【示例 5.26】权限掩码的应用，具体步骤如下。

（1）使用 umask 指令显示当前设置的权限掩码。在命令行中输入下面的命令：

```
[root@hn ~]# umask                              #显示当前的权限掩码
```

输出信息如下：

```
0022
```

说明：这里输出了 4 个数字，其中，第 1 个数字表示八进制数，可忽略不计。

（2）使用 mkdir 指令创建新目录，并用 ls 指令查看其默认的权限。在命令行中输入下面的命令：

```
[root@hn ~]# mkdir test                         #创建 test 目录
[root@hn ~]# ls -d -l test/                     #显示 test 目录的详细信息
```

输出信息如下：

```
drwxr-xr-x 2 root root 4096 May 24 04:48 test/
```

说明：在上面的输出信息中，test 目录的权限为 rwxr-xr-x 即 777–022=755。

（3）创建新文件并用 ls 指令查看其默认权限。在命令行中输入下面的命令：

```
[root@hn ~]# touch testfile                     #创建空文件 testfile
[root@hn ~]# ls -l testfile                     #显示文件的详细信息
```

输出信息如下：

```
-rw-r--r-- 1 root root 0 May 24 04:51 testfile
```

说明：在上面的输出信息中，testfiole 文件的权限为 rw-r-xr-x 即 666–022=444，执行权限不会自动设置。

5.22 shopt 指令：显示和设置 Shell 行为选项

【语　　法】shopt [选项] [参数]　★★★★☆

【功能介绍】shopt 指令用于显示和设置 Shell 中的行为选项，通过这些选项可以增强 Shell 易用性。

【选项说明】

选　项	功　能
-s	激活指定的Shell行为选项
-u	关闭指定的Shell行为选项

【参数说明】

参　　数	功　　能
Shell选项	指定要操纵的Shell选项

【经验技巧】使用不带任何选项和参数的 shopt 指令可以显示所有可设置的 Shell 行为选项。

【示例 5.27】使用不带选项和参数的 shopt 指令显示 Shell 中的所有行为选项。在命令行中输入下面的命令：

```
[root@hn ~]# shopt                              #显示所有的 Shell 行为选项
```

输出信息如下：

```
cdable_vars     off
cdspell        off
......省略部分输出内容......
sourcepath      on
xpg_echo        off
```

【示例 5.28】设置并验证 Shell 行为选项，具体步骤如下。

（1）上例中的行为选项 cdspell 表示 Shell 中 cd 指令的拼写纠正选项，如果激活此选项，则当 cd 指令使用错误的目录时，Shell 将尝试纠正此错误。很多 Linux 默认关闭了此选项，可以使用 shopt 指令激活此选项。在命令行中输入下面的命令：

```
[root@hn ~]# shopt -s cdspell           #设置 cd 拼写纠正选项
```

（2）使用 cd 指令切换到错误的目录，以验证 cdspell 选项的功能。在命令行中输入下面的命令：

```
#切换到“Desktop”目录，这里将 Desktop 错误地输入为 desktop
[root@hn ~]# cd  desktop
```

输出信息如下：

```
Desktop#因为使用了 cdspell 选项，所以 shell 自动将 desktop 纠正为 Desktop
[root@hn Desktop]#                          #成功切换到 Desktop 目录
```

5.23　help 指令：显示内部命令的帮助信息

【语　　法】help [选项] [参数]　★★★★★

【功能介绍】help 指令用于显示 Shell 内部命令的帮助信息。

【选项说明】

选　　项	功　　能
-s	输出短（short）格式的帮助信息，仅包括命令行格式

【参数说明】

参　数	功　能
内部命令	指定需要显示帮助信息的Shell内部命令

【经验技巧】help 指令仅能显示 Shell 内部命令的帮助信息，对于外部命令可以使用 man 指令或者 info 指令查看帮助信息。

【示例 5.29】显示内部命令帮助，具体步骤如下。

使用 help 指令显示 cd 指令的帮助信息。在命令行中输入下面的命令：

```
[root@hn ~]# help cd                        #显示 cd 指令的帮助信息
```

输出信息如下：

```
cd: cd [-L|-P] [dir]
Change the current directory to DIR.  The variable
$HOME is the
......省略部分输出内容......
    instead of following symbolic links; the -L option
    forces symbolic links
    to be followed.
```

说明：上面的输出信息中，第一行为 cd 指令的命令行语法格式，其余内容为功能描述。

5.24　bind 指令：设置键盘的按键行为

【语　　法】bind [选项]　★★★☆☆

【功能介绍】bind 指令用于显示和设置键盘按键的行为。通过设置组合键，可以提高命令行的操作效率。

【选项说明】

选　项	功　能
-m keymap	设置keymap
-l	显示（list）readline支持的功能名称
-p	显示readline支持的所有功能名称和绑定信息
-P	显示当前readline功能名称和绑定信息
-q	查询（query）指定功能对应的按键序列
-v	显示所有readline的变量名称和对应的值（value）
-V	显示当前readline的变量名称和对应的值（value）
-f <文件>	从指定文件（file）读取键绑定设置
-u function	取消指定（unset）功能的键绑定

【经验技巧】与常见的显示方式不同，如“\e#”表示的组合键为 Alt+Shift+#，“\C-M-@”表示的组合键为 Ctrl+Alt+@。

【示例 5.30】使用 bind 指令的-q 选项查询指定功能对应的键。在命令行中输入下面的命令：

```
[root@hn ~]# bind -q insert-comment #查询 insert-comment 对应的键
```

输出信息如下：

```
insert-comment can be invoked via "\e#".
```

说明：在上面的输出信息中，“\e#”表示组合键 Alt+Shift+#，连用此组合键可以在当前命令行的最前面添加注释符号“#”。

5.25　builtin 指令：执行 Shell 的内部命令

【语　　法】builtin [参数]　★★★☆☆

【功能介绍】builtin 指令用于执行指定的 Shell 内部命令，并返回内部命令的返回值。

【参数说明】

参　　数	功　　能
Shell内部命令	指定需要执行的Shell内部命令

【经验技巧】

- 当系统内定义了与 Shell 内部命令相同的函数时，使用 builtin 指令显式地执行 Shell 内部命令并且忽略 Shell 函数。
- 使用 builtin 指令时不能执行 Linux 中的外部指令。

【示例 5.31】使用 builtin 指令执行内部命令 alias。在命令行中输入下面的命令：

```
[root@hn ~]# builtin alias                    #执行内部命令 alias
```

输出信息如下：

```
alias cp='cp -i'
alias l.='ls -d .* --color=tty'
......省略部分输出内容......
alias rm='rm -i'
alias which='alias | /usr/bin/which --tty-only
--read-alias --show-dot --show-tilde'
```

说明：上面的输出信息是 alias 指令运行时的输出信息，不同的 Linux 环境的输出结果可能不同。

5.26　command 指令：调用指定的指令并执行

【语　　法】command [参数]　★★★★★

【功能介绍】command 指令调用指定的指令并执行，指令执行时不查询 Shell 函数。

【参数说明】

参　　数	功　　能
指令	需要调用的指令及参数

【经验技巧】当系统内定义了与 Linux 指令相同的函数时，使用 command 指令可以忽略 Shell 函数从而执行对应的 Linux 指令（包括内部命令和外部命令）。

【示例 5.32】调用并执行 Linux 指令。

假如定义了一个叫作 fdisk 的 Shell 函数，为了执行 Linux 指令 fdisk，需要使用 command 指令。在命令行中输入下面的命令：

```
[root@hn ~]# command fdisk -l          #忽略 fdisk 函数，调用 fdisk 指令
```

输出信息如下：

```
Disk /dev/sda: 19.3 GB, 19327352832 bytes
255 heads, 63 sectors/track, 2349 cylinders
Units = cylinders of 16065 * 512 = 8225280 bytes
   Device Boot   Start    End     Blocks    Id  System
/dev/sda1   *    1        1275    10241406   83  Linux
/dev/sda2        1276     1402    1020127+   82  Linux swap
/ Solaris
```

【相关指令】command

5.27　declare 指令：声明 Shell 变量

【语　　法】declare [选项] [参数]　★★★★☆

【功能介绍】declare 指令用于声明并显示已存在的 Shell 变量。如果不提供变量名参数，则显示所有 Shell 变量的值。

【选项说明】

选　　项	功　　能
-a	显示或设置数组（array）变量
-f	仅使用函数名（function name）
-i	显示或设置整型（interger）变量
-r	定义只读（read-only）Shell变量
-x	定义Shell变量并将其输出（export）为环境变量

【参数说明】

参　数	功　能
Shell变量	声明Shell变量，格式为“变量名=值”

【经验技巧】

- 默认情况下，declare 指令对应的变量为 Shell 变量，使用-x 选项可以定义环境变量。
- declare 指令与 typeset 指令的功能完全相同。

【示例 5.33】定义 Shell 变量，具体步骤如下。

（1）使用 declare 指令定义新的 Shell 变量。在命令行中输入下面的命令：

```
#定义 Shell 变量 linux
[root@hn ~]# declare linux='Open source Operation System'
```

（2）使用 echo 指令打印 Shell 变量 linux 的值。在命令行中输入下面的命令：

```
[root@hn ~]# echo $linux    #打印 Shell 变量的值，变量名前面必须添加“$”
```

输出信息如下：

```
Open source Operation System
```

【示例 5.34】定义只读 Shell 变量，具体步骤如下。

（1）使用 declare 的-r 选项定义只读变量。在命令行中输入下面的命令：

```
#定义只读 Shell 变量 readonly
[root@hn ~]# declare -r rvar='readonly'
```

（2）重新为只读变量赋值时出错。在命令行中输入下面的命令：

```
[root@hn ~]# rvar='write'              #定义新的 Shell 只读变量
```

输出信息如下：

```
-bash: rvar: readonly variable
```

【示例 5.35】定义环境变量，具体步骤如下。

（1）使用 declare 指令的“-x”选项可以声明环境变量。在命令行中输入下面的命令：

```
[root@hn ~]# declare -x myenv='I love linux'     #定义环境变量
```

（2）使用 env 指令查询是否存在环境变量 myenv。在命令行中输入下面的命令：

```
[root@hn ~]# env | grep myenv          #查询环境变量 myenv
```

说明：env 指令输出的信息较多，本例中使用 grep 指令进行过滤，仅显示含有 myenv 的行。

输出信息如下：

```
myenv=I love linux
```

【示例 5.36】定义整型变量，具体步骤如下。

（1）使用 declare 指令的-i 选项可以实现计算整数运算的功能。在命令行中输入下面的命令：

```
[root@hn ~]# declare -i integer=300+400+500  #定义整型变量 integer
```

（2）使用 echo 指令输出变量 integer 的值。在命令行中输入下面的命令：

```
[root@hn ~]# echo $integer              #输出变量 integer 的值
```

输出信息如下：

```
1200
```

说明：上面的输出信息“1200”是表达式“300+400+500”计算后的结果。

【示例 5.37】显示当前的 Shell 变量（包括环境变量），具体步骤如下。

（1）使用 declare 指令显示当前的 Shell 变量和环境变量。在命令行中输入下面的命令：

```
[root@hn ~]# declare                    #显示 Shell 中已定义的变量和环境变量
```

输出信息如下：

```
BASH=/bin/bash
BASH_ARGC=()
......省略部分输出内容......
consoletype=pty
qt_prefix=/usr/lib/qt-3.3
```

（2）使用-a 选项仅显示数组变量。在命令行中输入下面的命令：

```
[root@hn ~]# declare -a                 #输出数组变量
```

输出信息如下：

```
declare -a BASH_ARGC='()'
......省略部分输出内容......
declare -a PIPESTATUS='([0]="0")'
```

（3）使用-r 选项显示只读 Shell 变量。在命令行中输入下面的命令：

```
[root@hn ~]# declare  -r                #打印输出 Shell 中的只读变量
```

输出信息如下：

```
declare -ir EUID="0"
declare -ir PPID="5920"
declare -ir UID="0"
```

【相关指令】set，env，unset

5.28　dirs 指令：显示目录堆栈

【语　　法】dirs [选项]　★★★☆☆

【功能介绍】dirs 指令用于显示和清空目录堆栈中的内容。

【选项说明】

选　　项	功　　能
+n	显示堆栈中从左边数第N个条目的内容
-n	显示堆栈中从右边数第N个条目的内容
-c	清空（clear）目录堆栈
-l	使用长（long）格式输出堆栈内容，目录使用绝对路径
-p	显示目录堆栈中的内容，每个条目占一行
-v	显示目录堆栈中的内容，每个条目前面显示其在堆栈中的索引

【经验技巧】使用 popd 指令弹出堆栈中的目录，使用 pushd 指令向堆栈中压入目录。

【示例 5.38】使用 dirs 指令的-v 选项显示目录堆栈中的条目，每个条目占一行，并且显示堆栈中的索引。在命令行中输入下面的命令：

```
[root@hn src]# dirs -v                    #显示目录堆栈中的条目
```

输出信息如下：

```
 0  /usr/src
 1  /var/log
 2  /lib
 3  /etc
 4  ~
```

【相关指令】pushd，popd

5.29　pushd 指令：向目录堆栈中压入目录

【语　　法】pushd [参数]　★★★★☆

【功能介绍】pushd 指令用于向目录堆栈中压入（push）新的目录（directory）。

【参数说明】

参　　数	功　　能
目录	需要压入堆栈的目录

【经验技巧】每次执行 pushd 指令压缩新目录时，将自动切换到新压入的目录。

【示例 5.39】使用 push 指令将“/sbin”目录压入目录堆栈。在命令行中输入下面的命令：

```
[root@hn src]# pushd /sbin/                #向堆栈中压入新目录
```

输出信息如下：

```
/sbin /usr/src /var/log /lib /etc ~
[root@hn sbin]#
```

说明：在上面的输出信息中，第一行为当前目录堆栈中的全部内容，通过第二行显示可以看出，当前目录已经被切换为“/sbin”目录。

【相关指令】popd

5.30　popd 指令：从目录堆栈中弹出目录

【语　　法】popd　★★★★☆

【功能介绍】popd 指令用于从目录堆栈中弹出目录（pop directory）。

【经验技巧】popd 指令每次执行时都会将栈顶元素删除，将工作目录切换到当前栈顶所指向的目录。

【示例 5.40】删除栈项目的操作步骤如下。

（1）使用 dirs 指令显示目录堆栈中的所有目录。在命令行中输入下面的命令：

```
[root@hn src]# dirs                #显示目录堆栈中的内容
```

输出信息如下：

```
/usr/src /var/log /lib /etc ~
```

（2）使用 popd 指令删除栈顶目录“/usr/src”。在命令行中输入下面的命令：

```
[root@hn src]# popd                #删除栈顶目录
```

输出信息如下：

```
/var/log /lib /etc ~
[root@hn log]#
```

说明：在上面的输出信息中，第一行显示了当前目录堆栈的全部内容，通过第二行显示可以看出，当前目录已经被切换到了栈顶目录“/var/log”。

5.31　readonly 指令：定义只读 Shell 变量或函数

【语　　法】readonly [选项] [参数]　★★★★☆

【功能介绍】readonly 指令用于定义只读（read-only）Shell 变量和 Shell 函数。

【选项说明】

选　　项	功　　能
-f	定义只读函数（function）
-a	定义只读数组（array）变量
-p	显示输出系统中的全部只读变量列表

【参数说明】

参　　数	功　　能
变量定义	定义变量。格式为“变量名='变量值'”

【经验技巧】使用 readonly 指令的-p 选项可以输出系统中已经定义的只读变量。

【示例 5.41】定义只读变量，具体步骤如下。

（1）使用 readonly 指令定义只读变量。在命令行中输入下面的命令：

```
[root@hn ~]# readonly var1='Thanks'        #定义只读变量 var1
```

（2）试图改变变量 var1 的值时报错。在命令行中输入下面的命令：

```
[root@hn ~]# var1='OK'                     #试图改变只读变量的值
```

输出信息如下：

```
-bash: var1: readonly variable
```

【示例 5.42】使用 readonly 指令的-p 选项可以显示系统中存在的只读变量。在命令行中输入下面的命令：

```
[root@hn ~]# readonly -p                   #显示存在的只读变量
```

输出信息如下：

```
declare -ir EUID="0"
declare -ir PPID="7357"
```

5.32　fc 指令：修改历史命令并执行

【语　　法】fc [选项] [参数]　★★★★☆

【功能介绍】fc 指令可以自动调用 vi 编辑器修改已有的历史命令，保存该指令后将会立即执行修改的指令。该指令也可以用来显示历史命令。

【选项说明】

选　项	功　能
-l	列出（list）历史命令
-n	显示历史命令时不显示编号（number）
-r	反序（reverse）显示历史命令

【参数说明】

参　数	功　能
起始指令编号	指定要编辑的起始指令编号
结尾指令编号	指定要编辑的结尾指令编号

【经验技巧】

- 当使用 fc 指令编辑历史命令时，系统会自动调用 vi 编辑器。
- 保存文件后将自动执行编辑过的 Linux 指令。

【示例 5.43】编辑历史命令，具体步骤如下。

（1）编辑一条历史命令。在命令行中输入下面的命令：

```
[root@hn ~]# fc 1004                    #编辑第 1004 条命令
```

（2）编辑一组指令。在命令行中输入下面的命令：

```
[root@hn ~]# fc 1004 1010               #编辑第 1004 条到 1010 条指令
```

【示例 5.44】显示历史命令中的最近 10 条命令。在命令行中输入下面的命令：

```
[root@hn ~]# fc -l -10                  #显示最近 10 条命令
```

输出信息如下：

```
1002     fc -l -10
......省略部分输出内容......
1011     fc -n -l -r -10
```

【相关指令】history

5.33　习　　题

一、填空题

1．Shell 又称为________。Linux 中的指令都是通过________来输入执行的。

2．大部分 Linux 默认的 Shell 为________。

3．read 指令从________读取变量的值，通常用在 Shell 脚本中与用户进行交互的场景。

二、选择题

1．kill 指令默认使用的信号为（　　）。

A．1　　B．9　　C．10　　D．15

2．下面的（　　）指令可以将作业放到后台运行。

A．jobs　　B．bg　　C．fg　　D．kill

3．使用 history 指令默认显示（　　）行历史记录。

A．10　　B．100　　C．1000　　D．10000

三、判断题

1．使用 alias 设置命令别名，可以使较长的不容易记忆的指令变为较短且容易记忆的指令，而且支持命令行的自动补齐功能。（　　）

2．权限掩码的作用是屏蔽新建文件的部分权限。（　　）

3．umask 支持两种掩码，一种是八进制数字表示方法，另一种为符号表示方法。（　　）

四、操作题

1．为命令 ls -al 设置一个别名为 la，然后执行别名 la 并验证其输出结果。

2．取消别名 la。

3．查看当前终端最近的 5 条历史记录。

第 6 章　关　　机

Linux 操作系统为了提高系统性能使用了缓存技术，特别是对于服务器操作系统，大量数据被缓存在内存中。为了保证操作系统的安全性，使缓存的数据能够正常地写入存储设备，必须使用关机指令正常地关闭计算机。本章将介绍 Linux 中常见的关机指令。

6.1　ctrlaltdel 指令：设置 Ctrl+Alt+Delete 组合键的功能

【语　　法】 ctrlaltdel [参数]　　★★★★☆

【功能介绍】 ctrlaltdel 指令用来设置组合键 Ctrl+Alt+Delete 的功能，以确定按 Ctrl+Alt+Delete 组合键时，系统重新启动的。

【参数说明】

参　数	功　能
hard	当按组合键Ctrl+Alt+Delete时，立即执行重新启动操作系统的操作，而不是先调用sync系统和其他关机准备操作
soft	当按组合键Ctrl+Alt+Delete时，首先向init进程发送SIGINT（interrupt）信号。由init进程处理关机操作。这是一种较安全的重新启动系统的方式

【经验技巧】

- ctrlaltdel 指令经常被应用在文件/etc/rc.local 中。
- 使用 soft 的方式重新启动操作系统是比较安全的，也是推荐的方式。

【示例 6.1】 设置组合键 Ctrl+Alt+Delete 的功能。

为了使用户按组合键 Ctrl+Alt+Delete 时，调用安全的重新启动操作系统的操作，需要使用 soft 参数。在命令行中输入下面的命令：

```
#设置 Ctrl+Alt+Delete 组合键的功能
[root@localhost ~]# ctrlaltdel soft
```

【相关指令】 reboot

6.2　halt 指令：关闭计算机

【语　　法】halt [选项]　★★★★★

【功能介绍】halt 指令用来关闭正在运行的 Linux 操作系统。

【选项说明】

选　　项	功　　能
-n	关闭操作系统时不执行（do not）sync操作，相关操作不写入日志文件/var/log/wtmp中
-w	不是真的关闭计算机，仅在日志文件，/var/log/wtmp中添加相应的wtmp记录
-d	关闭计算机时，不将操作写入日志文件/var/log/wtmp中
-f	强制（force）关闭计算机，不调用shutdown操作
-p	关闭计算机时执行关闭电源（power-off）的操作
--no-wall	关闭计算机前不发送留言

【经验技巧】

- 使用 halt 指令的-p 选项可以关闭计算机并且切断电源。
- 正常情况下，当使用 halt 指令关闭相关操作时，相关操作将写入日志文件/var/log/wtmp 中。

【示例 6.2】关闭操作系统并切断电源。

如果希望关闭计算机后切断电源，可以使用 halt 指令的-p 选项。在命令行中输入下面的命令：

```
[root@localhost ~]# halt -p                    #关闭计算机并切断电源
```

【相关指令】poweroff，reboot，shutdown

6.3　poweroff 指令：关闭计算机并切断电源

【语　　法】poweroff [选项]

【功能介绍】poweroff 指令用来关闭计算机并切断电源。

【选项说明】

选　　项	功　　能
-n	关闭操作系统时不执行（do not）sync操作，相关操作不写入日志文件/var/log/wtmp中
-w	不是真的关闭操作系统，仅在日志文件/var/log/wtmp中添加相应的wtmp记录
-d	关闭操作系统时不将操作写入日志文件/var/log/wtmp中

续表

选　　项	功　　能
-f	强制（force）关闭操作系统，不调用shutdown操作
--no-wall	关闭操作系统前不发送留言

【经验技巧】

- 使用 poweroff 指令在计算机关闭后自动切断电源。
- 正常情况下，当使用 poweroff 指令关闭计算机时，相关操作将写入日志文件/var/log/wtmp 中。

【示例 6.3】安全地关闭计算机。在命令行中输入下面的命令：

```
[root@localhost ~]# poweroff                    #安全地关闭计算机
```

【相关指令】reboot，halt，shutdown

6.4　reboot 指令：重新启动计算机

【语　　法】reboot [选项]　★★★★★

【功能介绍】reboot 指令用来重新启动计算机。

【选项说明】

选　　项	功　　能
-n	重新启动计算机时不执行（do not）sync操作，相关操作不写入日志文件/var/log/wtmp中
-w	不是真的重新启动计算机，仅在日志文件/var/log/wtmp中添加相应的wtmp记录
-d	重新启动计算机时不将操作写入日志文件/var/log/wtmp中
-f	强制（force）重新启动计算机，不调用shutdown操作
--no-wall	关闭计算机前不发送留言

【经验技巧】

- 正常情况下，当使用 reboot 指令重新启动计算机时，相关操作将写入日志文件/var/log/wtmp 中。

【示例 6.4】重新启动计算机。在命令行中输入下面的命令：

```
[root@localhost ~]# reboot                          #重新启动计算机
```

【相关指令】halt，shutdown，poweroff

6.5　shutdown 指令：关闭计算机

【语　　法】shutdown [选项] [参数]　★★★★★

【功能介绍】shutdown 指令是最常使用的关机和重启指令，也是最安全的关机和重启指令，它可以关闭当前计算机中所有正在运行的程序。使用 shutdown 指令在关机或重启之前，管理员可以向所有登录的用户发送通知。在执行 shutdown 指令关机或重启之前，登录指令（login）会被禁止，以避免有新的用户登录系统。shutdown 指令的工作过程是先向 init 程序发送信号，要求它改变运行等级（runlevel）。运行等级 0 表示关闭计算机，运行等级 6 表示重新启动计算机。

【选项说明】

选　项	功　能
-c	取消（cancel）关机操作
-k	向系统中的登录用户发出警告信息，并不真正执行关机操作
-h	关闭计算机
-r	重新启动（reboot）计算机

【参数说明】

参　数	功　能
时间	shutdown指令的执行时间可以是时间点（如在22点58分关机使用“22:58”），也可以是相对时间（如10分钟后关机使用“+10”）
警告信息	向所有登录用户发送警告信息，警告信息用引号引起来

【经验技巧】

- 默认情况下，因为在关机之前所有进程都会收到 shutdown 发送的关闭进程信号，所以 shutdown 指令是安全的关机指令。
- shutdown 指令同时支持关闭计算机和重新启动计算机的操作。shutdown 指令和其他传统的 UNIX 操作系统兼容。
- 使用 shutdown 指令可以按照时间规划执行关机或者重启操作。如果要立即执行操作，则时间参数使用 now。

【示例 6.5】使用 shutdown 指令的-r 选项可以立即重启计算机。在命令行中输入下面的命令：

```
[root@localhost ~]# shutdown -r now                #立即重启计算机
```

【示例 6.6】使用 shutdown 指令的-h 选项立即关闭计算机。在命令行中输入下面的命令：

```
[root@localhost ~]# shutdown -h now                #立即关闭计算机
```

【示例 6.7】10 分钟后关闭计算机。

在命令行中输入下面的命令：

```
[root@localhost ~]# shutdown -h +10 "This is a warning
information."                                    #10 分钟后关闭计算机
```

输出信息如下：

```
Shutdown scheduled for Sun 2023-05-28 10:43:27 CST, use 'shutdown
-c' to cancel.
```

此时，在其他终端登录的 Linux 系统用户会收到如下警告信息：

```
Broadcast message from root (pts/0) (Sun 2023-05-28 10:36:14 CST):
This is a warning information.
The system is going down for poweroff Sun 2023-05-28 10:36:14 CST!
```

说明：当前登录 Linux 系统的用户都会收到上面输出信息中的最后两行警告信息。

【相关指令】halt，reboot，poweroff

6.6　习　　题

一、填空题

1．________指令用来关闭正在运行的计算机。

2．使用 halt 指令关闭计算机时，相关操作将写入________日志文件中。

3．使用 poweroff 指令关闭计算机时，相关操作将写入________日志文件中。

二、选择题

1．下面的（　　）指令用来重新启动计算机。

A．halt　　B．poweroff　　C．reboot　　D．shutdown

2．下面的（　　）是最常用并且是最安全的关机和重启指令。

A．halt　　B．poweroff　　C．reboot　　D．shutdown

3．下面的（　　）指令在关闭计算机后自动切断电源。

A．halt　　B．poweroff　　C．reboot　　D．shutdown

三、操作题

1．使用 reboot 命令重新启动计算机。

2．使用 shutdown 命令关闭计算机。

第7章　打　　印

Linux为打印服务提供了完美的支持，可以轻松地完成文档打印和搭建打印服务器的功能。本章介绍的打印指令绝大部分来自CUPS套件。CUPS（Common Unix Printing System）套件是基于标准的开放源代码打印系统，由Apple公司为macOS® X和其他类UNIX操作系统开发。CUPS拥有丰富的功能，支持各种打印机，并且被各种应用程序广泛支持。

7.1　lp指令：打印文件

【语　　法】lp [选项] [参数]　　★★★★★

【功能介绍】lp指令用于打印文件及修改排队的打印任务。

【选项说明】

选　　项	功　　能
-E	与打印服务器连接时强制进行加密（encryption）
-U <用户名>	指定连接打印服务器使用的用户名（user）
-d <目标打印机>	指定接收打印任务的目标（destination）打印机
-h <主机名:端口>	指定可选的打印服务器的主机（host）
-i <打印任务号>	指定一个存在的打印任务号（job id）
-m	打印完成时发送E-mail
-n <份数>	指定打印的份数（number）
-t “任务名”	指定打印任务（task）的名称
-H	指定打印任务开始的时间。具体如下： -H 11:00表示11点开始打印； -H hold表示暂停打印任务； -H immediate表示立即打印； -H restart表示重启打印任务； -H resume表示继续打印任务
-P	指定需要打印的页码（page）。例如，-P 1,3-5,16表示打印第1页，第3～5页和第16页

【参数说明】

参　　数	功　　能
文件	需要打印的文件

【经验技巧】如果忽略文件参数或者使用“-”，则需要打印的内容来自标准输入。

【示例 7.1】打印文件。

如果有多个打印机，那么可以使用 lp 指令的-d 选项指定使用的打印机。在命令行中输入下面的命令：

```
#使用指定的打印机打印文件
[root@hn ~]# lp -d my_printer install.log
```

输出信息如下：

```
request id is my_printer-16 (1 file(s))
```

【相关指令】lpr

7.2　lpr 指令：打印文件

【语　　法】lpr [选项] [参数]　　★★★★★

【功能介绍】lpr 指令用于将文件发送给指定打印机进行打印，如果不指定目标打印机，则使用默认的打印机。

【选项说明】

选　项	功　能
-E	与打印服务器连接时强制进行加密（encryption）
-H <服务器:端口>	指定可选的打印服务器
-C <任务名>	指定打印任务的名称
-P <目标打印机>	指定接收打印任务的目标打印机（printer）
-U <用户名>	指定可选的用户名user
-# <打印份数>	指定打印的份数
-h	关闭banner打印
-m	打印完成后发送E-mail
-r	打印完成后删除（remove）文件

【参数说明】

参　数	功　能
文件	需要打印的文件

【经验技巧】如果不指定文件参数，则 lpr 指令从标准输入读取需要打印的文件。

【示例 7.2】打印文件，具体步骤如下。

（1）使用 lpr 指令打印文件。在命令行中输入下面的命令：

```
[root@hn ~]# lpr /etc/httpd/conf.d/mrtg.conf        #打印指定的文件
```

说明：本例使用 lpr 指令向默认打印机发送打印任务。

（2）使用 lpq 指令显示打印队列。在命令行中输入下面的命令：

```
[root@hn ~]# lpq                                    #显示打印队列
```

输出信息如下：

```
my_printer is ready and printing
Rank   Owner  Job    File(s)         Total Size
active root   12     mrtg.conf       4096 bytes
```

说明：上面的输出信息表明，文件 mrtg.conf 正在打印。

【相关指令】 lp

7.3　lprm 指令：删除打印任务

【语　　法】 lprm [选项] [参数]　★★★★★

【功能介绍】 lprm 指令用于删除打印队列中的打印任务。

【选项说明】

选　项	功　能
-E	与打印服务器连接时强制进行加密
-P <目标打印机>	指定接收打印任务的目标打印机（printer）
-U <用户名>	指定可选的用户名

【参数说明】

参　数	功　能
打印任务	指定要删除的打印任务号

【经验技巧】 打印任务号可以通过 lpq 指令查询。

【示例 7.3】 使用 lprm 指令删除打印任务。在命令行中输入下面的命令：

```
[root@hn ~]# lprm 5                        #删除 5 号打印任务
```

【相关指令】 lp

7.4　lpc 指令：打印机控制程序

【语　　法】 lpc　★★★★☆

【功能介绍】 lpc 指令是命令行方式的打印机控制程序，其有 5 个内置命令。

【经验技巧】因为 lpc 指令是面向 Berkeley 打印系统的，所以无法使用该指令控制 CUPS 中的打印机。控制 CUPS 中的打印机使用 lpadmin 指令。

【示例 7.4】使用 lpc 指令显示打印机的状态。在命令行中输入下面的命令：

```
[root@hn ~]# lpc                                    #启动 lpc 指令
```

输出信息如下：

```
lpc> help                                           #显示 lpc 的内部命令
Commands may be abbreviated.  Commands are:
exit    help    quit    status  ?
lpc> status                                         #显示打印机的状态
my_printer:
      printer is on device 'parallel' speed -1
......省略部分输出内容......
lpc>
```

【相关指令】lpadmin

7.5　lpq 指令：显示打印队列的状态

【语　　法】lpq [选项]　　★★★★★

【功能介绍】lpq 指令用于显示打印队列中的打印任务的状态信息。

【选项说明】

选　　项	功　　能
-E	强制使用加密方式与服务器连接
-P <目标打印机>	显示打印机上的打印队列的状态
-U <用户名>	指定可选的用户名
-a	报告所有打印机的定义任务
-h <服务器:端口>	指定打印服务器的信息
-l	使用长格式输出，这样可以输出更详细的信息
+<间隔时间>	指定显示状态的间隔时间

【经验技巧】lpq 指令的-l 选项可以显示打印队列中文件的拥有者和文件的大小。

【示例 7.5】使用 lpq 指令显示打印队列的状态。在命令行中输入下面的命令：

```
[root@hn ~]# lpq -al                                #显示打印队列的状态
```

输出信息如下：

```
Rank    Owner    Job  File(s)        Total    Size
active  root     8    manual.conf    22528    bytes
```

```
1st       root      9     conman.conf       7168     bytes
2nd       root      10    manual.conf       22528    bytes
```

说明：在上面的输出信息中，Rank 列的 active 表示正在打印的队列，1st 和 2nd 表示排队的次序。

【相关指令】lpr

7.6　lpstat 指令：显示 CUPS 的状态信息

【语　　法】lpstat [选项]　★★★☆☆

【功能介绍】lpstat 指令用于显示 CUPS 中打印机的状态信息。

【选项说明】

选　　项	功　　能
-E	与打印服务器连接时强制加密（encryption）
-R	显示打印任务的等级（ranking）
-U <用户名>	指定可选用户名（user）
-a	显示接收（accepting）打印任务的打印机
-c	显示打印机类（class）
-d	显示默认（default）的打印机
-h <服务器:端口号>	指定可选的服务器信息
-l	显示长格式（long listing）
-p	显示指定的打印机（printer），以及打印机是否接收到打印任务
-s	显示汇总信息（summary）
-t	显示所有的状态（status）信息

【经验技巧】lpstat 指令的选项较多，可以使用-t 选项一次显示所有的状态信息。

【示例 7.6】使用 lpstat 指令可以显示 CUPS 中的所有打印机的状态信息。在命令行中输入下面的命令：

```
[root@hn ~]# lpstat -t             #显示 CUPS 中的所有打印机的状态
```

输出信息如下：

```
scheduler is running
system default destination: my_printer
device for my_printer: parallel:/dev/lp0
my_printer accepting requests since Sun May 28 23:11:29 2023
printer my_printer is idle.  enabled since Sun Nat 28 23:11:29 2023
```

7.7　cancel 指令：取消打印任务

【语　　法】cancel [选项] [参数]　　★★★★★

【功能介绍】cancel 指令用于取消已经存在的打印任务。

【选项说明】

选　　项	功　　能
-a	取消所有（all）打印任务
-E	当连接到服务器时强制进行加密（encryption）
-U <用户名>	指定连接服务器使用的用户名（user）
-u <用户名>	指定打印任务所属的用户（user）
-h <主机名:端口>	指定连接的服务器名（hostname）和端口号

【参数说明】

参　　数	功　　能
打印任务号	指定要取消的打印任务编号

【经验技巧】

- 如果要使用-u 选项阻止未授权的操作，则必须对文件 cupsd.conf 进行配置。
- 在 Linux 中发送的打印任务并不会立即执行，通常会放到打印缓冲池中，在未打印之前都可以取消打印任务。

【示例 7.7】使用 cancel 指令取消 2 号打印任务。在命令行中输入下面的命令：

```
[root@hn ~]# cancel 2                    #取消 2 号打印任务
```

【相关指令】accept

7.8　cupsdisable 指令：停止打印机

【语　　法】cupsdisable [选项] [参数]　　★★★★☆

【功能介绍】cupsdisable 指令用于停止指定的打印机。

【选项说明】

选　　项	功　　能
-E	当连接到服务器时强制进行加密（encryption）
-U <用户名>	指定连接服务器使用的用户名（user）

续表

选　　项	功　　能
-u <用户名>	指定打印任务所属的用户（user）
-c	取消（cancle）指定打印机上的所有打印任务
-h <主机名:端口>	指定连接的服务器名（hostname）和端口号
-r <原因>	停止打印机的原因（reason）

【参数说明】

参　　数	功　　能
目标	指定目标打印机

【经验技巧】在使用 cupsdisable 指令停止打印机时，可以指定某个确定的打印机，也可以指定一类打印机。

【示例 7.8】使用 cupsdisable 指令停止打印机。在命令行中输入下面的命令：

```
[root@hn ~]# cupsdisable my_printer              #停止打印机
```

【相关指令】cupsenable

7.9 cupsenable 指令：启动打印机

【语　　法】cupsenable [选项] [参数]　　★★★★☆

【功能介绍】cupsenable 指令用于启动指定的打印机。

【选项说明】

选　　项	功　　能
-E	当连接到服务器时强制进行加密（encryption）
-U <用户名>	指定连接服务器使用的用户名（user）
-u <用户名>	指定打印任务所属的用户（user）
-h <主机名:端口>	指定连接的服务器名（hostname）和端口号

【参数说明】

参　　数	功　　能
目标	指定目标打印机

【经验技巧】在使用 cupsenable 指令启动打印机时，可以指定某个确定的打印机，也可以指定一类打印机。

【示例 7.9】使用 cupsenable 指令启动打印机。在命令行中输入下面的命令：

```
[root@hn ~]# cupsenable my_printer                #启动打印机
```

【相关指令】cupsdisable

7.10 lpadmin 指令：管理 CUPS 打印机

【语　　法】lpadmin [选项] [参数]　★★★★☆

【功能介绍】lpadmin 指令用于配置 CUPS 套件中的打印机和类，也可以用来设置打印服务器默认的打印机。

【选项说明】

选　项	功　能
-c <类>	将打印机加入类（class）。如果类不存在，则自动创建
-i <接口>	为打印机设置System V风格的接口（interface）脚本
-m <model>	在model目录下设置一个标准的System V接口脚本或PPD文件
-o <选项=值>	为PPD或者服务器设置选项
-r <类>	从类中删除（remove）打印机
-u <allow:用户列表>	设置打印机用户级的访问控制，具体如下： -u allow:all：关闭访问控制，允许任何用户访问； -u deny:zhangsan,lisi：禁止用户zhangsan和lisi访问； -u allow wangwu,@test：允许用户wangwu和组test内的用户访问
-D <打印机描述>	为打印机提供一个文字描述（description）
-E	如果在-d、-p或-x选项之前指定，则强制使用TLS加密（encryption）连接到调度程序；否则允许打印机接收打印任务
-L <位置描述>	为打印机位置（location）提供一个文字描述
-P <PPD文件>	为打印机指定一个PPD（Postscript Printer Description）描述文件
-p	指定要配置的打印机（printer）的名称
-d	设置默认（default）的打印机
-v <URI>	将URI设置为打印机或远程打印服务器队列

【参数说明】

参　数	功　能
打印机	指定要配置的打印机的名称

【经验技巧】lpadmin 指令对打印机的管理其实是更新/etc/cups 目录下的文件/etc/cups/printers.conf。

【示例 7.10】使用 lpadmin 指令添加打印机。在命令行中输入下面的命令：

```
[root@hn ~]# lpadmin -p laserjet2300 -v /dev/parport1 -m
hp_LaserJet_200.ppd -E                                  #添加打印机
```

说明：本例添加名称为 laserjet2300 的打印机，并且使其接收打印任务。

【示例 7.11】管理打印机，具体步骤如下。

（1）使用 lpadmin 指令的-d 选项设置默认的打印机。在命令行中输入下面的命令：

```
[root@hn ~]# lpadmin -d laserjet2300     #设置默认的打印机
```

（2）使用 lpadmin 指令的-x 选项删除指定的打印机。在命令行中输入下面的命令：

```
[root@hn ~]# lpadmin -x laserjet2300     #删除指定的打印机
```

【相关指令】lpc

7.11　习　　题

一、填空题

1．CUPS 的全称为________，是基于标准的________打印系统。

2．________指令用于打印文件及修改排队的打印任务。

3．lpadmin 指令用于配置________套件中的打印机和类，也可以用来设置打印服务器默认的打印机。

二、选择题

1．下面的（　　）指令用于打印文件。

A．lp　　B．lpr　　C．lprm　　D．lpq

2．下面的（　　）指令用于显示 CUPS 的状态信息。

A．lpstat　　B．lpq　　C．lpc　　D．lp

3．下面的（　　）指令用于管理 CUPS 打印机。

A．cupsenable　　D．cupsdisable　　C．lpadmin　　D．cancel

三、判断题

1．lpc 指令可以控制 CUPS 中的打印机。（　　）

2．当使用 cupsenable 指令启动打印机时，可以指定某个确定的打印机，也可以指定一类打印机。（　　）

第 8 章　其 他 操 作

Linux 系统中有众多的实用工具指令，利用这些实用的工具指令能够提高工作效率。本章将介绍 Linux 中常用的实用工具指令。

8.1　man 指令：查看帮助手册

【语　　法】 man [选项] [参数]　　★★★★★

【功能介绍】 man 指令是 Linux 中的帮助手册（manual）指令，通过 man 指令可以查看 Linux 中的指令帮助、配置文件帮助和编程帮助等信息。man 是系统管理员获得帮助经常使用的指令。

【选项说明】

选　项	功　能
-a	在所有（all）的man帮助手册中搜索
-f	等价于whatis指令，显示给定关键字的简短描述信息
-P	指定显示内容时使用分页程序（pager）。默认的分页程序为less指令
-M <路径>	指定man手册搜索的路径

【参数说明】

参　数	功　能
数字	指定从哪本man手册中搜索帮助信息，支持的数字为1～9
关键字	指定要搜索的帮助信息的关键字

【经验技巧】

- 在 man 指令中可以使用类似 vi 指令中的查找定位功能。例如，“/关键字”表示从当前位置向尾部搜索关键字，“?关键字”表示从当前位置向头部搜索关键字，“n”键表示向相同方向搜索下一个关键字，“N”键表示向相反方向搜索下一个关键字。
- man 指令可以使用类似 less 指令中的翻页功能。例如，空格表示向尾部翻一页，Enter 键表示向尾部翻一行，Home 键表示跳到第一页，End 键表示跳到最后一页，q 键表示退出 man 指令。
- 所有的 UNIX 和类 UNIX 操作系统都支持 man 指令，其是最通用的获取帮助信息的指令。

【示例 8.1】使用 man 指令查看 clear 指令的帮助手册。在命令行中输入下面的命令：

```
[root@hn ~]# man clear                    #查看 clear 指令的帮助手册
```

由于 man 指令的输出信息较多，为节省篇幅，此处省略。

说明：在 man 手册的输出信息中通常包括 NAME、SYNOPSIS、DESCRIPTION 和 SEE ALSE 几项内容。第一行输出信息中的 clear（1）表示帮助信息来自第一本手册。man 手册共有 9 本，其中，第 1 本为用户可操作指令或可执行文件帮助手册，第 2 本为系统调用函数与工具帮助手册，第 3 本为常用的 C 语言函数与函数库帮助手册，第 4 本为设备文件说明帮助手册，第 5 本为设备文件或配置文件格式说明帮助手册，第 6 本为游戏说明帮助手册，第 7 本为惯例与协议说明（如网络协议说明）帮助手册，第 8 本为系统管理员操作指令帮助手册，第 9 本为与内核有关的文件帮助手册。

【示例 8.2】显示配置文件/etc/nologin 的帮助手册。在命令行中输入下面的命令：

```
[root@hn ~]# man 5 nologin                     #显示 nologin 文件的帮助
```

由于 man 指令的输出信息较多，为节省篇幅，此处省略。

【相关指令】info

8.2　info 指令：查看 GNU 格式在线帮助

【语　　法】info [选项] [参数]　　★★★★★

【功能介绍】info 指令是 Linux 中 Info 格式的帮助指令。在 Linux 中，Info 格式的帮助信息是最全、最新的。

【选项说明】

选　　项	功　　能
-d <目录>	添加包含Info格式的帮助文档的目录（directory）
-f <info文件>	指定要读取的Info格式的帮助文档文件（file）
-n <节点名称>	指定首先访问的Info帮助文件的节点（node）
-o <文件>	将被选择的节点内容输出（output）到指定的文件中

【参数说明】

参　　数	功　　能
帮助主题	指定需要获得帮助的主题，可以是指令、函数及配置文件

【经验技巧】在 Linux 中，man 格式的帮助信息不全面、更新不及时，但是 Info 格式的帮助信息通常都是最新最全的。

【示例 8.3】使用 info 指令将 Info 帮助文件中指定节点的帮助信息保存到指定的文件中。在命令行中输入下面的命令：

```
#将 emacs 帮助文档中的 buffers 节点信息保存到文件 info-out.txt 中
[root@hn ~]# info emacs buffers -o info-out.txt
```

【相关指令】man

8.3　cksum 指令：计算文件的校验和并统计文件字节数

【语　　法】cksum [选项] [参数]　★★★★★

【功能介绍】cksum 指令利用循环冗余校验码（CRC）来计算文件的校验和，并且能够统计文件的大小（字节数）。

【选项说明】

选　　项	功　　能
--help	显示指令的帮助信息
--version	显示指令的版本信息

【参数说明】

参　　数	功　　能
文件	指定要计算校验和的文件

【经验技巧】cksum 指令计算出的文件的校验和是唯一的，如果文件内容发生了改变，则其校验和必然发生改变。可以利用这个特性来判断系统中的重要文件是否被恶意篡改过。

【示例 8.4】利用 cksum 指令计算文件的 CRC 校验和。在命令行中输入下面的命令：

```
[root@data /root]# cksum /etc/fstab                #计算指定文件的校验和
```

输出信息如下：

```
531964516 538 /etc/fstab
```

说明：上面的输出信息中，第一个数字为文件的 CRC 校验和，第二个数字为文件的字节数。

【示例 8.5】判断文件是否被篡改，具体步骤如下。

（1）利用文件内容修改前后其 CRC 校验和不相同的特点，判断文件是否被篡改。计算文件的原始校验和。在命令行中输入下面的命令：

```
[root@data /root]# cksum /etc/passwd          #计算指定文件的校验和
```

输出信息如下：

```
970675595 935 /etc/passwd
```

（2）向文件 passwd 中追加内容。在命令行中输入下面的命令：

```
[root@data /root]# echo a >> /etc/passwd      #向文件尾部追加 a
```

说明：上面的指令在文件/etc/passwd 的尾部追加了一个 a 字符。

（3）再次使用 cksum 计算文件的 CRC 校验和。在命令行中输入下面的命令：

```
[root@data /root]# cksum  /etc/passwd         #计算指定文件的校验和
```

输出信息如下：

```
3079307123 937 /etc/passwd
```

说明：对比文件/etc/passwd 前后两次的 CRC 校验和可以发现，即使文件内容发生很小的改变，也会导致文件的 CRC 校验和发生改变。

【相关指令】sum，md5sum

8.4　bc 指令：多精度计算器语言

【语　　法】bc [选项] [参数]　★★★★☆

【功能介绍】bc 指令是一种支持多精度的交互式执行的计算器语言。利用 bc 指令可以在交互式的环境下完成任意的计算工作。

【选项说明】

选　　项	功　　能
-i	强制进入交互式（interactive）模式
-l	定义使用的标准数学库（library）
-w	对POSIX bc的扩展给出警告信息（warning）
-q	不显示正常的GNU bc环境信息，保持安静（quiet）模式
-v	显示指令的版本信息（version）
-h	显示指令的帮助信息（help）

【参数说明】

参　数	功　能
文件	指定包含计算任务的文件

【经验技巧】当使用批处理计算方式时，bc 完成自动文件的计算任务后，会自动进入交互式计算模式。

【示例 8.6】交互式计算，具体步骤如下。

（1）启动 bc 指令，进入交互式计算模式。在命令行中输入下面的命令：

```
[root@hn ~]# bc                                 #进入交互式计算模式
```

输出信息如下：

```
bc 1.07.1
Copyright 1991-1994, 1997, 1998, 2000, 2004, 2006, 2008, 2012-2017
Free Software Foundation, Inc.
This is free software with ABSOLUTELY NO WARRANTY.
For details type 'warranty'.
```

（2）在 bc 运行界面下进行交互式计算。在命令行中输入下面的命令：

```
5+5                                             #计算加法
10
6*6                                             #计算乘法
36
(7+6)*(5-40)+(4+20)*40                          #计算复杂的表达式
505
```

【示例 8.7】成批计算，具体步骤如下。

（1）将需要批量计算的任务写入文件 test 中，使用 cat 指令查看文件的内容。在命令行中输入下面的命令：

```
[root@hn ~]# cat test                           #显示文本文件的内容
```

输出信息如下：

```
1+2
3*5
(4+2)*4
```

说明：在上面的输出信息中，每行即为一个计算任务。

（2）使用 bc 指令完成计算任务。在命令行中输入下面的命令：

```
[root@hn ~]# bc test                            #计算 test 文件中的任务
```

输出信息如下：

```
......省略部分输出内容......
3
15
24
```

```
quit                                         #退出 bc 指令
[root@hn ~]#
```

说明：在上面的输出信息中，3、15 和 24 为文件 test 中对应的计算结果。

8.5　cal 指令：显示日历

【语　　法】cal [选项] [参数]　★★★★★

【功能介绍】cal 指令用于显示当前日历（calenda）或指定日期的日历。

【选项说明】

选　　项	功　　能
-1	显示单月输出
-3	显示最近3个月的日历
-S	将星期日（Sunday）作为一周的第一天
-M	将星期一（Monday）作为一周的第一天
-j	显示Julian日期
-y	显示指定年（year）的日历

【参数说明】

参数	功能
月	指定月份
年	指定年份

【经验技巧】cal 指令可以作为万年历，以显示任意年月的日历。

【示例 8.8】使用 cal 指令默认显示当前月的日历。在命令行中输入下面的命令：

```
[root@hn ~]# cal                             #显示当前月的日历
```

输出信息如下：

```
      五月 2023
一 二 三 四 五 六 日
 1  2  3  4  5  6  7
 8  9 10 11 12 13 14
15 16 17 18 19 20 21
22 23 24 25 26 27 28
29 30 31
```

【示例 8.9】显示最近 3 个月（即当前月、上一月和下一月）的日历。在命令行中输入下面的命令：

```
[root@hn ~]# cal -3                          #显示最近 3 个月的日历
```

输出信息如下：

```
     四月 2023                五月 2023                六月 2023
一 二 三 四 五 六 日     一 二 三 四 五 六 日     一 二 三 四 五 六 日
               1  2      1  2  3  4  5  6  7               1  2  3  4
 3  4  5  6  7  8  9     8  9 10 11 12 13 14      5  6  7  8  9 10 11
10 11 12 13 14 15 16    15 16 17 18 19 20 21     12 13 14 15 16 17 18
17 18 19 20 21 22 23    22 23 24 25 26 27 28     19 20 21 22 23 24 25
24 25 26 27 28          29 30  29 30 31          26 27 28 29 30
```

【示例 8.10】显示 2024 年 3 月的日历。在命令行中输入下面的命令：

```
[root@hn ~]# cal 3 2024                    #显示 2024 年 3 月的日历
```

输出信息如下：

```
     三月 2024
一 二 三 四 五 六 日
            1  2  3
 4  5  6  7  8  9 10
11 12 13 14 15 16 17
18 19 20 21 22 23 24
25 26 27 28 29 30 31
```

【示例 8.11】使用 cal 指令显示整年的日历。在命令行中输入下面的命令：

```
[root@hn ~]# cal 2023                      #显示 2023 年日历
```

由于指令的输出信息较多，为节省篇幅，此处省略。

8.6　sum 指令：显示文件的校验和

【语　　法】sum [选项] [参数]　★★★★☆

【功能介绍】sum 指令用于计算并显示指定文件的校验和以及文件占用的磁盘块数。

【选项说明】

选　　项	功　　能
-r	使用BSD的校验和算法，块大小为1KB
-s	使用System V的校验和算法，块大小为512B

【参数说明】

参　　数	功　　能
文件列表	需要计算校验和与磁盘块数的文件列表

【经验技巧】sum 指令的校验和算法较简单，如果对安全性要求较高，则可以使用 md5sum 指令或者 cksum 指令。

【示例 8.12】使用 sum 计算并输出文件的校验和。在命令行中输入下面的命令：

```
[root@hn ~]# sum /etc/passwd /etc/shadow      #计算指定文件的校验和
```

输出信息如下：

```
54334     3 /etc/passwd
28037     2 /etc/shadow
```

说明：在上面的输出信息中，第一列为校验和，第二列为文件所占用的磁盘块数。

【相关指令】cksum，md5sum

8.7 md5sum 指令：计算和检查文件的 MD5 报文摘要

【语　　法】md5sum [选项] [参数]　　★★★☆☆

【功能介绍】md5sum 指令采用 MD5 报文摘要算法（128 位）计算和检查文件的校验和。

【选项说明】

选　　项	功　　能
-b	采用二进制（binary）模式读文件
-c	从指定文件中读取MD5校验和并进行校验检查（check）
--status	验证成功时不输出任何信息
-w	当校验行不正确时给出警告信息（warning）

【参数说明】

参　　数	功　　能
文件	指定保存文件名和校验和的文本文件

【经验技巧】

- md5sum 指令的文件参数的每行表示一个文件的 MD5 校验和信息，其中，第一列为校验和，第二列为文件名。
- 利用 md5sum 指令可以验证文件是否被修改过，因为每个文件的 MD5 校验和都是唯一的，只要文件发生变化，MD5 校验和就会发生变化。从因特网上下载开放源代码软件时，通常都会提供软件包的 MD5 校验和，使用户能够校验软件包的正确性。

【示例 8.13】 使用 md5sum 指令计算指定文件的 MD5 校验和。在命令行中输入下面的命令：

```
[root@hn ~]# md5sum /etc/passwd                #计算文件的 MD5 校验和
```

输出信息如下：

```
4234fdf6a47f4d96e2719fcb7527e7b4  /etc/passwd
```

说明： 在上面的输出信息中，第一列为十六进制的 MD5 校验和，第二列为原文件名。

【示例 8.14】 检查文件的 MD5 校验和，具体步骤如下。

（1）通过检查文件的 MD5 校验和信息，可以发现文件是否被篡改。例如，从网上下载了 Apache 软件包 apache_1.3.41.tar.gz 和对应的 MD5 文件 apache_1.3.41.tar.gz.md5。首先显示 MD5 校验文件的内容，在命令行中输入下面的命令：

```
[root@hn ~]# cat apache_1.3.41.tar.gz.md5     #显示 MD5 文件的内容
```

输出信息如下：

```
f7f00b635243f03a787ca9f4d4c85651apache_1.3.41.tar.gz
```

（2）使用 md5sum 指令检查文件是否被篡改。在命令行中输入下面的命令：

```
[root@hn ~]# md5sum -c apache_1.3.41.tar.gz.md5  #进行 MD5 校验
```

输出信息如下：

```
apache_1.3.41.tar.gz: OK
```

说明： 上面的输出信息表明文件是正确的，没有被恶意篡改。

【相关指令】 sum，cksum

8.8　hostid 指令：显示当前主机的数字标识

【语　　法】 hostid　　★★★★★

【功能介绍】 hostid 指令用于显示当前主机的十六进制数字标识。

【经验技巧】 每个主机的数字化标识都是不同的。

【示例 8.15】 使用 hostid 指令显示主机标识。在命令行中输入下面的命令：

```
[root@hn ~]# hostid                            #显示主机的数字标识
```

输出信息如下：

```
007f0100
```

8.9　date 指令：显示与设置系统日期和时间

【语　　法】date [选项] [参数]　★★★★★

【功能介绍】date 指令用于显示当前系统的日期和时间。如果使用-s 选项，则可以设置当前系统的日期和时间。

【选项说明】

选　　项	功　　能
-d <时间字符串>	显示指定的时间字符串表示（described）的时间而非当前时间
-f <时间文件>	显示时间文件（file）中的时间
-r <文件>	显示指定文件的最后修改时间
-R	以RFC-5322格式输出日期和时间
--rfc-3339	以RFC-3339格式输出日期和时间
-s <日期时间>	设置（set）系统日期和时间
-u	显示或者设置UTC时间
--help	显示指令的帮助信息
--version	显示指令的版本信息

【参数说明】

参　　数	功　　能
<+日期时间格式>	指定显示的日期和时间格式

【经验技巧】通过 date 指令显示日期和时间时，可以灵活使用 date 指令支持的格式字符串，定义自己需要的日期和时间格式，这对进行 Shell 编程或者备份文件、更改文件名称很有帮助。

【示例 8.16】显示当前的日期和时间，具体步骤如下。

（1）date 指令默认显示的日期和时间格式为当前操作系统的本地格式。在命令行中输入下面的命令：

```
[root@hn ~]# date                    #以本地格式显示当前的日期和时间
```

输出信息如下：

```
2023年 05月 28日 星期日 12:13:36 CST
```

（2）定制日期和时间格式。在命令行中输入下面的命令：

```
[root@hn ~]#date "+%Y-%m-%d %T"#定制输出格式，请参考 date 的 man 手册
```

输出信息如下：

```
2023-05-28 12:13:47
```

【示例 8.17】使用 date 指令的-r 选项可以显示指定文件最后修改的日期和时间。在命令行中输入下面的命令：

```
[root@hn ~]#date -r /etc/passwd      #显示文件最后修改的日期和时间
```

输出信息如下：

```
2023 年 05 月 28 日 星期日 11:59:24 CST
```

【示例 8.18】使用 date 指令的-s 选项可以设置当前系统的日期和时间。在命令行中输入下面的命令：

```
[root@hn ~]#date -s "2023-7-3 8:20:30"  #设置当前时间
```

输出信息如下：

```
2023 年 07 月 03 日 星期一 08:20:30 CST
```

8.10　dircolors 指令：设置 ls 指令的输出颜色

【语　　法】dircolors [选项] [参数]　　★★★★☆

【功能介绍】dircolors 指令用于设置 ls 指令的输出颜色，其输出信息来自环境变量 LS_COLORS。

【选项说明】

选　项	功　能
-b	显示在Bash中使用的设置代码
-c	显示在csh中使用的设置代码
-p	显示默认设置
--help	显示指令的帮助信息
--version	显示指令的版本信息

【参数说明】

参　数	功　能
文件	指定用来设置颜色的文件

【经验技巧】使用 ls 指令的--color 选项时可以将文件彩色显示，使用 dircolors 指令可以显示和设置 ls 指令使用的颜色。这些颜色设置通过环境变量 LS_COLORS 来完成。

【示例 8.19】显示 Bash 中的颜色设置。在命令行中输入下面的命令：

```
[root@hn ~]# dircolors -b              #显示 Bash 中的颜色设置
```

输出信息如下：

```
LS_COLORS='no=00:fi=00:di=01;34:ln=01;36:pi=40;33:so=01;35:do=
01;35:bd=40;33;01:cd=40;33;01:or=40;31;01:su=37;41:sg=30;43:tw
```

```
=30;42:ow=34;42:st=37;44:ex=01;32:*.tar=01;31:*.tgz=01;3......
省略部分输出内容......
export LS_COLORS
```

说明： 在上面的输出信息中，export LS_COLORS 的功能是输出环境变量 LS_COLORS，其前面的内容为此变量的值。上面的输出信息可以直接在 Bash 中运行。

8.11　gpm 指令：虚拟控制台下的鼠标工具

【语　　法】 gpm [选项]　★★★★☆

【功能介绍】 gpm 指令是 Linux 虚拟控制台中的鼠标工具，用于在虚拟控制台中实现使用鼠标复制和粘贴文本的功能。

【选项说明】

选　　项	功　　能
-a	设置加速值（acceleration value），默认值为2
-b	设置波特率（baud rate），默认值为1200
-B	设置鼠标按键（button）的次序，正常的右手习惯为123，左手习惯为321
-m	指定鼠标（mouse）设备文件。此选项必须在-t和-o选项之前
-t	设置鼠标类型（type），默认为ms

【经验技巧】

- 使用 gpm 指令可以实现在纯文本界面中用鼠标快速地复制和粘贴屏幕上的任何文本。
- 使用 gpm 的方法为：在虚拟控制台中单击选中文本，然后将光标移动到适当的位置并右击，在弹出的快捷菜单中选择“单击”命令粘贴文本。

【示例 8.20】 通常启动 gpm 服务器时需要指定鼠标类型和鼠标设备文件。在命令行中输入下面的命令：

```
[root@hn ~]# gpm -m /dev/input/mice -t exps2        #启动 gpm 服务器
```

8.12　sleep 指令：暂停指定的时间

【语　　法】 sleep [参数]　★★★★★

【功能介绍】 sleep 指令用来将当前的动作延迟一段时间。

【参数说明】

参　　数	功　　能
时间	指定暂停的时间长度

【经验技巧】

- sleep 指令的时间参数默认为 s。它也支持后缀，以指定时间单位。例如，s 表示秒（默认值），m 表示分钟（minute），h 表示小时（hour），d 表示天（day）。
- sleep 指令通常应用在 Shell 脚本中，在等待指定的时间后继续执行其他指令。

【示例 8.21】使用 sleep 指令使 Shell 暂停 10s 后继续运行。在命令行中输入下面的命令：

```
[root@hn ~]# sleep 10s                    #Shell 暂停 10s
```

说明：本例中的 s 可以省略。

8.13　whatis 指令：从数据库中查询指定的关键字

【语　　法】whatis　★★★★★

【功能介绍】whatis 指令从 whatis 数据库中查询指定的关键字，并将查询结果显示到终端上。

【经验技巧】whatis 数据库中记录了对系统指令的简短描述。whatis 数据库使用 makewhatis 指令创建。

【示例 8.22】使用 whatis 指令查询指定关键字的含义。在命令行中输入下面的命令：

```
[root@hn ~]# whatis bash                          #查询 Bash 关键字
```

输出信息如下：

```
bash                 (1)  - GNU Bourne-Again SHell
```

8.14　who 指令：显示当前登录的用户

【语　　法】who [选项] [参数]　★★★★★

【功能介绍】who 指令用来显示当前登录的用户信息。系统最近启动时间和活动进程等信息，是系统管理员了解系统运行情况的常用指令。

【选项说明】

选　项	功　能
-a	显示所有（all）信息，等价于选项“-b -d --login -p -r -t -T -u”的组合
-b	显示系统最近的启动（boot）时间
-d	显示死掉（dead）的进程

续表

选　　项	功　　能
-H	显示列标题（heading）
-l	显示系统登录（login）进程
--lookup	通过DNS查询主机名称
-m	仅显示和标注输入有直接交互的主机和用户
-p	显示由init派生的活动进程（process）
-q	显示所有的登录名和登录的用户数量
-s	默认选项，仅输出用户名、登录终端和登录时间
-t	显示系统上次锁定的时间（time）
-u	显示已登录的用户（user）列表
-T	用+、-或？标注用户的消息状态（status）（+、-、？）

【参数说明】

参　　数	功　　能
文件	指定查询的文件

【经验技巧】 who 指令的输出信息默认情况下来自文件“/var/log/utmp”和“/var/log/wtmp”。

【示例 8.23】 使用 who 指令显示当前登录用户的信息。在命令行中输入下面的命令：

```
[root@hn ~]# who -H                    #显示登录的用户信息
```

说明： 本例中的-H 选项用于打印列标题。

输出信息如下：

```
NAME     LINE        TIME                  COMMENT
root     tty1        2023-05-28 21:18
root     pts/1       2023-05-28 11:30 (61.163.231.205)
```

【示例 8.24】 使用 who 指令的-a 选项可以显示所有信息。在命令行中输入下面的命令：

```
[root@hn ~]# who -H -a                 #显示所有信息
```

输出信息如下：

```
NAME     LINE        TIME        IDLE      PID COMMENT  EXIT
                  2023-05-28 21:48         499 id=si   term=0exit=0
       system boot  2023-05-28 21:48
       run-level 5  2023-05-28 21:48           last=S
......省略部分输出内容......
root     + pts/2    2023-05-28 22:14  .   15569 (61.163.231.205)
           pts/3    2023-05-28 05:37      18834 d=ts/3  term=0 exit=0
```

8.15 whoami 指令：显示当前的用户名

【语　　法】 whoami ★★★★★

【功能介绍】 whoami 指令用于显示当前有效的用户名称。

【经验技巧】 whoami 指令可以应用在 Shell 脚本中，以判断执行脚本时的当前用户名。

【示例 8.25】 使用 whoami 指令显示当前的用户名。在命令行中输入下面的命令：

```
[zhangsan@hn root]$ whoami                              #显示当前的用户名
```

输出信息如下：

```
zhangsan
```

8.16 wall 指令：向所有终端发送信息

【语　　法】 wall [参数] ★★★★★

【功能介绍】 wall 指令用于向系统当前所有打开的终端发送信息。

【参数说明】

参　　数	功　　能
消息	指定广播消息

【经验技巧】

- wall 指令通常由管理员向登录用户发送广播信息。
- wall 指令发送的信息最多为 20 行。
- 如果用户使用了 mesg n 指令，则不会显示广播信息。但是超级用户可以向任何用户终端发送广播消息并无条件地显示广播消息，即使使用了 mesg n 指令。普通用户只能向使用了 mesg y 指令的终端发送广播消息。
- 如果省略“消息”参数，则信息内容来自标准输入，使用 Ctrl+D 组合键可以结束输入。

【示例 8.26】 使用 wall 指令向登录用户发送广播通知。在命令行中输入下面的命令：

```
#向所有打开的终端发送通知
[root@hn ~]# wall "System will be halted on 2023-5-28 12:00"
```

输出信息如下：

```
Broadcast message from root (pts/2) (Mon Jul 3 23:12:12 2023):
System will be halted on 2023-5-28 12:00
```

【相关指令】 write，mesg

8.17　write 指令：向指定用户的终端发送信息

【语　　法】 write [参数]　★★★★★

【功能介绍】 write 指令用于向指定登录用户的终端发送信息。

【参数说明】

参　　数	功　　能
用户	指定接收信息的登录用户
登录终端	指定接收信息的用户的登录终端

【经验技巧】

- 要发送的消息内容来自标准输入，使用 Ctrl+D 组合键可以结束输入。
- 如果用户使用了 mesg n 指令，则不会显示发送的信息。但是超级用户可以向任何用户终端发送消息，即使使用了 mesg n 指令。普通用户只能向使用了 mesg y 指令的用户终端发送消息。
- 如果省略“登录终端”参数，则 write 指令向指定用户的所有登录终端发送信息。

【示例 8.27】 使用 write 指令向登录用户 zhangsan 发送信息。在命令行中输入下面的命令：

```
[root@hn ~]# write zhangsan    #向 zhangsan 用户的所有登录终端发送信息
```

说明：发送的信息从键盘输入，使用 Ctrl+D 组合键可以结束输入。

【相关指令】 wall，mesg

8.18　mesg 指令：控制终端是否可写

【语　　法】 mesg [参数]　★★★★☆

【功能介绍】 mesg 指令用于设置当前终端的写权限，即是否允许其他用户向本终端发信息。

【参数说明】

参　　数	功　　能
y或n	y表示允许向当前终端写信息，n表示禁止向当前终端写信息

【经验技巧】

- 普通用户即使使用了 mesg n 指令，也不能禁止超级用户向当前终端写信息。
- mesg 指令通常与 write 指令和 wall 指令组合使用。

【示例 8.28】显示并设置当前终端的写权限，具体步骤如下。

（1）显示当前终端的写权限。在命令行中输入下面的命令：

```
[root@hn ~]# mesg                                  #显示当前终端的写权限
```

输出信息如下：

```
is y
```

说明：上面的输出信息表明，当前终端的写权限是打开的。

（2）关闭当前终端的写权限。在命令行中输入下面的命令：

```
[root@hn ~]# mesg n                                #关闭当前终端的写权限
```

【相关指令】write，wall，talk

8.19　talk 指令：用户聊天客户端工具

【语　　法】talk [参数]　★★★☆☆

【功能介绍】talk 指令是 talk 服务器的客户端工具，用于和其他用户聊天。

【参数说明】

参　　数	功　　能
用户	指定聊天的用户
终端	指定用户的终端

【经验技巧】

- talk 指令通过 talk 服务器实现用户在命令行上进行聊天。使用 talk 指令时，必须保证 talk 服务器已经打开。
- 启动 talk 服务器需要将文件“/etc/xinetd.d/talkd”中的 yes 更改为 no，并重新启动 xinetd 服务器。
- 发起聊天的用户启动 talk 指令后，将会等待目标用户启动 talk 指令。如果目标用户正确地启动了 talk 指令，则双方建立聊天关系，并且屏幕被分成上下两部分，分别用于显示自己和对方的输入信息，双方在键盘上输入的信息会在对方的屏幕上即时显示。
- 如果目标用户使用了 mesg n 指令，则不能向用户发出聊天邀请。
- 默认情况下，talk 指令使用的 talk 服务器为本机。如果 talk 服务器为其他机器，则使用“用户名@主机名”的方式指定用户。

【示例 8.29】用 talk 指令向登录用户 zhangsan 发起聊天请求。在命令行中输入下面的命令：

```
[root@hn ~]# talk zhangsan@localhost pts/3          #发起聊天请求
```

说明：本例将向从伪终端“pts/3”登录的用户 zhangsan 发出聊天邀请。此时用户 zhangsan 的终端上会出现请求建立聊天的提示，只有用户 zhangsan 输入正确的 talk 指令后方可建立聊天。

【相关指令】mesg

8.20　login 指令：登录指令

【语　　法】login [选项] [参数]　　★★★★★

【功能介绍】login 指令用于给出登录界面，可用于重新登录或者切换用户身份。

【选项说明】

选　　项	功　　能
-p	告诉login指令保留（preserve）原有的环境变量
-h <主机名>	指定远程服务器的主机名（hostname）

【参数说明】

参　　数	功　　能
用户名	指定登录使用的用户名

【经验技巧】login 指令经常用来切换用户的登录身份。login 指令执行后，会立即退出当前登录的用户。

【示例 8.30】使用 login 指令重新登录系统。在命令行中输入下面的命令：

```
[root@hn ~]# login                            #重新登录
```

说明：上面的指令将给出登录提示信息。

8.21　mtools 指令：DOS 兼容工具集

【语　　法】mtools [选项] [参数]　　★★☆☆☆

【功能介绍】mtools 指令是与 DOS 兼容的命令工具集，它在 Linux 系统中模拟 DOS 指令，其语法格式与 DOS 操作系统完全相同。

【经验技巧】mtools 工具集中的指令以 m 开头，其余部分则对应 DOS 中的指令。

【示例 8.31】使用 mtools 指令显示其支持的 DOS 指令列表。在命令行中输入下面的命令：

```
[root@hn ~]# mtools                    #显示mtools支持的DOS指令
```

输出信息如下：

```
Supported commands:
mattrib, mbadblocks, mcat, mcd, mclasserase, mcopy, mdel, mdeltree
mdir, mdoctorfat, mdu, mformat, minfo, mlabel, mmd, mmount
mpartition, mrd, mread, mmove, mren, mshowfat, mshortname,
mtoolstest, mtype mwrite, mzip
```

8.22　stty 指令：修改终端命令行的设置

【语　　法】stty [选项] [参数]　　★★★☆☆

【功能介绍】stty 指令用于修改终端命令行的相关设置。

【选项说明】

选　　项	功　　能
-a	以人类容易阅读的方式显示当前的所有（all）配置
-g	以stty可读方式显示当前的所有配置
-F <设备>	打开并使用指定<设备>文件（file）代替标准输入

【参数说明】

参　　数	功　　能
终端设置	指定终端命令行的设置选项

【经验技巧】stty 指令定义了很多命令行的组合键功能。例如：Ctrl+C 组合键表示中断程序运行；Ctrl+D 组合键表示文件结束符。其他组合键的功能可以参考 stty -a 指令。

【示例 8.32】使用 stty 指令的-a 选项以友好阅读方式显示当前终端命令行的设置。在命令行中输入下面的命令：

```
[root@hn ~]# stty -a             #以友好阅读方式显示当前的所有设置
```

输出信息如下：

```
speed 38400 baud; rows 28; columns 86; line = 0;
intr = ^C; quit = ^\; erase = ^?; kill = ^U; eof = ^D; eol = <undef>;
eol2 = <undef>;
......省略部分输出内容......
opost -olcuc -ocrnl onlcr -onocr -onlret -ofill -ofdel nl0 cr0 tab0
bs0 vt0 ff0
```

```
isig icanon iexten echo echoe echok -echonl -noflsh -xcase -tostop
-echoprt echoctl
echoke
```

说明：在上面的输出信息中，“^”表示 Ctrl 键，例如“^C”表示组合键 Ctrl+C；intr 表示向当前正在运行的程序发送中断（interrupt）信号（即结束程序运行）；eof 表示文件结束符（End Of File）；erase 表示向后删除字符；kill 表示删除当前命令行的所有字符；quit 表示给当前正在运行的程序发送退出（quit）信号。除此之外，start 表示在某个程序停止后，重新启动它的输出；stop 表示停止当前屏幕的输出；susp 表示给正在运行的程序发送一个中止（terminal stop）信号。

【示例 8.33】修改命令行组合键的功能，将删除字符键由 Backspace 键改为 Ctrl+H。在命令行中输入下面的命令：

```
[root@hn ~]# stty erase ^H                    #设置删除字符的组合键
```

说明：运行上面的指令以后就可以使用 Ctrl+H 删除字符了。

8.23　let 指令：进行基本的算术运算

【语　　法】let [参数]　★★★★★

【功能介绍】let 是 Bash 中用于执行数值计算的一个指令。它支持多种数值运算符，如加法、减法、乘法、除法和求余等，并且可以使用括号来改变运算的优先级。let 指令只能用于整数和浮点数的数值运算，不支持字符串操作。如果需要进行字符串操作，应该使用其他命令或工具。在进行赋值操作时，等号的左右两边不能有空格。let 指令中的表达式可以包含变量和常数，但变量必须先被定义并赋值。如果变量未定义或为空，则会导致命令执行失败。另外，let 命令在处理变量时不需要在变量名前加上$符号。

【参数说明】

参　数	功　能
arg	要执行的表达式

【经验技巧】在 Linux 中，let 是一个用于临时分配变量的命令行工具，它允许用户在命令行中创建和操作变量。let 指令在执行时可以临时存储数据以便在需要时使用。let 指令通常与条件语句和循环语句一起使用，以便在脚本中执行一系列操作。

说明：let 指令在某些情况下可能不是最方便或最安全的工具，因为它需要在执行时临时存储数据。如果用户需要更复杂的数据处理和操作，可以考虑使用其他编程语言或脚本工具，如 Bash 脚本或 Python 等。

【示例 8.34】使用 let 指令进行基本的算术运算，操作步骤如下：

（1）使用 let 指令计算表达式 a=5+4 的值，执行命令如下：

```
[root@localhost ~]# let a=5+4
```

（2）使用 echo 指令输出表达式的值，执行命令如下：

```
[root@localhost ~]# echo $a
9
```

8.24　users 指令：显示登录系统的用户

【语　　法】users [选项]　★★★★★

【功能介绍】users 指令用于显示当前登录系统的所有用户名列表。

【选项说明】

选　项	功　能
--help	显示指令的帮助信息
--version	显示指令的版本信息

【经验技巧】如果同一个用户登录多次，则每次登录都会显示一次用户名。

【示例 8.35】使用 users 指令显示当前登录系统的用户列表。在命令行中输入下面的命令：

```
[root@hn ~]# users                    #显示登录的用户列表
```

输出信息如下：

```
root root root root ttt
```

说明：在本例中，root 用户登录了 4 次，而 ttt 用户仅登录一次。

8.25　clear 指令：清屏指令

【语　　法】clear　★★★★★

【功能介绍】clear 用于清除当前屏幕上的任何信息。

【经验技巧】当终端屏幕出现乱码或者显示不正常时，可以利用 clear 指令清除终端屏幕上的信息。

【示例 8.36】使用 clear 指令完成对 Shell 终端的清屏操作。在命令行中输入下面的命令：

```
[root@hn ~]# clear                              #清屏
```

8.26　tty 指令：显示终端机连接的标准输入设备的文件名称

【语　　法】 tty　★★★☆☆

【功能介绍】 tty 指令用于显示终端机连接的标准输入设备的文件名称。

【经验技巧】 通过 tty 指令的返回内容可以知道终端的具体类型，其中，tty 为虚拟终端，pts 为伪终端（pseudo terminal）。

【示例 8.37】 使用 tty 指令显示当前终端设备的文件名称。在命令行中输入下面的命令：

```
[root@hn ~]# tty                    #显示终端设备的文件名称
```

输出信息如下：

```
/dev/pts/1
```

8.27　sln 指令：静态的 ln

【语　　法】 sln [选项] [参数]　★★★★★

【功能介绍】 sln 指令是 ln 指令的静态链接版本，它可以在缺少动态链接库支持的情况下使用。它的功能与 ln 指令完全相同。

【选项说明】 请参考 ln 指令。

【参数说明】 请参考 ln 指令。

【经验技巧】 动态链接技术在 Linux 系统中有广泛的应用，它可以使程序代码变小，提高代码的利用率。使用动态链接库的程序，在缺少任何一个动态链接库时将无法运行。在某些环境中（如嵌入式系统）不可能附带众多的动态链接库，此时必须使用静态链接的文件，从而不依赖动态链接库。

【相关指令】 ln

8.28　yes 指令：重复显示字符串直到进程被杀死

【语　　法】 yes [参数]　★★★★☆

【功能介绍】 yes 指令用于在命令行中显示指定的字符串，直到 yes 进程被杀死。

【参数说明】

参　　数	功　　能
字符串	指定要重复显示的字符串

【经验技巧】

- 如果不指定“字符串”参数，则重复显示 y，这也是 yes 指令的来历。
- 如要终止 yes 指令，可以使用组合键 Ctrl+C。

【示例 8.38】在命令行中重复显示指定字符串 hello。在命令行中输入下面的命令：

```
[root@hn ~]# yes hello                    #重复显示 hello
```

说明：上面的指令在命令行中输出 hello，每个 hello 占一行，输出信息略。

8.29　习　　题

一、填空题

1．使用 man 指令可以查看 Linux 中的________、________和________等信息。

2．md5sum 指令使用________摘要算法计算和检查文件的校验和。

3．who 指令用来显示当前登录的用户信息、________和________等信息。

二、选择题

1．cal 指令的（　　）选项用来显示当年的日历。

A．-s　　B．-m　　C．-j　　D．-y

2．使用 date 指令的（　　）选项可以设置系统日期和时间。

A．-d　　B．-f　　C．-s　　D．-r

3．下面的（　　）指令用来显示当前登录的用户名。

A．who　　B．whoamin　　C．users　　D．whatis

三、判断题

1．cksum 指令计算出的文件校验和是唯一的。如果文件内容发生了改变，则其校验和必然发生改变。（　　）

2．每个主机的数字化标识都是不同的。（　　）

3．sum 和 md5sum 或 cksum 指令的安全性一样高。（　　）

四、操作题

1．查看系统 ls 命令的 man 帮助手册。

2．查看系统当前的日期和时间。

3．查看当前登录的用户信息。

第2篇 Linux 系统管理指令

第 9 章　用户和工作组管理

Linux 是一款多用户、多任务的操作系统，拥有完善的多用户管理机制，在多用户并发访问时具有出色的性能和安全性。本章将介绍 Linux 操作系统中多用户和工作组的管理指令。

9.1　useradd 指令：创建新用户

【语　　法】 useradd [选项] [参数]　★★★★★

【功能介绍】 useradd 指令用于在 Linux 中创建新的系统用户。

【选项说明】

选　项	功　能
-c	设置用户的备注信息（comment）
-b	在没有使用-d选项时，设置用户登录后的基目录（base directory）
-d	设置用户的宿主目录（login directory），默认的宿主目录为“/home/”目录下与用户名同名的目录。例如，zhangsan用户的宿主目录为“/home/zhangsan”
-e	账号过期时间（expired date）
-f	指定密码过期的天数
-g	指定用户的主要组（group）。默认情况下组名与用户名同名
-G	指定用户所属的附加组
-p	指定密码（password），该密码已加密
-r	创建系统账号
-s	指定用户的默认Shell程序
-u	指定用户（user）的ID号

【参数说明】

参　数	功　能
用户名	要创建的用户名

【经验技巧】

- 当创建用户时，Linux 系统默认情况下会为新用户创建宿主目录，并且将目录“/etc/skel/”下的所有文件（包含以“.”开头的文件和目录）复制到用户的宿主目录下。

- 使用 useradd 指令（不带-p 选项）创建的新用户，必须使用 passwd 指令设置密码后才能登录系统。

【示例 9.1】使用 useradd 指令创建新用户。在命令行中输入下面的命令：

```
#创建用户
[root@hn ~]# useradd -s /bin/csh -d /home/newdir user10000
```

说明：在本例中，创建用户的同时设置了用户的宿主目录和默认的 Shell 程序。

【相关指令】newusers

9.2　userdel 指令：删除用户及相关文件

【语　　法】userdel [选项] [参数]　★★★★★

【功能介绍】userdel 指令用于删除给出的用户以及与用户相关的文件。

【选项说明】

选　　项	功　　能
-f	强制（force）删除用户，即使用户当前已登录
-r	删除用户的同时移除（remove）与用户相关的所有文件

【参数说明】

参　　数	功　　能
用户名	要删除的用户名

【经验技巧】默认情况下 userdel 指令不会删除用户的宿主目录，如果希望将用户的宿主目录及用户创建的文件都删除，则可以使用-r 选项。

【示例 9.2】使用 userdel 指令删除指定的用户。在命令行中输入下面的命令：

```
[root@hn ~]# userdel ttt                    #删除用户 ttt
```

【相关指令】useradd

9.3　passwd 指令：设置用户密码

【语　　法】passwd [选项] [参数]　★★★★★

【功能介绍】passwd 指令用于设置用户的认证信息，包括用户密码、密码过期时间等。

【选项说明】

选　项	功　能
-k	仅更新密码过期的用户密码
-l	锁定（lock）用户。仅root用户可以使用此选项。被锁定用户将不能登录
--stdin	密码来自标准输入。本选项支持管道功能
-u	对用户解除锁定（unlock）。仅root用户可以使用此选项。解除锁定的用户能够登录系统
-d	删除（delete）用户密码，使用户密码为空。仅root用户可以使用此选项
-n	设置修改密码的最短（minium）期限（天数）。仅root用户可以使用此选项
-x	设置修改密码的最长（maxium）期限（天数）。仅root用户可以使用此选项
-w	设置多少天后提醒用户修改密码。仅root用户可以使用此选项
-i	设置密码过期多少天后停用账号。仅root用户可以使用此选项
-S	显示用户名密码的状态（status）。仅root用户可以使用此选项

【参数说明】

参　数	功　能
用户名	需要设置密码的用户名

【经验技巧】

- root 用户可以修改任何用户的密码，普通用户只能修改自身的密码。
- root 用户在修改密码时，如果密码不够强壮，则仅给出警告信息，密码设置仍然生效。普通用户在修改密码时，如果密码不够强壮，则仅给出警告信息，并且要求重新设置新密码。
- 通常，修改用户密码都是在命令行中以交互式方式完成的。如果在 Shell 脚本中希望更改密码，则可以借助于--stdin 选项。具体示例请读者参看典型示例。

【示例 9.3】以 root 用户身份登录，使用 passwd 指令的-S 选项显示关于用户密码的简短描述。在命令行中输入下面的命令：

```
[root@hn ~]# passwd -S user4                    #显示用户 user4 的密码描述
```

输出信息如下：

```
user4 PS 2023-01-06 0 99999 7 -1 (Password set, MD5 crypt.)
```

【示例 9.4】修改用户密码，具体步骤如下。

（1）以 root 用户身份修改普通用户 user1 的密码。在命令行中输入下面的命令：

```
[root@hn ~]# passwd user1                       #设置用户 user1 的密码
```

输出信息如下：

```
Changing password for user user1.
New UNIX password:                              #输入新密码，不回显
BAD PASSWORD: it is WAY too short
Retype new UNIX password:                       #确认新密码，不回显
passwd: all authentication tokens updated successfully.
```

说明：上面的输出信息警告管理员输入的新密码长度太短（通常密码长度为 6 个字符以上），但是允许管理员继续设置此密码。

（2）以 user1 身份修改自身的密码，在命令行中输入下面的命令：

```
[user1@hn ~]$ passwd                            #改变当前用户的密码
```

输出信息如下：

```
Changing password for user user1.
Changing password for user1
(current) UNIX password:                        #输入用户的当前密码，不回显
New UNIX password:                              #输入新密码，不回显
BAD PASSWORD: it is WAY too short               #密码太短，必须重新输入
New UNIX password:                              #输入新密码，不回显
#密码没有包含足够多的不同字符
BAD PASSWORD: it does not contain enough DIFFERENT characters
New UNIX password:                              #输入新密码，不回显
#由于使用了字典里的字符串，所以导致密码设置失败
BAD PASSWORD: it is based on a dictionary word
passwd: Authentication token manipulation error
```

说明：为了说明普通用户设置密码时必须遵守密码（Good Password）的规则，在本例中输入了 3 个错误密码（Bad Password）。

【示例 9.5】 使用 passwd 指令的--stdin 选项可以在脚本中修改用户密码。使用 cat 指令可以显示脚本文件的内容。在命令行中输入下面的命令：

```
[root@hn ~]# cat test.sh                        #显示脚本文件的内容
```

输出信息如下：

```
#!/bin/bash
username=user1
newpassword=123
echo $newpassword | passwd --stdin user1
```

9.4　groupadd 指令：创建新工作组

【语　　法】 groupadd [选项] [参数]　　★★★★★

【功能介绍】 groupadd 指令用于创建新的工作组，新工作组的信息将被添加到系统文件中。

【选项说明】

选　项	功　能
-g <组ID>	指定新建工作组（group）的ID
-r	创建系统工作组。系统工作组的组ID小于1000
-K <关键字=值>	覆盖配置文件“/etc/login.defs”中的键值（key-value），其中： -K GID_MIN=100表示设置最小的组ID； -K GID_MAX=300表示设置最大的组ID
-o	允许添加组ID号不唯一（non unique）的工作组

【参数说明】

参　数	功　能
组名	指定新建工作组的组名

【经验技巧】在配置文件“/etc/login.defs”中包含创建工作组的默认选项，使用-K 选项可以覆盖这些默认配置。

【示例 9.6】使用 groupadd 指令创建组 ID 为 1001 的新工作组 test。在命令行中输入下面的命令：

```
[root@hn ~]# groupadd -g 1001 test  #创建 ID 为 1001 的新工作组
```

【相关指令】groupdel

9.5　groupdel 指令：删除工作组

【语　　法】groupdel [参数]　★★★★★

【功能介绍】groupdel 指令用于删除给定的工作组，本指令要修改的系统文件包括“/etc/group”和“/etc/gshadow”。

【参数说明】

参　数	功　能
组	要删除的工作组名

【经验技巧】groupdel 指令无法删除用户的主要组（Primary Group），即无法删除创建用户时自动为用户创建的组（如果此用户还存在）。

【示例 9.7】删除工作组，具体步骤如下。

（1）使用 group 指令删除 test 工作组。在命令行中输入下面的命令：

```
[root@hn ~]# groupdel test                    #删除 test 组
```

（2）当使用 groupdel 指令删除用户 zhangsan 所属的 zhangsan 组时，系统报错。在命令行中输入下面的命令：

```
[root@hn ~]# groupdel zhangsan                #删除 zhangsan 工作组
```

输出信息如下：

```
groupdel: cannot remove user's primary group.
```

说明：上面的输出信息表明，因为工作组 zhangsan 是用户 zhangsan 的主要组，而此时用户 zhangsan 还存在，所以无法使用 groupdel 指令删除。

【相关指令】groupadd

9.6　su 指令：切换用户身份

【语　　法】su [选项] [参数]　★★★★★

【功能介绍】su 指令用于切换当前用户身份到其他用户身份。

【选项说明】

选　　项	功　　能
-或-l或--login	把Shell作为登录Shell。此选项可以使用户切换到新用户，等同于新用户从控制台登录
-g	指定主要组（group）
-G	指定附加组（group）
-c	传递单个指令（command）给Shell
--session-command	传递单个指令给Shell，但不创建新的终端会话
-f	传递-f选项给Shell，对csh和tcsh有效
-m	不重新设置环境变量
-s	运行给定的Shell（文件“/etc/shells”中存在的）
--help	显示指令的帮助信息
--version	显示指令的版本信息

【参数说明】

参　　数	功　　能
用户	指定要切换身份的目标用户

【经验技巧】

- 使用 su 指令切换用户身份时，如果忽略“用户”参数，则默认切换到 root 身份。
- 从 root 用户身份切换到普通用户身份不需要输入密码，从普通用户身份切换到 root 用户身份时需要输入 root 用户的密码。

【示例 9.8】切换用户身份，具体步骤如下。

（1）从 root 用户切换到普通用户身份。在命令行中输入下面的命令：

```
[root@hn ~]# su ttt                    #切换到用户 ttt 身份
```

输出信息如下：

```
[ttt@hn root]$                         #已经是用户 ttt 身份
```

（2）从普通用户身份切换到 root 用户身份。在命令行中输入下面的命令：

```
[ttt@hn root]$ su root                 #切换到 root 用户身份
```

输出信息如下：

```
Password:                              #输入 root 用户密码，不回显
[root@hn ~]#                           #已经是 root 用户身份
```

【示例 9.9】 使用 su 指令的--session-command 选项可以实现以指定用户身份运行指令的效果。在命令行中输入下面的命令：

```
#以用户 user4 的身份运行指令
[root@hn ~]# su --session-command='echo $HOME' user4
```

输出信息如下：

```
/home/user4
```

【相关指令】 sudo

9.7　usermod 指令：修改用户信息

【语　　法】 usermod [选项] [参数]　　★★★★★

【功能介绍】 usermod 指令用于修改用户的基本信息。

【选项说明】

选　　项	功　　能
-a	向组中追加（append）用户。此选项仅与-G选项一起使用
-c	修改用户的注释信息（comment）
-d	修改用户的宿主目录（directory）
-e	用户的过期时间（expire date）
-g	修改用户的初始登录组（group）。给定的组必须存在，默认的组ID为1
-G	将用户添加到指定的附加组（group）中
-l	修改登录名（login name）
-L	锁定（lock）用户账户，在密码字段前添加“!”，以达到禁止用户登录的效果
-p	设置新的加密的密码（password）
-s	修改用户登录后的默认Shell程序
-u	用户（user）的ID
-U	解锁（unlock）用户密码。将密码字段前的“!”去掉，以达到启用用户登录的效果

【参数说明】

参　　数	功　　能
登录名	指定要修改信息的用户登录名

【经验技巧】在创建用户时，如果不明确指出用户的相关信息，则使用系统的默认值。使用 usermod 指令可以修改已存在的用户的基本信息。

【示例 9.10】修改用户的宿主目录，具体步骤如下。

（1）使用 usermod 指令的-d 选项修改用户的宿主目录。在命令行中输入下面的命令：

```
#修改 ttt 用户的宿主目录
[root@hn ~]# usermod -d /home/newdir ttt
```

（2）使用 finger 查询 ttt 用户的信息。在命令行中输入下面的命令：

```
[root@hn ~]# finger ttt               #查询 ttt 用户基本信息
```

输出信息如下：

```
Login: ttt                         Name: (null)
Directory: /home/newdir                Shell: /bin/bash
......省略部分输出内容......
```

【相关指令】useradd

9.8　chfn 指令：改变用户的 finger 信息

【语　　法】chfn [选项] [参数]　★★★★☆

【功能介绍】chfn 指令用于改变（change）用户的 finger 信息，这些信息被保存在密码文件“/etc/passwd”中，可以通过 finger 指令查看这些信息。

【选项说明】

选　　项	功　　能
-f <全名>	设置用户的全名（full name）
-o <办公地址>	设置办公地址（office）
-p <办公电话>	设置办公电话（office phone）
-h <住宅电话>	设置住宅电话（home phone）
-u	显示指令的帮助信息

【参数说明】

参　　数	功　　能
用户名	指定要改变finger信息的用户名

【经验技巧】 chfn 指令支持在命令行中直接输入 finger 信息和交互式输入 finger 信息两种方式。如果不使用选项指明 finger 信息，则 chfn 自动进入命令行的交互式模式，提示输入相应的 finger 信息。

【示例 9.11】 改变用户的 finger 信息，具体步骤如下。

（1）使用 chfn 指令在命令行改变用户的 finger 信息。在命令行中输入下面的命令：

```
[root@hn ~]# chfn -f myfullname -p 1234 -h 5678 -o 13#jiaoxulou
zhangsan                          #改变用户 zhangsan 的 finger 信息
```

输出信息如下：

```
Changing finger information for zhangsan.
Finger information changed.
```

（2）使用 finger 指令显示用户的 finger 信息。在命令行中输入下面的命令：

```
[root@hn ~]# finger zhangsan    #查询用户 zhangsan 的 finger 信息
```

输出信息如下：

```
Login: zhangsan                          Name: myfullname
......省略部分输出内容......
No Plan.
```

【相关指令】 finger

9.9　chsh 指令：改变用户的登录 Shell

【语　　法】 chsh [选项] [参数]　　★★★★☆

【功能介绍】 chsh 指令用于修改用户登录系统后默认使用的 Shell 程序。

【选项说明】

选　　项	功　　能
-s	指定新的默认Shell程序
-l	显示当前Linux系统支持的Shell程序
-h	显示帮助（help）信息并退出
-v	显示版本信息（version）并退出

【参数说明】

参　　数	功　　能
用户名	改变默认Shell的用户

【经验技巧】

- 在 Linux 系统中，用户默认的 Shell 程序为“/bin/bash”，此信息保存在用户密码文件“/etc/passwd”中。chsh 指令操作是修改此文件中的对应内容。

【示例 9.12】改变默认的 Shell，具体步骤如下。

（1）使用 chsh 指令的-l 选项显示系统可用的 Shell 程序列表。在命令行中输入下面的命令：

```
[root@hn ~]# chsh -l                    #显示系统可用的 Shell 程序列表
```

输出信息如下：

```
/bin/sh
......省略部分输出内容......
/bin/zsh
```

说明：如果用户的默认 Shell 设置为“/sbin/nologin”，则用户无法登录系统。

（2）使用 chsh 指令的-s 选项改变当前用户的默认 Shell 程序。在命令行中输入下面的命令：

```
[root@hn ~]# chsh -s /bin/csh           #改变用户登录的 Shell 程序
```

输出信息如下：

```
Changing shell for root.
Shell changed.
```

说明：修改成功后，用户下次登录时将会自动使用设置的默认 Shell 程序。

9.10 finger 指令：查询用户信息

【语　　法】 finger [选项] [参数]　　★★★★★

【功能介绍】finger 指令用于查询系统用户的详细信息。

【选项说明】

选　项	功　能
-s	显示用户的登录名和真实姓名，以及终端名称和写状态（如果为“*”则不可写）
-l	以多行（multi-line）方式显示用户信息
-m	用户名区分大小写。默认情况下，finger指令不区分用户名的大小写

【参数说明】

参　数	功　能
用户名	指定要查询信息的用户

【经验技巧】finger 指令可以显示用户的在线信息。如果用户已经登录系统，finger 指令会显示用户的登录终端和登录时间信息。

【示例 9.13】显示用户的详细信息，具体步骤如下。

（1）不带选项和参数的 finger 指令将显示当前已经登录系统的用户信息。在命令行中输入下面的命令：

```
[root@hn ~]# finger                          #显示所有已登录的用户信息
```

输出信息如下：

```
Login     Name       Tty    Idle  Login Time  Office    Office
Phone
......省略部分输出内容......
zhangsan  myfullname  *pts/3      5  May 29 18:33 (61.163.231.205)
```

说明：最后一行的“*pts/3”表示用户 zhangsan 登录系统的终端 pts/3 不允许写数据（可以参考 mesg 指令）。

（2）显示指定用户的详细信息。在命令行中输入下面的命令：

```
[root@hn ~]# finger zhangsan                 #显示用户 zhangsan 的详细信息
```

输出信息如下：

```
Login: zhangsan                          Name: myfullname
Directory: /home/zhangsan                 Shell: /bin/bash
......省略部分输出内容......
No Plan.
```

【相关指令】chfn

9.11　gpasswd 指令：工作组文件管理工具

【语　　法】gpasswd [选项] [参数]　　　　★★★★☆

【功能介绍】gpasswd 指令是 Linux 中的工作组文件（/etc/group 和/etc/gshadow 文件）管理工具。在 Linux 中，每个工作组都可以设置组管理员，系统管理员可以使用-A 选项定义组管理员，使用-M 选项定义组成员。

【选项说明】

选　　项	功　　能
-a	向组中添加（add）用户
-d	从组中删除（delete）用户
-A	设置组管理员（administrator）
-M	设置组成员（member）

【参数说明】

参　　数	功　　能
组	指定要管理的工作组

【经验技巧】组密码存在严重的安全隐患，它允许同组的多个用户知道组密码，因此在现代的 Linux 系统中不推荐使用组密码。

【示例 9.14】管理工作组成员，具体步骤如下。

（1）使用 gpasswd 指令的-a 选项向工作组 ttt 中添加 zhangsan 用户。在命令行中输入下面的命令：

```
#将 zhangsan 用户加入 ttt 工作组
[root@hn ~]# gpasswd -a zhangsan ttt
```

输出信息如下：

```
Adding user zhangsan to group ttt
```

（2）使用 gpasswd 指令的-d 选项从工作组 ttt 中删除 zhangsan 用户。在命令行中输入下面的命令：

```
#将 zhangsan 用户从 ttt 工作组中删除
[root@hn ~]# gpasswd -d zhangsan ttt
```

输出信息如下：

```
Removing user zhangsan from group ttt
```

9.12　groupmod 指令：修改工作组信息

【语　　法】groupmod [选项] [参数]　★★★★☆

【功能介绍】groupmod 指令用于修改工作组的各种属性，如组 ID 和组名。

【选项说明】

选　　项	功　　能
-g <新组ID>	指定工作组的新组（group）ID
-n <新组名>	指定工作组的新组名（name）

【参数说明】

参　　数	功　　能
组名	指定要修改的工作组的组名

【经验技巧】新的组名和组 ID 必须唯一，否则将报错。

【示例 9.15】使用 groupmod 指令的-g 选项将工作组 ttt 的组 ID 改为 10000。在命令行中输入下面的命令：

```
[root@hn ~]# groupmod -g 10000 ttt                #改变组 ID
```

9.13　groups 指令：显示用户所属的工作组

【语　　法】 groups [选项] [参数]　★★★★★

【功能介绍】 groups 指令用来显示指定用户所属的工作组。

【选项说明】

选　项	功　能
-help	显示指令的帮助信息（help）
--version	显示指令的版本信息（version）

【参数说明】

参　数	功　能
用户名	指定要显示所属工作组的用户名

【经验技巧】 如果忽略“用户名”参数，则 groups 指令显示当前用户所属的工作组。

【示例 9.16】 使用 groups 指令显示 root 用户所属的全部工作组。在命令行中输入下面的命令：

```
[root@hn ~]# groups root            #显示 root 所属的所有工作组
```

输出信息如下：

```
root : root bin daemon sys adm disk wheel
```

9.14　pwck 指令：验证密码文件的完整性

【语　　法】 pwck [选项] [参数]　★★★☆☆

【功能介绍】 pwck 指令用来验证（check）密码文件/etc/passwd 和/etc/shadow 的内容及其格式的完整性。

【选项说明】

选　项	功　能
-q	仅报告错误信息，保持安静（quiet）模式
-s	以用户ID排序（sort）/etc/passwd和/etc/shadow文件
-r	以只读（read-only）方式运行指令，不修复错误

【参数说明】

参　　数	功　　能
密码文件	指定密码文件的路径
影子文件	指定影子文件的路径

【经验技巧】

- pwck 指令验证的内容包括字段个数是否正确、用户名是否唯一、用户标识是否可用、用户是否具有可用的主要组、用户是否具有可以登录的 Shell。
- 如果不指定“密码文件”和“影子文件”参数，则 pwck 指令默认使用 /etc/passwd 和/etc/shadow 文件。

【示例 9.17】使用 pwck 指令检查密码文件的完整性。在命令行中输入下面的命令：

```
[root@hn ~]# pwck                          #检查密码文件的完整性
```

输出信息如下：

```
user adm: directory /var/adm does not exist
user uucp: directory /var/spool/uucp does not exist
pwck: no changes
```

说明：上面的输出信息提示密码文件存在错误。如果密码文件正确，则 pwck 指令不会输出任何信息。

【相关指令】grpck

9.15　grpck 指令：验证组文件的完整性

【语　　法】grpck [选项]　　★★★☆☆

【功能介绍】grpck 指令用于验证（check）组（group）文件的完整性，在验证之前，需要锁定（lock）组文件/etc/group 和/etc/gshadow。

【选项说明】

选　　项	功　　能
-r	只读（read-only）模式。仅报告错误格式，不尝试修正组文件
-s	排序（sort）组ID

【经验技巧】

- 普通用户无法使用 grpck 指令，因为普通用户对/etc/group 和/etc/gshadow 文件不具有写权限，无法锁定这两个文件。

- grpck 指令对组文件的验证包括每行的字段个数是否正确、组名是否唯一及组成员和管理员的可用性。

【示例 9.18】 使用 grpck 的-r 选项以只读模式验证组文件的完整性。在命令行中输入下面的命令：

```
[root@hn ~]# grpck -r                    #以只读方式验证组文件
```

输出信息如下：

```
invalid group file entry
delete line 'zhangsan:x502'? No
no matching group file entry in /etc/group
delete line 'zhangsan:!::'? No
grpck: no changes
```

说明： 上面的输出信息提示组文件的格式错误，由于使用了-r 选项，所以 grpck 指令不尝试修正错误，需要用户手动纠正错误。如果组文件的格式正确，则 grpck 指令不会输出任何信息。

【相关指令】 pwck

9.16 logname 指令：显示当前用户的登录名

【语　　法】 logname ★★★★★

【功能介绍】 logname 指令用于显示当前登录（login）用户的用户名（name）。

【经验技巧】 单独使用 logname 指令的意义不大，在 Shell 脚本中可以用此指令获得执行 Shell 脚本的用户身份。例如，编写系统备份脚本，可以使用 logname 指令将运行备份任务的用户名写入日志，以便以后查看。

【示例 9.19】 在系统备份脚本中使用 logname 指令获得运行脚本的用户身份，使用 cat 指令查看备份的脚本文件。在命令行中输入下面的命令：

```
[root@hn ~]# cat backup.sh                    #输出文本文件的内容
```

输出信息如下：

```
#!/bin/bash
tar -czf etc-'date +%Y-%H-%d'.tar.gz /etc > out.txt 2> error.txt
if test $? -eq 0
then
      echo "backup date: 'date' ;backup user: 'logname'"      >>
backup_log.txt
fi
```

在上面的脚本程序中多处用到了命令替换（反单引号），希望读者仔细观察。

9.17 newusers 指令：以批处理模式创建用户

【语　　法】newusers [参数] ★★★★☆

【功能介绍】newusers 指令用于以批处理的方式一次创建多个新用户（new users）。

【参数说明】

参　数	功　能
用户文件	指定包含用户信息的文本文件，文件的格式要与/etc/passwd相同

【经验技巧】指定的"用户文件"参数的格式必须与用户密码文件 passwd 的格式相同。

【示例 9.20】批处理创建用户，具体步骤如下。

（1）创建包含用户信息的文本文件。使用 cat 指令显示文件的内容。在命令行中输入下面的命令：

```
[root@hn ~]# cat user-bat                #显示文本文件的内容
```

输出信息如下：

```
user1:test:10001:10001::/home/user1:/bin/bash
user2:test:10002:10002::/home/user2:/bin/bash
```

（2）使用 newusers 指令以批处理的方式创建用户。在命令行中输入下面的命令：

```
[root@hn ~]# newusers user-bat           #以批处理模式创建多个用户
```

9.18 chpasswd 指令：以批处理模式更新密码

【语　　法】chpasswd [选项] ★★★★★

【功能介绍】chpasswd 指令从标准输入读取一系列的用户名和密码对，完成对用户密码（password）的修改（change），其输入格式为"用户名:密码"。

【选项说明】

选　项	功　能
-e	输入的密码是加密后（encrypted）的密文
-h	显示帮助信息（help）并退出
-m	当被支持的密码未被加密时，使用MD5加密而不是DES加密

【经验技巧】chpasswd 指令默认情况下要求输入的密码为明文，如果希望

输入加密的密码，则需要使用-e 选项。

【示例 9.21】 使用 chpasswd 指令一次修改多个用户的密码。在命令行中输入下面的命令：

```
[root@hn ~]# chpasswd                    #批量修改密码
zhangsan:123                              #输入用户名和密码，每行一个用户
ttt:123                                   #在新的空行中按 Ctrl+D 组合键结束输入
```

【相关指令】 passwd

9.19　nologin 指令：礼貌地拒绝用户登录

【语　　法】 nologin　★★★★★

【功能介绍】 nologin 指令可以礼貌地拒绝用户登录系统，同时给出提示信息。

【经验技巧】

- nologin 指令在拒绝用户登录时会给出相应的提示信息。默认情况下给出的提示信息为 This account is currently not available.。管理员可以通过创建文件"/etc/nologin.txt"来设置此信息。当/etc/nologin.txt 文件存在时，将显示此文件中的信息，而不使用默认的提示信息。
- 单独使用 nologin 指令没有意义。通常，当不希望用户登录时，可以将用户的登录 Shell 改为/sbin/nologin，礼貌地拒绝用户登录。

【示例 9.22】 礼貌地拒绝用户登录，具体步骤如下。

（1）如果希望拒绝用户 user1 登录系统，需要使用 chsh 指令将用户 user1 的默认 Shell 改为/sbin/nologin。在命令行中输入下面的命令：

```
[root@hn ~]# chsh -s /sbin/nologin user1       #禁止 user1 用户登录
```

输出信息如下：

```
Changing shell for user1.
chsh: Warning:"/sbin/nologin" is not listed in /etc/shells.
Shell changed.
```

（2）使用 su 指令切换到 user1 身份，以验证用户 user1 能否登录。在命令行中输入下面的命令：

```
[root@hn ~]# su user1                              #切换到 user1 身份
```

输出信息如下：

```
This account is currently not available.
```

说明： 上面的输出信息是默认的提示信息。

（3）创建文件“/etc/nologin.txt”用于设置拒绝登录的提示信息。在命令行中输入下面的命令：

```
#创建 nologin.txt 文件
[root@hn ~]# echo 'Sorry!Permission denied!' > /etc/nologin.txt
```

说明：在本例中，echo 指令后面的字符串必须使用单引号引起来，否则执行会出错。

（4）再次使用 su 指令切换到 user1 身份，以验证自定义的提示信息。在命令行中输入下面的命令：

```
[root@hn ~]# su user1                          #切换到 user1 身份
```

输出信息如下：

```
Sorry!Permission denied!
```

9.20　pwconv 指令：创建用户影子文件

【语　　法】 pwconv　★★☆☆☆

【功能介绍】 pwconv 指令基于用户密码文件/etc/passwd 创建用户影子文件/etc/shadow。

【经验技巧】

- 老的 Linux 系统会把加密的用户密码存放在用户密码文件/etc/passwd 中。但是此文件任何用户都是可读的，存在安全隐患。使用 pwconv 指令可以将用户密码转移到影子文件/etc/shadow 中，而此文件只有 root 用户具有可读权限，可以增强系统的安全性。
- 较新的 Linux 发行版默认都启用了用户密码影子文件，所以不需要使用 pwconv 指令手动设置。

【示例 9.23】 使用 pwconv 指令创建用户影子文件。在命令行中输入下面的命令：

```
[root@hn ~]# pwconv                            #创建用户影子文件
```

说明：本例只是为了演示 pwconv 指令的用法，在真实的 Linux 环境中是不需要使用 pwconv 指令的，因为现在的 Linux 发行版默认激活了用户影子文件。

【相关指令】 pwunconv

9.21　pwunconv 指令：还原用户密码到 passwd 文件中

【语　　法】pwunconv　★★★☆☆

【功能介绍】pwunconv 指令将用户密码影子文件/etc/shadow 还原到用户文件/etc/passwd 中。

【经验技巧】较新版本的 Linux 发行版默认都启用了用户密码影子文件，此文件只有 root 用户具有读权限，可以提高系统的安全性。使用 pwunconv 指令后，用户密码将会保存在用户密码文件中，此文件任何用户都可读，存在安全隐患，因此不推荐使用 pwunconv 指令。

【示例 9.24】还原组密码到 group 文件，具体步骤如下。

（1）较新版本的 Linux 系统都把组密码放到了影子文件/etc/gshadow 中，在组文件中不存放组密码。首先使用 cat 指令查看这两个文件中的 ttt 用户信息，在命令行中输入下面的命令：

```
[root@hn ~]# cat /etc/passwd | grep ttt ; cat /etc/shadow
| grep ttt                     #查看用户文件和影子文件中的 ttt 用户信息
```

说明：在本例中，使用 cat 指令显示文本文件的信息，使用 grep 过滤需要的内容，使用“; ”将两条 Linux 指令放到一行执行。

输出信息如下：

```
ttt:x:10007:10007::/home/ttt:/bin/bash
ttt:$1$04fncdAQ$mdQtdEGdjUcIdfNPVAfDb.:14451:0:99999:7:::
```

说明：在上面的输出信息中，第一行为用户密码文件中 ttt 用户的信息，第二行为影子文件中 ttt 用户的信息。可以看到，第二行中存放了加密的用户密码。

（2）使用 pwunconv 指令还原用户密码到用户密码文件/etc/passwd 中。在命令行中输入下面的命令：

```
[root@hn ~]# pwunconv              #还原用户密码到用户密码文件中
```

（3）使用 cat 指令查看用户密码文件中 ttt 用户的信息。在命令行中输入下面的命令：

```
#显示用户密码文件中 ttt 用户的信息
[root@hn ~]# cat /etc/passwd | grep ttt
```

输出信息如下：

```
ttt:$1$04fncdAQ$mdQtdEGdjUcIdfNPVAfDb.:10007:10007::/home/ttt:
/bin/bash
```

【相关指令】grpunconv

9.22　grpconv 指令：创建组影子文件

【语　　法】grpconv　★★☆☆☆

【功能介绍】grpconv 指令基于工作组文件/etc/group 创建组影子文件/etc/gshadow。

【经验技巧】

- 老的 Linux 系统会把加密的组密码存放在组文件/etc/group 中，但是此文件任何用户都是可读的，存在安全隐患。使用 grpconv 指令可以将组密码转移到组影子文件/etc/gshadow 中，而此文件只有 root 用户具有可读权限，可以增强系统的安全性。
- 较新的 Linux 发行版默认都启用了组密码影子文件，所以不需使用 grpconv 指令手动设置。

【示例 9.25】使用 grpconv 指令创建工作组影子文件。在命令行中输入下面的命令：

```
[root@hn ~]# grpconv                                    #创建组影子文件
```

说明：本例只是为了演示 grpconv 指令的用法，在真实的 Linux 环境中是不需要使用 grpconv 指令的，因为现在的 Linux 发行版默认激活了组影子文件。

【相关指令】grpunconv

9.23　grpunconv 指令：还原组密码到 group 文件中

【语　　法】grpunconv　★★★☆☆

【功能介绍】grpunconv 指令将组密码从组影子文件/etc/gshadow 中还原到组文件/etc/group 中。

【经验技巧】较新的 Linux 发行版默认都启用了组密码影子文件，此文件只有 root 具有读权限，可以提高系统的安全性。使用 grpunconv 指令后，组密码将会保存在组文件中，此文件任何用户都可读，存在安全隐患，不推荐使用 grpunconv 指令。

【示例 9.26】还原组密码到 group 文件中，具体步骤如下。

（1）较新版本的 Linux 系统都把组密码放到了组影子文件/etc/gshadow 中，在组文件中不存放组密码。首先使用 cat 指令查看这两个文件中 ttt 组的信息。

在命令行中输入下面的命令：

```
[root@hn ~]# cat /etc/group | grep ttt  ;  cat /etc/gshadow |grep
ttt                                 #查看组文件和组影子文件中的 ttt 组的信息
```

说明：在本例中，使用 cat 指令显示文本文件的信息，使用 grep 过滤需要的内容，使用“; ”将两条 Linux 指令放到一行执行。

输出信息如下：

```
ttt:x:1000:
ttt:$1$SnMVWEj5$15GYlhFWtibVXWdrz0NGm/::
```

说明：在上面的输出信息中，第一行为组文件中 ttt 组的信息，第二行为组影子文件中 ttt 组的信息。可以看到，第二行中存放了加密的组密码。

（2）使用 grpunconv 指令还原组密码到组文件/etc/group 中。在命令行中输入下面的命令：

```
[root@hn ~]# grpunconv                         #还原组密码到组文件中
```

（3）使用 cat 指令查看组文件中 ttt 组的信息。在命令行中输入下面的命令：

```
[root@hn ~]# cat /etc/group |grep ttt    #显示组文件中 ttt 组的信息
```

输出信息如下：

```
ttt:$1$SnMVWEj5$15GYlhFWtibVXWdrz0NGm/:1000:
```

【相关指令】grpunconv

9.24　习　　题

一、填空题

1．Linux 是一款________、________的操作系统，拥有完善的多用户管理机制。

2．passwd 指令用于设置用户的认证信息，包括________、________等。

3．groupdel 指令用于删除指定的工作组。该指令主要修改的系统文件为________和________。

二、选择题

1．使用 useradd 命令创建新用户时，使用（　　）选项设置用户 ID。

A．-b　　B．-d　　C．-g　　D．-u

2．下面的（　　）指令用来验证密码文件的完整性。

A．pwck　　B．grpck　　C．passwd　　D．usermod

3．使用 usermod 指令修改用户信息时，（　　）选项用来修改用户的宿主目录。

A．-a　　B．-c　　C．-d　　D．-e

三、判断题

1．使用 useradd 命令创建的新用户，必须使用 passwd 指令设置密码后才能够登录系统。（　　）

2．使用 passwd 指令锁定的用户将无法登录系统。（　　）

3．使用 su 指令切换用户身份时必须提供用户密码。（　　）

四、操作题

1．创建一个用户 user1 并指定用户 ID 为 1200。

2．为用户 user1 设置密码并切换到 user1 用户。

3．查看用户 user1 的详细信息。

第10章 硬件管理

经过多年的发展，Linux 已经能够支持几乎所有的新硬件。Linux 不但提供了基于图形界面的硬件配置和管理工具，而且提供了众多硬件配置和管理相关的指令。利用这些指令可以实现图形界面无法启动或者在图形界面中无法完成的硬件管理任务。本章将介绍 Linux 中与硬件相关的指令。

10.1 arch 指令：显示主机架构类型

【语　　法】 arch ★★★★☆

【功能介绍】 arch 指令用于显示当前主机的硬件架构类型，输出结果可能为 i386、i486、i586、i686、x86_64、ppc、spac、arm、m68k、mips 和 alpha。

【经验技巧】

- 因为 CPU 的架构直接决定主机的架构类型，所以这里的架构也就是 CPU 的架构。
- 使用 uname 指令的-m 选项也可以显示主机的硬件架构。

【示例 10.1】 使用 arch 指令显示当前主机的硬件架构。在命令行中输入下面的命令：

```
[root@hn ~]# arch                                    #显示硬件架构
```

输出信息如下：

```
x86_64
```

【相关指令】 uname

10.2 eject 指令：弹出可移动的媒体

【语　　法】 eject [选项] [参数] ★★★★★

【功能介绍】 eject 指令用于弹出与主机连接的移动存储媒体（如光盘、软盘、磁带、JAZ 或 ZIP 压缩磁盘）。

【选项说明】

选　　项	功　　能
-h	显示指令选项的帮助信息（help）

续表

选　　项	功　　能
-v	使指令工作在verbose模式下，显示指令执行的详细信息
-d	列出默认的设备（device）名称
-x <光驱倍速>	指定光驱限速，如8表示光驱工作在8倍速。如果是0，则表示使用光驱的最大速率。此选项可单独使用，或者与-t和-o选项连用
-X	检测光驱的可用速率。其输出信息是可以被-x使用的光驱速率列表
-n	仅显示被选择的设备名称，并不做其他操作
-r	设定要弹出的设备使用的命令为CD-ROM弹出命令
-s	设定要弹出的设备使用的命令为SCSI命令
-f	设定要弹出的设备使用的命令为软盘（floppy）弹出命令
-q	设定要弹出的设备使用的命令为磁带驱动离线命令

【参数说明】

参　　数	功　　能
设备名	指定弹出的设备名称，可以是完整的设备文件名称和加载点

【经验技巧】

- 如果忽略 eject 指令的设备名参数，则默认使用 cdrom，即默认弹出的设备是光驱。
- 如果要弹出的设备已经被加载，则在弹出设备之前，eject 指令会自动完成卸载操作（umount）。

【示例 10.2】显示默认的设备名称。在命令行中输入下面的命令：

```
[root@hn ~]# eject -d                    #显示默认的设备名称
```

输出信息如下：

```
eject: default device: 'cdrom'
```

【示例 10.3】卸载并弹出光驱，具体步骤如下。

（1）使用 eject 指令在弹出光驱时自动完成卸载操作。使用 mount 指令查看当前已经加载的文件系统。在命令行中输入下面的命令：

```
[root@hn ~]# mount                       #显示当前已加载的文件系统列表
```

输出信息如下：

```
/dev/sda1 on / type ext3 (rw)
......省略部分输出内容......
sunrpc on /var/lib/nfs/rpc_pipefs type rpc_pipefs (rw)
/dev/hdc on /mnt type iso9660 (ro)
```

说明：上面输出信息的最后一行表示，光驱对应的设备文件/dev/hdc 被加载到了/mnt 目录下。

（2）使用 eject 指令弹出光驱。在命令行中输入下面的命令：

```
[root@hn ~]# eject    cdrom          #弹出光驱
```

（3）再次使用 mount 指令查看当前已经加载的文件系统。在命令行中输入下面的命令：

```
[root@hn ~]# mount                   #显示当前已加载的文件系统列表
```

输出信息如下：

```
/dev/sda1 on / type ext3 (rw)
......省略部分输出内容......
sunrpc on /var/lib/nfs/rpc_pipefs type rpc_pipefs (rw)
```

说明：上面的输出信息中已经没有光驱的加载信息，光驱在弹出光盘时已自动卸载。

【相关指令】volname

10.3　lsusb 指令：显示 USB 设备列表

【语　　法】lsusb [选项]　★★★★★

【功能介绍】lsusb 指令用于显示本机的 USB 设备列表以及 USB 设备的详细信息。

【选项说明】

选　　项	功　　能
-v	显示USB设备的详细（verbose）信息
-s <总线:设备号>	仅显示指定（specified）总线和（或）设备号的设备
-d <厂商:产品>	仅显示指定厂商和产品编号的设备（device）。厂商和产品编号为十六进制数
-D	不扫描/proc/bus/usb目录，只显示给定设备文件的设备（device）信息。设备文件的格式类似/proc/bus/usb/001/001。此选项与–v选项类似，都可以显示设备的细节信息，但需要具有root用户权限
-t	以树形（tree）结构显示物理USB设备的层次
-V	显示指令的版本信息（version）

【经验技巧】lsusb 指令显示的 USB 设备信息来自/proc/bus/usb 目录下的对应文件。

【示例 10.4】使用 lsusb 指令显示主机中的 USB 设备。在命令行中输入下面的命令：

```
[root@localhost ~]# lsusb                    #显示 USB 设备列表
```

输出信息如下：

```
Bus 005 Device 001: ID 0000:0000
......省略部分输出内容......
Bus 001 Device 003: ID 413c:a005 Dell Computer Corp.
```

【示例 10.5】使用 lsusb 指令以树形结构显示 USB 设备的层次关系。在命令行中输入下面的命令：

```
[root@localhost ~]# lsusb -t                 #显示 USB 设备的树形层次关系
```

输出信息如下：

```
Bus#  5
......省略部分输出内容......
    '-Dev#   5 Vendor 0x0b97 Product 0x7762
```

【相关指令】lspci

10.4　lspci 指令：显示 PCI 设备列表

【语　　法】lspci [选项]　　★★★★★

【功能介绍】lspci 指令用于显示当前主机的所有 PCI 总线信息，以及所有已连接的 PCI 设备信息。

【选项说明】

选　　项	功　　能
-n	以数字（number）方式显示PCI厂商和设备代码
-t	以树形（tree）结构显示PCI设备的层次关系，包括所有的总线、桥、设备以及它们之间的连接状况
-b	以总线（bus）为中心的视图。显示PCI卡上所有的终端号和地址
-d <厂商:设备>	仅显示给定厂商和设备（device）的信息。其中，厂商和设备编号都用十六进制数表示
-s <总线>:<插槽>.<功能>	仅显示指定（specified）总线和插槽上的设备或设备上的功能块信息。总线、插槽和功能参数都用十六进制数表示，如果省略则表示所有设备（如“0:”表示在0号总线上的所有设备；“0.3”表示所有总线上0号设备的第3个功能块；“.4”表示仅显示每个设备上的第4个功能块）
-i <文件>	指定PCI编号列表文件，取代（instead of）默认的“/usr/share/hwdata/pci.ids”文件
-m	以机器（machine）可读方式显示PCI设备信息

【经验技巧】lspci 指令显示的硬件信息来自/proc/bus/pci/目录下的文件。

【示例 10.6】使用 lspci 指令显示当前主机的 PCI 总线及 PCI 设备信息。

在命令行中输入下面的命令：

```
[root@localhost ~]# lspci                    #显示 PCI 设备信息
```

输出信息如下：

```
00:00.0 Host bridge: Intel Corporation Mobile 945GM/PM/GMS,
943/940GML and 945GT Express Memory Controller Hub (rev 03)
......省略部分输出内容......
09:00.0 Ethernet controller: Broadcom Corporation NetXtreme
BCM5752 Gigabit Ethernet PCI Express (rev 02)
0c:00.0 Network controller: Broadcom Corporation BCM94311MCG wlan
mini-PCI (rev 01)
```

【示例 10.7】使用 lspci 指令的-t 选项，以树形结构显示所有 PCI 设备的层次关系。在命令行中输入下面的命令：

```
[root@localhost ~]# lspci -t       #以树形结构显示 PCI 设备的层次关系
```

输出信息如下：

```
-[0000:00]-+-00.0
           +-01.0-[0000:01]----00.0
......省略部分输出内容......
           \-1f.3
```

【相关指令】lsusb

10.5　setpci 指令：配置 PCI 设备

【语　　法】setpci [选项] [参数]　　★★★★☆

【功能介绍】setpci 指令是一个查询和配置 PCI 设备的实用工具。指令中使用的数字都是十六进制数。

【选项说明】

选　　项	功　　能
-v	显示指令执行的细节（verbose）信息
-f	当没有任何操作需要完成时，不显示任何信息
-D	测试（test）模式，不会真正将配置信息写入寄存器
-d <厂商:设备>	仅显示给定厂商和设备（device）的信息。其中厂商和设备编号都用十六进制数表示
-s <总线>:<插槽>.<功能>	仅显示指定（specified）总线、插槽上的设备或设备上的功能块信息。总线、插槽和功能参数都用十六进制数表示，如果省略则表示所有设备（如“0: ”表示在0号总线上的所有设备；“0.3”表示所有总线上0号设备的第3个功能块；“.4”表示仅显示每个设备上的第4个功能块）

【参数说明】

参　　数	功　　能
PCI设备	指定要配置的PCI设备
操作	指定要完成的配置操作

【经验技巧】

- 由于setpci指令需要修改硬件的配置参数，所以必须具有root用户权限。
- 在使用 setpci 指令配置 PCI 设备之前，为了防止误操作导致操作系统出现问题，通常先使用 setpci -vD 指令查看 setpci 指令操作的过程。

【示例 10.8】 使用 setpci 指令设置所有 PCI 设备的计时器为十六进制 40。在命令行中输入下面的命令：

```
[root@www1 ~]# setpci -d *:* latency_timer=40  #设置 PCI 设备定时器
```

【相关指令】 lspci

10.6　hwclock 指令：查询与设置硬件时钟

【语　　法】 hwclock [选项]　★★★★☆

【功能介绍】 hwclock 指令是一个硬件时钟访问工具，它可以显示硬件时钟的当前时间、设置硬件时钟的时间、将硬件时钟设置为系统时间，以及将系统时间设置为硬件时钟的时间。

【选项说明】

选　　项	功　　能
--show	读取硬件时钟并且显示到标准输出。时间的格式为本地时间格式
--set	将硬件时钟设置为由--date选项指定的值
--hctosys	设置系统时间为硬件时钟
--systohc	设置硬件时钟为系统时间
--getepoch	读取内核中的纪元，仅对alpha系统有效
--setepoch	设置内核中的纪元，仅对alpha系统有效
--date=<日期时间>	设置硬件时钟的日期时间，必须与--set指令一起使用，否则将被忽略

【经验技巧】

- Linux 中将时钟分为系统时钟（System Clock）和硬件时钟（Real Time Clock，RTC）。系统时钟是指当前 Linux 内核中的时钟，而硬件时钟则是主板上的硬件时钟。这两个时钟异步运行，互不影响。使用 date 指令可以设置系统时钟，使用 hwclock 指令可以设置硬件时钟。

❑ clock 指令的功能与 hwclock 的功能相同，选项和参数基本一致。

【示例 10.9】 使用 hwclock 显示当前的硬件时钟。在命令行中输入下面的命令：

```
[root@hn ~]# hwclock                              #显示当前的硬件时钟
```

输出信息如下：

```
2023-05-29 14:46:54.825300+08:00
```

【示例 10.10】 使用 date 指令修改完系统日期时间后，为了使硬件时钟与系统时钟同步，可以使用 hwclock 指令的--systohc 选项。在命令行中输入下面的命令：

```
[root@hn ~]# hwclock --systohc                    #同步硬件时钟为系统时钟
```

【示例 10.11】 同时使用 hwclock 指令的--set 选项和--date 选项设置硬件时钟。在命令行中输入下面的命令：

```
#设置硬件时钟
[root@hn ~]# hwclock --set --date="2024-06-01 16:45:05"
```

说明： 上面的指令将硬件时钟设置为“2024 年 6 月 1 日　16 点 45 分 05 秒”。

【相关指令】 date，clock

10.7　systool 指令：查看系统中的设备信息

【语　　法】 systool [选项] [参数]　★★★★★

【功能介绍】 systool 指令基于总线、类和拓扑显示系统中设备的信息。

【选项说明】

选　项	功　能
-a	显示被请求资源的属性（attribute）
-b <总线>	显示指定总线（bus）的信息
-c <class>	显示指定类（class）的信息
-d	仅显示设备（device）
-h	显示指令的帮助信息（help）
-m <模块名称>	显示指定模块（module）的信息
-p	显示资源的sysfs绝对路径（path）
-v	显示所有属性和值（value）
-A <属性>	显示请求资源的属性值（attribute value）
-D	仅显示驱动程序信息（driver）
-P	显示设备的父类（parent）

【参数说明】

参 数	功 能
设备	指定要查看信息的设备名称。设备名称需要结合具体的选项，如指令systool -b usb可以显示所有的USB设备

【经验技巧】不带任何选项和参数的 systool 指令将显示系统中所有可用的总线类型、设备类别和 root 设备。-b、-c 和-m 选项需要的参数可以通过这种方式来查询。

【示例 10.12】显示 USB 总线信息，具体步骤如下。

（1）使用 systool 指令显示系统的 USB 总线信息。在命令行中输入下面的命令：

```
[root@hn ~]# systool -b usb                    #显示 USB 总线信息
```

输出信息如下：

```
Bus = "usb"
......省略部分输出内容......
  Device = "usb2"
```

（2）以绝对路径方式显示 USB 总线的驱动程序信息。在命令行中输入下面的命令：

```
[root@hn ~]# systool -D -p -b usb              #显示 USB 驱动程序
```

说明：本例中，-D 和-p 选项分别表示显示驱动程序信息和使用绝对路径进行显示。

输出信息如下：

```
Bus = "usb"
  Driver = "hiddev"
  Driver path = "/sys/bus/usb/drivers/hiddev"
......省略部分输出内容......
      Device = "usb2"
      Device path = "/sys/devices/pci0000:00/0000: 00:
      11.0/0000:02:00.0/usb2"
```

10.8 习 题

一、填空题

1．eject 默认使用的设备名为________。

2．lsusb 指令显示的 USB 设备信息来自________目录下的对应文件。

3．lspci 指令显示的硬件信息来自________目录下的对应文件。

二、选择题

1．hwclock 指令的（　　）选项用来显示硬件时钟。

A．--show　　B．--set　　C．--hctosys　　D．--systohc

2．systool 指令的（　　）选项用来显示系统的 USB 总线。

A．-a　　B．-b　　C．-c　　D．-d

3．lspci 指令的（　　）选项以树形结构显示 PCI 设备的层次关系。

A．-n　　B．-t　　C．-b　　D．-d

三、操作题

1．查看当前计算机的硬件架构类型。

2．查看当前系统中的 USB 设备列表。

3．查看当前系统的硬件时钟。

第 11 章　磁 盘 管 理

磁盘管理是操作系统的重要功能。Linux 提供了众多的磁盘管理工具，利用这些工具可以满足系统管理员对磁盘的各种操作需求。本章介绍的磁盘管理指令包括磁盘分区、磁盘引导和 LVM 逻辑卷管理等。

11.1　df 指令：报告磁盘空间的使用情况

【语　　法】 df [选项] [参数]　★★★★★

【功能介绍】 df 指令用于显示磁盘分区上可用的磁盘空间。默认的显示单位为 KB。

【选项说明】

选　项	功　能
-a	显示所有（all）文件系统，包括伪文件系统
-B <块大小>	指定显示的块（block）大小
-h	以容易阅读（human readable）的方式显示磁盘空间的使用情况
-H	与-h选项相似，但是以1000B为换算单位，而非1024B
-i	用索引节点（inode）信息代替磁盘块信息
-k	指定块大小为1KB
-l	仅列出本地（local）文件系统的磁盘空间使用情况
-no-sync	获取磁盘空间使用情况前不执行磁盘同步操作。默认选项
--sync	获取磁盘空间使用情况前执行磁盘同步操作
-t <文件系统类型>	仅列出指定文件系统类型（type）的磁盘空间使用情况
-T	输出文件系统类型（type）
-x <文件系统类型>	不列出指定文件系统类型的磁盘空间使用情况

【参数说明】

参　数	功　能
文件	指定文件系统上的文件

【经验技巧】 如果不指定文件参数，则 df 指令显示所有磁盘分区的使用情况。如果指定了文件参数，则仅显示给定文件所在分区的磁盘空间使用情况。

【示例 11.1】 显示磁盘空间的使用情况，具体步骤如下。

（1）使用 df 指令显示所有磁盘分区的磁盘空间使用情况。在命令行中输入下面的命令：

```
[root@www1 ~]# df                          #显示磁盘分区的使用情况
```

输出信息如下：

```
Filesystem       1K-blocks      Used Available Use% Mounted on
/dev/sda1          29753556   4875484  23342260  18% /
......省略部分输出内容......
/dev/sdb1          70691548  25675948  41424676  39% /sdb1
```

（2）显示给定文件所在分区的磁盘空间使用情况。在命令行中输入下面的命令：

```
#显示指定文件所在分区的磁盘空间使用情况
[root@www1 ~]# df /etc/hosts
```

说明： 本例显示了文件/etc/hosts 所在分区的磁盘空间使用情况。

输出信息如下：

```
Filesystem           1K-blocks      Used Available Use% Mounted on
/dev/sda1             29753556   4875484  23342260  18% /
```

【示例 11.2】 定制 df 指令的输出。

默认情况下，df 指令的输出信息不易阅读，而且不包括文件系统类型。本例使用-h 和-T 选项对其输出格式进行定制。在命令行中输入下面的命令：

```
[root@www1 ~]# df -T -h                    #定制 df 的输出格式
```

说明： 在本例中，使用-T 选项显示文件系统类型，使用-h 选项使输出信息更易阅读。

输出信息如下：

```
Filesystem    Type    Size  Used Avail Use% Mounted on
/dev/sda1     ext4     29G  4.7G   23G  18% /
......省略部分输出内容......
/dev/sdb1     ext4     68G   25G   40G  39% /sdb1
```

11.2　fdisk 指令：Linux 磁盘分区工具

【语　　法】 fdisk [选项] [参数]　　★★★★★

【功能介绍】 fdisk 指令是 Linux 通用的磁盘分区工具，它可以操纵磁盘分区表，完成对磁盘分区的各种操作。

【选项说明】

选　　项	功　　能
-l	显示所有磁盘的分区列表（list）
-b <扇区大小>	指定磁盘的扇区大小。可用的值为512、1024或2048
-C <柱面数>	指定磁盘的柱面（cylinder）数
-H <磁头数>	指定磁盘的磁头（head）数
-S	指定磁盘中每个磁道的扇区（sector）数
-u	列出分区表时使用扇区大小代替柱面
-s <分区>	显示指定分区的大小（size），即磁盘块数

【参数说明】

参　　数	功　　能
设备文件	指定显示的分区或者要进行分区的磁盘设备文件

【经验技巧】

- fdisk 指令不支持 GUID 分区表（GPT），如果使用 GPT 分区，则使用 parted 指令。
- 使用 fdisk 指令进行磁盘分区时，需要借助 fdisk 指令的内部命令完成分区的所有操作，请参看典型示例。
- 使用 fdisk 指令进行磁盘分区时，在执行 w 命令之前并不会真正修改磁盘分区列表。

【示例 11.3】显示磁盘分区列表，具体步骤如下。

（1）使用 fdisk 指令的-l 选项显示可用的磁盘分区列表，如果不指定磁盘对应的设备文件，则显示当前系统中所有磁盘的分区列表。在命令行中输入下面的命令：

```
[root@www1 ~]# fdisk -l                    #显示所有磁盘的分区列表
```

输出信息如下：

```
Disk /dev/sda: 73.5 GB, 73543163904 bytes
255 heads, 63 sectors/track, 8941 cylinders
Units = cylinders of 16065 * 512 = 8225280 bytes
   Device Boot   Start        End      Blocks   Id  System
/dev/sda1   *        1       3824    30716248+  83  Linux
......省略部分输出内容......
Disk /dev/sdc: 586.1 GB, 586187538432 bytes
255 heads, 63 sectors/track, 71266 cylinders
Units = cylinders of 16065 * 512 = 8225280 bytes
   Device Boot    Start        End      Blocks   Id  System
/dev/sdc1   *        1      71266   572444113+  83  Linux
```

说明：本例显示了当前Linux系统中存在的所有磁盘的分区列表。

(2)如果仅希望显示某个磁盘的分区列表，则在命令行中输入下面的命令：

```
[root@www1 ~]# fdisk -l /dev/sdc     #显示指定磁盘的分区列表
```

输出信息如下：

```
Disk /dev/sdc: 586.1 GB, 586187538432 bytes
255 heads, 63 sectors/track, 71266 cylinders
Units = cylinders of 16065 * 512 = 8225280 bytes
   Device Boot   Start        End     Blocks   Id  System
/dev/sdc1   *        1      71266   572444113+  83  Linux
```

【示例11.4】使用fdisk指令进行磁盘分区，具体步骤如下。

（1）fdisk指令内置了丰富的内部命令，用来完成磁盘分区的整个操作。进入fdisk指令的交互式模式。在命令行中输入下面的命令：

```
[root@hn ~]# fdisk /dev/sdb           #对磁盘/dev/sdb进行分区
```

输出信息如下：

```
The number of cylinders for this disk is set to 1044.
......省略部分输出内容......
Command (m for help):
```

说明：在上面的输出信息中，“Command（m for help):”为fdisk指令的提示符，所有的fdisk内部命令都在此提示符后输入。

（2）fdisk指令的内部命令较多，在其提示符后使用m命令可以显示所有可用的内部命令及其简短的功能说明。在命令行中输入下面的命令：

```
Command (m for help): m                #列出所有的内部命令及功能说明
Command action
   a   toggle a bootable flag
   b   edit bsd disklabel
......省略部分输出内容......
   w   write table to disk and exit
   x   extra functionality (experts only)
```

（3）使用n命令创建新的磁盘分区。在命令行中输入下面的命令：

```
Command (m for help): n                          #创建新的分区
Command action
   e   extended
   p   primary partition (1-4)
p                                                #创建主分区
Partition number (1-4): 1                        #指定主分区编号
First cylinder (1-1044, default 1): 1            #指定起始柱面
Last cylinder or +size or +sizeM or +sizeK (1-1044, default 1044):
+300M                                            #指定分区大小
```

（4）使用 p 命令显示分区列表。在命令行中输入下面的命令：

```
Command (m for help): p                           #显示分区列表
Disk /dev/sdb: 8589 MB, 8589934592 bytes
255 heads, 63 sectors/track, 1044 cylinders
Units = cylinders of 16065 * 512 = 8225280 bytes
   Device Boot    Start        End      Blocks   Id  System
/dev/sdb1             1         37      297171   83  Linux
```

（5）使用 w 命令保存并退出 fdisk 指令。在命令行中输入下面的命令：

```
Command (m for help): w                           #保存分区表并退出
The partition table has been altered!
Calling ioctl() to re-read partition table.
Syncing disks.
```

11.3　parted 指令：强大的磁盘分区工具

【语　　法】 parted [选项] [参数]　　★★★★★

【功能介绍】 parted 指令是由 GNU 组织开发的一款功能强的磁盘分区和调整分区大小的工具。它可以创建分区、删除分区、调整分区大小、移动和拷贝分区（支持 ext2、ext3、ext4、linux-swap、fat、fat32 和 reiserfs 分区）。

【选项说明】

选　　项	功　　能
-h	显示帮助信息（help）
-s	脚本（script）模式，不提示用户
-v	显示版本号（version）

【参数说明】

参　　数	功　　能
设备	指定要分区的磁盘所对应的设备文件
命令	要执行的parted命令。忽略此参数时，parted指令将进入自己的提示符下并支持以下内部命令： align-check（对指定分区执行简单的检查）、help（显示命令帮助）、mklabel/mktable（为分区创建新卷标）、mkpart（创建分区）、name（设置分区的名称）、print（显示分区列表）、quit（退出parted）、rescue（挽救临近起始点和终止点遗失的分区）、resizepart（调整分区大小）、rm（删除指定的分区）、select（选择要操作的磁盘）、disk_set（改变已选设备上的标志）、disk_toggle（切换已选设备上的标志状态）、set（改变分区的状态标志）、toggle（切换分区的状态标志）、unit（设置默认的单位）、version（显示Parted的版本信息）

【经验技巧】 parted 指令目前不支持对 ext3 和 ext4 文件系统调整大小，可以使用 resize2fs 指令代替。

【示例 11.5】parted 指令不带“命令”参数时自动进入交互式模式。在命令行中输入下面的命令：

```
[root@hn ~]# parted /dev/sda                    #进入交互式模式
```

输出信息如下：

```
GNU Parted 3.4
Using /dev/sda
Welcome to GNU Parted! Type 'help' to view a list of commands.
(parted)
```

说明：在交互式模式下，需要在提示符(parted)下输入所有的分区操作命令。

【示例 11.6】使用 parted 指令的 print 命令显示磁盘分区表。在命令行中输入下面的命令：

```
[root@hn ~]# parted  /dev/sda print        #显示磁盘分区表
```

输出信息如下：

```
......省略部分输出内容......
Number  Start   End     Size    Type     File system  Flags
 1      32.3kB  10.5GB  10.5GB  primary  ext4         boot
 2      10.5GB  11.5GB  1045MB  primary  linux-swap
 3      11.5GB  11.6GB  107MB   primary  ext4
Information: Don't forget to update /etc/fstab, if necessary.
```

【示例 11.7】创建分区。

（1）使用 parted 指令的 mkpart 命令创建新的磁盘分区。在命令行中输入下面的命令：

```
#创建分区
[root@hn ~]# parted /dev/sdb mkpart primary ext4 100MB 200MB
```

说明：本例在磁盘/dev/sdb 上创建了一个空间为 100MB 的主分区。

输出信息如下：

```
Information: Don't forget to update /etc/fstab, if necessary.
```

（2）使用 parted 指令的 print 命令显示磁盘的分区表。在命令行中输入下面的命令：

```
[root@hn ~]# parted /dev/sdb print        #显示分区表
```

输出信息如下：

```
......省略部分输出内容......
Number  Start   End    Size   Type     File system  Flags
 1      100MB  200MB  100MB  primary
Information: Don't forget to update /etc/fstab, if necessary.
```

【相关指令】fdisk

11.4　mkfs 指令：创建文件系统

【语　　法】mkfs [选项] [参数]　★★★★★

【功能介绍】mkfs 指令用来在指定的设备上创建 Linux 文件系统。

【选项说明】

选　　项	功　　能
-t <文件系统类型>	指定要创建的文件系统类型（type）

【参数说明】

参　　数	功　　能
文件系统	指定要创建的文件系统对应的设备文件名

【经验技巧】

- mkfs 指令只是一个前端工具，它根据-t 选项的值调用真正的创建文件系统的指令。例如，指令 mkfs -t ext4 /dev/sda1，将调用指令 mkfs.ext4 完成真正的创建文件系统操作。
- 在 Linux 操作系统中，术语“创建文件系统”与术语“磁盘格式化”的概念相同。只有创建文件系统（或者格式化）后的磁盘分区才能够真正用来保存文件。
- 在一个已经创建过文件系统的磁盘分区上执行 mkfs 指令，将会使此磁盘分区上的所有数据被删除。创建文件系统时必须保证此文件系统没有被加载（mount），否则可能导致严重的错误。
- 在 Linux 中使用新磁盘的流程为：首先使用 fdisk 指令进行磁盘分区，然后使用 mkfs 指令进行格式化，最后使用 mount 指令加载后方可使用。

【示例 11.8】使用 mkfs 指令在磁盘分区/dev/sdb1 上创建 ext4 文件系统。

在命令行中输入下面的命令：

```
[root@hn ~]# mkfs -t ext4 -v /dev/sdb1   #创建 ext4 文件系统
```

输出信息如下：

```
mke2fs 1.46.5 (30-Dec-2021)
Filesystem label=
......省略部分输出内容......
This filesystem will be automatically checked every 31 mounts or
180 days, whichever comes first.  Use tune2fs -c or -i to override.
```

11.5　badblocks 指令：查找磁盘坏块

【语　　法】 badblocks [选项] [参数]　★★★★☆

【功能介绍】 badblocks 指令用于查找磁盘中损坏的区块。

【选项说明】

选　项	功　能
-b <块大小>	指定磁盘块（block）的大小（以B为单位），默认值为1024B
-c <每次测试的块数>	指定一次测试的磁盘块数目，默认值为64
-f	强制（force）进行磁盘坏块检查
-i <文件>	从给定文件（input file）中读入已知的磁盘坏块
-o <文件>	将磁盘坏块列表写入指定的文件（output file）
-p <数字>	指定重复扫描的次数，直到没有新区块被发现
-t <测试模式>	指定进行磁盘坏块检查的测试（test）模式。测试模式可以是0、ULONG_MAX-1或者random
-n	使用非破坏性（no-destructive）的读写模式
-s	显示（show）指令执行的进度
-w	使用写模式（write-mode）测试磁盘

【参数说明】

参　数	功　能
磁盘设备	指定要检查的磁盘设备对应的设备文件名
磁盘块数	指定磁盘的块数
起始块	指定检查的起始块

【经验技巧】 不要在包含有文件系统的分区上使用-w 选项，因为它会删除数据。可以使用速度较慢但是比较安全的-n 选项来代替。

【示例 11.9】 检查磁盘坏块。

使用 badblocks 指令检查磁盘/dev/sdb 的坏块，并以详细模式显示指令执行的进度。在命令行中输入下面的命令：

```
#检查磁盘坏块，并显示扫描进度和详细信息
[root@hn ~]# badblocks -s -v /dev/sdb
```

输出信息如下：

```
Checking blocks 0 to 8388608
Checking for bad blocks (read-only test): done
Pass completed, 0 bad blocks found.
```

11.6　partprobe 指令：更新磁盘分区表

【语　　法】 partprobe [选项] [参数]　　★★★★☆

【功能介绍】 partprobe 指令用于当磁盘分区发生改变时，更新 Linux 内核读取的磁盘分区表。

【选项说明】

选　　项	功　　能
-d	不更新内核
-s	显示摘要（summary）和分区

【参数说明】

参　　数	功　　能
设备	指定需要改变的磁盘对应的设备文件

【经验技巧】 Linux 系统在启动时先读取磁盘分区表，如果在使用的过程中对磁盘分区进行了调整（如创建新分区），则需要重新启动系统，以使 Linux 内核重新读取新的分区表；否则，新的磁盘分区将无法被内核识别。使用 partprobe 指令可以在不重启系统的前提下更新内核中的磁盘分区表。

【示例 11.10】 创建新的分区后，使用 partprobe 指令更新分区表。在命令行中输入下面的命令：

```
[root@hn ~]# partprobe                          #更新分区表
```

11.7　convertquota 指令：将老格式的磁盘配额数据文件转换为新格式

【语　　法】 convertquota [选项] [参数]　　★★★☆☆

【功能介绍】 convertquota 指令用于将老格式的磁盘配额数据文件（quota.user 和 quota.group）转换为新格式的文件（aquota.user 和 aquota.group）。

【选项说明】

选　　项	功　　能
-u	仅转换用户（user）的磁盘配额数据文件。默认选项
-g	仅转换组（group）的磁盘配额数据文件
-f	将老格式的磁盘配额数据文件（file）转换为新的格式。默认选项
-e	将新文件格式从大字节序（big endian）转换为小字节序

【参数说明】

参　数	功　能
文件系统	指定要转换磁盘配额数据文件格式的文件系统（磁盘分区）

【经验技巧】

- Linux 2.4 以前的内核版本使用的都是老格式的磁盘配额数据文件，Linux 2.4 以后的内核版本使用了全新的格式。如果进行内核升级，则需要使用 convertquota 指令将老格式的磁盘配额数据文件转换为新格式的数据文件。
- Linux 中的文件 aquota.user 用于保存用户的磁盘配额，文件 aquota.group 用于保存组的磁盘配额。

【示例 11.11】使用 convertquota 指令转换指定文件系统/data 的磁盘配额数据文件。在命令行中输入下面的命令：

```
#转换文件系统/data 中的用户磁盘配额文件
[root@hn ~]# convertquota -u /data
```

11.8　hdparm 指令：读取并设置磁盘参数

【语　　法】hdparm [选项] [参数]　★★★☆☆

【功能介绍】hdparm 指令提供了一个命令行接口，用于读取和设置磁盘参数（hard disk parameter）。

【选项说明】

选　项	功　能
-a	获得或设置文件系统的预读（read-ahead）扇区数
-A	激活或者关闭IDE磁盘的预读特性。通常情况下默认打开预读功能
-b	获得或者设置总线（bus）状态
-B	设置高级电源管理特性
-c	查询或者激活IDE磁盘的32位I/O支持
-C	检查当前IDE电源模式的状态
-d	关闭或者激活磁盘的DMA（直接存储器访问）功能
-E	设置CD/DVD ROM的速度
-f	同步或者刷新（flush）驱动的缓冲区
-q	显示磁盘硬件参数（柱面、磁头和扇区等）
-h	显示简要用法的帮助信息（help）
-i	显示内核驱动程序（IDE、libata）从启动/配置时存储的标识信息

续表

选　项	功　能
-r	获得或者设置驱动器的只读（read-only）标志
-W	关闭或者激活IDE驱动器的写缓冲（write-caching）特性

【参数说明】

参　数	功　能
设备文件	指定IDE驱动对应的设备文件名

【经验技巧】hdparm 指令主要用于读取和设置 IDE 接口的磁盘参数，以提高磁盘的读写性能，通常不用于 SCSI 接口的磁盘。

【示例 11.12】使用 hdparm 指令可以读取或者设置各种 IDE 驱动参数，本例演示 IDE 驱动的预读功能的设置。在命令行中输入下面的命令：

```
#激活磁盘/dev/hda 的预读功能
[root@department root]# hdparm -A 1 /dev/hda
```

说明：在本例中，1 表示激活指定的功能，如果要关闭指定的功能则使用 0。

输出信息如下：

```
/dev/hda:
 setting drive read-lookahead to 1 (on)
```

11.9　mkisofs 指令：创建光盘映像文件

【语　　法】mkisofs [选项] [参数]　　★★★★☆

【功能介绍】mkisofs 指令用于创建 ISO9660、JOLIET 和 HFS 类型的系统映像文件。

【选项说明】

选　项	功　能
-o <文件>	指定生成输出（output）的映像文件名
-A	指定光盘应用程序（application）ID
-abstract <摘要文件>	指定光盘映像文件的摘要文件
-b <引导映像文件>	指定可引导光盘的引导（boot）映像文件
-m	指定不添加到光盘映像文件的目录或文件
-R	使用Rock Ridge扩展（是对ISO-9660的扩展）并开放全部文件的读取权限
-r	使用Rock Ridge扩展并打开读权限

【参数说明】

参　　数	功　　能
路径	需要添加到映像文件中的路径

【经验技巧】光盘映像文件是与光盘介质上的文件系统完全一致的一种映像文件。使用 mkisofs 指令可以将磁盘上的指定文件或者目录添加到光盘映像文件中，再利用光盘刻录工具将其刻录到光盘介质上。

【示例 11.13】使用 mkisofs 指令将指定的目录添加到光盘映像文件中。在命令行中输入下面的命令：

```
#将指定路径添加到 iso 文件中
[root@hn ~]# mkisofs -o my-cdrom.iso /boot
```

说明：在本例中，使用-o 选项指定生成的光盘映像文件名为 my-cdrom.iso。

输出信息如下：

```
mkisofs: Symlink /boot/grub/menu.lst ignored -
continuing.
Unknown file type (unallocated) /boot/.. - ignoring and continuing.
......省略部分输出内容......
Max brk space used 0
7437 extents written (14 MB)
```

11.10　mknod 指令：创建字符或者块设备文件

【语　　法】mknod [选项] [参数]　★★★★☆

【功能介绍】mknod 指令用于创建 Linux 中的字符设备文件或块设备文件。

【选项说明】

选　　项	功　　能
-Z	设置安全的上下文
-m	设置权限模式（mode）
--help	显示帮助信息
--version	显示版本信息

【参数说明】

参　　数	功　　能
文件名	指定要创建的设备文件名
类型	指定要创建的设备文件的类型。支持的设备文件类型有b（块设备文件）、c或u（字符设备文件）和p（FIFO文件）
主设备号	指定设备文件的主设备号
次设备号	指定设备文件的次设备号

【经验技巧】Linux 系统中的设备文件都有主设备号和次设备号，主设备号表示设备类型，次设备号表示此类设备的编号。安装操作系统时已经创建了常用的设备文件。

【示例 11.14】使用 mknod 指令创建块设备文件 test。在命令行中输入下面的命令：

```
[root@hn ~]# mknod test b 8 10                #创建块设备文件 test
```

说明：本例创建的设备文件名称为 test，设备文件类型为 b，主设备号为 8，次设备号为 10。

11.11　mkswap 指令：创建交换分区或交换文件

【语　　法】mkswap [选项] [参数]　　★★★★☆

【功能介绍】mkswap 指令是 Linux 中的交换空间创建工具，它可以创建交换分区或交换文件。

【选项说明】

选　项	功　能
-c	创建交换文件前检查（check）磁盘坏块
-f	强制（force）执行操作
-p	指定使用的页（page）大小
-L	指定卷标（label）。允许使用卷标激活交换空间

【参数说明】

参　数	功　能
设备	指定交换空间对应的设备文件或交换文件

【经验技巧】

- Linux 操作系统中的虚拟内存称为交换空间，包括交换分区和交换文件。
- 可以在 Linux 操作系统中创建多个交换分区并分布在不同的磁盘上，以提高系统的性能。

【示例 11.15】创建交换分区，具体步骤如下。

（1）使用 fdisk 指令创建交换分区。在命令行中输入下面的命令：

```
[root@hn ~]# fdisk /dev/sdb                   #对磁盘/dev/sdb 进行分区
```

输出信息如下：

```
......省略部分输出内容......
Command (m for help): n                       #创建新分区
Command action
```

```
   e   extended
   p   primary partition (1-4)
p                                                #创建主分区
Partition number (1-4): 3
First cylinder (63-1044, default 63):
Using default value 63
Last cylinder or +size or +sizeM or +sizeK (63-1044, default 1044):
+100M
Command (m for help): w                          #保存修改并退出
The partition table has been altered!
Calling ioctl() to re-read partition table.
Syncing disks.
```

（2）使用 partprobe 指令更新内核中的分区表。在命令行中输入下面的命令：

```
[root@hn ~]# partprobe                           #更新内核中的磁盘分区表
```

（3）使用 mkswap 指令创建交换分区。在命令行中输入下面的命令：

```
[root@hn ~]# mkswap /dev/sdb3                    #创建交换分区
```

输出信息如下：

```
Setting up swapspace version 1, size = 106921 kB
```

11.12 blockdev 指令：在命令行调用 ioctls()函数

【语　法】 blockdev [选项] [参数] ★★★☆☆

【功能介绍】 blockdev 指令可以在命令行调用 ioctl()函数，以实现对设备的控制。

【选项说明】

选　项	功　能
-V	显示版本号（version）并退出
-q	安静（quiet）模式
-v	详细信息（verbose）模式
--setro	设置只读（set read-only）模式
--setrw	设置读写（set read-write）模式
--getro	获取只读状态（get read-only），1表示是只读，0表示非只读
--getss	获取扇区的大小（get sector size），通常为521B
--flushbufs	刷新缓冲区（flush buffers）
--rereadpt	重新读取分区表（reread partition table）

【参数说明】

参　数	功　能
设备文件名	指定要操作的磁盘设备文件名

【经验技巧】 ioctl()是 Linux 系统调用函数，通过 blockdev 指令不用编写程序即可使用 ioctl()函数的功能。

【示例 11.16】 使用 blockdev 指令的--getro 选项获得磁盘/dev/sda 的只读状态。在命令行中输入下面的命令：

```
[root@hn ~]# blockdev --getro  /dev/sda        #获取磁盘的只读状态
```

输出信息如下：

```
0
```

说明： 返回值 0 表示磁盘/dev/sda 当前工作在非只读模式下。

11.13　pvcreate 指令：创建物理卷

【语　　法】 pvcreate [选项] [参数]　★★★☆☆

【功能介绍】 pvcreate 指令用于将物理磁盘分区初始化为物理卷，以便被 LVM 使用。

【选项说明】

选　项	功　能
-f	强制（force）创建物理卷，不需要用户确认
-u	指定设备的UUID（通用唯一识别码）
-y	所有的问题都回答yes
-Z	是否利用前4个扇区

【参数说明】

参　数	功　能
物理卷	指定要创建的物理卷对应的设备文件名

【经验技巧】 要创建物理卷，必须先对磁盘进行分区，并且将磁盘分区的类型设置为 8e 后，才能使用 pvcreate 指令将分区初始化为物理卷。

【示例 11.17】 创建物理卷，具体步骤如下。

（1）使用 fdisk 指令创建 Linux-LVM 分区。在命令行中输入下面的命令：

```
[root@hn ~]# fdisk /dev/sdb                    #对磁盘/dev/sdb 进行分区
```

输出信息如下：

```
......省略部分输出内容......
Command (m for help): n                        #创建新分区
Command action
   e   extended
   p   primary partition (1-4)
```

```
p                                                   #创建主分区
Partition number (1-4): 1                           #创建第一个主分区
First cylinder (1-1044, default 1): 1               #指定起始柱面
Last cylinder or +size or +sizeM or +sizeK (1-1044, default 1044):
+100M                                               #分区大小为 100M
Command (m for help): t                             #改变分区类型
Selected partition 1
Hex code (type L to list codes): 8e
#输入 LVM 分区的编号“8e”
Changed system type of partition 1 to 8e (Linux LVM)
Command (m for help): p                             #显示分区表
Disk /dev/sdb: 8589 MB, 8589934592 bytes
255 heads, 63 sectors/track, 1044 cylinders
Units = cylinders of 16065 * 512 = 8225280 bytes
   Device Boot      Start       End      Blocks   Id  System
/dev/sdb1            1          13      104391   8e  Linux LVM
Command (m for help): w                             #保存并退出
The partition table has been altered!
Calling ioctl() to re-read partition table.
Syncing disks.
```

（2）使用 partprobe 指令更新内核中的磁盘分区表。在命令行中输入下面的命令：

```
[root@hn ~]# partprobe                         #更新内核中的磁盘分区表
```

（3）使用 pvcreate 指令将分区创建为 LVM 物理卷。在命令行中输入下面的命令：

```
[root@hn ~]# pvcreate /dev/sdb1                #将分区初始化为物理卷
```

输出信息如下：

```
  Physical volume "/dev/sdb1" successfully created
```

11.14　pvscan 指令：扫描所有磁盘的物理卷

【语　　法】pvscan [选项]　★★★☆☆

【功能介绍】pvscan 指令会扫描系统连接的所有磁盘并列出找到的物理卷列表。

【选项说明】

选　　项	功　　能
-d	调试（debug）模式
-e	仅显示属于输出（exported）卷组的物理卷
-n	仅显示不属于任何卷组的物理卷
-s	短格式（short listing）输出
-u	显示UUID

【经验技巧】使用 pvscan 指令的-n 选项可以显示磁盘中不属于任何卷组的物理卷，这些物理卷是未被使用的。

【示例 11.18】使用 pvscan 指令扫描当前系统中所有磁盘的物理卷。在命令行中输入下面的命令：

```
[root@hn ~]# pvscan                        #扫描所有磁盘的物理卷
```

输出信息如下：

```
  PV /dev/sdb1        lvm2 [101.94 MB]
  PV /dev/sdb2        lvm2 [101.98 MB]
  Total: 2 [203.92 MB] / in use: 0 [0   ] / in no VG: 2 [203.92
  MB]
```

说明：本例中输出了两个物理卷，它们不属于任何卷组，是可被利用的物理卷。

11.15　pvdisplay 指令：显示物理卷的属性

【语　　法】pvdisplay [选项] [参数]　　★★★☆☆

【功能介绍】pvdisplay 指令用于显示物理卷的详细信息，包括物理卷的名称和卷组描述符使用的空间。

【选项说明】

选　　项	功　　能
-s	以短格式（short listing）输出
-m	显示PE（物理扩展）到LV（逻辑卷）和LE（逻辑扩展）的映射（map）

【参数说明】

参　　数	功　　能
物理卷	要显示的物理卷对应的设备文件名

【经验技巧】pvdisplay 指令显示的物理卷信息包括物理卷名称、所属的卷组、物理卷大小、PE 大小、总 PE 数、可用 PE 数、已分配的 PE 数和 UUID。

【示例 11.19】使用 pvdisplay 指令显示指定的物理卷的基本信息。在命令行中输入下面的命令：

```
[root@hn ~]# pvdisplay /dev/sdb1           #显示物理卷的基本信息
```

输出信息如下：

```
  "/dev/sdb1" is a new physical volume of "101.94 MB"
  --- NEW Physical volume ---
  PV Name              /dev/sdb1
......省略部分输出内容......
  PV UUID          F0XiS2-Ghaj-Z0Mf- cdVZ-pfpk- dP9p-ifIZXN
```

11.16　pvremove 指令：删除指定的物理卷

【语　　法】pvremove [选项] [参数]　　★★★☆☆

【功能介绍】pvremove 指令用于删除一个存在的物理卷。

【选项说明】

选　　项	功　　能
-d	调试（debug）模式
-f	强制（force）删除
-y	对提问回答yes

【参数说明】

参　　数	功　　能
物理卷	指定要删除的物理卷对应的设备文件名

【经验技巧】当使用 pvremove 指令删除物理卷时，会将 LVM 分区上的物理卷信息进行删除，使其不再被视为一个物理卷。

【示例 11.20】使用 pvremove 指令删除物理卷/dev/sdb2。在命令行中输入下面的命令：

```
[root@hn ~]# pvremove /dev/sdb2                    #删除物理卷
```

输出信息如下：

```
  Labels on physical volume "/dev/sdb2" successfully wiped
```

11.17　pvck 指令：检查物理卷的元数据

【语　　法】pvck [选项] [参数]　　★★★☆☆

【功能介绍】pvck 指令用来检查物理卷上的元数据的一致性。

【选项说明】

选　　项	功　　能
C	调试（debug）模式
-v	详细信息（verbose）模式
--labelsector	指定LVM卷标所在的扇区

【参数说明】

参　　数	功　　能
物理卷	指定要检查的物理卷对应的设备文件

【经验技巧】默认情况下，物理卷的前 4 个扇区中保存的是 LVM 卷标，可以使用--labelsector 选项指定其他的位置（如数据恢复时）。

【示例 11.21】使用 pvck 指令检查物理卷/dev/sdb1。在命令行中输入下面的命令：

```
[root@hn ~]# pvck -v /dev/sdb1        #检查物理卷上的元数据
```

输出信息如下：

```
  Scanning /dev/sdb1
 Found label on /dev/sdb1, sector 1, type=LVM2 001
 Found text metadata area: offset=4096, size=192512
 Found LVM2 metadata record at offset=125952,
 size=70656, offset2=0 size2=0
```

11.18 pvchange 指令：修改物理卷的属性

【语　　法】pvchange [选项] [参数]　★★★☆☆

【功能介绍】pvchange 指令允许管理员改变物理卷的分配许可。

【选项说明】

选　项	功　能
-u	生成新的UUID
-x	是否允许分配PE

【参数说明】

参　数	功　能
物理卷	指定要修改属性的物理卷所对应的设备文件

【经验技巧】如果物理卷出现故障，那么可以使用 pvchange 指令禁止分配物理卷上的 PE。

【示例 11.22】使用 pvchange 指令禁止分配指定物理卷上的 PE。在命令行中输入下面的命令：

```
[root@hn ~]# pvchange -x n /dev/sdb1     #禁止分配/dev/sdb1 上的 PE
```

输出信息如下：

```
Physical volume "/dev/sdb1" changed
1 physical volume changed / 0 physical volumes not changed
```

11.19 pvs 指令：输出物理卷的信息报表

【语　　法】pvs [选项] [参数]　★★★☆☆

【功能介绍】pvs 指令用于输出格式化的物理卷信息报表。

【选项说明】

选　项	功　能
--noheadings	不输出标题头
--nosuffix	不输出物理卷的单位

【参数说明】

参　数	功　能
物理卷	指定要显示报表的物理卷列表

【经验技巧】使用 pvs 指令只能得到物理卷的概要信息，如果要得到更加详细的信息，则可以使用 pvdisplay 指令。

【示例 11.23】使用 pvs 指令显示系统中所有物理卷的信息报表。在命令行中输入下面的命令：

```
[root@hn ~]# pvs                              #输出物理卷的信息报表
```

输出信息如下：

```
PV         VG     Fmt  Attr PSize   PFree
/dev/sdb1  vg1000 lvm2 --   100.00M 100.00M
/dev/sdb2         lvm2 --   101.98M 101.98M
```

11.20　vgcreate 指令：创建 LVM 卷组

【语　　法】vgcreate [选项] [参数]　　★★★☆☆

【功能介绍】vgcreate 指令用于创建 LVM 卷组。

【选项说明】

选　项	功　能
-l	卷组中允许创建的最大逻辑卷（logical volumn）数
-p	卷组中允许添加的最大物理卷（physical volumn）数
-s	卷组中的物理卷的PE大小（size）

【参数说明】

参　数	功　能
卷组名	指定要创建的卷组名称
物理卷列表	指定要加入卷组中的物理卷列表

【经验技巧】卷组（Volume Group）将多个物理卷组织成一个整体，屏蔽了底层物理卷的细节。在卷组上创建逻辑卷时不用考虑具体的物理卷信息。

【示例 11.24】使用 vgcreate 指令创建卷组 vg1000 并且将物理卷/dev/sdb1 和/dev/sdb2 添加到卷组中。在命令行中输入下面的命令：

```
[root@hn ~]# vgcreate vg1000 /dev/sdb1 /dev/sdb2  #创建卷组“vg1000”
```

输出信息如下：

```
Volume group "vg1000" successfully created
```

11.21　vgscan 指令：扫描并显示系统中的卷组

【语　　法】vgscan [选项]　★★★☆☆

【功能介绍】vgscan 指令用来查找系统中存在的 LVM 卷组并显示找到的卷组列表。

【选项说明】

选　　项	功　　能
-d	调试（debug）模式
--ignorelockingfailure	忽略锁定失败的错误

【经验技巧】vgscan 指令仅显示找到的卷组名称和 LVM 元数据类型，要得到卷组的详细信息，需要使用 vgdisplay 指令。

【示例 11.25】使用 vgscan 指令扫描系统中的所有卷组。在命令行中输入下面的命令：

```
[root@hn ~]# vgscan                     #扫描并显示 LVM 卷组列表
```

输出信息如下：

```
Found volume group "vg2000" using metadata type lvm2
Found volume group "vg1000" using metadata type lvm2
```

说明：在本例中，vgscan 指令找到了两个 LVM2 卷组，分别是 vg1000 和 vg2000。

11.22　vgdisplay 指令：显示 LVM 卷组的属性

【语　　法】vgdisplay [选项] [参数]　★★★☆☆

【功能介绍】vgdisplay 指令用于显示 LVM 卷组的元数据信息。

【选项说明】

选　　项	功　　能
-A	仅显示活动（active）卷组的属性
-s	使用短格式（short listing）输出信息

【参数说明】

参 数	功 能
卷组	指令要显示属性的卷组名称

【经验技巧】如果不指定“卷组”参数，则分别显示所有卷组的属性。

【示例 11.26】使用 vgdisplay 指令显示存在的卷组 vg1000 的属性。在命令行中输入下面的命令：

```
[root@hn ~]# vgdisplay vg1000          #显示卷组 vg1000 的属性
```

输出信息如下：

```
  --- Volume group ---
  VG Name               vg1000
......省略部分输出内容......
  Free  PE / Size       50 / 200.00 MB
  VG UUID  ICprwg-ZmhA-JKYF-WYuy-jNHa-AyCN-ZS5F7B
```

11.23 vgextend 指令：向 LVM 卷组中添加物理卷

【语 法】vgextend [选项] [参数] ★★★☆☆

【功能介绍】vgextend 指令用于动态地扩展 LVM 卷组，它通过向卷组中添加物理卷来增加卷组的容量。

【选项说明】

选 项	功 能
-d	调试（debug）模式
-t	仅测试（test）

【参数说明】

参 数	功 能
卷组	指定要操作的卷组名称
物理卷列表	指定要添加到卷组中的物理卷列表

【经验技巧】LVM 卷组中的物理卷可以在使用 vgcreate 指令创建卷组时添加，也可以使用 vgextend 指令动态地添加。

【示例 11.27】使用 vgextend 指令向卷组 vg2000 中添加物理卷。在命令行中输入下面的命令：

```
#将物理卷/dev/sdb2 加入卷组 vg2000
[root@hn ~]# vgextend vg2000 /dev/sdb2
```

输出信息如下：

```
  Volume group "vg2000" successfully extended
```

11.24　vgreduce 指令：从 LVM 卷组中删除物理卷

【语　　法】 vgreduce [选项] [参数]　★★★☆☆

【功能介绍】 vgreduce 指令通过删除 LVM 卷组中的物理卷来减小卷组容量。

【选项说明】

选　项	功　能
-a	如果命令行中没有指定要删除的物理卷，则删除所有（all）的空物理卷
--removemissing	删除卷组中丢失的物理卷，使卷组恢复正常状态

【参数说明】

参　数	功　能
卷组	指定要操作的卷组名称
物理卷列表	指定要删除的物理卷列表

【经验技巧】 不能删除 LVM 卷组中剩余的最后一个物理卷。

【示例 11.28】 使用 vgreduce 指令从卷组 vg2000 中移除物理卷/dev/sdb2。在命令行中输入下面的命令：

```
#将物理卷/dev/sdb2 从卷组 vg2000 中删除
[root@hn ~]# vgreduce vg2000 /dev/sdb2
```

输出信息如下：

```
Removed "/dev/sdb2" from volume group "vg2000"
```

11.25　vgchange 指令：修改 LVM 卷组的属性

【语　　法】 vgchange [选项] [参数]　★★★☆☆

【功能介绍】 vgchange 指令用于修改 LVM 卷组的属性，设置卷组是处于活动状态或者非活动状态。

【选项说明】

选　项	功　能
-a	设置卷组的活动（active）状态

【参数说明】

参　数	功　能
卷组	指定要设置属性的卷组

【经验技巧】 处于活动状态的卷组无法被删除，必须使用 vgchange 指令将卷组设置为非活动状态后才能删除。

【示例 11.29】 使用 vgchange 指令将卷组设置为活动状态。在命令行中输入下面的命令：

```
[root@hn ~]# vgchange -ay vg1000        #将卷组 vg1000 设置为活动状态
```

输出信息如下：

```
  1 logical volume(s) in volume group "vg1000" now active
```

11.26　vgremove 指令：删除 LVM 卷组

【语　　法】 vgremove [选项] [参数]　　★★★☆☆

【功能介绍】 vgremove 指令用于删除 LVM 卷组。

【选项说明】

选　项	功　能
-f	强制（force）删除

【参数说明】

参　数	功　能
卷组	指定要删除的卷组名称

【经验技巧】 当要删除的卷组上已经创建了逻辑卷时，vgremove 指令需要进行确认，以防止误删除数据。

【示例 11.30】 使用 vgremove 指令删除 LVM 卷组 vg1000。在命令行中输入下面的命令：

```
[root@hn ~]# vgremove vg1000                #删除卷组 vg1000
```

输出信息如下：

```
  Volume group "vg1000" successfully removed
```

11.27　vgconvert 指令：转换 LVM 卷组元数据的格式

【语　　法】 vgconvert [选项] [参数]　　★★★☆☆

【功能介绍】 vgconvert 指令用于转换指定 LVM 卷组元数据的格式，通常是将 LVM1 格式的卷组转换为 LVM2 格式。

【选项说明】

选　　项	功　　能
-M	要转换的卷组元数据（metadata）的格式。其中： -M1表示转换为LVM1格式；-M2表示转换为LVM2格式

【参数说明】

参　　数	功　　能
卷组	指定要转换格式的卷组

【经验技巧】转换卷组元数据前必须保证卷组处于非活动状态，否则无法完成转换操作。

【示例 11.31】转换卷组格式，具体步骤如下。

（1）转换卷组元数据格式前，使用 vgchange 指令将卷组设置为非活动状态。在命令行中输入下面的命令：

```
[root@hn lvm]# vgchange -an vg1000        #设置卷组状态为非活动状态
```

输出信息如下：

```
 0 logical volume(s) in volume group "vg1000" now active
```

（2）使用 vgconvert 指令将卷组 vg1000 从 LVM1 格式转换为 LVM2 格式。在命令行中输入下面的命令：

```
[root@hn lvm]# vgconvert -M2 vg1000       #转换卷组为 LVM2 格式
```

输出信息如下：

```
 Volume group vg1000 successfully converted
```

（3）使用 vgchange 指令将卷组设置为活动状态。在命令行中输入下面的命令：

```
[root@hn lvm]# vgchange -ay vg1000        #设置卷组状态为活动状态
```

输出信息如下：

```
 0 logical volume(s) in volume group "vg1000" now active
```

11.28　lvcreate 指令：创建 LVM 逻辑卷

【语　　法】lvcreate [选项] [参数]　　★★★☆☆

【功能介绍】lvcreate 指令用于创建 LVM 的逻辑卷。

【选项说明】

选　　项	功　　能
-L	指定逻辑卷的大小，单位为B、KB、MB、GB
-l	指定逻辑卷的大小（LE数）

【参数说明】

参　数	功　能
逻辑卷	指定要创建的逻辑卷名称

【经验技巧】逻辑卷是创建在卷组之上的。逻辑卷对应的设备文件保存在卷组目录下。例如，在卷组 vg1000 上创建一个逻辑卷 lvol0，则此逻辑卷对应的设备文件为/dev/vg1000/lvol0。

【示例 11.32】使用 lvcreate 指令在卷组 vg1000 上创建一个 200MB 的逻辑卷。在命令行中输入下面的命令：

```
[root@hn ~]# lvcreate -L 200MB vg1000    #创建大小为 200MB 的逻辑卷
```

输出信息如下：

```
Logical volume "lvol0" created
```

说明：创建成功后，新的逻辑卷 lvol0 将通过设备文件/dev/vg1000/lvol0 进行访问。

11.29　lvscan 指令：扫描 LVM 逻辑卷

【语　　法】lvscan [选项]　★★★☆☆

【功能介绍】lvscan 指令用于扫描当前系统中存在的所有 LVM 逻辑卷。

【选项说明】

选　项	功　能
-d	调试（debug）模式

【经验技巧】使用 lvscan 指令可以发现系统中的所有逻辑卷及其对应的设备文件。

【示例 11.33】使用 lvscan 指令扫描系统中的所有逻辑卷。在命令行中输入下面的命令：

```
[root@hn ~]# lvscan                    #扫描所有的逻辑卷
```

输出信息如下：

```
ACTIVE            '/dev/vg1000/lvol0' [200.00 MB] inherit
```

11.30　lvdisplay 指令：显示 LVM 逻辑卷的属性

【语　　法】lvdisplay　★★★☆☆

【功能介绍】lvdisplay 指令用于显示 LVM 逻辑卷的空间大小、读写状态和快照信息等属性。

【参数说明】

参　数	功　能
逻辑卷	指定要显示属性的逻辑卷对应的设备文件

【经验技巧】如果省略“逻辑卷”参数，则 lvdisplay 指令显示所有的逻辑卷属性；否则仅显示指定的逻辑卷属性。

【示例 11.34】使用 lvdisplay 指令显示指定逻辑卷的属性。在命令行中输入下面的命令：

```
[root@hn ~]# lvdisplay /dev/vg1000/lvol0        #显示逻辑卷的属性
```

输出信息如下：

```
  --- Logical volume ---
  LV Name                /dev/vg1000/lvol0
......省略部分输出内容......
  Block device           253:0
```

11.31 lvextend 指令：扩展 LVM 逻辑卷的空间

【语　　法】lvextend [选项] [参数]　★★★☆☆

【功能介绍】lvextend 指令用于在线扩展逻辑卷的空间，并且不中断应用程序对逻辑卷的访问。

【选项说明】

选　项	功　能
-L	指定逻辑卷的大小，单位为B、KB、MB、GB
-l	指定逻辑卷的大小（LE数）

【参数说明】

参　数	功　能
逻辑卷	指定要扩展空间的逻辑卷

【经验技巧】使用 lvextend 指令动态在线扩展磁盘空间，整个空间扩展过程对于应用程序来说是完全透明的。

【示例 11.35】使用 lvextend 指令为逻辑卷/dev/vg1000/lvol0 增加 100MB 的空间。在命令行中输入下面的命令：

```
#为逻辑卷增加 100MB 的空间
[root@hn ~]# lvextend -L +100M /dev/vg1000/lvol0
```

输出信息如下：

```
Extending logical volume lvol0 to 300.00 MB
Logical volume lvol0 successfully resized
```

11.32　lvreduce 指令：收缩 LVM 逻辑卷的空间

【语　　法】lvreduce [选项] [参数]　★★★☆☆

【功能介绍】lvreduce 指令用于减少 LVM 逻辑卷占用的空间。

【选项说明】

选　项	功　能
-L	指定逻辑卷的大小，单位为B、KB、MB、GB
-l	指定逻辑卷的大小（LE数）

【参数说明】

参　数	功　能
逻辑卷	指定要操作的逻辑卷对应的设备文件

【经验技巧】使用 lvreduce 指令收缩逻辑卷的空间大小有可能会删除逻辑卷上已有的数据，所以在操作前必须进行确认。

【示例 11.36】使用 lvreduce 指令减少指定的逻辑卷的空间大小。在命令行中输入下面的命令：

```
#将逻辑卷的空间大小减少 50MB
[root@hn ~]# lvreduce -L -50M /dev/vg1000/lvol0
```

输出信息如下：

```
......省略部分输出内容......
Do you really want to reduce lvol0? [y/n]: y          #确认操作
  Reducing logical volume lvol0 to 252.00 MB
  Logical volume lvol0 successfully resized
```

11.33　lvremove 指令：删除 LVM 逻辑卷

【语　　法】lvremove [选项] [参数]　★★★☆☆

【功能介绍】lvremove 指令用于删除指定的 LVM 逻辑卷。

【选项说明】

选　项	功　能
-f	强制（force）删除

【参数说明】

参　数	功　能
逻辑卷	指定要删除的逻辑卷

【经验技巧】如果逻辑卷已经使用 mount 指令加载，则不能使用 lvremove 指令删除。必须使用 umount 指令卸载后，逻辑卷方可被删除。

【示例 11.37】使用 lvremove 指令删除指定的逻辑卷。在命令行中输入下面的命令：

```
[root@hn ~]# lvremove /dev/vg1000/lvol0     #删除逻辑卷 lvol0
```

输出信息如下：

```
#确认删除
Do you really want to remove active logical volume "lvol0"? [y/n]: y
  Logical volume "lvol0" successfully removed
```

11.34　lvresize 指令：调整 LVM 逻辑卷的空间

【语　　法】lvresize [选项] [参数]　★★★☆☆

【功能介绍】lvresize 指令用于调整 LVM 逻辑卷的空间大小，可以增大或缩小空间。

【选项说明】

选　项	功　能
-L	指定逻辑卷的大小，单位为kKmMgGtT字节
-l	指定逻辑卷的大小（LE数）

【参数说明】

参　数	功　能
逻辑卷	指定要调整大小的逻辑卷

【经验技巧】使用 lvresize 指令调整 LVM 逻辑卷的空间大小时需要谨慎，因为有可能导致数据丢失。

【示例 11.38】使用 lvresize 指令调整最大的 LVM 逻辑卷空间。在命令行中输入下面的命令：

```
#将逻辑卷空间增加 200MB
[root@hn ~]# lvresize -L +200M /dev/vg1000/lvol0
```

输出信息如下：

```
  Extending logical volume lvol0 to 280.00 MB
  Logical volume lvol0 successfully resized
```

11.35　习　　题

一、填空题

1．df 指令用于显示________可用的磁盘空间。

2．mkswap 指令可以用来创建________和________。

3．如果要创建物理卷必须先________，并且将磁盘分区的类型设置为________。

二、选择题

1．fdisk 指令的（　　）选项用来显示磁盘分区列表。

A．-l　　B．-b　　C．-C　　D．-u

2．下面的（　　）指令用来创建物理卷。

A．pvcreate　　B．pvscan　　C．pvdisplay　　D．pvremove

3．下面的（　　）指令用于显示 LVM 卷组属性。

A．vgcreate　　B．vgscan　　C．vgdisplay　　D．vgremove

三、判断题

1．fdisk 指令支持所有分区表。（　　）

2．在 Linux 操作系统中，只有创建文件系统后的磁盘分区才能够真正被用来保存文件。（　　）

四、操作题

1．以可读格式显示当前系统磁盘的使用情况。

2．查看当前系统中的磁盘分区表。

第 12 章　文件系统管理

文件系统管理是操作系统至关重要的核心功能，对操作系统的可用性和安全性起着重要作用。Linux 作为一款开放的操作系统，除了支持自身的文件系统外，还支持其他众多的文件系统。本章将介绍 Linux 中与文件系统管理相关的指令。

12.1　mount 指令：加载文件系统

【语　　法】mount [选项] [参数]　★★★★★

【功能介绍】mount 指令用于加载文件系统到指定的加载点。

【选项说明】

选　　项	功　　能
-V	显示版本号（version）并退出
-l	显示已加载的文件系统列表，显示ext2、ext3、ext4和XFS文件系统的卷标（labels）
-h	显示帮助信息（help）并退出
-v	冗长（verbose）模式，输出指令执行的详细信息
-n	加载没有写入文件/etc/mtab中的文件系统
-r	将文件系统加载为只读（read-only）模式
-a	加载文件/etc/fstab中描述的所有（all）文件系统

【参数说明】

参　　数	功　　能
设备文件名	指定要加载的文件系统对应的设备文件名
加载点	指定加载点的目录

【经验技巧】

- 当使用 mount 指令加载文件系统时，要求加载点（mount point）目录必须存在且为空。如果加载点目录不为空，则加载成功后加载点原目录下的文件将不能访问，直到文件系统卸载后才可以访问。
- 如果配置文件/etc/fstab 中包含有对文件系统的描述，则可以使用 mount 的简化写法“mount　加载点”，请参看示例。

- 在 Linux 系统中，对外存储器来说，使用前必须使用 mount 指令加载，使用完后必须使用 umount 指令卸载，然后才能取出存储介质。对于使用 mount 指令加载的光驱，如果不使用 umount 卸载，则无法弹出光驱托盘。

【示例 12.1】加载文件系统，具体步骤如下。

（1）使用 mount 指令加载光驱。在命令行中输入下面的命令：

```
[root@hn ~]# mount -t iso9660 /dev/cdrom /media/        #加载光驱
```

输出信息如下：

```
mount: block device /dev/cdrom is write-protected, mounting
read-only
```

（2）加载磁盘分区文件系统。在命令行中输入下面的命令：

```
[root@hn ~]# mount -t ext4 /dev/sda3 /data   #加载磁盘分区文件系统
```

说明：如果配置文件/etc/fstab 中已经包含/dev/sda3 的加载选项，则本例中的指令可以简写为 mount /data 或者 mount /dev/sda3。

【示例 12.2】使用 mount 指令的-l 选项显示所有已加载的文件系统，并且显示文件系统的卷标，在命令行中输入下面的命令：

```
[root@hn ~]# mount -l                         #显示所有已加载的文件系统
```

输出信息如下：

```
/dev/sda1 on / type ext4 (rw) [/]
proc on /proc type proc (rw)
......省略部分输出内容......
sunrpc on /var/lib/nfs/rpc_pipefs type rpc_pipefs (rw)
/dev/sda3 on /data type ext4 (rw) [/data]
```

【相关指令】umount

12.2　umount 指令：卸载文件系统

【语　　法】umount [选项] [参数]　　★★★★★

【功能介绍】umount 指令用于卸载已经加载的文件系统。

【选项说明】

选　项	功　能
-V	显示版本号（version）并退出
-h	显示帮助信息（help）并退出
-v	冗长（verbose）模式，输出指令执行的详细信息
-n	卸载没有写入/etc/mtab文件中的文件系统

续表

选　项	功　能
-r	如果卸载失败，则尝试将文件系统加载为只读（read-only）模式
-d	如果卸载的设备是回环设备（loop device），则释放此设备
-a	卸载/etc/mtab文件中描述的所有（all）文件系统
-f	强制（force）卸载

【参数说明】

参　数	功　能
文件系统	指定要卸载的文件系统或者其对应的设备文件名

【经验技巧】如果文件系统正在被访问，即使使用-f 选项，也无法通过 umount 指令进行卸载。

【示例 12.3】卸载文件系统，具体步骤如下。

（1）如果要卸载的文件系统正在被访问，则使用 umount 指令卸载时将导致报错。在命令行中输入下面的命令：

```
[root@hn data]# umount /dev/sda3                    #卸载文件系统
```

输出信息如下：

```
umount: /data: device is busy
umount: /data: device is busy
```

（2）使用 umount 指令正常卸载没有被访问的文件系统。在命令行中输入下面的命令：

```
[root@hn ~]# umount -v /dev/sda3                    #卸载文件系统
```

输出信息如下：

```
/dev/sda3 umounted
```

【相关指令】mount

12.3　xfs_admin 指令：设置 XFS 文件系统信息

【语　　法】xfs_admin [选项] [参数]　　★★★★★

【功能介绍】xfs_admin 指令用于设置 XFS 文件系统信息。

【选项说明】

选　项	功　能
-l	显示当前的文件系统卷标（label）
-u	显示当前文件系统的UUID

续表

选　　项	功　　能
-L <label>	设置文件系统的卷标（label）
-U <uuid>	设置文件系统的UUID

【参数说明】

参　　数	功　　能
文件系统	指定要修改的XFS文件系统

【经验技巧】 XFS 是一种高性能的日志文件系统。它是由 SGI 公司设计的，被称为业界最先进的文件系统。从 RHEL 7 开始，XFS 就成为 RHEL 的默认文件系统。

【示例 12.4】 设置 XFS 文件系统卷标，具体步骤如下。

（1）查看文件系统/dev/nvme0n2p1 的卷标，执行命令如下：

```
[root@localhost]# xfs_admin -l /dev/nvme0n2p1
label = ""
```

（2）设置文件系统/dev/nvme0n2p1 的卷标为 test，执行命令如下：

```
[root@localhost ~]# xfs_admin -L test /dev/nvme0n2p1
writing all SBs
new label = "test"
```

【相关指令】 mkfs.xfs

12.4　mke2fs 指令：创建 ext2、ext3 和 ext4 文件系统

【语　　法】 mke2fs [选项] [参数]　　★★★★★

【功能介绍】 mke2fs 指令用于创建磁盘分区上的 ext2/ext3/ext4 文件系统。

【选项说明】

选　　项	功　　能
-c	创建文件系统之前，进行坏块检查（check）
-E	设置文件系统的扩展（extended）选项
-F	强制执行创建文件系统操作
-g	指定一个块组（group）中块的数目
-i	指定每个索引节点（inode）的字节数
-j	创建包含ext3日志（journal）的文件系统
-J	指定ext3日志（journal）的属性

续表

选　　项	功　　能
-l	从指定文件中读取磁盘坏块信息列表（list）
-L	设置文件系统的卷标（Label）
-m	指定为超级用户保留的块的百分比
-n	不真正（do not）创建文件系统，但是显示创建文件系统要执行的操作
-q	静默（quiet）模式，此选项经常用在脚本程序中
-r	指定新的文件系统的修订号（revision）
-S	写超级块（superblock）和组描述符
-v	冗余（verbose）模式执行

【参数说明】

参　　数	功　　能
设备文件	指定要创建文件系统的分区设备文件名
块数	指定要创建的文件系统的磁盘块数量。此选项可以省略

【经验技巧】创建文件系统其实就是格式化分区，只有经过格式化的磁盘分区才能保存数据。

【示例 12.5】使用 mke2fs 指令创建 ext2 文件系统。在命令行中输入下面的命令：

```
[root@hn ~]# mke2fs  /dev/sda3  #在分区/dev/sda3 上创建ext2 文件系统
```

输出信息如下：

```
mke2fs 1.46.5 (30-Dec-2021)
Filesystem label=
OS type: Linux
Block size=1024 (log=0)
......省略部分输出内容......
This filesystem will be automatically checked every 21 mounts or
180 days, whichever comes first.  Use tune2fs -c or -i to override.
```

【相关指令】mkfs

12.5　fsck 指令：检查文件系统

【语　　法】fsck [选项] [参数]　　★★★★★

【功能介绍】fsck 指令用于检查并且试图修复文件系统中的错误。

【选项说明】

选　　项	功　　能
-s	顺序化（serialize）检查文件系统

续表

选　项	功　能
-t <文件系统类型>	指定要检查的分区的文件系统类型（type）
-A	在一次运行中检查文件/etc/fstab中的所有（all）分区
-N	仅显示需要完成的操作，并不（do not）真正执行
-P	如果使用了-A选项，则使用并行（parallel）方式检查文件系统
-R	当使用-A选项检查所有的文件系统时，跳过根（root）文件系统的检查
-T	启动时不显示标题（title）
-V	产生冗余（verbose）输出信息

【参数说明】

参　数	功　能
文件系统	指定需要检查的文件系统。可以是具体的设备文件名和加载点

【经验技巧】

- fsck 根据文件系统的类型（使用-t 选项设置文件系统类型）调用对应的文件系统检查程序，以完成文件系统检查操作。
- 当不使用-A 选项和参数时，fsck 指令依次检查文件/etc/fstab 中的所有文件系统。
- 必须保证被检查的文件系统处于卸载状态，否则可能导致文件系统发生致命的错误。

【示例 12.6】使用 fsck 指令检查 ext2 文件系统。在命令行中输入下面的命令：

```
[root@hn ~]# fsck -t ext2 -V /dev/sda3        #检查 ext2 文件系统
```

输出信息如下：

```
fsck from util-linux 2.37.4
[/sbin/fsck.ext2 (1) -- /dev/sda3] fsck.ext2 /dev/sda3
e2fsck 1.46.5 (30-Dec-2021)
newlabel: clean, 40/26208 files, 17009/104420 blocks
```

【相关指令】e2fsck

12.6　dumpe2fs 指令：显示 ext2、ext3 和 ext4 文件系统信息

【语　　法】dumpe2fs [选项] [参数]　　★★★★☆

【功能介绍】dumpe2fs 指令用于显示 ext2、ext3、ext4 文件系统的超级块

和块组信息。

【选项说明】

选　　项	功　　能
-b	显示文件系统中预留的块（block）信息
-h	仅显示超级块信息
-i	从指定的文件系统映像（image）文件中读取文件系统信息
-x	以十六进制（hexadecimal）格式显示组信息块成员

【参数说明】

参　　数	功　　能
文件系统	指定要查看信息的文件系统

【经验技巧】文件系统（或者分区）的超级块（super block）中保存了文件系统重要的信息（如索引节点数目、磁盘块数目等）。这些信息通过一般的指令是无法查看的，使用 dumpe2fs 指令可以显示完整的超级块信息。

【示例 12.7】使用 dumpe2fs 指令的-h 选项显示文件系统的超级块信息。在命令行中输入下面的命令：

```
[root@hn ~]# dumpe2fs -h  /dev/sda1                #显示分区的超级块信息
```

输出信息如下：

```
dumpe2fs 1.46.5 (30-Dec-2021)
Filesystem volume name:   /
......省略部分输出内容......
Journal backup:           inode blocks
Journal size:             128M
```

说明：超级块信息是了解文件系统特性的重要途径。

12.7　e2fsck 指令：检查 ext2、ext3 和 ext4 文件系统

【语　　法】e2fsck [选项] [参数]　　★★★★☆

【功能介绍】e2fsck 指令用于检查 ext2、ext3、ext4 文件系统的完整性，通过适当的选项可以尝试修复出现的错误。

【选项说明】

选　　项	功　　能
-a	与-p选项的功能相同，为了向后兼容

续表

选　项	功　能
-b <超级块>	用来指定超级块（super block），而不使用默认的超级块。主要应用在主超级块损坏，使用备份超级块的场景
-B <块大小>	指定文件系统的块（block）大小。正常情况下，e2fsck指令从超级块中获得块大小信息
-c	使用badblock指令对文件系统执行只读扫描，以查找损坏的磁盘块。如果发现磁盘坏块，则将坏块保留，以避免将坏块分配给文件
-d	显示调试（debug）信息
-D	优化文件系统中的目录（directory），如果文件系统支持目录索引，则重新索引文件系统目录，或者对目录进行排序、压缩，使其占用较小的空间
-E <扩展属性>	设置e2fsck指令的扩展（extended）属性（使用逗号分隔）
-f	对文件系统进行强制（force）检查，即使文件系统状态为clean
-F	开始检查文件之前刷新（flush）文件系统设备的缓冲区
-j <外部日志>	只读文件系统的外部日志（journal）路径
-k	当与-c选项连用时，保留存在的坏块列表，任何新的坏块（badbloack指令发现的坏块）将被加入到坏块列表
-n	以只读模式打开文件系统，并且假设所有的问题都回答no
-p	自动修复（repair）文件系统。如果发生错误，则需要系统管理员进行确认，该指令会给出相应的提示信息
-v	冗余（verbose）模式，输出更详细的信息
-y	对所有的问题都回答yes

【参数说明】

参　数	功　能
文件系统或者分区	指定文件系统或者分区所对应的设备文件名

【经验技巧】

- Linux 系统在开机过程中会自动调用 e2fsck 指令检查那些需要检查（分区的超级块信息 Filesystem state 不是 clean 时）的 ext2、ext3、ext4 文件系统。
- 当使用 e2fsck 检查文件系统时，必须保证文件系统是未被加载的；否则可能导致致命的错误。
- 根据 e2fsck 指令的返回值来判断指令的执行结果。常见的返回值有：0 表示没有错误；1 表示文件系统的错误被修正；2 表示文件系统的错误被修正（需要重新启动系统）；4 表示文件系统有未修正的错误；8 表示操作错误；16 表示用法或语法错误；32 表示共享库错误。

【示例 12.8】使用 e2fsck 指令检查文件系统错误。在命令行中输入下面的命令：

```
[root@hn ~]# e2fsck /dev/sda3                    #检查 ext2 文件系统
```

输出信息如下：

```
e2fsck 1.46.5 (30-Dec-2021)
/dev/sda3: clean, 40/26208 files, 17009/104420 blocks
```

说明：由于分区/dev/sda3 的文件系统状态为 clean，所以无须进行检查。

【相关指令】fsck

12.8　chattr 指令：改变文件系统的属性

【语　　法】chattr [选项] [参数]　★★★★☆

【功能介绍】chattr 指令用于在 ext2、ext3 和 ext4 文件系统中设置文件的属性，这些属性仅在 ext2、ext3、ext4 文件系统中起作用。设置文件系统属性的格式为“+-=[ASacDdIijsTtu] ”，其中，“+”和“-”表示分别表示添加和去掉相应的属性，ASacDdIijsTtu 中的每个字母都代表一个具体的文件系统属性。

【选项说明】

选　　项	功　　能
-R	使用递归（recursively）的操作方式改变目录及目录下所有文件的属性
-V	显示指令执行的详细（verbose）信息
-v	显示指令的版本信息（version）

【参数说明】

参　　数	功　　能
文件	指定要改变文件系统属性的文件

【经验技巧】

- Linux 系统中的文件具有的基本属性为读、写和执行，这些属性属于较高层次的属性，也是普通用户能够看到的属性，它与具体的文件系统类型无关。在文件系统层次上（属于较低层），文件同样具有很多属性，这些属性依赖于某个特定的文件系统。chattr 指令用来设置基于 ext2、ext3、ext4 文件系统的底层属性。
- 不同版本的 Linux 内核所实现的第二扩展文件系统属性会有细微的差别。常见的属性有：A 属性表示不修改文件的最后访问时间；a 属性表示文件只能追加内容，不能删除和修改内容；d 属性表示使用 dump 备份文件系统时，不备份具有此属性的文件；i 属性表示文件不允许被改名和删除。

【示例 12.9】改变文件的 ext2 文件系统属性，具体步骤如下。

（1）使用 lsattr 指令查看文件的第二扩展文件系统属性。在命令行中输入下面的命令：

```
[root@hn ~]# lsattr test.sh          #显示文件的第二扩展文件系统属性
```

输出信息如下：

```
------------- test.sh
```

说明：此时并未设置第二扩展文件系统的属性，所以文件名前面全部为“-”。

（2）使用 chattr 指令为文件 test.sh 添加第二扩展文件系统属性 i（该属性将使文件不可被删除，即使 root 用户也不例外）。在命令行中输入下面的命令：

```
[root@hn ~]# chattr +i test.sh       #为文件添加 i 属性
```

（3）使用 rm -f 指令删除具有 i 属性的文件时将会出错。在命令行中输入下面的命令：

```
[root@hn ~]# rm -f test.sh           #强制删除文件
```

输出信息如下：

```
rm: cannot remove 'test.sh': Operation not permitted
```

（4）再次使用 lsattr 指令查看文件的第二扩展文件系统属性。在命令行中输入下面的命令：

```
[root@hn ~]# lsattr test.sh #显示文件的第二扩展文件系统属性
```

输出信息如下：

```
----i-------- test.sh
```

说明：在本例中，使用 i 属性将文件设置为不允许任何人删除。如果要删除此文件，则必须以 root 用户身份将 i 属性去掉后才能删除。

【相关指令】lsattr

12.9　lsattr 指令：查看第二扩展文件系统的属性

【语　　法】lsattr [选项] [参数]　　★★★★☆

【功能介绍】lsattr 指令用于查看文件的第二扩展文件系统属性。

【选项说明】

选　项	功　能
-R	递归（recursively）的操作方式
-V	显示指令的版本信息（version）
-a	列出目录下的所有（all）文件，包括隐藏文件

【参数说明】

参　数	功　能
文件	指定显示文件系统属性的文件名

【经验技巧】lsattr 指令显示的文件系统属性较多，是否真正起作用还要看内核是否支持，因为不同版本的内核对文件系统属性的支持存在差异。

【示例 12.10】使用 lsattr 指令查看第二扩展文件系统的属性。在命令行中输入下面的命令：

```
[root@hn ~]# lsattr sda3    #显示 sda3 文件系统属性
```

输出信息如下：

```
----i--------- sda3
```

说明：上面的输出信息表明文件 sda3 设置了 i 属性，不允许任何人删除（包括 root 用户）。

【相关指令】chattr

12.10　mountpoint 指令：判断目录是不是加载点

【语　　法】mountpoint [选项] [参数]　★★★★★

【功能介绍】mountpoint 指令用来判断指定的目录是不是加载点。

【选项说明】

选　项	功　能
-q	不显示任何信息，保持安静（quiet）模式
-d	显示文件系统的主设备（device）号和次设备号
-x	显示块设备的主设备号和次设备号

【参数说明】

参　数	功　能
目录	指定要判断的目录

【经验技巧】 Linux 中的所有的外存储设备都必须通过目录树结构进行访问。例如，目录树中的目录可以作为磁盘分区的加载点，通过加载点目录来访问具体的磁盘分区。使用 mountpoint 指令可以检测指定的目录是否作为加载点来使用。

【示例 12.11】 判断目录是不是加载点，具体步骤如下。

（1）使用 mountpoint 指令查看指定目录是不是加载点。在命令行中输入下面的命令：

```
[root@hn ~]# mountpoint /                    #判断根目录是不是加载点
```

输出信息如下：

```
/ is a mountpoint
```

（2）判断普通目录是否为加载点。在命令行中输入下面的命令：

```
[root@hn ~]# mountpoint /var                 #判断普通目录是不是加载点
```

输出信息如下：

```
/var is not a mountpoint
```

（3）使用 mountpoint 指令的-d 选项显示加载点对应的设备的主次设备号。在命令行中输入下面的命令：

```
[root@hn ~]# mountpoint -d /                 #显示主次设备号
```

输出信息如下：

```
8:1
```

12.11　edquota 指令：编辑磁盘配额

【语　　法】 edquota [选项] [参数]　　★★★☆☆

【功能介绍】 edquota 指令用于编辑指定用户或工作组的磁盘配额。

【选项说明】

选　项	功　能
-g	设置指定工作组（group）的磁盘配额限制
-u	设置指定用户（user）的磁盘配额限制
-r	编辑非本地用户（remote）的磁盘配额（例如，使用远程过程调用RPC的磁盘配额）
-p <用户>	指定用户的磁盘配额作为模板，设置其他用户的磁盘配额
-F <格式名>	指定quota的格式（format），可选值有vfsold（quota版本1）、vfsv0（quota版本2）、rpc（基于NFS的磁盘配额）、xfs（基于XFS文件系统的磁盘配额）

续表

选　项	功　能
-f <文件系统>	指定设置磁盘配额文件系统（filesystem）。默认情况下设置所有文件系统的磁盘配额
-t	设置每个文件系统的软限制期限（time limit）
-T	设置用户或工作组的软限制期限（time limit）

【参数说明】

参　数	功　能
用户	指定要编辑的磁盘配额限制的用户名或者工作组

【经验技巧】

- edquota 指令可以修改用户和工作组的磁盘配额限制，磁盘配额分为磁盘空间限制（blocks limit）和文件数目限制（incodes limit）。
- edquota 指令自动调用 vi 编辑器对用户或工作组的磁盘配额进行设置。
- edquota 指令修改的信息保存在文件系统加载点对应的目录下，文件名为 aquota.user 和 aquota.group（老版本的文件名为 quota.user 和 quota.group）。这两个文件属于数据文件，无法使用纯文本编辑器查看和编辑。
- 设置磁盘配额时，0 表示不受限制，soft 表示可临时超过的限制数，hard 表示不能超过使用的上限值。通常设置为 soft 值<=hard 值。

【示例 12.12】使用 edquota 指令编辑指定用户的磁盘配额。在命令行中输入下面的命令：

```
[root@hn ~]# edquota lives                    #设置用户 lives 的磁盘配额
```

输出信息如下：

```
Disk quotas for user lives (uid 504):
  Filesystem blocks   soft     hard     inodes  soft hard
  /dev/sda3   37000    5242880  5242880  2993     0      0
```

说明：上面的输出信息是 edquota 指令调用 vi 编辑器后的界面，操作方式请参考 vi 编辑器的使用，修改后保存退出即可。

【示例 12.13】设置软限制期限，具体步骤如下。

（1）设置所有用户的软限制期限。在命令行中输入下面的命令：

```
[root@hn ~]# edquota -t                       #设置所有用户的软限制期限
```

输出信息如下：

```
Grace period before enforcing soft limits for users:
Time units may be: days, hours, minutes, or seconds
```

```
    Filesystem      Block grace period      Inode grace period
    /dev/sda3             7days                   7days
```

说明：宽限期限分为 Block 和 Inode 期限。时间表示方法可以是天、小时、分钟和秒，如 7days（7 天）、12hours（12 小时）、30minutes（分钟）和 180seconds（秒）。

（2）如果需要针对具体用户设置宽限期限，可以使用 edquota 的-T 选项。在命令行中输入下面的命令：

```
[root@hn ~]# edquota -T lives   #设置 lives 用户的软限制宽限期限
```

输出信息如下：

```
Times to enforce softlimit for user lives (uid 504):
Time units may be: days, hours, minutes, or seconds
  Filesystem           block grace              inode grace
  /dev/sda3              unset                     unset
```

说明：在上面的输出信息中，unset 表示设置宽限期限，时间格式请参考步骤（1）。

【相关指令】 quota

12.12　quotacheck 指令：磁盘配额检查

【语　　法】 quotacheck [选项] [参数]　　★★★☆☆

【功能介绍】 quotacheck 指令通过扫描指定的文件系统来获取磁盘的使用情况，并且可以创建、检查和修复磁盘配额（quota）文件。

【选项说明】

选　　项	功　　能
-a	扫描文件/etc/mtab中所有（all）非NFS文件系统的磁盘配额
-b	向配额文件中写入数据前进行备份（backup）
-c	不读取已存在的磁盘配额文件，而是创建（create）新配额文件
-v	报告详细（verbose）过程
-u	扫描文件/etc/mtab中文件系统的用户（user）磁盘配额
-g	扫描文件/etc/mtab中文件系统的工作组（group）磁盘配额
-f	强制（force）扫描
-M	执行remount操作失败时强制以读写模式扫描文件系统
-m	设置remount文件系统为只读模式
-i	当出现错误时，执行交互式（interactive）模式。默认情况下，如果出错，则直接退出

续表

选　项	功　能
-F <格式名>	指定quota的格式（format），可选值有vfsold（quota版本1）、vfsv0（quota版本2）、rpc（基于NFS的磁盘配额）、xfs（基于XFS文件系统的磁盘配额）
-R	与-a选项连用，所有的文件系统（除了root文件系统）都被扫描

【参数说明】

参　数	功　能
文件系统	指定要扫描的文件系统

【经验技巧】

- 只有 root 用户有权运行 quotacheck 指令。
- 当使用 quotacheck 指令扫描文件系统时，quotacheck 指令首先将文件系统重新加载为只读模式，以防止在扫描过程中发生磁盘写操作而导致系统出错的问题。因此在执行 quotacheck 指令前要确保文件系统没有被使用，否则执行将会失败。

【示例 12.14】配置磁盘配额，具体步骤如下。

（1）编辑配置文件/etc/fstab，激活指定分区（或文件系统）的磁盘配额选项（使每次开机都激活磁盘配额功能），使用 cat 指令显示修改后的文件内容。在命令行中输入下面的命令：

```
[root@hn ~]# cat /etc/fstab                    #显示文本文件的内容
```

输出信息如下：

```
LABEL=/             /           ext4    defaults          1 1
......省略部分输出内容......
LABEL=/data  /data        ext4    defaults,usrquota      1 2
```

说明：本例设置了/data 文件系统的磁盘配额。在/data 文件系统的加载选项中添加 usrquota（注意：逗号前后没有任何空白字符。这里仅设置用户磁盘配额，如果要设置工作组磁盘配额则使用 grpquota）。

（2）重新启动系统（使用 reboot 指令）或者重新加载/data 文件系统，以打开文件系统的用户磁盘配额功能。这里使用 mount 指令重新加载/data 文件系统。在命令行中输入下面的命令：

```
 [root@hn ~]# mount -t ext4 -o remount,defaults,usrquota
LABEL=/data /data                                  #重新加载文件系统
```

（3）扫描/data 文件系统并创建磁盘配额文件。在命令行中输入下面的命令：

```
[root@hn ~]# quotacheck -cuv /data  #扫描文件系统并创建磁盘配额文件
```

输出信息如下：

```
quotacheck: Scanning /dev/sda3 [/data] quotacheck: Cannot stat old
user quota file: No such file or directory
quotacheck: Old group file not found. Usage will not be substracted.
done
quotacheck: Checked 3 directories and 2 files
quotacheck: Old file not found.
```

说明：上面的命令执行成功后，在/data 目录下将创建用户配额文件 aquota.user。

（4）使用 edquota 指令设置用户在/data 文件系统中的磁盘配额，具体操作请查看 edquota 指令。

【相关指令】 edquota

12.13　quotaoff 指令：关闭磁盘配额功能

【语　　法】 quotaoff [选项] [参数]　★★★☆☆

【功能介绍】 quotaoff 指令用于关闭 Linux 内核中指定的文件系统的磁盘配额功能。

【选项说明】

选　项	功　能
-a	关闭配置文件/etc/fstab中带有配额选项的所有（all）文件系统中的配额功能
-v	当文件系统配额功能被关闭时输出一条信息
-u	关闭用户（user）磁盘配额功能。此选项为默认选项
-g	关闭工作组（group）磁盘配额功能
-p	仅显示（print）当前的配额状态是激活还是关闭的

【参数说明】

参　数	功　能
文件系统	指定要关闭磁盘配额功能的文件系统

【经验技巧】 如果希望删除交换分区或者交换文件，则必须使用 swapoff 关闭指定的交换空间；否则可能导致文件丢失或者 Linux 系统发生致命错误。

【示例 12.15】 使用 quotaoff 指令关闭分区/dev/sda3 的用户磁盘配额功能。在命令行中输入下面的命令：

```
#关闭分区的磁盘配额功能
[root@department root]# quotaoff -vu /dev/sda3
```

输出信息如下：

```
/dev/sda3 [/data]: user quotas turned off
```

【相关指令】 quotaon

12.14　quotaon 指令：激活磁盘配额功能

【语　　法】 quotaon [选项] [参数]　　★★★☆☆

【功能介绍】 quotaon 指令用于激活指定文件系统的磁盘配额功能。

【选项说明】

选　　项	功　　能
-a	根据/etc/fstab中的文件系统设置与启动有关的配额功能
-v	当文件系统配额功能被打开时输出一条信息
-u	激活用户（user）磁盘的配额功能。此选项为默认选项
-g	激活工作组（group）磁盘的配额功能
-p	仅显示（print）当前的配额状态是激活还是关闭的
-f	关闭（turn off）磁盘配额功能

【参数说明】

参　　数	功　　能
文件系统	指定要激活的磁盘配额功能的文件系统

【经验技巧】 只有使用 quotaon 指令激活了磁盘配额功能的文件系统，才能限制用户对空间的使用，在绝大多数的 Linux 发行版中，开机时都会自动调用 quotaon 指令激活分区的磁盘配额功能。

【示例 12.16】 使用 quotaon 指令的-p 选项显示指定文件系统的磁盘配额激活状态。在命令行中输入下面的命令：

```
#显示/data 文件系统是否激活了磁盘配额功能
[root@department root]# quotaon -p /data
```

输出信息如下：

```
group quota on /data (/dev/sda3) is off
user quota on /data (/dev/sda3) is on
```

【示例 12.17】 使用 swapon 指令激活分区/dev/sda3 的用户磁盘配额功能。在命令行中输入下面的命令：

```
#激活分区的磁盘配额功能
[root@department root]# quotaon -vu /dev/sda3
```

输出信息如下：

```
/dev/sda3 [/data]: user quotas turned on
```

【相关指令】quotaoff

12.15　quota 指令：显示用户的磁盘配额功能

【语　　法】quota [选项] [参数]　★★★★☆

【功能介绍】quota 指令用于显示用户或工作组的磁盘配额信息，输出信息包括磁盘使用情况和配额限制。

【选项说明】

选　　项	功　　能
-F <格式名称>	指定输出的格式（format）名称。可选的格式及其含义如下： vfsold：quota版本1的格式； vfsv0：quota版本2的格式； rpc：在NFS上的磁盘配额格式； xfs：在XFS文件系统上的配额格式
-g	显示工作组（group）的磁盘配额信息
-u	显示用户（user）的磁盘配额信息。此选项为默认选项
-s	以方便阅读的方式显示空间和索引节点的使用情况
-i	忽略（ignore）自动加载器加载的文件系统
-l	仅显示本地（local）磁盘配额信息，忽略加载的NFS文件系统的配额信息
-q	用简洁方式输出信息，保持安静（quiet）模式
-Q	不显示错误信息

【参数说明】

参　　数	功　　能
用户或工作组	指定要显示的用户或者工作组

【经验技巧】文件系统的磁盘配额信息保存在此文件系统加载点的最上层目录下。在较新版本的 Linux 中，保存配额信息的具体文件为 aquota.user（用户磁盘配额）和 aquota.group（工作组磁盘配额）。在较老版本的 Linux 中，保存配额信息的具体文件为 quota.user（用户磁盘配额）和 quota.group（工作组磁盘配额）。

【示例 12.18】使用 quota 指令显示 math 用户的磁盘配额信息。在命令行中输入下面的命令：

```
[root@department root]# quota math  #显示用户 math 的磁盘配额信息
```

输出信息如下：

```
Disk quotas for user math (uid 531):
  Filesystem blocks quota limit grace files quota limit
  grace
  /dev/sda3  234900  800000  800000       1924     0    0
```

说明：在上面的输出信息中，blocks 表示空间配额与利用情况；files 表示索引节点的配额与利用情况。

【相关指令】

repquota

12.16　quotastats 指令：查询磁盘配额的运行状态

【语　　法】 quotastats　★★★☆☆

【功能介绍】 quotastats 指令用于显示 Linux 系统当前的磁盘配额运行状态信息。

【经验技巧】 quotastats 指令的输出信息来自目录/proc/sys/fs/quota/下的文件。

【示例 12.19】 使用 quotastats 指令显示系统内核当前磁盘配额的运行状态。在命令行中输入下面的命令：

```
[root@hn ~]# quotastats                     #显示内核磁盘配额的运行状态
```

输出信息如下：

```
Kernel quota version: 6.5.1
Number of dquot lookups: 45794
......省略部分输出内容......
Number of free dquots: 1
Number of in use dquot entries (user/group): 5
```

12.17　repquota 指令：显示磁盘配额报表

【语　　法】 repquota [选项] [参数]　★★★☆☆

【功能介绍】 repquota 指令以报表的格式显示指定的分区或者文件系统的磁盘配额信息。

【选项说明】

选　　项	功　　能
-a	显示所有（all）文件系统（文件/etc/mtab中包含的文件系统）的磁盘配额报表
-v	显示所有的配额（包括没有被利用的），信息较多
-t	如果用户名或者组名超过9个字符则将其截断（truncate），以保证输出整齐的信息

续表

选　项	功　能
-n	不把用户ID和组ID转换为名称
-s	以易读的方式显示磁盘空间的使用情况
-i	忽略（ignore）被自动加载器加载的文件系统
-F <格式名称>	指定报表的显示格式（format）。可选的格式如下： vfsold：quota版本1的格式； vfsv0：quota版本2的格式； rpc：在NFS上的磁盘配额格式； xfs：XFS文件系统上的磁盘配额格式
-g	显示组（group）磁盘配额报表
-u	显示用户（user）磁盘配额报表。此选项为默认选项

【参数说明】

参　数	功　能
文件系统	要显示的文件系统或对应的设备文件名

【经验技巧】 repquota 指令的“文件系统”参数可以是文件系统的加载点，也可以是其对应分区的设备文件名称。

【示例 12.20】 使用 repquota 指令显示/data 文件系统（对应的分区为/dev/sda3）的磁盘配额报表。在命令行中输入下面的命令：

```
[root@hn ~]# repquota /data            #显示文件系统的磁盘配额报表
```

说明：在本例中，如果输入指令 repquota /dev/sda3，则运行效果完全一样。

输出信息如下：

```
*** Report for user quotas on device /dev/sda3
Block grace time: 7days; Inode grace time: 7days
                     Block limits                File limits
User   used   soft   hard  grace  used  soft  hard  grace
----   ----   ----   ----  -----  ----  ----  ----  ------
root     --  199504     0      0           4     0     0
......省略部分输出内容......
```

【相关指令】 quota

12.18　swapoff 指令：关闭交换空间

【语　　法】 swapoff [选项] [参数]　　★★★★★

【功能介绍】 swapoff 指令用于关闭指定的交换空间（包括交换文件和交换分区）。

【选项说明】

选　　项	功　　能
-a	关闭配置文件/etc/fstab中所有（all）的交换空间

【参数说明】

参　　数	功　　能
交换空间	指定需要关闭的交换空间，可以是交换文件和交换分区。如果是交换分区，则指定交换分区对应的设备文件

【经验技巧】在关闭交换空间时，要确保交换空间当前没有被使用。否则会系统提示 device is busying 的错误信息。

【示例 12.21】关闭交换分区，具体步骤如下。

（1）只有当前未被使用的交换空间方可关闭，使用 free 指令查看交换空间的使用情况。在命令行中输入下面的命令：

```
[root@hn ~]# free                              #查看内存情况
```

输出信息如下：

```
       total    used     free     shared  buff/cache   available
Mem:   3977100  1807668  1403964  29652   1083996      2169432
Swap:  2113532  0        2113532
```

说明：在上面的输出信息中，swap 空间的使用情况为 0，可以放心地关闭交换空间。

（2）使用 swapoff 指令关闭交换分区/dev/sda2。在命令行中输入下面的命令：

```
[root@hn ~]# swapoff /dev/sda2                 #关闭交换分区/dev/sda2
```

【相关指令】

12.19　swapon 指令：激活交换空间

【语　　法】swapon [选项] [参数]　★★★★★

【功能介绍】swapon 指令用于激活 Linux 系统中的交换空间。

【选项说明】

选　　项	功　　能
-h	提供帮助信息（help）
-V	显示指令的版本信息（version）
-s	显示交换空间的使用情况汇总信息（summary）
-a	激活配置文件/etc/fstab中所有（all）的交换空间，已激活的交换空间会被跳过

【参数说明】

参　数	功　能
交换空间	指定需要激活的交换空间，可以是交换文件和交换分区。如果是交换分区，则指定交换分区对应的设备文件

【经验技巧】

- Linux 操作系统的交换空间包括交换文件和交换分区，交换空间在逻辑上被认为是内存的一部分，当物理内存不够用时，可以将内存中的数据临时放到交换空间上，从而使系统能够运行程序。
- 不能激活一个具有空洞的文件并将其作为交换空间。交换空间不能使用网络文件系统（NFS）。

【示例 12.22】激活交换分区，具体步骤如下。

（1）从逻辑上来说，交换分区也是内存的一部分，使用 free 指令可以查看交换空间的使用情况，在未激活交换空间情况下，使用 free 指令查看内存情况。在命令行中输入下面的命令：

```
[root@hn ~]# free                                    #查看内存情况
```

输出信息如下：

```
       total    used     free     shared  buff/cache   available
Mem:   3977100  1807668  1403964  29652   1083996      2169432
Swap:  0        0        0
```

说明：在上面的输出信息中，最后一行是 swap 空间的使用情况，目前没有交换空间可用。

（2）使用 swapon 指令激活交换分区/dev/sda2。在命令行中输入下面的命令：

```
[root@hn ~]# swapon  /dev/sda2                       #激活交换分区
```

（3）再次使用 free 指令查看内存的使用情况。在命令行中输入下面的命令：

```
[root@hn ~]# free                                    #查看内存的使用情况
```

输出信息如下：

```
       total    used     free     shared  buff/cache   available
Mem:   3977100  1807668  1403964  29652   1083996      2169432
Swap:  2113532  0        2113532
```

说明：在上面的输出信息中，最后一行显示了交换分区激活后，交换空间的使用情况。

【示例 12.23】使用 swapon 指令的-s 选项显示系统当前的交换空间的汇总信息。在命令行中输入下面的命令：

```
[root@hn ~]# swapon  -s                    #当前系统的交换空间的汇总信息
```

输出信息如下：

```
Filename           Type         Size    Used    Priority
/dev/sda2        partition     3068404   0        -2
```

说明：上面的输出信息表明，在当前系统的交换空间中只有一个交换分区。

【相关指令】swapoff

12.20　sync 指令：刷新文件系统的缓冲区

【语　　法】sync [选项] [参数]　★★★★★

【功能介绍】sync 指令用于强制将被改变的内容立即写入磁盘，更新超级块的信息。

【选项说明】

选　　项	功　　能
--help	显示指令的帮助信息
--version	显示指令的版本信息

【经验技巧】Linux 系统为了提高磁盘的读写效率，对磁盘采取了“预读迟写”的操作方式。当用户保存文件时，Linux 核心并不会立即将保存数据写入物理磁盘，而是将数据保存在缓冲区中，待缓冲区满时再写入磁盘，这种方式可以极大地提高磁盘写入数据的效率，但是也带来了安全隐患。如果数据还未写入磁盘，当系统掉电或者出现其他严重问题时，则会导致数据丢失。使用 sync 指令可以立即将缓冲区的数据写入磁盘。

【示例 12.24】手动刷新缓冲区。

在关闭比较繁忙的服务器系统之前，使用 sync 指令刷新文件系统缓冲区是推荐的方式。在命令行中输入下面的命令：

```
[root@hn ~]# sync                              #手动刷新文件系统缓冲区
```

12.21　e2image 指令：将 ext2、ext3 和 ext4 文件的元数据保存到文件中

【语　　法】e2image [选项] [参数]　★★★☆☆

【功能介绍】e2image 指令可以将处于危险状态的 ext2、ext3 和 ext4 文件系统保存到文件中。生成的文件可以通过 dumpe2fs 指令和 debugfs 指令的-i

选项来使用。有经验的管理员可以使用该指令进行文件系统的灾难恢复。

【选项说明】

选　项	功　能
-I	将文件中的ext2、ext3和ext4文件系统元数据以安装（install）方式还原到分区上

【参数说明】

参　数	功　能
文件系统	指定文件系统对应的设备文件名
文件	指定保存文件系统元数据的文件名

【经验技巧】 e2image 指令生成的映像文件的大小取决于文件系统的大小和使用的索引节点的数目。

【示例 12.25】 生成 ext2 文件系统元数据映像文件，具体步骤如下。

（1）使用 e2image 指令生成 ext2 文件系统元数据的映像文件。在命令行中输入下面的命令：

```
[root@hn ~]# e2image /dev/sda3 sda3   #生成指定分区的元数据映像文件
```

输出信息如下：

```
e2image 1.46.5 (30-Dec-2021)
```

（2）使用 file 指令探测文件 sda3 的类型。在命令行中输入下面的命令：

```
[root@hn ~]# file sda3                 #探测文件系统的类型
```

输出信息如下：

```
sda3: Linux rev 1.0 ext2 filesystem data
```

12.22　e2label 指令：设置文件系统的卷标

【语　　法】 e2label[参数]　　★★★☆☆

【功能介绍】 e2label 指令用来设置文件系统的卷标。

【参数说明】

参　数	功　能
文件系统	指定文件系统对应的设备文件名
新卷标	为文件系统指定新卷标

【经验技巧】 如果分区已设置了卷标，则在配置文件/etc/fstab 中可以用卷标代替其设备文件名。

【示例 12.26】显示分区/dev/sda1 的卷标。在命令行中输入下面的命令：

```
[root@hn ~]# e2label /dev/sda1                    #显示分区的卷标
```

输出信息如下：

```
/
```

【示例 12.27】设置分区卷标，具体步骤如下。

（1）使用 e2label 指令设置分区的卷标。在命令行中输入下面的命令：

```
[root@hn ~]# e2label /dev/sda3 newlabel          #设置分区的卷标
```

（2）使用 e2label 指令显示分区的卷标。在命令行中输入下面的命令：

```
[root@hn ~]# e2label /dev/sda3                    #显示分区的卷标
```

输出信息如下：

```
newlabel
```

12.23　tune2fs 指令：调整 ext2、ext3 和 ext4 文件系统的参数

【语　　法】tune2fs [选项] [参数]　　★★★☆☆

【功能介绍】tune2fs 指令允许系统管理员调整 ext2、ext3 和 ext4 文件系统中的可修改参数。

【选项说明】

选　项	功　能
-c	调整最大加载次数count。如果加载次数超过设置的数值，则强制使用e2fsck指令检查文件系统
-C	设置文件系统已经被加载的次数（count）
-e	设置内核代码检测到错误（error）时的行为
-f	强制（force）执行修改，即使会发生错误
-i	设置相邻两次文件系统检查的相隔（interval）时间
-j	为ext2文件系统添加日志功能，将其转换为ext3文件系统
-l	列出（list）文件系统超级块的内容
-L	设置文件系统的卷标（label）
-m	显示文件系统保留块的百分比
-M	设置文件系统最后被加载（mounted）的目录
-o	设置或清除文件系统加载时的默认选项（option）。可以通过配置文件/etc/fstab中的默认加载选项覆盖此选项的设置
-O	设置或清除文件系统的特性或选项（option）

续表

选　项	功　能
-r	设置文件系统保留（reserved）块的大小
-T	设置文件系统上次被检查的时间（time）
-u	设置可以使用文件系统保留块的用户（user）
-U	设置文件系统的UUID

【参数说明】

参　数	功　能
文件系统	指定调整的文件系统或者其对应的设备文件名

【经验技巧】使用 tune2fs 指令对文件系统的修改属于底层的修改，需要管理员熟悉 ext2、ext3 和 ext4 文件系统，否则可能会导致文件系统无法正常工作。

【示例 12.28】修改文件系统被加载的次数，具体步骤如下。

（1）使用 tune2fs 指令显示文件系统超级块的内容，并使用 grep 指令过滤文件系统当前的加载次数。在命令行中输入下面的命令：

```
#显示文件系统的加载次数
[root@hn ~]# tune2fs -l /dev/sda1 | grep 'Mount count'
```

输出信息如下：

```
Mount count:             15
```

（2）使用 tune2fs 指令修改文件系统的加载次数。在命令行中输入下面的命令：

```
[root@hn ~]# tune2fs -C 30 /dev/sda1     #修改文件系统的加载次数
```

输出信息如下：

```
tune2fs 1.46.5 (30-Dec-2021)
Setting current mount count to 30
```

12.24　resize2fs 指令：调整 ext2、ext3 和 ext4 文件系统的大小

【语　　法】resize2fs [选项] [参数]　　★★★★☆

【功能介绍】resize2fs 指令用来增大或者减小未加载的 ext2/ext3/ext4 文件系统的空间。

【选项说明】

选　　项	功　　能
-d <调试特性>	打开调试（debug）特性，参数如下： -d 1：显示所有的磁盘I/O； -d 2：调试块重定位； -d 8：调试索引节点重定位； -d 16：调试移动索引节点表
-p	显示（print）已完成任务的百分比进度条
-f	强制（force）执行调整文件系统大小的操作，覆盖安全检查操作
-F	调整大小前，刷新（flush）文件系统设备的缓冲区

【参数说明】

参　　数	功　　能
设备文件名	文件系统对应的设备文件名
大小	调整后的文件系统的大小

【经验技巧】如果内核支持在线调整文件系统的大小，使用 resize2fs 指令可以扩展已经加载的文件系统的大小。

【示例 12.29】使用 resize2fs 指令调整未加载的文件系统/dev/sda3 的大小为 30MB。在命令行中输入下面的命令：

```
[root@hn ~]# resize2fs -f /dev/sda3 30MB  #强制设置文件系统为 30MB
```

输出信息如下：

```
resize2fs 1.46.5 (30-Dec-2021)
Resizing the filesystem on /dev/sda3 to 30720 (1k) blocks.
The filesystem on /dev/sda3 is now 30720 blocks long.
```

12.25　stat 指令：显示文件的状态信息

【语　　法】stat [选项] [参数]　　★★★☆☆

【功能介绍】stat 指令用于显示文件的状态信息（state）。stat 指令的输出信息比 ls 指令的输出信息更详细。

【选项说明】

选　　项	功　　能
-L	支持符号链接（link）
-f	显示文件系统（filesystem）的状态而非文件的状态
-t	以简洁（terse）的方式输出信息

续表

选　项	功　能
--help	显示指令的帮助信息
--version	显示指令的版本信息

【参数说明】

参　数	功　能
文件	指定要显示信息的普通文件或者文件系统对应的设备文件名

【经验技巧】如果使用-f 选项，则显示的信息是文件所在分区的状态信息。

【示例 12.30】显示文件系统的状态，具体步骤如下。

（1）使用 stat 指令显示文件的状态信息。在命令行中输入下面的命令：

```
[root@hn ~]# stat install.log        #显示文件 install.log 的状态
```

输出信息如下：

```
  File: 'install.log'
  Size: 11855   Blocks: 24    IO Block: 4096   regular file
......省略部分输出内容......
Change: 2023-06-05 19:20:30.000000000 +0800
```

（2）使用 stat 指令的-f 选项显示文件系统的状态。在命令行中输入下面的命令：

```
[root@hn ~]# stat -f install.log     #显示文件系统状态
```

输出信息如下：

```
  File: "install.log"
    ID: 0          Namelen: 255     Type: ext2/ext3
Block size: 4096       Fundamental block size: 4096
Blocks: Total: 2480148    Free: 1283638    Available: 1155621
Inodes: Total: 2560864    Free: 2347552
```

12.26　findfs 指令：通过卷标或 UUID 查找文件系统对应的设备文件

【语　　法】findfs [参数]　★★★☆☆

【功能介绍】findfs 指令依据卷标（Label）或 UUID 查找（find）文件系统（filesystem）所对应的设备文件。

【参数说明】

参　数	功　能
LABEL=<卷标>或者UUID=<UUID>	按照卷标或者UUID查询文件系统对应的设备文件

【示例 12.31】使用 findfs 指令通过卷标查找文件系统对应的设备文件。在命令行中输入下面的命令：

```
[root@hn ~]# findfs LABEL=/            #查找卷标为“/”的文件系统
```

输出信息如下：

```
/dev/sda1
```

12.27　习　　题

一、填空题

1．文件系统管理是________至关重要的核心功能，对操作系统的________和________起着重要作用。

2．创建文件系统其实就是________，只有经过________的磁盘分区才能保存数据。

3．使用 edquota 指令修改的信息保存在文件系统加载点对应的目录下，其文件名分别为________和________。

二、选择题

1．使用 mount 命令挂载文件系统时，（　　）选项用来指定挂载的文件系统类型。

A．-h　　B．-v　　C．-t　　D．-r

2．使用 mkfs 命令创建 ext4 类型的文件系统，使用以下（　　）选项实现。

A．-t ext2　　B．-t ext3　　C．-t ext4　　D．-t xfs

3．quota 指令的（　　）选项用来显示用户的磁盘配额信息。

A．-g　　B．-u　　C．-s　　D．-l

三、判断题

1．使用 mount 命令加载文件系统时，加载点目录必须存在且为空。（　　）

2．使用 fsck 命令检查文件系统时，必须保证被检查的文件系统处于卸载状态。（　　）

3．使用 umount 命令可以在任意目录下执行卸载操作。（　　）

四、操作题

1．挂载 USB 设备到/mnt/usb 目录下。

2．卸载 USB 设备。

第 13 章　进程与作业管理

Linux 是一款多用户、多任务的操作系统，在多用户并发访问情况下具有很高的性能并且非常安全。为了使管理员能够更好地了解和控制操作性系统，Linux 提供了众多指令用于进程管理和作业管理，本章将详细介绍这些指令。

13.1　at 指令：在指定的时间执行任务

【语　　法】 at [选项] [参数]　　★★★★☆

【功能介绍】 at 指令用于在指定的时间执行任务。at 指令经常被系统管理员用来进行任务的规划和调度。

【选项说明】

选　项	功　能
-f <任务文件>	指定包含具体指令的任务文件（file）
-q <队列>	指定新任务的队列（queue）名称
-l	显示（list）待执行的任务列表
-d	删除（delete）指定的待执行任务
-m	任务执行完成后（即使没有任何输出信息）向用户发送邮件（mail）

【参数说明】

参　数	功　能
日期时间	指定任务执行的日期和时间。如果忽略日期，则表示当前日期

【经验技巧】

- 在使用 at 指令提交任务时，如果不指定-f 选项，则待执行任务需要从终端输入。相比而言，使用-f 选项更有利于系统管理员进行任务管理。
- 绝大多数的 Linux 发行版默认情况下允许任何人使用 at 指令。为了控制能够使用 at 指令的用户，可以将允许执行 at 指令的用户名加入文件/etc/at.allow 中，将禁止执行 at 指令的用户名加入文件/etc/at.deny 中。
- 使用 at 指令提交的任务属于一次性任务，如果希望任务可以周期性地执行，则需要使用 crontab 指令。
- at 指令的后台守护进程为 atd，它负责在指定时间内执行特定的任务。待执行的任务会自动存放在/var/spool/at/目录下，每次开机时由 atd 读取。

【示例 13.1】提交任务文件。

首先将待执行的所有指令提前保存到文本文件中，然后通过 at 指令的-f 选项将其提交并保存到系统中。在命令行中输入下面的命令：

```
#任务文件将在 3：30 执行，任务需要执行的指令包含在任务文件 workfile 中
[root@hn ~]# at -f workfile 03:30
```

输出信息如下：

```
job 9 at 2023-06-05 03:30
```

说明：上面的输出信息表明，新的 9 号任务的执行时间为“2023-06-05 03:30”。

【示例 13.2】交互式提交任务。

当不使用-f 选项时，at 指令自动进入交互式模式，通过终端提交任务的内容。在命令行中输入下面的命令：

```
[root@hn ~]# at 23:40                    #进入交互式任务提交模式
```

输出信息如下：

```
at> cp /etc/passwd /bak                  #需要执行的指令
at> cp /etc/shadow /bak                  #需要执行的指令
at> <EOT>                                #此处请使用组合键 Ctrl+D
job 10 at 2023-06-05 23:40
```

【示例 13.3】禁止用户使用 at 指令，具体步骤如下。

（1）将用户名加入文件/etc/at.deny 中，可以禁止此用户使用 at 指令，这里禁止 user1 用户使用 at 指令。将 user1 加入文件/etc/at.deny 中，在命令行中输入下面的命令：

```
[root@hn ~]# echo "user1" >> /etc/at.deny  #禁止 user1 使用 at 指令
```

（2）切换到 user1 身份并尝试使用 at 指令。在命令行中输入下面的命令：

```
[root@hn ~]# su user1                    #切换到 user1 身份
[user1@hn root]$ at 3:00                 #执行 at 指令
```

输出信息如下：

```
#输出用户不能使用 at 指令的错误提示
You do not have permission to use at.
```

【相关指令】atq，atrm，batch，crontab

13.2　atq 指令：显示用户待执行的任务列表

【语　　法】atq [选项]　　★★★★☆

【功能介绍】atq 指令用于显示系统中用户待执行的任务列表。任务列表中

的任务由 at 指令和 batch 指令创建，显示内容包括任务号、任务计划执行的日期和时间、任务分类和提交任务的用户。

【选项说明】

选　项	功　能
-V	显示版本号（version）
-q	查询指定队列（queue）的任务

【经验技巧】

- 如果是 root 用户运行 atq 指令，则显示系统所有用户的任务列表；如果是普通用户执行 atq 指令，则显示当前用户的任务列表。
- 在绝大多数 Linux 发行版中，atq 指令允许任何用户运行，如果希望禁止个别用户使用 atq 指令，则可以将用户名加入/etc/at.deny 中（一个用户名占用一行）。

【示例 13.4】查询用户待执行的任务，具体步骤如下。

（1）以 root 用户身份执行 atq 指令，查询系统中所有用户的待执行的任务列表。在命令行中输入下面的命令：

```
[root@hn ~]# atq                              #显示所有用户的待执行任务列表
```

输出信息如下：

```
2       2023-06-06 03:00 a root
3       2023-06-06 04:00 b root
1       2023-06-05 20:00 a user1
4       2023-06-05 10:00 a user1
```

（2）使用 atq 指令的-q 选项可以查询指定队列的待执行任务列表。在命令行中输入下面的命令：

```
[root@hn ~]# atq -q b                         #查询 b 队列中的待执行任务列表
```

输出信息如下：

```
3       2023-06-06 04:00 b root
```

（3）如果是普通用户执行 atq 指令，则只能显示自身的待执行任务列表。在命令行中输入下面的命令：

```
[root@hn ~]# su user1                         #切换到普通用户 user1 身份
[user1@hn root]$ atq                          #查询用户 user1 的待执行任务列表
```

输出信息如下：

```
1       2023-06-05 20:00 a user1
4       2023-06-05 10:00 a user1
```

【相关指令】at，atrm，batch

13.3　atrm 指令：删除待执行的任务

【语　　法】 atrm [选项] [参数]　　★★★★☆

【功能介绍】 atrm 指令用来删除待执行任务队列中的指定任务。

【选项说明】

选　　项	功　　能
-V	显示版本号（version）

【参数说明】

参　　数	功　　能
任务号	指定待执行任务队列中要删除的任务

【经验技巧】

- 通常，先使用 atq 指令查询待执行任务列表以显示任务号，再使用 atrm 指令删除具体的任务，被删除的任务在指定的时间将不会被执行。
- 可以在命令行中一次删除多个任务，多个任务号之间用空格隔开。

【示例 13.5】 删除待执行的任务，具体步骤如下。

（1）使用 atq 指令查询待执行的任务列表。在命令行中输入下面的命令：

```
[root@hn ~]# atq                              #查询待执行的任务列表
```

输出信息如下：

```
2       2023-06-06 03:00 a root
3       2023-06-06 04:00 b root
1       2023-06-05 20:00 a user1
4       2023-06-05 10:00 a user1
```

（2）使用 atrm 指令删除待执行的任务。在命令行中输入下面的命令：

```
[root@hn ~]# atrm 1 2 3                       #删除 1、2 和 3 号任务
```

（3）再次使用 atq 指令查询待执行的任务列表，从验证 atrm 指令的效果。在命令行中输入下面的命令：

```
[root@hn ~]# atq                              #查询待执行的任务列表
```

输出信息如下：

```
4       2023-06-05 10:00 a user1
```

说明： 从上面的输出信息中可以看到，编号为 1、2 和 3 的任务已经被删除。

【相关指令】 at，atq，batch

13.4　batch 指令：在指定的时间执行任务

【语　　法】batch [选项] [参数]　★★★★★

【功能介绍】batch 指令用于在指定时间如系统不繁忙时执行任务。

【选项说明】

选　项	功　能
-f <任务文件>	指定包含具体指令的任务文件（file）
-q <队列>	指定新任务的队列（queue）名称
-m	任务执行完成后（即使没有任何输出信息）向用户发送邮件（E-mail）

【参数说明】

参　数	功　能
日期时间	指定任务执行的日期和时间。如果忽略日期，则表示当前日期

【经验技巧】

- batch 指令的用法与 at 指令相似，但是使用 batch 指令提交的任务在到达指定的时间时只有系统的平均负载低于 1.5 的情况下才会被执行。
- 使用 batch 指令提交的任务属于一次性任务，如果希望任务周期性地执行，则需要使用 crontab 指令。

【示例 13.6】提交任务文件。

首先将待执行任务的所有指令都保存到文本文件中，通过 batch 指令的-f 选项将其提交到系统中。在命令行中输入下面的命令：

```
#提交任务文件在 3 点 30 分执行，任务需要执行的指令包含在任务文件 workfile 中
[root@hn ~]# batch -f workfile 03:30
```

输出信息如下：

```
job 19 at 2023-06-06 03:30
```

说明：上面的输出信息表明，新的 19 号任务执行的日期和时间为“2023-6-6 03:30”。

【示例 13.7】交互式提交任务。

当不使用-f 选项时，batch 指令会自动进入交互式模式，通过终端提交任务的内容。在命令行中输入下面的命令：

```
[root@hn ~]# batch 01:30                          #进入交互式任务提交模式
```

输出信息如下：

```
at> tar -czvf /bak/etc.tar.gz /etc        #需要执行的指令
at> <EOT>                                 #此处请使用组合键 Ctrl+D
job 10 at 2023-06-07 01:30
```

【示例 13.8】 禁止用户使用 batch 指令，具体步骤如下。

（1）将用户名加入文件/etc/batch.deny 中，可以禁止此用户使用 batch 指令。这里禁止 user1 用户使用 batch 指令。将 user1 加入文件/etc/batch.deny 中。在命令行中输入下面的命令：

```
#禁止 user1 使用 batch 指令
[root@hn ~]# echo "user1" >> /etc/batch.deny
```

（2）切换到 user1 身份并尝试使用 batch 指令。在命令行中输入下面的命令：

```
[root@hn ~]# su user1                     #切换到 user1 身份
[user1@hn root]$ batch 18:00              #执行 batch 指令
```

输出信息如下：

```
#输出用户不能使用 batch 指令的错误提示
You do not have permission to use at.
```

【相关指令】 at，atq，atrm，crontab

13.5　crontab 指令：管理周期性执行的任务

【语　　法】 crontab [选项] [参数]　　★★★★★

【功能介绍】 crontab 指令用来提交和管理用户需要周期性执行的任务。任务保存在 crontab 文件中，格式为“Minute（分钟）Hour（小时）DayOfMonth（月的第几天）Month（月份）DayOFWeek（星期几）Command（待执行的指令）”。

【选项说明】

选　　项	功　　能
-l	显示待执行的任务列表（list）
-e	编辑（edit）用户的crontab文件
-r	删除（remove）用户的计划任务
-i	删除用户的计划任务前要求用户进行确认
-u <用户名>	对指定用户（user）的任务计划进行管理

【参数说明】

参　　数	功　　能
crontab文件	指定包含待执行任务的crontab文件

【经验技巧】

- crontab 指令的后台守护进程为 crond，它负责在指定时间执行特定的任务。待执行的任务会自动存放在/var/spool/cron/目录下，每次开机时由 crond 读取。
- crontab 最灵活的地方就是 crontab 文件中的时间设置，时间列可以使用“*”（表示任意）、“/”（表示每）、“,”（分隔可选值）、“-”（表示范围）等特殊符号来表示特殊的时间。例如，周一到周四的凌晨 3 点表示为“0 03 * * 1-4”。
- 绝大多数的 Linux 发行版，默认情况下允许任何人使用 crontab 指令。为了控制能够使用 crontab 指令的用户，可以将允许执行 crontab 指令的用户加入文件/etc/cron.allow 中，将禁止执行 crontab 指令的用户加入文件/etc/cron.deny 中。
- root 用户可以使用-u 选项编辑、删除或者显示任务计划，普通用户只能管理自己的任务计划。
- 当使用 crontab 指令的-e 选项编辑用户的任务计划时，系统会自动调用 vi 编辑器进行编辑操作。

【示例 13.9】添加计划任务，具体步骤如下。

（1）系统管理员经常使用 crontab 指令将需要运行的系统维护任务（如备份）加入任务计划中，以减少人为的参与。首先将需要完成的任务编写成 Shell 脚本（简单任务可以直接调用相关的指令），使用 cat 指令查看 Shell 脚本内容。在命令行中输入下面的命令：

```
[root@hn ~]# cat backup.sh                          #显示 Shell 脚本的内容
```

输出信息如下：

```
#!/bin/bash
tar -czf etc-'date +%Y-%H-%d'.tar.gz /etc > out.txt 2> error.txt
if test $? -eq 0
then
   echo "backup date:'date' ;backup user:'logname'"
>> backup_log.txt
fi
```

说明：脚本的重要任务是备份 etc 目录并以时间作为备份文件的后缀，如果出现错误则将自定义的错误信息保存到日志文件中。注意将 date +%Y-%H-%d 用单引号引起来使用 date 命令替换，以获得系统的日期和时间。

（2）使用 chmod 指令为 Shell 脚本添加可执行权限。在命令行中输入下面的命令：

```
[root@hn ~]# chmod a+x backup.sh                    #为 Shell 脚本添加执行权限
```

（3）编写 crontab 文件，使用 cat 指令显示编写好的 crontab 文件内容。在命令行中输入下面的命令：

```
[root@hn ~]# cat crontab_file                #显示 crontab 文件内容
```

输出信息如下：

```
30 2 * * sun     /root/backup.sh
```

备份脚本将于每周日的凌晨 2：30 分执行。

（4）使用 crontab 指令添加任务计划。在命令行中输入下面的命令：

```
[root@hn ~]# crontab crontab_file           #添加任务计划
```

【示例 13.10】显示任务计划，具体步骤如下。

（1）使用 crontab 指令的-l 选项可以显示用户的任务计划。在命令行中输入下面的命令：

```
[root@hn ~]# crontab -l                      #列出当前用户的任务计划
```

输出信息如下：

```
30 2 * * sun     /root/backup.sh
```

（2）为了保证系统每次开机时都能够自动加载任务计划，将任务计划保存到目录/var/spool/cron 下以提交任务的用户名命名的文件中。本例中提交任务的用户是 root，使用 cat 指令查看文件/var/spool/cron/root 的内容。在命令行中输入下面的命令：

```
[root@hn ~]# cat /var/spool/cron/root     #显示文本文件的内容
```

输出信息如下：

```
30 2 * * sun     /root/backup.sh
```

说明：可以看出，指令 crontab -l 输出的内容与文件/var/spool/cron/root 的内容完全一致。

【示例 13.11】禁止用户使用 crontab 指令，具体步骤如下。

（1）将用户名加入文件/etc/cron.deny 中，可以禁止此用户使用 crontab 指令，这里禁止 user1 用户使用 crontab 指令。将 user1 加入文件/etc/cron.deny 中。在命令行中输入下面的命令：

```
#禁止 user1 使用 crontab 指令
[root@hn ~]# echo "user1" >> /etc/cron.deny
```

（2）切换到 user1 身份并尝试使用 crontab 指令。在命令行中输入下面的命令：

```
[root@hn ~]# su user1                        #切换到 user1 身份
[user1@hn root]$ crontab -l                  #执行 crontab 指令
```

输出信息如下：

```
#输出禁止使用 crontab 指令的错误提示
You (user1) are not allowed to use this program (crontab)
See crontab(1) for more information
```

【相关指令】 at，batch

13.6　killall 指令：按照名称杀死进程

【语　　法】 killall [选项] [参数]　★★★★★

【功能介绍】 使用 killall 指令可以按照进程的名称来杀死进程，并且可以杀死一组同名进程。

【选项说明】

选　　项	功　　能
-e	对长名称进行精确（exact）匹配
-I	忽略（ignore）大小写
-g	杀死进程所属的进程组（group）
-i	交互式（interactively）杀死进程，杀死进程前需要进行确认
-l	显示所有已知的信号列表（list）
-q	如果没有进程被杀死，则不输出任何信息，保持安静（quiet）模式
-r	使用正则表达式（regular expression）匹配要杀死的进程名称
-s <信号>	用指定的进程号（signal）代替默认信号SIGTERM
-u <用户名>	杀死指定用户（user）的进程

【参数说明】

参　　数	功　　能
进程名称	指定要杀死的进程名称

【经验技巧】

- 默认情况下，进程名称为启动此进程的指令名称。如果指令名较长（超过 15 个字符），则可以使用-e 选项进行精确查找需要杀死的进程；否则，killall 指令将杀死匹配 15 个字符以内的所有进程。
- killall 指令默认使用 SIGTERM 信号结束进程，如果进程忽略了此信号，可以使用-s 选项，指定 SIGKILL 信号（进程不能忽略此信号）强制杀死进程。

【示例 13.12】 使用 killall 指令的-l 选项显示所有已知信号。在命令行中输入下面的命令：

```
[root@hn ~]# killall -l                        #列出已知信号
```

输出信息如下：

```
HUP INT QUIT ILL TRAP ABRT BUS FPE KILL USR1 SEGV USR2 PIPE ALRM
TERM STKFLT
CHLD CONT STOP TSTP TTIN TTOU URG XCPU XFSZ VTALRM PROF WINCH POLL
PWR SYS
```

【示例 13.13】使用 killall 指令按照进程名称杀死进程。在命令行中输入下面的命令：

```
[root@hn ~]# killall ssh                    #杀死 ssh 进程
```

说明：在本例中，使用 killall 指令杀死以 ssh 指令开启的所有进程。

【示例 13.14】杀死指定用户的进程。

使用 killall 指令的-u 选项可以杀死指定用户开启的所有进程。在命令行中输入下面的命令：

```
[root@hn ~]# killall -u user1               #杀死 user1 用户的所有进程
```

【相关指令】kill

13.7　nice 指令：以指定的优先级运行程序

【语　　法】nice [选项] [参数]　　★★★☆☆

【功能介绍】nice 指令用于以指定的进程调度优先级运行其他程序。

【选项说明】

选　　项	功　　能
-n <优先级>	指定进程的优先级（niceness），其数值为整数

【参数说明】

参　　数	功　　能
指令及选项	需要运行的指令及其选项

【经验技巧】Linux 运行程序时默认的优先级为 10，Linux 支持的进程优先级为-20～20。负数的优先级较高（即获得 CPU 资源的概率较高）。

【示例 13.15】使用 nice 指令指定指令运行时的优先级。在命令行中输入下面的命令：

```
#以优先级 6 运行 find 指令
[root@hn ~]# nice -n 6 find / -name passwd > out.txt
```

【相关指令】renice

13.8　nohup 指令：以忽略挂起信号的方式运行程序

【语　　法】nohup [选项] [参数]　　★★★☆☆

【功能介绍】nohup 指令可以将程序以忽略挂起信号的方式运行起来，被运行的程序的输出信息不会显示到终端。

【选项说明】

选　项	功　能
--help	显示帮助信息
--version	显示版本信息

【参数说明】

参　数	功　能
程序及选项	要运行的程序及选项

【经验技巧】当用户退出登录时，由用户开启但未完成的程序将被挂起并退出执行，为了在用户退出系统后仍然能够继续运行程序，可以使用 nohup 指令来运行指定的程序。

【示例 13.16】退出登录后继续运行程序，具体步骤如下。

正常情况下，如果用户退出登录，则用户开启的程序将自动退出。使用 nohup 指令可以在用户退出登录后仍然继续运行程序。在命令行中输入下面的命令：

```
#使 find 指令忽略挂起信号
[root@hn ~]# nohup find / -name passwd > out.txt
```

说明：用户退出登录后，find 指令将会继续运行，直到完成查找任务。

13.9　pkill 指令：按照进程名称杀死进程

【语　　法】pkill [选项] [参数]　　★★★★★

【功能介绍】pkill 指令可以按照进程名称杀死进程。

【选项说明】

选　项	功　能
-o	仅向找到的最小（起始）进程号发送信号
-n	仅向找到的最大（结束）进程号发送信号

续表

选　项	功　能
-P	指定父（parent）进程号
-g	指定进程组（group）
-t	指定开启进程的终端（terminal）

【参数说明】

参　数	功　能
进程名称	指定要查找的进程名称，同时也支持类似grep指令中的匹配模式

【经验技巧】使用 pkill 指令的 P 选项可以杀死指定进程所派生的所有子进程。

【示例 13.17】使用 pkill 指令按照名称杀死所有的 httpd 进程。在命令行中输入下面的命令：

```
[root@www1 ~]# pkill httpd                    #杀死 httpd 进程
```

【相关指令】kill，killall

13.10　pstree 指令：以树形图的方式显示进程的派生关系

【语　　法】pstree [选项] [参数]　★★★★★

【功能介绍】pstree 指令以树形图的方式展现进程之间的派生关系，这样的显示效果比较直观。

【选项说明】

选　项	功　能
-a	显示进程的命令行参数（argument）
-A	以ASCII字符显示树形图
-c	关闭子树的压缩显示（compaction）
-h	高亮显示（highlight）当前进程及其祖先进程
-H	高亮显示（highlight）指定的进程
-l	显示长行（long line）
-n	按照PID排序具有相同祖先进程的进程
-p	显示进程号
-U	使用UTF-8字符编码

【经验技巧】 pstree 指令的输出信息中经常含有“数字*”格式的内容。例如，“9*[{mysqld}]”表示有 9 个相同启动参数的 mysqld 进程。

【示例 13.18】 使用 pstree 指令以树形图的方式显示当前系统的进程。在命令行中输入下面的命令：

```
[root@www1 ~]# pstree                                    #显示进程
```

输出信息如下：

```
systemd-+-acpid
    |-crond
......省略部分输出内容......
    |-watchdog/1
    '-xfs
```

【相关指令】 ps

13.11　ps 指令：报告系统当前的进程状态

【语　　法】 ps [选项]　　★★★★★

【功能介绍】 ps 指令用于报告系统当前的进程状态。

【选项说明】

选　项	功　能
-A	选择所有（all）进程
-r	仅选择正在运行（running）的进程
-x	显示没有终端的进程
-u	显示指定用户（user）的所有进程

【经验技巧】 系统管理员经常使用 ps 指令查看系统中的进程信息，常用的选项为-aux，用于显示系统中所有进程的状态。

【示例 13.19】 显示系统进程信息，具体步骤如下。

（1）使用不带选项的 ps 指令输出当前用户的进程（不包括守护进程）。在命令行中输入下面的命令：

```
[root@hn ~]# ps                              #查看当前用户的进程
```

输出信息如下：

```
  PID TTY          TIME CMD
 7510 pts/1    00:00:00 bash
 9931 pts/1    00:00:00 ps
```

（2）要想得到系统中所有进程的信息，需要使用-aux 选项。在命令行中输入下面的命令：

```
[root@hn test]# ps  aux | head          #显示所有进程的前 10 行信息
```

说明：由于指令 ps -aux 的输出信息较多，为了节省篇幅，本例使用了管道和 head 指令仅输出前 10 行内容。

输出信息如下：

```
USER        PID %CPU %MEM    VSZ   RSS TTY      STAT START   TIME
COMMAND
root          1  0.0  0.3 170452 14696 ?        Ss   7月03   0:06 /usr
/lib/systemd/systemd rhgb --switched-root --system --deserialize
31
root      2  0.0  0.0    0   0 ?  S< 01:06   0:00 [migration/0]
......省略部分输出内容......
root      10  0.0  0.0  0   0 ?   S<  01:06  0:00 [kblockd/0]
root      11  0.0  0.0     0   0 ?  S<   01:06   0:00 [kacpid]
```

【相关指令】 pstree

13.12　renice 指令：调整进程的优先级

【语　　法】 renice [选项] [参数]　　★★★☆☆

【功能介绍】 renice 指令可以修改正在运行的进程的优先级。

【选项说明】

选　　项	功　　能
-g	指定进程组（group）ID
-u	指定开启进程的用户名（user name）

【参数说明】

参　　数	功　　能
进程号	指定想要修改优先级的进程

【经验技巧】 普通用户只能使用 renice 指令将进程的优先级调高，root 用户则可以将进程的优先级提高或者降低。

【示例 13.20】 使用 renice 指令调整指定进程号的优先级。在命令行中输入下面的命令：

```
[root@hn ~]# renice +7 4896            #修改进程号为 7 的进程的优先级
```

输出信息如下：

```
4896: old priority 0, new priority 7
```

【相关指令】 nice

13.13　skill 指令：向进程发送信号

【语　　法】 skill [选项]　　★★★☆☆

【功能介绍】 skill 指令用于向选定的进程发送信号。

【选项说明】

选　项	功　能
-f	快速（fast）模式
-i	交互式（interactive）模式，每一步操作都需要确认
-v	冗余（verbose）模式
-w	激活警告（warning）
-V	显示版本号（version）
-t	指定开启进程的终端号（terminal number）
-u	指定开启进程的用户（user）
-p	指定进程（process）的ID号
-c	指定开启进程的指令（command）名称

【经验技巧】 skill 指令现在已经很少用，建议使用 killall 指令或者 pkill 指令代替。

【示例 13.21】 使用 skill 指令的-p 选项杀死进程号为 2222 的进程。在命令行中输入下面的命令：

```
[root@hn ~]# skill -p 2222                #杀死进程号为 2222 的进程
```

【相关指令】 killall，pkill

13.14　watch 指令：以全屏方式显示周期性执行的指令

【语　　法】 watch [选项] [参数]　　★★★☆☆

【功能介绍】 watch 指令以全屏方式显示周期性执行的指定指令。

【选项说明】

选　项	功　能
-n <秒数>	指定指令执行的间隔时间（s）
-d	高亮显示输出信息的不同之处（difference）
-t	不显示标题（title）

【参数说明】

参　　数	功　　能
指令	需要周期性执行的指令

【经验技巧】

- 使用 watch 指令可以轻松地实现监控系统的某些变化。例如，监控目录的变化情况，使用的指令为 watch -d ls -l。
- 使用组合键 Ctrl+C 退出 watch 指令的运行界面。

【示例 13.22】使用 watch 指令的-d 选项再结合 ls 指令，可以监控目录的变化情况。在命令行中输入下面的命令：

```
root@hn test]# watch -d ls -l         #监控当前目录的变化情况
```

输出信息如下：

```
Every 2.0s: ls -l                Wed Jun  6 12:22:38 2023
total 16
drwxr-xr-x 2 root root 4096 Jun  6 12:05 aa
```

说明：在上面的输出信息中，第一行左边的内容表示每 2s 执行一次 ls -l 指令，右边为当前时间。第二行内容为 ls 指令的输出结果。如果目录下的内容发生变化（如创建目录、删除文件等），就会立即显示在屏幕上。

13.15　w 指令：显示已登录用户正在执行的指令

【语　　法】w [选项] [参数]　★★★★★

【功能介绍】w 指令用于显示已经登录系统的用户列表，并显示用户正在执行的指令。

【选项说明】

选　　项	功　　能
-h	不显示头信息（header）
-u	显示当前进程和CPU时间时忽略用户名（user name）
-s	使用短输出（short）格式。不显示登录时间，JCPU或PCPU时间
-f	显示用户从（from）哪里登录
-V	显示版本信息（version）

【参数说明】

参　　数	功　　能
用户	仅显示指定的用户

【经验技巧】 w 指令不但能够显示要登录的用户的基本信息，而且能够显示用户正在执行的任务，起到监控用户行为的作用。

【示例 13.23】 使用 w 指令显示所有登录用户正在执行的任务。在命令行中输入下面的命令：

```
[root@hn test]# w                              #显示登录用户正在执行的任务
```

输出信息如下：

```
 12:33:34 up 11:27,  3 users,  load average: 0.00, 0.00, 0.00
USER   TTY   FROM           LOGIN@   IDLE   JCPU   PCPU WHAT
root  pts/1  61.163.231.205   07:01 5:33 0.81s 0.37s ssh
202.102.240.73
root  pts/2  61.163.231.205   10:14  0.00s  0.23s  0.01s w
root  pts/3  61.163.231.205   12:05 27:46   0.06s  0.06sbash
```

说明： 在上面的输出信息中，第一行内容包括系统启动了多长时间、当前登录用户数和系统平均负载（前 1min、5min 和 15min）。

【示例 13.24】 使用 watch 和 w 指令监控系统中的用户。在命令行中输入下面的命令：

```
[root@hn test]# watch w                        #监控用户
```

说明： 当有新用户登录或者已登录用户执行了任何程序时，都会立即显示在屏幕上。

13.16　runlevel 指令：显示系统当前的运行等级

【语　　法】 runlevel　　★★★☆☆

【功能介绍】 runlevel 指令用于打印当前 Linux 系统的运行等级。

【经验技巧】 不同的运行等级（runleve）下，Linux 系统启动的服务不同，以便实现特定的功能。例如，运行等级 3 通常为网络服务器使用，而运行等级 5 通常为个人桌面用户使用。使用 runlevel 指令通过读取文件/var/run/utmp 可以显示系统当前的运行等级。

【示例 13.25】 使用 runlevel 指令显示系统当前的运行等级。在命令行中输入下面的命令：

```
[root@hn ~]# runlevel                          #显示系统当前的运行等级
```

输出信息如下：

```
N 3
```

说明： 上面的输出信息表明当前系统运行的等级为 3。

13.17　systemctl 指令：控制系统服务

【语　　法】systemctl [选项] [参数]　★★★☆☆

【功能介绍】systemctl 是系统服务管理器指令，它可以启动、停止、重新启动和关闭系统服务，还可以显示所有系统服务的当前状态。

【选项说明】

选　项	功　能
-h	显示帮助信息（help）
--version	显示版本信息

【参数说明】

参　数	功　能
服务名	自动要控制的服务名，即“/usr/lib/systemd/system”目录下的脚本文件名
控制命令	系统服务脚本支持的控制命令，包括start、stop、restart、reload和status

【经验技巧】systemctl 指令实际上是将 service 和 chkconfig 这两个命令组合到一起使用。

【示例 13.26】控制系统服务，具体步骤如下。

（1）使用 systemctl 指令启动系统服务 crond。在命令行中输入下面的命令：

```
[root@www1 ~]# systemctl start crond.service      #启动 crond 服务
```

（2）使用 systemctl 指令显示系统服务的工作状态。在命令行中输入下面的命令：

```
#显示 crond 服务的状态
[root@www1 ~]# systemctl status crond.service
```

输出信息如下：

```
● crond.service - Command Scheduler
    Loaded: loaded (/usr/lib/systemd/system/crond.service;
enabled; vendor preset: enabled)
    Active: active (running) since Wed 2023-07-05 05:36:50 CST;
57min ago
  Main PID: 12501 (crond)
     Tasks: 1 (limit: 24454)
    Memory: 964.0K
       CPU: 44ms
    CGroup: /system.slice/crond.service
            └─12501 /usr/sbin/crond -n
```

（3）使用 systemctl 指令重新启动系统服务。在命令行中输入下面的命令：

```
[root@www1 ~]# systemctl restart crond.service    #重启系统服务
```

13.18　ipcs 指令：报告进程间通信设施的状态

【语　　法】 ipcs [选项]　　★★★☆☆

【功能介绍】 ipcs 指令用于报告 Linux 中进程间通信设施的状态，包括消息队列、共享内存和信号量的信息。

【选项说明】

选　　项	功　　能
-a	显示全部（all）信息
-q	显示活动的消息队列（queue）信息
-m	显示活动的共享内存（memory）信息
-s	显示活动的信号量（signal）信息

【经验技巧】 Linux 支持消息队列、共享内存和信号量这 3 种进程间通信机制，ipcs 指令用于显示它们的状态。

【示例 13.27】 使用 ipcs 指令显示 Linux 内核中进程间通信设施的状态信息。在命令行中输入下面的命令：

```
[root@www1 ~]# ipcs                                    #显示进程间的通信状态
```

输出信息如下：

```
------ Shared Memory Segments --------
key    shmid   owner   perms   bytes    nattch    status
0x00000000 720896  root  600    524288     21        dest
......省略部分输出内容......
------ Message Queues --------
key    msqid   owner     perms     used-bytes   messages
```

13.19　pgrep 指令：基于名称查找进程

【语　　法】 pgrep [选项] [参数]　　★★★★★

【功能介绍】 pgrep 指令以名称为依据从运行进程队列中查找进程，并显示查找到的进程号。

【选项说明】

选　　项	功　　能
-o	仅显示找到的最小（起始）进程号
-n	仅显示找到的最大（结束）进程号
-l	显示（list）进程名称
-P	指定父（parent）进程号

续表

选　　项	功　　能
-g	指定进程组（group）
-t	指定开启进程的终端（terminal）
-u	指定进程的有效用户（user）ID
-<信号>	向找到的进程发送信号

【参数说明】

参　　数	功　　能
进程名称	指定要查找的进程名称，同时也支持类似grep指令中的匹配模式

【经验技巧】通过使用 grep 指令的-<信号>选项可以实现将找到的进程全部杀死。

【示例 13.28】按照名称查找进程，具体步骤如下。

（1）使用 pgrep 指令查找 httpd 进程。在命令行中输入下面的命令：

```
[root@www1 ~]# pgrep  httpd                    #查询 httpd 进程
```

输出信息如下：

```
5929
......省略部分输出内容......
16308
```

说明：上面的输出信息表明，系统中有多个 httpd 进程。

（2）使用 pgrep 指令的-o 选项仅显示起始进程。在命令行中输入下面的命令：

```
[root@www1 ~]# pgrep -o httpd                  #仅显示最小进程号
```

输出信息如下：

```
5929
```

（3）使用 pgrep 指令的-n 选项仅显示结束进程。在命令行中输入下面的命令：

```
[root@www1 ~]# pgrep -n httpd                  #仅显示最大进程号
```

输出信息如下：

```
16308
```

13.20　pidof 指令：查找进程的 ID 号

【语　　法】pidof [选项] [参数]　　★★★☆☆

【功能介绍】pidof 指令用于查找指定名称的进程的 ID 号。

【选项说明】

选　　项	功　　能
-s	仅返回一个进程号
-c	仅显示具有相同root目录的进程
-x	显示由脚本开启的进程
-o	指定不显示（omited）的进程ID

【参数说明】

参　　数	功　　能
进程名称	指定要查找的进程名称

【经验技巧】当需要批量控制进程时，首先需要获得进程号，此时可以借助 pidof 指令取得进程号。

【示例 13.29】使用 pidof 指令显示 httpd 进程的 ID 号。在命令行中输入下面的命令：

```
[root@www1 ~]# pidof httpd      #查询名称为 httpd 的所有进程 ID 号
```

输出信息如下：

```
30668 22338 22337 22335 21242 20958 17711 17707 16313 16312 16311
16310 16308 16306 16304 16302 14791 14788 10971 10871 5929
```

13.21　pmap 指令：报告进程的内存映射

【语　　法】pmap [选项] [参数]　★★★★☆

【功能介绍】pmap 指令用于报告进程的内存映射关系。

【选项说明】

选　　项	功　　能
-x	显示扩展格式
-d	显示设备（devie）格式
-q	不显示头尾行，保持安静（quiet）模式
-V	显示指令版本（version）

【参数说明】

参　　数	功　　能
进程号	指定需要显示内存映射关系的进程号，可以是多个进程号

【经验技巧】pmap 指令的-x 和-d 选项可以使输出的信息更加详细，有利于程序员了解进程的内存情况。

【示例13.30】使用pmap显示systemd进程（进程ID为1）的内存映射关系。在命令行中输入下面的命令：

```
[root@www1 ~]# pmap -d 1          #显示进程systemd的内存映射关系
```

输出信息如下：

```
1:   /usr/lib/systemd/systemd rhgb --switched-root --system
--deserialize 31
Address   Kbytes Mode  Offset           Device    Mapping
00129000   100 r-x-- 0000000000000000 008:00001 ld-2.5.so
......省略部分输出内容......
bfa03000   88 rw--- 00000000bfa03000 000:00000   [ stack ]
mapped: 2036K    writeable/private: 312K    shared: 0K
```

13.22 习　　题

一、填空题

1．at指令用于________执行任务。

2．如果使用root用户运行atq指令，则显示________的任务列表；如果是普通用户执行atq指令，则显示________的任务列表。

3．为了控制能够使用crontab指令的用户，可以将允许执行crontab指令的用户加入________中，将禁止执行crontab指令的用户加入文件________中。

二、选择题

1．crontab指令的（　　）选项用来编辑用户的crontab文件。

A．-l　　B．-e　　C．-r　　D．-u

2．下面的（　　）命令用来显示当前系统的进程状态。

A．pkill　　B．pstree　　C．ps　　D．killall

3．下面的（　　）命令用于杀死进程。

A．killall　　B．ps　　C．pkill　　D．pstree

三、判断题

1. 使用at指令提交的任务属于一次性任务，如果希望任务周期性地执行，则需要使用crontab指令。（　　）

2．Linux系统中的进程优先级数值越大，优先级越高。（　　）

四、操作题

1．以树形图的方式显示进程之间的关系。

2．使用systemctl命令启动和停止SSH服务。

第 14 章　性能监测与优化

出色的性能表现是 Linux 操作系统的一大优势。为了使系统管理员清楚地了解系统的运行情况，Linux 还提供了一系列性能监视和相关的优化工具。本章将介绍 Linux 操作系统中的性能监测和优化指令。

14.1　top 指令：实时报告系统的整体运行情况

【语　　法】top [选项]　★★★★★

【功能介绍】top 指令可以实时动态地查看系统的整体运行情况，是一个综合了多方信息的实用工具。

【选项说明】

选　项	功　能
-b	以批处理（batch）模式操作
-d <延迟时间>	屏幕刷新延迟（delay）时间

【经验技巧】

- top 指令的输出信息包括系统运行的时间、平均负载、内存使用情况、CPU 状态和最占系统资源的进程列表等。
- top 显示的信息每隔 3s 就自动刷新一次，可以使用空格键立即刷新。
- top 指令可以杀死指定的进程，操作方法为在 top 运行界面中按 K 键，然后输入进程号并按两次 Enter 键即可。

【示例 14.1】使用 top 指令显示系统的总体运行情况。在命令行中输入下面的命令：

```
[root@www1 ~]# top                          #显示系统总体运行信息
```

输出信息如下：

```
top - 22:36:56 up 47 days,  7:11,  1 user,  load average: 0.01,
0.03, 0.00
......省略部分输出内容......
  PID USER     PR NI VIRT RES SHR S %CPU %MEM TIME+COMMAND
 8797 apache  15 0 57720 16m 5160 S  1  0.5 0:01.73 httpd
 9222 apache  15 0 57508 16m 5100 S    1 0.5 0:00.63 httpd
......省略部分输出内容......
```

说明：top 指令的输出信息被一个空行分割为上下两部分。上面是系统整体运行信息，下面是最占系统资源的系统进程列表。

【相关指令】uptime，tload

14.2　uptime 指令：显示系统运行时长与平均负载

【语　　法】uptime [选项]　★★★★☆

【功能介绍】uptime 指令用于显示系统总共运行了多长时间和系统的平均负载。

【选项说明】

选　　项	功　　能
-V	显示指令的版本信息（version）

【经验技巧】uptime 指令不但显示系统运行了多长时间，而且能够显示当前用户数和系统平均负载信息。

【示例 14.2】使用 uptime 指令显示系统运行的时间。在命令行中输入下面的命令：

```
[root@www1 ~]# uptime                    #显示系统运行了多长时间
```

输出信息如下：

```
22:40:46 up 47 days, 7:15, 1 user, load average: 0.04, 0.02,0.00
```

说明：以上输出信息的含义依次为现在的时间、系统运行了多长时间（精确到分钟）、当前用户数和系统平均负载（前 1min、前 5min 和前 15min）。

【相关指令】tload，top

14.3　free 指令：显示内存的使用情况

【语　　法】free [选项]　★★★★★

【功能介绍】free 指令可以显示当前系统未使用和已使用的内存数目，还可以显示被内核使用的内存缓冲区。

【选项说明】

选　　项	功　　能
-b	以字节（byte）为单位显示内存的使用情况

续表

选　项	功　能
-k	以千字节（kibibyte，KB）为单位显示内存的使用情况。默认选项
-m	以兆字节（mebibyte，MB）为单位显示内存的使用情况
-t	显示汇总（total）结果
-s <间隔秒数>	以指定间隔的秒数（second）显示内存的使用情况

【经验技巧】

- 可以忽略 free 指令输出信息中 share 部分的内容，因为这部分信息已经废弃。
- free 指令输出的内存使用情况来自文件/proc/meminfo，此文件中记录了更为详细的内存使用情况。

【示例 14.3】显示内存的使用情况。

free 指令默认以 KB 为单位，使用-m 选项以兆字节为单位输出信息，以增强可读性，在命令行中输入下面的命令：

```
[root@hn ~]# free -m                    #以 MB 为单位显示内存的使用情况
```

输出信息如下：

```
        total   used    free    shared   buff/cache   available
Mem:    3883    1787    1237    29       1201         2095
Swap:   2063    0       2063
```

【示例 14.4】内存使用情况精确计算。

free 指令的输出信息经常使初学者感到迷茫，有时甚至会错误地理解 free 指令的输出信息。为了精确计算，使用-b 选项以字节为单位进行输出。在命令行中输入下面的命令：

```
[root@hn ~]# free -b                    #以字节为单位输出内存的使用情况
```

输出信息如下：

```
      total        used         free         shared     buff/cache
      available
Mem:  4072550400   1875025920   1297776640   30494720   1259638784
      2197524480
Swap: 2164256768   0            2164256768
```

说明：在上面的输出信息中，Mem 行为物理内存的使用情况，其中，total 表示物理内存总数，used 表示已经分配出去的内存总数（包含已被缓存和已被占用的内存），free 表示未分配的物理内存数目，buff/cache 表示用于缓存文件系统的缓存和缓冲区占用的内存大小，available 表示可用的内存大小。Swap 行为交换空间的使用情况，一般不会混淆。

为了加深理解，这里对输出的结果进行详细分析：总物理内存（total）= 4072550400，其应是 1875025920+1297776640 的和，但二者相加的值可能与 total 的值不相等，这是因为 free 命令的输出结果中包含一些不同类型的内存，如缓存（Cache）、缓冲（Buffer）和共享内存等（Shared Memory）等。这些内存类型并不常用，而且在系统运行过程中会动态变化，因此导致输出结果中的数值存在一定的偏差。真正可用的内存是 available 代表的内存 2197524480。

以上对 free 指令输出结果的分析希望读者仔细体会。

14.4　iostat 指令：监视系统的磁盘 I/O 使用情况

【语　　法】 iostat [选项] [参数]　★★★★☆

【功能介绍】 iostat 指令用于监视系统的磁盘 I/O 使用情况。

【选项说明】

选　项	功　能
-c	仅显示CPU的使用情况
-d	仅显示设备（device）的利用率
-k	显示状态以千字节（kilobyte，KB）/秒为单位，不使用块/秒
-m	显示状态以兆字节（megabyte，MB）/秒为单位
-p	仅显示块设备和所有被使用的其他分区（partition）的状态。如果指明设备名称，则显示此设备及其所有分区的状态
-t	显示每个报告产生的时间（time）
-V	显示版本号（version）并退出
-x	显示扩展（extended）状态

【参数说明】

参　数	功　能
间隔时间	每次报告的间隔时间（s）
次数	显示报告的次数

【经验技巧】 使用-x 选项显示扩展状态时，要求内核版本在 2.5 以上，当在 2.5 以前的内核版本中使用此选项时，需要为内核打补丁。使用-x 选项后，iostat 指令的输出信息更全面，具体含义请参考下面的典型示例。

【示例 14.5】 使用 iostat 指令每隔 2s 就报告一次 CPU 和外设的 I/O 工作状态，使用-t 选项显示报告产生的时间，在命令行中输入下面的命令：

```
[root@www1 ~]# iostat -t 2                #每隔 2s 统计一次
```

输出信息如下：

```
Linux 5.14.0-162.6.1.el9_1.x86_64 (www1.nyist.net)    06/07/2023
_x86_64_  (4 CPU)
06/07/2023 12:15:37 PM
avg-cpu:  %user   %nice %system %iowait %steal  %idle
           0.41    0.00   0.18    0.04    0.00   99.37

Device    tps     kB_       kB_      kB_      kB_     kB_     kB_
                  read/s    wrtn/s   dscd/s   read    wrtn    dscd
dm-0      140.94  7288.01   110.24   0.00     715391  10821   0
dm-1      1.01    23.92     0.00     0.00     2348    0       0
dm-2      10.56   49.69     20.86    0.00     4877    2048    0
nvme0n1   156.08  7453.10   151.97   0.00     731596  14917   0
sr0       1.20    42.48     0.00     0.00     4170    0       0


06/07/2023 12:15:39 PM
avg-cpu:  %user    %nice %system %iowait  %steal   %idle
           0.00     0.00    0.00    0.00    0.00  100.00

Device    ps      kB_        kB_       kB_      kB_     kB_     kB_
                  read/s     wrtn/s    dscd/s   read    wrtn    dscd
dm-0      0.00    0.00       0.00      0.00     0       0       0
dm-1      0.00    0.00       0.00      0.00     0       0       0
dm-2      0.00    0.00       0.00      0.00     0       0       0
nvme0n1   0.00    0.00       0.00      0.00     0       0       0
sr0       0.00    0.00       0.00      0.00     0       0       0
```

【示例 14.6】使用 iostat 指令的-x 选项可以显示更加全面的状态信息。在命令行中输入下面的命令：

```
[root@www1 ~]# iostat -x -d 1 1       #使用扩展状态仅输出一次报告
```

输出信息如下：

```
Linux 5.14.0-162.6.1.el9_1.x86_64 (www1.nyist.net)    06/07/2023
_x86_64_  (4 CPU)
Device    r/s       rkB/s     rrqm/s    %rrqm    r_await   rareq-sz
          w/s       wkB/s     wrqm/s    %wrqm    w_await   wareq-sz
          d/s       dkB/s     drqm/s    %drqm    d_await   dareq-sz
          f/s       f_await   aqu-sz    %util
nvme0n1   20.79     1033.32   0.01      0.03     0.77      49.69
          1.11      22.50     0.09      7.61     1.28      20.34
          0.00      0.00      0.00      0.00     0.00      0.00
          0.00      0.00      0.02      1.27
```

说明：在上面的输出信息中介绍几个重要的参数。Device 表示设备的名称；r/s 表示每秒读取的次数；w/s 表示每秒写入的次数；rkB/s 表示每秒读取的数据量，单位为 KB；wkB/s 表示每秒写入的数据量，单位为 KB；rrqm/s 表示每秒进行 merge（合并）的读操作次数；wrqm/s 表示每秒进行 merge 写操作的次数；r_await 表示每个读请求的平均等待时间；“w_await”表示每个写请求的平均等待时间；%util 表示每秒用于 I/O 操作的百分比。

【示例 14.7】使用 iostat 指令的-p 选项可以指定要显示的 I/O 设备，它可以显示此设备上所有分区的使用情况。在命令行中输入下面的命令：

```
[root@www1 ~]# iostat -p nvme0n1 1 1     #显示设备及其分区的状态
```

输出信息如下：

```
Linux 5.14.0-162.6.1.el9_1.x86_64 (www1.nyist.net)    06/07/2023
_x86_64_  (4 CPU)
avg-cpu: %user   %nice     %system    %iowait    %steal     %idle
         0.41    0.00      0.18       0.04       0.00       99.37
Device   tps     kB_       kB_        kB_        kB_        kB_      kB_
                 read/s    wrtn/s     dscd/s     read       wrtn     dscd
nvme0n1  24.25   1145.02   24.81      0.00       736876     15969    0

......省略部分输出内容......
```

【相关指令】sar

14.5　mpstat 指令：显示 CPU 的相关状态

【语　　法】mpstat [选项] [参数]　　★★★★☆

【功能介绍】mpstat 指令可以在多 CPU 环境下显示各个可用的 CPU 的状态。CPU 的编号从 0 开始。

【选项说明】

选　　项	功　　能
-P	指定CPU编号，例如： -P 0表示第一个CPU； -P 1表示第二个CPU； -P ALL表示所有CPU

【参数说明】

参　　数	功　　能
间隔时间	每次报告的间隔时间（s）
次数	显示报告的次数

【经验技巧】如果省略间隔时间和次数参数，则 mpstat 指令仅显示一次报告后就退出。

【示例 14.8】显示 CPU 的状态，具体步骤如下。

（1）使用 mpstat 指令的-P 选项显示当前系统所有 CPU 的状态。在命令行中输入下面的命令：

```
[root@hn ~]# mpstat -P ALL                  #显示所有 CPU 的状态
```

输出信息如下：

```
Linux 5.14.0-162.6.1.el9_1.x86_64 (hn.ly.kd.adsl)       06/07/2023
_x86_64_  (4 CPU)
05:39:11 PM  CPU     %usr    %nice   %sys    %iowait %irq   %soft
             %steal  %guest  %gnice  %idle
05:39:11 PM  all     0.05    0.00    0.08    0.01    0.03   0.02
             0.00    0.00    0.00    99.80
05:39:11 PM  0       0.05    0.00    0.06    0.01    0.02   0.01
             0.00    0.00    0.00    99.86
05:39:11 PM  1       0.05    0.00    0.06    0.01    0.02   0.05
             0.00    0.00    0.00    99.81
05:39:11 PM  2       0.06    0.00    0.10    0.00    0.04   0.02
             0.00    0.00    0.00    99.78
05:39:11 PM  3       0.06    0.00    0.12    0.00    0.04   0.01
             0.00    0.00    0.00    99.76
```

（2）显示第 2 个 CPU 的状态（CPU 编号从 0 开始）。在命令行中输入下面的命令：

```
[root@hn ~]# mpstat -P 1                 #显示第二个 CPU 的状态
```

输出信息如下：

```
Linux 5.14.0-162.6.1.el9_1.x86_64 (hn.ly.kd.adsl)       06/07/2023
_x86_64_  (4 CPU)

05:39:21 PM  CPU     %usr    %nice   %sys    %iowait %irq   %soft
             %steal  %guest  %gnice  %idle
05:39:21 PM  1       0.05    0.00    0.06    0.01    0.02   0.05
             0.00    0.00    0.00    99.81
```

14.6　sar 指令：搜集、报告和保存系统的活动状态

【语　　法】sar [选项] [参数]　　★★★☆☆

【功能介绍】sar 指令是 Linux 中的系统运行状态统计工具，它将指定的操作系统状态计数器显示到标准输出设备上。

【选项说明】

选　项	功　能
-A	显示所有（all）的报告信息
-b	显示I/O速率
-B	显示换页状态
-c	显示进程创建活动
-d	显示每个块设备（device）的状态
-e	设置显示报告的结束（ending）时间

续表

选　项	功　能
-f	从指定文件（file）中提取报告
-i	设置状态信息刷新的间隔（interval）时间
-P	报告每个CPU的状态
-u	显示CPU的利用率（utilization）
-v	显示索引节点、文件和其他内核表的状态
-W	显示交换分区（swapping）的状态

【参数说明】

参　数	功　能
间隔时间	每次报告的间隔时间（s）
次数	显示报告的次数

【示例 14.9】显示 CPU 的状态。

使用 sar 指令每 2s 报告一次 CPU 状态，共显示两次。在命令行中输入下面的命令：

```
[root@hn ~]# sar -u 2 2                          #报告 CPU 的使用情况
```

输出信息如下：

```

5.14.0-162.6.1.el9_1.x86_64 (hn.ly.kd.adsl) 06/07/2023
_x86_64_  (4 CPU)
05:55:38 PM CPU  %user  %nice  %system  %iowait  %steal  %idle
05:55:40 PM all  0.00   0.00   0.25     0.00     0.00    99.75
05:55:42 PM all  0.12   0.00   0.62     0.00     0.00    99.25
Average:    all  0.06   0.00   0.44     0.00     0.00    99.50
```

【相关指令】mpstat

14.7　vmstat 指令：显示虚拟内存的状态

【语　　法】vmstat [选项] [参数]　　★★☆☆☆

【功能介绍】vmstat 指令可以显示虚拟内存的状态（Virtual Memory Statics），也可以报告系统关于进程、内存和 I/O 等的运行状态。

【选项说明】

选　项	功　能
-a	显示活动（active）内存
-f	显示启动后创建的进程总数（fork）

续表

选　　项	功　　能
-m	显示slab（一种内存分配机制）信息
-n	头信息仅显示一次（once）
-s	以表格方式显示事件计数器和内存状态（statistic）。此选项显示的信息不可重复刷新显示
-d	报告磁盘（disk）状态
-p <分区>	显示指定的磁盘分区（partition）状态
-S	输出信息的单位，例如： -S k：1000字节为单位； -S K：1024字节为单位； -S m：1 000 000字节为单位； -S M：1 048 576字节为单位

【参数说明】

参　　数	功　　能
时间间隔	状态信息刷新的时间间隔
次数	显示报告的次数

【经验技巧】当忽略时间间隔和次数参数时，vmstat 指令仅显示一次状态信息。如果同时使用这两个参数，则可周期性地刷新状态信息。

【示例 14.10】使用 vmstat 指令的-s 选项可以显示系统的各种事件的统计信息和内存的使用状态。在命令行中输入下面的命令：

```
[root@www1 ~]# vmstat -s                    #显示系统汇总状态报表
```

输出信息如下：

```
      3107580  total memory
      2966364  used memory
......省略部分输出内容......
   1244273117 boot time
      1468926 forks
```

14.8　time 指令：统计指令的运行时间

【语　　法】time [参数]　★★★★★

【功能介绍】time 指令用于统计给定指令的运行时间。

【参数说明】

参　　数	功　　能
指令	指定需要运行的指令及其参数

【经验技巧】可以使用 time 指令来评估指令的运行时间，以有效地进行任务规划。

【示例 14.11】使用 time 指令统计 find 指令的运行时间。在命令行中输入下面的命令：

```
#统计 find 指令的运行时间
[root@hn ~]# time find / -name passwd >out.txt
```

说明：为了避免 find 指令的输出信息影响前台信息的阅读，本例使用了重定向功能将其输出并保存到 out.txt 文件中。

输出信息如下：

```
real    0m4.913s
user    0m0.397s
sys     0m1.431s
```

14.9　tload 指令：图形化显示系统的平均负载

【语　　法】tload [选项] [参数]　★★★☆☆

【功能介绍】tload 指令以图形化的方式将当前系统的平均负载显示在指定的终端上。

【选项说明】

选　　项	功　　能
-s	指定显示的刻度
-d <秒数>	指定刷新延时（delay）时间（s）

【参数说明】

参　　数	功　　能
终端	指定显示信息的终端设备

【经验技巧】tload 指令的输出结果有 3 个数字，分别表示前 1min、前 5min 和前 15min 的系统平均负载。

【示例 14.12】使用 tload 指令将系统平均负载显示到终端设备 tty2 上，刷新时间为 2s。在命令行中输入下面的命令：

```
#将平均负载显示到 tty2 上，刷新时间为 2s
[root@hn ~]# tload /dev/tty2 -d 2
```

说明：由于将平均负载发送到了终端 tty2 上，所以当前终端设备上并没有任何输出信息。

【相关指令】uptime

14.10　lsof 指令：显示所有已打开的文件列表

【语　　法】lsof [选项]　★★★☆☆

【功能介绍】lsof 指令用于显示 Linux 系统当前已经打开的所有文件列表。

【选项说明】

选　项	功　能
-c	显示以指定字符（character）开头的指令打开的文件列表。例如，-c c 显示所有以c开头的指令打开的文件

【经验技巧】默认情况下 lsof 指令的输出信息很多，可以通过过滤条件仅显示需要的信息。选项说明部分仅给出了一个示例，更多的过滤条件请参考 man 手册。

【示例 14.13】使用 lsof 指令显示 Linux 系统当前已打开的所有文件列表，由于输出信息太多，使用管道和 head 指令仅显示前 10 行内容。在命令行中输入的命令如下：

```
[root@hn ~]# lsof | head                  #显示 lsof 指令的前 10 行内容
```

输出信息如下：

```
COMMAND PID  TID  TASKCMD  USER  FD   TYPE   DEVICE   SIZE/OFF
        NODE NAME
systemd 1                  root  cwd  DIR    253,0    4096
        128/
......省略部分输出内容......
systemd 1         root     mem   REG  253,0  41056    101379591
        /usr/lib64/libeconf.so.0.4.1
```

说明：在上面的输出信息中，第 1 列表示打开文件的指令，第 2 列表示任务 ID，第 3 列表示任务命令，第 4 列表示进程号，第 5 列表示用户，第 6 列表示文件描述符，第 7 列表示文件类型，第 8 列表示设备文件信息，第 9 列表示文件大小，第 10 列表示文件的节点号，第 11 列表示文件名称。

14.11　fuser 指令：报告进程使用的文件或套接字

【语　　法】fuser [选项] [参数]　★★★☆☆

【功能介绍】fuser 指令用于报告进程使用的文件和网络套接字。

【选项说明】

选　　项	功　　能
-a	显示在命令行中指定的所有（all）文件
-k	杀死（kill）访问指定文件的所有进程
-i	以交互（interactive）的方式，在杀死进程前需要用户进行确认
-l	列出（list）所有已知信号名
-m	指定一个被加载（mount）的文件系统或一个被加载的块设备。访问文件系统的所有进程被列出
-n	选择不同的名称空间（namespace），支持的名称空间为： file：默认值，文件名； udp：本地UDP端口； tcp：本地TCP端口
-u	在每个进程号后显示所属的用户名（user name）

【参数说明】

参　　数	功　　能
文件	可以是文件名或者TCP、UDP端口号；取决于-n选项的设置

【经验技巧】fuser 指令通过名称空间（-n 选项）来区分要查看使用本地文件或者 TCP/UDP 端口的进程。

【示例 14.14】使用 fuser 指令的-n tcp 选项指定名字空间为 TCP 端口号，显示使用 TCP 的 80 端口的进程。在命令行中输入下面的命令：

```
[root@www1 ~]# fuser -n tcp -u  80        #显示使用 80 端口的进程
```

输出信息如下：

```
80/tcp:                 1328(apache)  1334(apache)  2995(apache)
5704(apache)  5705(apache)  8673(apache)  8699(apache)  8797(apache)
8800(apache)  8892(apache)  9220(apache)  9222(apache)  9270(apache)
9279(apache)  9539(apache)  9904(apache)  9937(apache) 10083(apache)
29115(apache) 30668(root) 31855(apache)
```

14.12　习　　题

一、填空题

1．top 指令可以________的查看系统的整体运行情况。

2．tload 指令以________的方式将当前系统的平均负载显示在指定的终端上。

3．time 指令可以评估指令的________，以有效地进行任务规划。

二、选择题

1．top 指令默认每隔（　　）秒自动刷新一次数据。

A．1　　B．2　　C．3　　D．5

2．free 指令的（　　）选项以兆字节为单位输出信息。

A．-b　　B．-m　　C．-k　　D．-t

3．下面的（　　）指令用来显示 CPU 状态相关信息。

A．top　　B．free　　C．iostat　　D．mpstat

三、操作题

1．实时动态地查看当前系统的运行情况。

2．以兆字节为单位查看当前系统的内存使用情况。

第 15 章　内核与模块管理

Linux 是一个高度模块化的操作系统。Linux 内核由许许多多的内核模块组成。本章将介绍 Linux 的内核与模块的相关指令。熟练掌握这些指令不但可以灵活地配置 Linux 内核，而且能够更好地理解 Linux 的工作机制。

15.1　sysctl 指令：动态地配置内核参数

【语　　法】 sysctl [选项] [参数]　　★★★★☆

【功能介绍】 sysctl 指令用于在内核运行时动态地修改内核的运行参数，可用的内核参数在目录/proc/sys 下。

【选项说明】

选　　项	功　　能
-n	显示值时不（do not）显示关键字
-e	忽略未知关键字错误（error）
-N	仅显示名称（name）
-w	当写入（write）sysctl设置时使用此选项
-p	从配置文件/etc/sysctl.conf中加载内核参数设置
-a	显示当前所有（all）可用的内核参数变量和值
-A	以表格方式显示当前所有（all）可用的内核参数变量和值

【参数说明】

参　　数	功　　能
变量=值	设置内核参数对应的变量值

【经验技巧】

- sysctl 指令对内核参数的修改仅在当前生效，重启系统后被修改的参数将会丢失。如果希望参数永久生效，可以修改配置文件/etc/sysctl.conf。
- sysctl 指令和配置文件/etc/sysctl.conf 对内核参数的配置反映在 proc 文件系统的/proc/sys 目录下。例如，内核参数 net.ipv4.ip_forward = 0 反映到/proc/sys/net/ ipv4/ ip_forward 文件中，文件的内容为 0。其他的内核参数与例子中的示例相似。

- 指令 sysctl net.ipv4.ip_forward=1 与指令 echo 1 >/proc/ sys/ net/ipv4/ip_forward 等效。其他的内核参数修改与此类似。

【示例 15.1】 显示当前内核参数的值，具体步骤如下。

（1）使用 sysctl 显示当前内核的一个类别参数值。在命令行中输入下面的命令：

```
[root@www1 sys]# sysctl net.core    #显示内核中的网络核心参数的值
```

说明： 本例显示的内核参数值对应目录/proc/sys/net/core 下的所有文件。

输出信息如下：

```
net.core.netdev_budget = 300
net.core.somaxconn = 128
......省略部分输出内容......
net.core.rmem_max = 262144
net.core.wmem_max = 262144
```

（2）使用 sysctl 指令显示内核的一个具体参数值。在命令行中输入下面的命令：

```
#显示内核参数 ip_forward 的值
[root@www1 ~]# sysctl net.ipv4.ip_forward
```

输出信息如下：

```
net.ipv4.ip_forward = 0
```

【示例 15.2】 修改内核运行参数。

使用 sysctl 指令激活 Linux 内核的 IP 数据包转发功能。在命令行中输入下面的命令：

```
#激活内核 IP 转发功能
[root@www1 ~]# sysctl net.ipv4.ip_forward=1
```

输出信息如下：

```
net.ipv4.ip_forward = 1
```

15.2 lsmod 指令：显示已加载模块的状态

【语　　法】 lsmod ★★★★☆

【功能介绍】 lsmod 指令用于显示已经加载到内核中的模块的状态信息。

【经验技巧】 lsmod 指令支持 Linux 2.5.48 以上的内核版本，比此版本老的内核使用指令 lsmod.old。

【示例 15.3】 使用 lsmod 指令显示以加载到内核中的模块的状态。在命令行中输入下面的命令：

```
[root@www1 ~]# lsmod                        #显示当前内核加载的模块状态
```

输出信息如下：

```
Module                  Size  Used by
binfmt_misc            28672    1
uinput                 20480    1
......省略部分输出内容......
dm_region_hash         24576    1    dm_mirror
dm_log                 20480    2    dm_region_hash,dm_mirror
dm_mod                184320   12    dm_log,dm_mirror
fuse                  176128    5
```

说明：在上面的输出信息中，第 1 列表示模块名称，第 2 列表示模块大小，第 3 列表示模块被使用的次数和使用该模块的其他模块。

【相关指令】insmod，modprobe，get_module

15.3　insmod 指令：加载模块到内核中

【语　　法】insmod [参数]　★★★★☆

【功能介绍】insmod 指令用于将给定的模块加载到内核中。

【参数说明】

参　　数	功　　能
内核模块	指定要加载的内核模块文件

【经验技巧】由于 insmod 指令不检查模块之间的依赖关系，所以很容易加载失败。推荐使用 modprobe 指令加载模块。

【示例 15.4】使用 insmod 指令加载 ide-cd 模块。在命令行中输入下面的命令：

```
[root@hn ~]# insmod /lib/modules/`uname -r`/kernel/
drivers/ide/ide-cd.ko                       #加载指定的内核模块
```

说明：本例中使用命令替换（反单引号）调用‘uname -r’指令，以获得当前内核的版本号。当模块加载成功时 insmod 没有任何输出信息，否则给出错误信息。

【相关指令】modprobe

15.4　modprobe 指令：内核模块智能加载工具

【语　　法】modprobe [选项] [参数]　★★★★☆

【功能介绍】modprobe 指令用于智能地向内核中加载模块或者从内核中移

除模块。modprobe 指令会自动从内核模块目录（/lib/modules/`uname -r`）下搜索指定的内核模块并完成模块的加载。在加载模块时，modprobe 指令会自动查找 modules.dep 文件，找到要加载模块所依赖的其他模块并完成加载。

【选项说明】

选　项	功　能
-r	从内核中移除（remove）模块
-v	显示指令执行过程的详细信息（verbose）
-C	覆盖默认的配置文件（config）选项，使用环境变量MODPROBE_OPTIONS的值
-c	导出并显示指令配置（config）文件的内容
-n	不执行加载和移除模块操作，与-v选项连用有利于调试
-q	当要加载的模块找不到时，不提示错误信息，保持安静（quiet）模式
-a	加载命令行中给出的所有（all）模块
-s	任何错误信息都记录到系统日志（syslog）中
--show-depends	显示模块的依赖关系

【参数说明】

参　数	功　能
模块名	要加载或移除的模块名称。加载模块时还可以指定模块的内核选项

【经验技巧】

- 内核模块加载成功或者失败的信息可以使用 dmesg 指令查看。
- modprobe 指令加载模块时不但能够智能地找到模块文件，而且能够加载模块所依赖的其他模块。
- modprobe 指令的默认配置文件为/etc/modprobe.conf，如果此文件不存在，则使用目录/etc/modprobe.d/下的配置文件。

【示例 15.5】智能加载与移除模块，具体步骤如下。

（1）使用 modprobe 指令加载 ide-cd 模块。在命令行中输入下面的命令：

```
[root@hn ~]# modprobe -v ide-cd            #智能加载指定的模块
```

说明：本例中通过-v 选项显示详细的加载信息。

输出信息如下：

```
insmod /lib/modules/5.14.0-162.6.1.el9_1.x86_64/kernel/drivers/
cdrom/ cdrom.ko
insmod /lib/modules/5.14.0-162.6.1.el9_1.x86_64/kernel/drivers/
ide/
ide-cd.ko
```

（2）使用 modprobe 指令的-r 选项移除 ide-cd 模块。在命令行中输入下面的命令：

```
[root@hn ~]# modprobe -v -r ide-cd        #智能移除指定的模块
```

输出信息如下：

```
rmmod /lib/modules/5.14.0-162.6.1.el9_1.x86_64/kernel/drivers/
ide/
ide-cd.ko
rmmod /lib/modules/5.14.0-162.6.1.el9_1.x86_64/kernel/drivers/
cdrom/
cdrom.ko
```

【示例 15.6】用 modprobe 指令的--show-depends 选项显示指定模块的依赖关系。在命令行中输入下面的命令：

```
#显示模块的依赖关系
[root@hn ~]# modprobe --show-depends iptable_nat
```

输出信息如下：

```
insmod /lib/modules/5.14.0-162.6.1.el9_1.x86_64/kernel/arch/x86
/crypto/crc32c-intel.ko.xz
insmod /lib/modules/5.14.0-162.6.1.el9_1.x86_64/kernel/lib/
libcrc32c.ko.xz
......省略部分输出内容......
insmod /lib/modules/5.14.0-162.6.1.el9_1.x86_64/kernel/net/
netfilter/nf_nat.ko.xz
insmod /lib/modules/5.14.0-162.6.1.el9_1.x86_64/kernel/net/ipv4
/netfilter/ip_tables.ko.xz
insmod /lib/modules/5.14.0-162.6.1.el9_1.x86_64/kernel/net/ipv4
/netfilter/iptable_nat.ko.xz
```

【相关指令】insmod

15.5　rmmod 指令：从内核中移除模块

【语　　法】rmmod [选项] [参数]　　★★★★☆

【功能介绍】rmmod 指令用于从当前运行的内核中移除指定的模块。

【选项说明】

选　　项	功　　能
-v	显示指令执行的详细信息（verbose）
-f	强制（force）移除模块，使用此选项要慎重
-s	向系统日志（syslog）发送错误信息

【参数说明】

参　　数	功　　能
模块名	要移除的模块名称

【经验技巧】当使用 rmmod 指令移除模块时，必须确定要移除的模块当前没有被使用，并且没有其他模块依赖要移除的这个模块，否则移除将会失败。推荐使用 dprobe -r 命令移除内核模块。

【示例 15.7】使用 rmmod 指令移除模块 ide-cd。在命令行中输入下面的命令：

```
[root@hn ~]# rmmod -v ide-cd                    #从内核中移除模块
```

说明：本例使用了-v 选项显示详细信息。

输出信息如下：

```
ide_cd, wait=no
```

【相关指令】modprobe，insod

15.6　modinfo 指令：显示模块的详细信息

【语　　法】modinfo [选项] [参数]　　★★★★☆

【功能介绍】modinfo 指令用于显示给定模块的详细信息。

【选项说明】

选　项	功　能
-a	显示模块作者（author）
-d	显示模块的描述信息（description）
-l	显示模块的许可信息（license）
-p	显示模块的参数信息（parameter）
-n	显示模块对应的文件名字（filename）
-0	用ASCII码的0字符分割字段值而不是使用新行。此选项对脚本开发很有帮助

【参数说明】

参　数	功　能
模块名	要显示详细信息的模块名称

【经验技巧】modinfo 指令支持的 Linux 内核版本为 2.5.48 以上，比此版本老的内核使用指令 modinfo.old。

【示例 15.8】使用 modprobe 指令显示模块 xfs 的详细信息。在命令行中输入下面的命令：

```
[root@hn ~]# modinfo xfs                  #显示内核模块 xfs 的详细信息
```

输出信息如下：

```
filename:       /lib/modules/5.14.0-162.6.1.el9_1.x86_64/kernel
```

```
/fs/xfs/xfs.ko.xz
license:            GPL
description:        SGI XFS with ACLs, security attributes, scrub,
quota, no debug enabled
author:             Silicon Graphics, Inc.
alias:              fs-xfs
rhelversion:        9.1
srcversion:         B7BBD569F9DB12AE2BAFBEC
depends:        libcrc32c
......省略部分输出内容......
```

说明：modinfo 指令显示的模块包括文件名、许可、描述、作者和依赖模块等信息。

【相关指令】 get_module

15.7 depmod 指令：产生模块依赖的映射文件

【语　　法】 depmod [选项]　　★★☆☆☆

【功能介绍】 使用 depmod 指令可以产生模块依赖的映射文件。

【选项说明】

选　项	功　能
-b <目录>	指定内核模块目录（base directory）
-e	与-F选项连用时，报告一个模块需要的但是其他模块和内核都没有提供的任意符号
-F	提供内核编译时生成的System.map文件，此选项与-e连用时，可以报告未被解析的符号
-n	将各种内核映射文件显示到标准输出，而非保存到模块目录下
-A	快速模式，查找比modules.dep更新的模块

【经验技巧】 depmod 指令支持的 Linux 内核版本为 2.5.48 以上，比此版本老的内核使用指令 depmod.old。

【示例 15.9】 产生内核模块依赖的映射文件，具体步骤如下。

（1）使用 depmod 生成当前内核的模块依赖关系文件和映射文件。在命令行中输入下面的命令：

```
[root@hn ~]# depmod                                #生成内核依赖和映射文件
```

（2）查看生成的模块依赖和映射文件。在命令行中输入下面的命令：

```
[root@hn ~]# ls -l /lib/modules/`uname -r`/ #显示内核模块目录列表
```

说明：在上面的命令中，使用命令替换（反单引号）来输入当前内核的版本号。

输出信息如下：

```
total 1328
lrwxrwxrwx.  1 root root      44 Sep 30  2022 build -> /usr/src/
kernels/5.14.0-162.6.1.el9_1.x86_64
-rw-r--r--   1 root root  281777 Jun  8 10:25 modules.dep
-rw-r--r--   1 root root  370302 Jun  8 10:25 modules.dep.bin
......省略部分输出内容......
-rwxr-xr-x.  1 root root 11649784 Sep 30  2022 vmlinuz
drwxr-xr-x.  3 root root      23 Dec  3  2022 weak-updates
```

说明： 在上面的输出信息中，时间为“Jun 8 10:25”的文件即为新生成的模块依赖关系和映射文件。

【相关指令】 modprobe

15.8　uname 指令：显示系统信息

【语　　法】 uname [选项]　　★★★★☆

【功能介绍】 uname 指令用于显示与当前系统相关的信息（内核版本号、硬件架构、主机名称和操作系统类型等）。

【选项说明】

选　项	功　能
-a	显示系统的所有（all）信息
-s	显示内核名称。在Linux系统中为Linux
-n	显示主机名称（hostname）
-r	显示内核发行版本号（release）
-v	显示内核版本（version）
-m	显示主机（machine）硬件名称
-p	显示主机处理器（processor）类型
-i	显示硬件平台
-o	显示操作系统（operating system）名称

【经验技巧】 指令 uname -r 和命令替换（反单引号）经常一起使用，用于在其他指令中代换 Linux 内核版本号，如 insmod /lib/modules/`uname -r`/kernel/drivers/ide/ide-cd.ko。

【示例 15.10】 使用 uname 指令的-a 选项显示本机的详细信息。在命令行中输入下面的命令：

```
[root@hn ~]# uname -a                    #显示本机的所有信息
```

输出信息如下：

```
Linux hn.ly.kd.adsl 5.14.0-162.6.1.el9_1.x86_64 #1 SMP PREEMPT_
DYNAMIC Fri Sep 30 07:36:03 EDT 2022 x86_64 x86_64 x86_64 GNU/Linux
```

15.9　dmesg 指令：检查和控制内核环形缓冲区

【语　　法】dmesg [选项] [参数]　★★☆☆☆

【功能介绍】dmesg 指令用于检查和控制内核的环形缓冲区。

【选项说明】

选　　项	功　　能
-c	显示完成后清除（clear）环形缓冲区中的内容
-s <缓冲区大小>	按照指定缓冲区的大小（size）查询环形缓冲区
-n <等级>	指定要显示的消息等级。例如，“-n 1”表示显示所有的消息。使用此选项时，dmesg指令不会显示和清除内核缓冲区中的任何信息

【经验技巧】通常使用 dmesg 指令查看系统启动时内核的输出信息。如果使用-c 选项清除了缓冲区中的信息，则可以直接从日志文件/var/log/messages 中查看启动时内核的输出信息。

【示例 15.11】使用 dmesg 和 head 指令显示缓冲区中的前 10 行信息。在命令行中输入下面的命令：

```
[root@www1 ~]# dmesg | head              #显示缓冲区中的前 10 行信息
```

输出信息如下：

```
[    0.000000] Linux version 5.14.0-162.6.1.el9_1.x86_64
(mockbuild@x86-vm-07.build.eng.bos.redhat.com) (gcc (GCC) 11.3.1
20220421 (Red Hat 11.3.1-2), GNU ld version 2.35.2-24.el9) #1 SMP
PREEMPT_DYNAMIC Fri Sep 30 07:36:03 EDT 2022
[    0.000000] The list of certified hardware and cloud instances
for Red Hat Enterprise Linux 9 can be viewed at the Red Hat Ecosystem
Catalog, https://catalog.redhat.com.
......省略部分输出内容......
[   0.000000] x86/fpu: xstate_offset[2]:  576, xstate_sizes[2]:  256
[   0.000000] x86/fpu: Enabled xstate features 0x7, context size is 832
bytes, using 'standard' format.
[   0.000000] signal: max sigframe size: 1776
```

15.10　kexec 指令：直接启动另一个 Linux 内核

【语　　法】kexec [选项]　★★★☆☆

【功能介绍】kexec 指令允许在当前运行的内核中加载并引导进入另一个内核。它使用 kexec 系统调用。kexec 指令的执行过程分为两个步骤：第一步，加载另一个内核到内存中；第二步，真正的重新启动已经加载的内核。

【选项说明】

选　　项	功　　能
-l <内核映像>	指定加载（load）内核映像文件
-e	允许执行（execute）当前被加载的内核
-f	强制（force）立即调用系统调用kexec，而不调用shutdown
-t	指定新内核的类型（type）
-u	卸载（unload）当前的kexec目标内核
--mem-min=<内存地址>	指定加载代码的最低端内存（memory）地址
--mem-max=<内存地址>	指定加载代码的最高端内存地址

【经验技巧】

- 使用 kexec 指令加载并启动 Linux 内核与通常启动 Linux 操作系统的区别在于：使用 kexec 启动 Linux 核心时，不需要经过硬件初始化工作。因此 kexec 指令可以有效地降低重新引导系统的时间。
- 如果要使用 kexec 指令，则需要确保配置内核时选择 CONFIG_KEXEC=y 选项，激活 kexec 系统调用。

【示例 15.12】使用 kexec 快速切换到另一个 Linux 核心，首先使用-l 选项加载 Linux 核心。在命令行中输入下面的命令：

```
[root@hn ~]# kexec -l /boot/vmlinuz- 5.14.0-162.6.1.el9_1.x86_64
--append=root=LABEL=/                       #直接启动另一个 Linux 核心
```

然后使用 kexec 指令的-e 选项启动加载的 Linux 核心。在命令行中输入下面的命令：

```
[root@hn ~]# kexec -e                       #启动预加载的 Linux 核心
```

15.11　slabtop 指令：实时显示内核 slab 的缓冲区信息

【语　　法】slabtop [选项]　★★★☆☆

【功能介绍】slabtop 指令以实时的方式显示内核 slab 缓冲区的细节信息。

【选项说明】

选　　项	功　　能
-d <刷新时间>	指定信息的刷新时间（s）
-s <排序规则>	指定排序标准。可用的排序标准有： a:以活动（active）对象为排序标准 b:以每个slab的对象数目为排序标准

续表

选　　项	功　　能
-s <排序规则>	c:以cache大小为排序标准 l:以slab的数目为排序标准 v:以活动slab数目为排序标准 n:以名称（name）为排序标准 o:以对象（object）数目为排序标准 p:以每slab的页数（pages）为排序标准 s:以对象大小（size）为排序标准 u:以cache利用率（utilization）为排序标准
-o	仅显示一次信息即退出指令

【经验技巧】

- 在 slabtop 指令运行期间可以按空格键立即刷新屏幕，使用 Q 键退出指令。
- slabtop 指令仅能用在 Linux 2.4 以上的内核中。

【示例 15.13】 使用 slabtop 指令每隔 10s 刷新显示 slab 缓冲区的信息。在命令行中输入下面的命令：

```
[root@hn ~]# slabtop -d 10              #每隔 10s 刷新 slab 缓冲区的信息
```

输出信息如下：

```
 Active / Total Objects (% used)    : 79502 / 84225 (94.4%)
......省略部分输出内容......
  OBJS ACTIVE  USE OBJ SIZE  SLABS OBJ/SLAB CACHE SIZE NAME
 20764  20764 100%    0.13K    716       29      2864K dentry_cache
......省略部分输出内容......
```

说明：slabtop 指令的输出信息分成上下两部分。上面部分为汇总信息，下面部分具体的排序显示。

15.12　习　　题

一、填空题

1．Linux 是一个高度___________的操作系统。Linux 内核由许许多多的__________组成。

2．sysctl 指令用于在内核运行时__________地修改内核的运行参数。

3．dmesg 指令用于检查和控制内核的__________。

二、选择题

1. sysctl 指令的（　　）选项用于显示当前所有可用的内核参数变量和值。

A. -a　　B. -e　　C. -p　　D. -n

2. uname 指令的（　　）选项用来显示内核版本号。

A. -a　　B. -s　　C. -n　　D. -r

三、判断题

1. sysctl 指令对内核参数的修改仅在当前生效，重新启动计算机后，被修改的参数将会丢失。（　　）

2. 由于 insmod 指令不检查模块之间的依赖关系，所以很容易加载失败。（　　）

第 16 章　X-Window 系统管理

Linux 操作系统不但有强大的命令行工具，而且提供了简单易用的图形界面。Linux 中的图形界面系统称为 X-Window 系统。本章将介绍与 X-Window 系统相关的指令。

16.1　startx 指令：初始化 X-Window 会话

【语　　法】startx [选项]　　★★★★★

【功能介绍】startx 指令是 Linux 中的一个脚本程序，负责调用 X-Window 系统的初始化程序 xinit，以完成 X-Window 运行所需要的初始化工作并启动 X-Window 系统。

【选项说明】

参　　数	功　　能
客户端及选项	X客户端及选项
服务器及选项	X服务器及选项

【经验技巧】在 startx 指令中使用“--”表示客户端及选项结束、服务器及选项的开始。

【示例 16.1】启动 X-Window，具体步骤如下。

（1）使用 startx 指令以默认方式启动 X-Window 系统。在命令行中输入下面的命令：

```
[root@hn ~]# startx                          #启动 X-Window
```

（2）使用 startx 指令以 16 位颜色深度启动 X-Window 系统。在命令行中输入下面的命令：

```
[root@hn ~]# startx -- -depth 16     #启动 X-Window 并指定色彩深度
```

【相关指令】xinit

16.2　xauth 指令：修改访问 X 服务器时的授权信息

【语　　法】xauth [选项] [参数]　　★★★★☆

【功能介绍】xauth 指令用于显示和编辑用于连接 X 服务器的认证信息。

【选项说明】

选　　项	功　　能
-f <认证文件>	不使用默认的认证文件（file）而使用指定的认证文件
-q	安静（quiet）模式，不显示未经请求的状态信息
-v	详细信息（verbose）模式，显示指定的各种操作信息
-i	忽略（ignore）认证文件锁定
-b	执行任何操作前中断（break）认证文件锁定

【参数说明】

参　　数	功　　能
add <显示设备> <显示名称> <协议名称> <密码值>	添加认证条目到认证文件中
extract <密码文件> <显示设备>	将指定的设备信息加入指定的密码文件中
info	显示授权文件的相关信息（information）
exit	退出交互式模式
list <显示设备>	列出给定的显示设备的内容。如果省略“显示设备”，则列出所有的显示设备
merge <授权文件>	合并多个授权文件的内容
nextract	将指定设备的信息写入指定的授权文件中。输出格式为十六进制的数字
nmerge <授权文件>	合并多个授权文件的内容。输出格式为十六进制的数字
quit	退出，但不保存修改的内容
remove	删除指定的显示设备的授权条目
source <文件>	从指定文件中读取包含xauth的内部指令

【经验技巧】

- xauth 指令经常用于从一台主机中提取认证记录，并将提取的认证记录合并到另一台主机（通常用于进行远程登录和授权其他用户访问）上。
- 通常 xauth 指令不用于创建授权文件“~/.Xauthority”，而是由 xdm 指令负责创建此文件。

【示例 16.2】使用 xauth 指令的 info 参数显示默认授权文件的基本信息。在命令行中输入下面的命令：

```
[root@hn ~]# xauth info                          #显示授权文件的信息
```

输出信息如下：

```
Authority file:       /root/.Xauthority
File new:             no
......省略部分输出内容......
```

```
Changes made:          no
Current input:         (argv):1
```

【示例 16.3】使用 xauth 指令的 list 参数显示授权文件中的所有授权条目。在命令行中输入下面的命令：

```
[root@hn ~]# xauth list                         #显示所有授权条目
```

输出信息如下：

```
hn.ly.kd.adsl/unix:0  MIT-MAGIC-COOKIE-1  421f30e41624453f9aac9
febbaae750e
localhost.localdomain:0  MIT-MAGIC-COOKIE-1  421f30e41624453f9a
ac9febbaae750e
```

【示例 16.4】当不带任何选项和参数时，使用 xauth 指令进入交互式操作模式，在交互式模式下输入的指令与命令行模式的参数格式完全一致。在命令行中输入下面的命令：

```
[root@hn ~]# xauth                              #进入交互式模式
```

输出信息如下：

```
Using authority file /root/.Xauthority
xauth> add test:1 MIT-MAGIC-COOKIE-1 421f30e41624453f9aac9febb
aae750f                                         #添加认证条目
xauth: (stdin):4:  bad display name "test:1" in "add" command
xauth> exit                                     #保存操作并退出
```

16.3　xhost 指令：X 服务器访问控制工具

【语　　法】xhost [参数]　★★★★☆

【功能介绍】xhost 指令是 X 服务器的访问控制工具，用来控制哪些 X 客户端能够在 X 服务器上显示。

【参数说明】

参　　数	功　　能
+	关闭访问控制，允许任何主机访问本地的X服务器
-	打开访问控制，仅允许授权清单中的主机访问本地的X服务器
+<主机>	允许指定的主机访问本地的X服务器。主机可以是主机名或者IP地址
-<主机>	禁止指定的主机访问本地的X服务器。主机可以是主机名或者IP地址

【经验技巧】

- 在 X-Window 系统中，负责图形界面显示的主机称为 X 服务器（X Server），而正在运行的不负责显示界面的 X 程序称为 X 客户端（X Client）。X 服务器和 X 客户端可以是同一台主机，也可以是不同的机器。当需要将远程运行的 X 程序的界面显示在某一个 X 服务器上时，就需要使用 xhost 指令在 X 服务器上进行适当的授权。

- xhost 指令要求在本地 X-Window 的图形界面的命令行中输入，否则将提示“xhost: unable to open display ""”的错误。

【示例 16.5】控制 X 服务器的访问授权，具体步骤如下。

（1）单独使用 xhost 指令时将显示当前 X 服务器的访问授权配置。在命令行中输入下面的命令：

```
[root@hn ~]# xhost                              #显示 X 服务器当前的授权配置
```

输出信息如下：

```
access control enabled, only authorized clients can connect
SI:localuser:root
```

（2）使用“+”参数授权主机 www.nyist.edu.cn 访问 X 服务器。在命令行中输入下面的命令：

```
[root@hn ~]# xhost + www.nyist.edu.cn     #授权主机访问 X 服务器
```

输出信息如下：

```
www.nyist.edu.cn being added to access control list
```

16.4　xinit 指令：X-Window 系统初始化程序

【语　　法】xinit [参数]　★★★★★

【功能介绍】xinit 指令是 Linux 中 X-Window 系统的初始化程序，主要完成 X 服务器的初始化设置。

【参数说明】

参　数	功　能
客户端选项	客户端指令及选项
--	用于区分客户端选项和服务器端选项
服务器端选项	服务器端指令及选项

【经验技巧】通常不直接调用 xinit 指令，而是使用 startx 指令启动 X-Window 系统。startx 指令实际为一个 Bash 脚本程序，它负责调用 xinit 指令完成 X 服务器的初始化工作。

【示例 16.6】使用不带任何参数的 xinit 指令自动启动一个名为 X 的服务器，并且执行用户的 xinitrc 配置文件，如果不存在此文件，则自动启动一个 xterm 终端。在命令行中输入下面的命令：

```
[root@hn ~]# xinit                        #启动 X 服务器初始化程序
```

16.5　xlsatoms 指令：显示 X 服务器定义的原子成分

【语　　法】xlsatoms [选项]　★★★☆☆

【功能介绍】xlsatoms 指令用于列出 X 服务器内部所有定义的原子成分，每个原子成分都有自身的编号。

【选项说明】

选　　项	功　　能
-display <显示器编号>	指定X服务器连接的显示器编号。编号最小为0，依次递增
-format <输出格式>	指定显示清单的格式
-name <名称>	指定要显示的原子成分的名称
-range <范围>	指定要显示的原子成分的列表范围。“范围”的表示方法类似30～50

【经验技巧】xlsatoms 指令要求在本地 X-Window 的图形界面的命令行中输入，否则将提示“xlsatoms:　unable to open display ""”的错误。

【示例 16.7】使用 xlsatoms 指令显示 X 服务器上定义的名称为 CURSOR 原子成分。在命令行中输入下面的命令：

```
#显示指定名称的 X 服务器的原子成分
[root@hn ~]# xlsatoms -name CURSOR
```

输出信息如下：

```
8        CURSOR
```

16.6　xlsclients 指令：列出在 X 服务器上显示的客户端程序

【语　　法】xlsclients [选项]　★★★☆☆

【功能介绍】xlsclients 指令用来列出在 X 服务器上显示的 X 客户端应用程序列表。

【选项说明】

选　　项	功　　能
-display <显示器编号>	列出指定显示器编号上的X客户端程序
-a	列出所有（all）显示器上的X客户端程序
-l	使用长（long）格式输出详细信息
-m <最大字符数>	指定指令输出的最大（maximum）字符数

【经验技巧】

- xlsclients 指令要求在本地 X-Window 的图形界面的命令行中输入，否则将提示“xlsclients:　unable to open display ""”的错误。
- xlsclients 指令显示的 X 客户端程序可能是本机的应用程序，也有可能是运行在远程主机上的应用程序（在 X 服务器上显示程序信息）。

【示例 16.8】使用不带任何选项的 xlsclients 指令显示当前显示器上运行的所有 X 应用程序。在命令行中输入下面的命令：

```
[root@hn ~]# xlsclients              #显示当前 X 服务器上的 X 应用程序列表
```

输出信息如下：

```
hn.ly.kd.adsl  gnome-session
hn.ly.kd.adsl  gnome-settings-daemon
......省略部分输出内容......
hn.ly.kd.adsl  gnome-screensaver
hn.ly.kd.adsl  notification-daemon
```

说明：输出信息分为两列（简化的输出格式，如果需要详细格式，可以使用-l 选项），第一列为主机名称，第二列为运行的 X 客户端程序名称。

16.7　xlsfonts 指令：显示 X 服务器的字体列表

【语　　法】xlsfonts [选项]　　★★★☆☆

【功能介绍】xlsfonts 指令用于显示当前的 X 服务器上可以使用的字体列表。

【选项说明】

选　　项	功　　能
-l	同时列出（list）字体名称和字体属性
-ll	列出比-l选项更详细的信息
-lll	列出比-ll选项更详细的信息
-u	输出字体清单时不排序（unsort），默认按照字体名称排序

【经验技巧】xlsfonts 指令要求在本地 X-Window 的图形界面的命令行中输入，否则将提示“xlsfonts:　unable to open display ""”的错误。

【示例 16.9】使用 xlsfonts 指令显示 X 服务器使用的字体列表。在命令行中输入下面的命令：

```
[root@hn demo]# xlsfonts | head  -n  5   #显示使用的前 5 个字体列表
```

由于输出的字体列表较长，本例借助于管道“|”和 head 指令仅显示前 5 条记录。输出信息如下：

```
-misc-fixed-medium-r-semicondensed--0-0-75-75-c-0-iso8859-1
```

```
......省略部分输出内容......
-misc-liberation mono-bold-i-normal--0-0-0-0-m-0-iso8859-1
```

16.8　xset 指令：设置 X-Window 系统的用户爱好

【语　　法】xset [选项] [参数]　★★★★☆

【功能介绍】xset 指令是设置 X-Window 系统中用户爱好的实用工具。

【选项说明】

选　　项	功　　能
-b	蜂鸣器（bell）开关设置，用法如下： -b b on：打开蜂鸣器； -b b off：关闭蜂鸣器
-c	键盘按键（click）声响设置。用法与-b选项类似

【参数说明】

参　　数	功　　能
b	蜂鸣器（bell）开关设置，用法如下： b on：打开蜂鸣器； b off：关闭蜂鸣器
c	键盘按键（click）声响设置，用法与b参数类似
s	屏幕保护程序（screen saver）设置，用法与b参数类似

【经验技巧】xsets 指令要求在本地 X-Window 的图形界面的命令行中输入，否则将提示“xsets:　unable to open display ""”的错误。

【示例 16.10】使用 xset 指令的 q 参数显示当前的 xset 指令的默认信息。在命令行中输入下面的命令：

```
[root@hn ~]# xset q                    #显示当前的 xset 的相关信息
```

输出信息如下：

```
Keyboard Control:
  auto repeat:  on    key click percent:  0    LED mask:  00000000
  auto repeat delay:  500    repeat rate:  30
......省略部分输出内容......
File paths:
  Config file:  /etc/X11/xorg.conf
  Modules path: /usr/lib/xorg/modules
  Log file:    /var/log/Xorg.0.log
```

【示例 16.11】使用 xset 指令的 b 参数和 c 参数分别打开蜂鸣器的声音和键盘的按键音。在命令行中输入下面的命令：

```
[root@hn ~]# xset b on c on            #开启蜂鸣器的声音和键盘的按键音
```

16.9　习　　题

一、填空题

1．Linux 中的图形界面统称为________。

2．在 X-Window 系统中，负责图形界面显示的主机称为________，而正在运行的不负责显示界面的 X 程序称为________。

二、选择题

1．xauth 指令的（　　）参数用来显示所有授权条目。

A．add　　B．info　　C．list　　D．extract

2．xlsatoms 指令的（　　）选项用来指定显示器的编号。

A．-display　　B．-format　　C．-name　　D．-range

3．xset 的（　　）选项用来设置蜂鸣器的开关。

A．-a　　B．-b　　C．-c　　D．-s

三、操作题

1．使用 startx 命令启动 X-Window 系统。

2．查看 X 服务器的访问授权配置。

第 17 章　软件包管理

Linux 作为开发源代码的操作系统，拥有众多的开发源代码的软件套件。如何快速简便地管理和维护这些软件包，则决定了 Linux 的易用性。本章将介绍主流 Linux 发行版的软件包管理的相关指令。

17.1　rpm 指令：RPM 软件包管理器

【语　　法】rpm [选项] [参数]　　★★★★★

【功能介绍】rpm 指令是 RPM 软件包的管理工具。RPM（Redhat Package Manager）最早由 Redhat 公司开发，作为 Redhat Linux 中的软件包管理工具。目前，有很多主流的发行版都用 RPM 来管理 Linux 软件包。

【选项说明】

选　　项	功　　能	选　　项	功　　能
-i	安装（install）RPM软件包	-q	查询（query）RPM软件包
-e	卸载（erase）RPM软件包	-v	显示详细信息（verbose）
-U	更新（update）RPM软件包	-h	显示执行进度
-V	验证（verify）RPM软件包	-f	强制（force）执行操作

【参数说明】

参　　数	功　　能
软件包	指定要操作的RPM软件包。如果安装或者升级RPM软件包，需要给出软件包的完整文件名。如果要卸载或者查询RPM软件包，则给出软件包的名称即可

【经验技巧】

- rpm 指令是 Linux 中使用最广泛的软件包管理工具，它让系统管理人员轻松地管理 Linux 系统中的所有软件。rpm 指令通过建立 RPM 数据库来管理和维护系统中的 RPM 软件包。
- RPM 软件包可能会有复杂的依赖关系。为了更好地解决软件的依赖关系，推荐使用 yum/dnf 指令进行 RPM 软件包的管理。

【示例 17.1】使用 rpm 指令的-i 选项安装 rpm 软件包。在命令行中输入下面的命令：

```
#安装 RPM 软件包并显示安装进度
[root@www1 ~]# rpm -ivh zenoss-2.1.1-0.el5.i386.rpm
```

输出信息如下：

```
Preparing...          ############################## [100%]
   1:zenoss        ################################### [100%]
```

【示例 17.2】查询软件包，具体步骤如下。

（1）使用 rpm 指令的-q 选项查询（query）软件包是否安装。在命令行中输入下面的命令：

```
[root@hn ~]# rpm -q bind                          #查询 bind 软件包是否安装
```

输出信息如下：

```
bind-9.16.23-5.el9_1.x86_64
```

说明：如果软件包已安装，则会显示其名称和版本号，否则将提示软件包找不到的错误信息。

（2）使用 rpm 指令的-qf 选项查询（query）系统中的文件（file）属于哪个软件包。在命令行中输入下面的命令：

```
[root@hn ~]# rpm -qf /etc/exports                 #查询文件所属的 RPM 包
```

输出信息如下：

```
setup-2.13.7-7.el9.noarch
```

（3）使用 rpm 指令的-ql 选项（query）显示软件包的所有文件列表（list）。在命令行中输入下面的命令：

```
[root@hn ~]# rpm -ql time                         #查询 time 软件包的所有文件
```

输出信息如下：

```
/usr/bin/time
......省略部分输出内容......
/usr/share/info/time.info.gz
```

【示例 17.3】使用 rpm 指令的-e 选项卸载已安装的 RPM 软件。在命令行中输入下面的命令：

```
[root@hn ~]# rpm -e zsh                           #卸载 zsh 软件包
```

【相关指令】dnf，yum，rpmquery，rpmdb，rpmverify

17.2　yum/dnf 指令：基于 RPM 的软件包管理器

【语　　法】yum/dnf [选项] [参数]　　★★★★★

【功能介绍】yum/dnf 指令是基于 RPM 的软件包管理器，它可以使系统管理人员方便地管理 RPM 软件包。

【选项说明】

选　　项	功　　能
-h	显示帮助（help）信息
-y	对所有的提问都回答yes
-c	指定配置（config）文件
-q	安静（quiet）模式，不输入信息
-v	详细（verbose）模式，输出调试信息
-d	设置调试（debug）等级（0~10）
-e	设置错误（error）等级（0~10）
-R	设置yum/dnf处理一个命令的最大等待时间
-C	完全从缓存（cache）中运行，并不下载或者更新任何头文件

【参数说明】

参　　数	功　　能
install	安装RPM软件包
update	更新RPM软件包
check-update	检查是否有可用的更新RPM软件包
remove	删除指定的RPM软件包
list	显示软件包可用的信息
search	查询RPM软件包
info	显示指定的RPM软件包的概要信息
clean	清理YUM的过期缓存
shell	进入YUM的Shell提示符
resolvedep	显示RPM软件包的依赖关系
localinstall	安装本地的RPM软件包
localupdate	使用本地RPM软件包进行更新
deplist	显示RPM软件包的所有依赖关系

【经验技巧】yum/dnf 指令可以看作 rpm 指令的智能化工具，它的底层是基于 RPM 工作机制的，但是 yum 给系统管理员提供了更友好、智能的管理 RPM 软件包的功能（例如，解决了复杂的 RPM 软件包的依赖关系，可以自动从服务器上下载更新等），极大地简化了管理员的工作。

【示例 17.4】使用 yum/dnf 的 install 参数实现自动从网络服务器上下载并安装最新的 RPM 软件包。在命令行中输入下面的命令：

```
[root@hn ~]# yum/dnf install zsh                    #安装 zsh 软件包
```

输出信息如下：

```
Setting up Install Process
......省略部分输出内容......
Total download size: 1.7 M
Is this ok [y/N]: y                             #输入 y 进行确认
Downloading Packages:
(1/1): zsh-4.2.6-1.i386.r 100% |=========================| 1.7 MB
00:15
......省略部分输出内容......
Running Transaction
  Installing: zsh               ############## [1/1]
Installed: zsh.i386 0:4.2.6-
```

说明：使用 yum/dnf 可以自动下载并安装 RPM 软件包。

【示例 17.5】使用 yum/dnf 的 update 参数可以自动从网络服务器上下载更新软件包，并更新已安装的 RPM 软件包。本例使用 yum/dnf 指令更新 PHP 软件包，在命令行中输入下面的命令：

```
[root@hn ~]# yum/dnf update php             #更新 PHP 软件包
```

输出信息如下：

```
Setting up Update Process
......省略部分输出内容......
Updating:
 php          i386   5.1.6-23.2.el5_3  updates    1.1 M
 php-cli      i386   5.1.6-23.2.el5_3  updates    2.1 M
 php-common   i386   5.1.6-23.2.el5_3  updates   151 k
Updating for dependencies:
 php-ldap     i386   5.1.6-23.2.el5_3  updates   36 k
......省略部分输出内容......
Total download size: 3.4 M
Is this ok [y/N]: y                                  #输入 y 进行确认
......省略部分输出内容......
Updated: php.i386 0:5.1.6-23.2.el5_3 php-cli.i386 0:5.1.6-
23.2.el5_3 php-common.i386 0:5.1.6-23.2.el5_3
Dependency Updated: php-ldap.i386 0:5.1.6-23.2.el5_3
Complete!
```

说明：上面的输出信息表明，使用 yum/dnf 自动更新了 4 个 PHP 软件包，如果使用 rpm 指令进行更新操作将会很烦琐。

【相关指令】rpm

17.3　apt-get 指令：APT 包管理工具

【语　　法】apt-get [选项] [参数]　★★★★★

【功能介绍】apt-get 是 Debian Linux 发行版中的 APT 软件包管理工具。

【选项说明】

选 项	功 能
-c	指定配置（config）文件

【参数说明】

参 数	功 能
管理指令	对APT软件包的管理操作，支持的管理指令如下： update：执行更新操作，同步本机的软件包索引文件； upgrade：更新软件包； install：安装新软件包； remove：删除软件包； autoremove：指定输出所有未使用的软件包； purge：删除并清除软件包； source：下载归档源代码； build-dep：为源代码配置build依赖； dist-upgrade：更新发行版； clean：删除下载的文件； autoclean：删除原来的下载文件
软件包	指定要操纵的软件包

【经验技巧】 apt-get 指令可以通过网络轻松地管理 Debian 系统中的软件包，当要安装软件包时，自动从 Debian 的众多镜像服务器上下载需要的软件并安全地进行更新。

【示例 17.6】 使用 apt-get 指令的 install 参数进行软件安装操作。在命令行中输入下面的命令：

```
test:~# apt-get install bind9                        #安装软件包
```

输出信息如下：

```
正在读取软件包列表... 完成
正在分析软件包的依赖关系树... 完成
正在读取状态信息... 完成
将会同时安装下列软件：
  bind9-dnsutils bind9-host bind9-libs bind9-utils
建议安装：
  bind-doc resolvconf
下列【新】软件包将被安装：
  bind9
下列软件包将被升级：
......省略部分输出内容......
正在设置 bind9-host (1:9.18.12-0ubuntu0.22.04.1) ...
正在设置 bind9-dnsutils (1:9.18.12-0ubuntu0.22.04.1) ...
正在处理用于 ufw (0.36.1-4build1) 的触发器 ...
正在处理用于 man-db (2.10.2-1) 的触发器 ...
```

```
正在处理用于 libc-bin (2.35-0ubuntu3.1) 的触发器 ...
```

【示例 17.7】使用 apt-get 指令的 remove 参数删除已经安装的软件包。在命令行中输入下面的命令：

```
test:~# apt-get remove bind9                    #删除软件包 bind9
```

输出信息如下：

```
正在读取软件包列表... 完成
正在分析软件包的依赖关系树... 完成
正在读取状态信息... 完成
下列软件包将被【卸载】：
  bind9
升级了 0 个软件包，新安装了 0 个软件包，要卸载 1 个软件包，有 222 个软件包
未被升级。
解压缩后将会空出 983 KB 的空间。
您希望继续执行吗？ [Y/n]  y                      #输入 y
(正在读取数据库 ... 系统当前共安装有 242016 个文件和目录。)
正在卸载 bind9 (1:9.18.12-0ubuntu0.22.04.1) ...
正在处理用于 man-db (2.10.2-1) 的触发器 ...
```

【示例 17.8】使用 apt-get 指令的 update 参数从其他更新源上更新本机的可用软件包索引文件。在命令行中输入下面的命令：

```
test:~# apt-get update                          #同步本机的软件包索引
```

输出信息如下：

```
命中:1 http://cn.archive.ubuntu.com/ubuntu jammy InRelease
获取:2 http://security.ubuntu.com/ubuntu jammy-security InRelease
[110 KB]
获取:3 http://cn.archive.ubuntu.com/ubuntu jammy-updates
InRelease [119 KB]
命中:4 https://ppa.launchpadcontent.net/joe-yasi/amarok-kde5/
ubuntu jammy InRelease
获取:5 http://cn.archive.ubuntu.com/ubuntu jammy-backports
InRelease [108 KB]
命中:6 https://ppa.launchpadcontent.net/kubuntu-ppa/backports/
ubuntu jammy InRelease
已下载 337 KB，耗时 3 秒 (124 KB/s)
正在读取软件包列表... 完成
```

【相关指令】aptitude

17.4　aptitude 指令：基于文本界面的软件包管理工具

【语　　法】aptitude [选项] [参数]　　★★★★★

【功能介绍】aptitude 指令是 Debian Linux 系统中基于文本界面的软件包

管理工具，它通过文本操作菜单和命令行两种方式管理软件包。它允许管理员查看软件包列表，完成如安装、更新和删除软件包等操作。

【选项说明】

选　　项	功　　能
-h	显示帮助（help）信息
-d	仅下载（download）软件包，不执行安装操作
-P	每一步操作都要求进行确认
-y	所有的问题都回答yes
-f	修复（fix）中断的包
-v	显示附加信息
-u	启动时下载新的软件包列表

【参数说明】

参　　数	功　　能
操作命令	用户管理软件包的操作命令，支持的操作命令如下： update：更新可用的软件包的索引文件； upgrade：升级可用的软件包； dist-upgrade：将操作性系统升级到新的发行版； install：安装指定的软件包； remove：删除指定的软件包； purge：删除指定的软件包及配置文件； search：查询指定的软件包； show：查询软件包的详细信息； clean：删除下载的软件包文件； autoclean：仅删除过期的软件包文件； help：显示帮助信息

【经验技巧】如果在命令行中输入不带任何选项和参数的 aptitude 指令，则进入文本菜单操作界面。通过选择相应的菜单，完成软件包的管理工作。

【示例 17.9】使用 aptitude 指令的 show 参数查询指定的软件包的详细描述信息。在命令行中输入下面的命令：

```
test:~# aptitude show bind9                #显示软件包 bind9 的描述信息
```

输出信息如下：

```
软件包：bind9
版本号：1:9.18.12-0ubuntu0.22.04.1
状态：未安装(配置文件保留)
优先级：可选
部分：net
维护者：Ubuntu Developers <ubuntu-devel-discuss@lists.ubuntu.com>
```

```
体系：amd64
未压缩尺寸：983 KB
......省略部分输出内容......
```

【示例 17.10】使用 aptitude 指令的 search 选项查询所有的 gcc 软件包。在命令行中输入下面的命令：

```
test:~# aptitude search gcc                    #查询 gcc 软件包
```

输出信息如下：

```
p   cross-gcc-dev            - Tools for building cross-compilers
and cross-compiler packages
i    gcc                        - GNU C 编译器
p    gcc:i386                   - GNU C 编译器
p    gcc-10                     - GNU C 编译器

......省略部分输出内容......
p    lib64gcc-s1:i386           - GCC support library (64bit)
p    lib64gcc-s1-i386-cross    -GCC support library (i386)
(64bit)
v    lib64gcc-s1-i386-dcv1      -
```

【示例 17.11】使用 aptitude 指令的 install 参数安装 bind9 软件包。在命令行中输入下面的命令：

```
test:~# aptitude install bind9                 #安装 bind9 软件包
```

输出信息如下：

```
下列"新"软件包将被安装。
  bind9
0 个软件包被升级，新安装 1 个，0 个将被删除， 同时 222 个将不升级。
需要获取 0 B/260 KB 的存档。解包后将要使用 983 KB。
(正在读取数据库 ... 系统当前共安装有 242192 个文件和目录。)
准备解压 .../bind9_1%3a9.18.12-0ubuntu0.22.04.1_amd64.deb  ...
正在解压 bind9 (1:9.18.12-0ubuntu0.22.04.1) ...
正在设置 bind9 (1:9.18.12-0ubuntu0.22.04.1) ...
named-resolvconf.service is a disabled or a static unit not running,
not starting it.
正在处理用于 man-db (2.10.2-1) 的触发器 ...
正在处理用于 ufw (0.36.1-4build1) 的触发器 ...
```

【示例 17.12】使用 aptitude 指令的 remove 参数删除软件包 bind9。在命令行中输入下面的命令：

```
test:~# aptitude remove bind9              #删除指定的软件包
```

输出信息如下：

```
下列软件包将被"删除"：
  bind9
0 个软件包被升级，新安装 0 个，1 个将被删除， 同时 222 个将不升级。
需要获取 0 B 的存档。解包后将释放 983 KB。
```

```
(正在读取数据库 ... 系统当前共安装有 242229 个文件和目录。)
正在卸载 bind9 (1:9.18.12-0ubuntu0.22.04.1) ...
正在处理用于 man-db (2.10.2-1) 的触发器 ...
```

17.5　apt-key 指令：管理 APT 软件包的密钥

【语　　法】 apt-key [参数]　★★★★★

【功能介绍】 apt-key 指令用于管理 Debian Linux 系统中的软件包密钥。

【参数说明】

参　　数	功　　能
操作指令	APT密钥操作指令，常用的操作指令如下： add filename：从文件中加载新的密钥到被信任的密钥中； del kid：从被信任的密钥中删除（delete）指定的密钥； export keyed：将指定keyid的密钥输出到标准输出设备上； exportall：将所有（all）密钥输出（export）到标准输出设备上； list：显示被信任的密钥； finger：显示被信任密钥的指纹； adv：向pgp传递高级（advance）特性； update：更新keyring

【经验技巧】 apt-key 指令是 Debian Linux 中软件包的安全管理工具，因为每个发布的 Debian 软件包都是用密钥认证的，apt-key 指令用来管理 Debian 软件包的密钥。

【示例 17.13】 使用 apt-key 指令的 list 参数显示 Debian Linux 系统中被信任的软件包密钥。在命令行中输入下面的命令：

```
test:~# apt-key list                    #显示本机被信任的软件包密钥
```

输出信息如下：

```
/etc/apt/trusted.gpg
--------------------
pub   1024D/6070D3A1 2006-11-20 [expired: 2009-07-01]
uid                  Debian Archive Automatic Signing Key (4.0/etch)
<ftpmaster@debian.org>
......省略部分输出内容......
pub   2048R/6D849617 2009-01-24 [expires: 2013-01-23]
uid                  Debian-Volatile Archive Automatic Signing Key
(5.0/lenny)
```

17.6　apt-sortpkgs 指令：排序软件包的索引文件

【语　　法】 apt-sortpkgs [选项] [参数]　★★★★☆

【功能介绍】apt-sortpkgs 指令是 Debian Linux 下对软件包索引文件进行排序的简单工具。

【选项说明】

选　项	功　能
-s	使用源（source）索引字段排序
-h	显示帮助（help）信息

【参数说明】

参　数	功　能
文件	指定要排序的包含debian包信息的索引文件

【示例 17.14】从 Debian 安装镜像文件中获得软件包索引文件。在命令行中输入下面的命令：

```
test:~# mount /dev/cdrom /mnt/        #加载安装 Debian 的镜像文件
#将包索引文件复制到当前目录下
test:~# cp /mnt/dists/jammy/main/binary-amd64/Packages.gz .
test:~# gzip -d Packages.gz           #解压缩包索引文件
```

使用 apt-sortpkgs 指令对包索引文件进行排序。在命令行中输入下面的命令：

```
test:~# apt-sortpkgs Packages         #对包索引文件进行排序
```

说明：由于软件包较多，限于篇幅，本例不显示指令的输出信息。

17.7　dpkg 指令：Debian 包管理器

【语　　法】dpkg [选项] [参数]　★★★★★

【功能介绍】dpkg 指令是 Debian Linux 系统用来安装、创建和管理软件包的实用工具。

【选项说明】

选　项	功　能
-i	安装（install）软件包
-r	删除（remove）软件包
-P	删除软件包的同时删除其配置文件
-L	显示与软件包关联的文件
-l	显示已安装的软件包列表（list）
--unpack	解开软件包（后缀为.deb）
-c	显示软件包文件列表
--confiugre	配置软件包

【参数说明】

参　　数	功　　能
DEB软件包	指定要操纵的.deb软件包

【经验技巧】dpkg 指令属于较低层的软件包管理工具，它直接操纵.deb 软件包文件，推荐使用更加友好的 aptitude 指令。

【示例 17.15】使用 dpkg 指令的-c 选项显示指定的软件包的文件列表。在命令行中输入下面的命令：

```
#显示软件包中的文件列表
test:~# dpkg -c Nessus-10.5.2-debian10_amd64.deb | head
```

说明：本例使用管道“|”将输出信息送给 head 指令，仅显示前 10 行内容。

输出信息如下：

```
drwxr-xr-x root/root        0 2023-05-09 09:55 ./
drwxr-xr-x root/root        0 2023-05-09 09:54 ./opt/
......省略部分输出内容......
dpkg-deb: subprocess tar killed by signal (Broken pipe)
```

说明：上面的输出信息不但包括软件包的文件列表，而且还显示了文件将要被安装位置等信息。

【示例 17.16】使用 dpkg 指令安装本地磁盘上的软件包 Nessus-10.5.2-debian10_amd64.deb。在命令行中输入下面的命令：

```
test:~# dpkg -i Nessus-10.5.2-debian10_amd64.deb       #安装软件包
```

输出信息如下：

```
正在选中未选择的软件包 nessus。
(正在读取数据库 ... 系统当前共安装有 242192 个文件和目录。)
准备解压 Nessus-10.5.2-debian10_amd64.deb  ...
正在解压 nessus (10.5.2) ...
正在设置 nessus (10.5.2) ...
HMAC : (Module_Integrity) : Pass
SHA1 : (KAT_Digest) : Pass
...//省略部分内容//...
Created symlink /etc/systemd/system/nessusd.service → /lib/
systemd/system/nessusd.service.
Created symlink /etc/systemd/system/multi-user.target.wants/
nessusd.service → /lib/systemd/system/nessusd.service.

 - You can start Nessus Scanner by typing /bin/systemctl start
nessusd.service
 - Then go to https://bob-virtual-machine:8834/ to configure your
scanner
```

【示例 17.17】使用 dpkg 指令的-r 选项卸载软件包 Nessus。在命令行中输入下面的命令：

```
test:~# dpkg -r Nessus                          #卸载 Nessus 软件包
```

输出信息如下：

```
(正在读取数据库 ... 系统当前共安装有 242233 个文件和目录。)
正在卸载 nessus (10.5.2) ...
```

【相关指令】aptitude，dpkg-deb

17.8　dpkg-deb 指令：Debian 包管理器

【语　　法】dpkg-deb [选项] [参数]　★★★★★

【功能介绍】dpkg-deb 指令是 Debian Linux 中的软件包管理工具，它可以对软件包执行打包和解包操作并可以显示软件包的信息。

【选项说明】

选　　项	功　　能
-c	显示软件包中的文件列表内容（content）
-x	将软件包中的文件释放到指定目录下
-X	将软件包中的文件释放到（extract）指定目录下，并显示释放文件的详细过程
-W	显示（show）软件包的信息
-I	显示软件包的详细信息（information）
-b	创建（build）Debian软件包

【参数说明】

参　　数	功　　能
文件	指定要操作的.deb软件包的全名或者软件名

【经验技巧】可以通过 dpkg 指令调用 dpkg-deb 指令的功能，dpkg 指令的任何选项可以传递给 dpkg-deb 指令去执行。

【示例 17.18】使用 dpkg-deb 指令的-I 选项查看软件包的详细信息。在命令行中输入下面的命令：

```
#显示.deb 软件包详细信息
test:~# dpkg-deb -I Nessus-10.5.2-debian10_amd64.deb
```

输出信息如下：

```
新格式的 Debian 软件包，格式版本为 2.0。
 大小 64940160 字节：主控包=2173 字节。
     227 字节，    9 行      control
```

```
    3810 字节,    98 行   *  postinst            #!/bin/bash
     820 字节,    25 行   *  postrm              #!/bin/bash
    1029 字节,    30 行   *  preinst             #!/bin/bash
     267 字节,     9 行   *  prerm               #!/bin/bash
 Package: Nessus
 Version: 10.5.2
 ......省略部分输出内容......
```

【相关指令】dpkg

17.9　dpkg-divert 指令：将文件安装到转移目录下

【语　　法】dpkg-divert [选项] [参数]　★★★★☆

【功能介绍】dpkg-divert 指令用于将引起冲突的文件安装到转移目录（非默认目录）下。

【选项说明】

选　　项	功　　能	选　　项	功　　能
--add	添加一个转移文件	--truename	对应的转移文件的真实文件名
--remove	删除一个转移文件	--quidet	安静模式
--list	列出匹配的转移文件		

【参数说明】

参　　数	功　　能
文件	指定转移的文件名

【经验技巧】只有出现文件冲突时才使用 dpkg-divert 指令，否则，一般情况下不推荐使用此指令。

【示例 17.19】使用 dpkg-divert 指令的--add 选项将指定的文件添加到转移文件下。在命令行中输入下面的命令：

```
test:~# dpkg-divert --add /root/Packages       #添加转移文件
```

输出信息如下：

```
Adding 'local diversion of /root/Packages to /root/Packages.
distrib'
```

17.10　dpkg-preconfigure 指令：软件包安装前询问问题

【语　　法】dpkg-preconfigure [选项] [参数]　★★★★☆

【功能介绍】dpkg-preconfigure 指令用于在软件包安装之前询问问题。

【选项说明】

选　项	功　能
-f	选择使用的前端（frontend）
-p	感兴趣的最低的优先级（priority）问题
--apt	在apt模式下运行

【参数说明】

参　数	功　能
软件包	指定.deb软件包

【经验技巧】如果软件包不需要进行配置，则不会询问任何问题。

【示例 17.20】使用 dpkg-preconfigure 指令在软件包安装前询问问题。在命令行中输入下面的命令：

```
#安装前询问问题
test:~# dpkg-preconfigure Nessus-10.5.2-debian10_amd64.deb
```

说明：由于 Nessus 软件包不需要进行配置，所以本指令不会显示任何问题。

【相关指令】dpkg-reconfigure

17.11　dpkg-query 指令：在 dpkg 数据库中查询软件包

【语　　法】dpkg-query [选项] [参数]　　★★★★☆

【功能介绍】dpkg-query 指令是 Debian Linux 中的软件包查询工具，它从 Dpkg 软件包数据库中查询并显示软件包的信息。

【选项说明】

选　项	功　能
-l	列出（list）符合匹配模式的软件包
-s	查询软件包的状态（status）信息
-L	显示软件包安装的文件列表（list）
-S	从安装的软件包中查询（search）文件
-p	显示软件包的细节

【参数说明】

参　数	功　能
软件包名称	指定需要查询的软件包

【经验技巧】在查询软件包时，软件包的名称支持通配符，如 gcc*将查询所有以 gcc 开头的软件包。

【示例 17.21】使用 dpkg-query 指令的-l 选项查询 bind9 软件包。在命令行中输入下面的命令：

```
test:~# dpkg-query -l bind9                    #查询 bind9 软件包
```

输出信息如下：

```
期望状态=未知(u)/安装(i)/删除(r)/清除(p)/保持(h)
| 状态=未安装(n)/已安装(i)/仅存配置(c)/仅解压缩(U)/配置失败(F)/不完全安装(H)/触发器等待(W)/触发器未决(T)
|/ 错误?=(无)/须重装(R) (状态，错误：大写=故障)
||/ 名称            版本                        体系结构      描述
+++-==============-==========================-===============-=================================
rc  bind9      1:9.18.12-0ubuntu0.22.04.1 amd64    Internet Domain Name Server
```

说明：输出信息中包含软件包的名称、版本号和描述信息。

【示例 17.22】使用 dpkg-query 指令的-L 选项显示软件包的文件列表。在命令行中输入下面的命令：

```
test:~# dpkg-query -L bind9                #查询 bind9 软件包的文件列表
```

输出信息如下：

```
/etc
/etc/apparmor.d
/etc/apparmor.d/usr.sbin.named
/etc/bind
......省略部分输出内容......
/var/cache
/var/cache/bind
```

17.12　dpkg-reconfigure 指令：重新配置已安装的软件包

【语　　法】dpkg-reconfigure [选项] [参数]　　★★★★☆

【功能介绍】dpkg-reconfigure 指令用于重新配置已经安装的软件包，可以将一个或者多个已安装的软件包名传递给此指令，它将会询问软件初次安装时的配置问题。

【选项说明】

选 项	功 能
--force	强制执行操作，需要谨慎使用此选项

【参数说明】

参 数	功 能
软件包名	需要重新配置的已安装的软件包

【经验技巧】如果软件包不需要进行配置，则不会询问任何问题。

【示例 17.23】使用 dpkg-reconfigure 指令重新配置 Bash 软件包，此软件包不需要进行配置，所以不会询问配置问题。在命令行中输入下面的命令：

```
test:~# dpkg-reconfigure bash                    #查询配置 Bash 软件包
```

【相关指令】dpkg-preconfigure

17.13 dpkg-split 指令：分割软件包

【语　　法】dpkg-split [选项] [参数]　　★★★★☆

【功能介绍】dpkg-split 指令用来将 Debian Linux 中的大软件包分割成小文件，它还能够将已分割的文件进行合并。

【选项说明】

选 项	功 能
-S	设置分割后的每个小文件的最大尺寸（size），以字节为单位
-s	分割（split）软件包
-j	合并（join）软件包

【参数说明】

参 数	功 能
软件包	指定需要分割的.deb软件包

【经验技巧】

- dpkg-split 指令只能在 Debian 系统（或包含 Dpkg 包的系统）中使用，因为它需要调用 dpkg-deb 指令分析软件包的组成部分。

【示例 17.24】分割软件包，具体步骤如下。

（1）在 Linux 系统中发布的开源的.deb 软件包有时可能比较大，为了方便编译和传输，可以使用 dpkg-split 指令的-s 选项将软件包分割成多小文件。下面将 gcc 软件包按照默认的大小进行分割。在命令行中输入下面的命令：

```
#分割软件包
test:~/demo# dpkg-split -s gcc-4.3_4.3.2-1.1_i386.deb
```

输出信息如下：

```
Splitting package gcc-4.3 into 6 parts: 1 2 3 4 5 6 done
```

说明：上面的输出信息表明，dpkg-split 指令将 GCC 软件包分割为了 5 个部分。

（2）使用 ls 指令显示分割后的文件列表。在命令行中输入下面的命令：

```
test:~/demo# ls                                    #显示文件列表
```

输出信息如下：

```
gcc-4.3_4.3.2-1.1_i386.1of6.deb  gcc-4.3_4.3.2-1.1_i386.3of6.
deb  gcc-4.3_4.3.2-1.1_i386.5of6.deb  gcc-4.3_4.3.2-1.1_i386.deb
gcc-4.3_4.3.2-1.1_i386.2of6.deb gcc-4.3_4.3.2-1.1_i386.4of6.
deb  gcc-4.3_4.3.2-1.1_i386.6of6.deb
```

说明：软件包分割后的小文件的命名规则类似“gcc-4.3_4.3.2-1.1_i386. Nof6.deb”，其中，N 表示小文件是分割文件的第几部分。

（3）使用 dpkg-split 指令根据实际情况设置分割的小文件的最大尺寸。在命令行中输入下面的命令：

```
#以 2MB 为单位分割文件
test:~/demo# dpkg-split -S 2048 -s gcc-4.3_4.3.2-1. 1_i386.deb
```

输出信息如下：

```
Splitting package gcc-4.3 into 2 parts: 1 2 done
```

说明：指定分割小文件的大小后，GCC 软件包被分割为两个小文件。

【示例 17.25】合并软件包，具体步骤如下。

（1）使用 dpkg-split 指令的-j 选项将分割小文件合并为原始的软件包，然后使用 ls 指令查看分割后的小文件。在命令行中输入下面的命令：

```
test:~/demo# ls                                    #显示文件列表
```

输出信息如下：

```
gcc-4.3_4.3.2-1.1_i386.1of6.deb  gcc-4.3_4.3.2-1.1_ i386.3of6.deb
gcc-4.3_4.3.2-1.1_i386.5of6.deb
gcc-4.3_4.3.2-1.1_i386.2of6.deb  gcc-4.3_4.3.2-1.1_ i386.4of6.deb
gcc-4.3_4.3.2-1.1_i386.6of6.deb
```

说明：上面的输出信息表明，软件包 GCC 被分割为 6 个小文件。

（2）使用 dpkg-split 指令将 6 个小文件合并为 GCC 原始的软件包。在命令行中输入下面的命令：

```
#合并 GCC 软件包
test:~/demo# dpkg-split -j gcc-4.3_4.3.2-1.1_i386.*
```

说明：为了方便输入文件名称，本例使用了*通配符。

输出信息如下：

```
Putting package gcc-4.3 together from 6 parts: 1 2 3 4 5 6 done
```

17.14　dpkg-statoverride 指令：改写所有权和模式

【语　　法】dpkg-statoverride [选项]　★★★☆☆

【功能介绍】dpkg-statoverride 指令是 Debian Linux 中管理软件包状态改写的实用工具，可以用来改写文件所有权和模式。该指令有 3 个基本功能，即添加、删除和显示改写列表。

【选项说明】

选　项	功　能
--add <用户> <组> <模式> <文件>	为文件添加一个改写操作
--remove <文件>	为文件删除一个改写操作
--list	显示所有的改写列表
--update	如果文件存在，则立即执行改写操作

【经验技巧】使用 dpkg-statoverride 指令删除改写操作后，如果希望恢复旧权限，则需要手工设置权限或重新安装包含该文件的软件包。

【示例 17.26】显示系统当前的所有改写列表。在命令行中输入下面的命令：

```
test:~/demo# dpkg-statoverride --list    #显示当前所有的改写列表
```

输出信息如下：

```
root Debian-exim 0640 /etc/exim4/passwd.client
root mlocate 2755 /usr/bin/mlocate
hplip root 755 /var/run/hplip
```

17.15　dpkg-trigger 指令：软件包触发器

【语　　法】dpkg-trigger [选项] [参数]　★★★☆☆

【功能介绍】dpkg-trigger 指令是 Debian Linux 中的软件包触发器。

【选项说明】

选　项	功　能
--check-supported	检查运行的dpkg是否支持触发器，如果返回值为0，则支持触发器；否则，不支持触发器
--help	显示帮助信息并退出

续表

选　项	功　能
--admindir=<目录>	设置dpkg数据库所在的目录
--no-act	仅用于测试，不执行任何操作
--by-package=<软件包>	覆盖触发器等待者

【参数说明】

参　数	功　能
触发器名	指定触发器的名称

【经验技巧】dpkg-trigger 指令只能应用在维护者脚本中，或者必须使用--by-package 选项。

【示例 17.27】dpkg-trigger 只能运行在维护者脚本程序中，直接在命令行调用此指令将会给出报错信息。在命令行中输入下面的命令：

```
test:~/demo# dpkg-trigger nowait    #在命令行中运行 dpkg-trigger
```

输出信息如下：

```
dpkg-trigger: dpkg-trigger must be called from a maintainer script
(or with a --by-package option)
```

17.16　patch 指令：为代码打补丁

【语　　法】patch [选项] [参数]　　★★★★★

【功能介绍】patch 指令经常用于为开放源代码的软件安装补丁程序。

【选项说明】

选　项	功　能
-b	打补丁时备份（backup）旧文件
--binary	读写文件时使用二进制模式
-c	解释补丁文件与源文件的不同
-d	执行任何操作前，切换到指定目录（directory）
-p<数字>	指定忽略的目录分隔符的个数

【参数说明】

参　数	功　能
源文件	指定需要打补丁的源文件
补丁文件	指定补丁文件

【经验技巧】

- patch 指令比较 diff 指令生成的源文件与新文件的不同，将不同的地方应用到旧文件中，以实现为程序打补丁的功能。
- 通常补丁是有顺序的，当一次应用多个补丁时，需要按照顺序打补丁。

【示例 17.28】为内核打补丁，具体步骤如下。

（1）从 Linux 官方网站下载 2.6.0 和 2.6.1 的内核补丁。在命令行中输入下面的命令：

```
[root@hn ~]# wget http://www.kernel.org/pub/linux/
kernel/v2.6/linux-2.6.0.tar.bz2                        #下载 2.6.0 内核源代码
[root@hn ~]# wget http://www.kernel.org/pub/linux/
kernel/v2.6/patch-2.6.1.bz2                            #下载 2.6.1 内核补丁
```

（2）解压缩内核源代码和内核补丁，并将内核补丁复制到内核源代码目录下。在命令行中输入下面的命令：

```
[root@hn ~]# tar -jxf linux-2.6.0.tar.bz2    #解压缩内核源代码
[root@hn ~]# bzip2 -d patch-2.6.1.bz2        #解压缩补丁程序
#将补丁程序复制到内核源代码目录下
[root@hn ~]# cp patch-2.6.1 linux-2.6.0
```

（3）切换到内核源码目录下为内核打补丁，将版本为 2.6.0 的内核升级为 2.6.1 的内核。在命令行中输入下面的命令：

```
[root@hn ~]# cd linux-2.6.0                        #切换到内核源代码目录下
[root@hn linux-2.6.0]# patch -p1 < patch-2.6.1    #为内核打补丁
```

说明：由于内核补丁程序的信息较多，限于篇幅，此处省略了详细输出信息。

【相关指令】diff

17.17　rpm2cpio 指令：将 RPM 包转换为 CIPO 文件

【语　　法】rpm2cpio [参数]　★★★☆☆

【功能介绍】rpm2cpio 指令用于将 RPM 软件包转换为 CPIO 格式的文件。

【参数说明】

参　　数	功　　能
文件	指定要转换的RPM包的文件名

【经验技巧】

- 当使用“-”作为 rpm2cpio 指令的参数时，RPM 包的内容来自标准输入。
- 默认情况下，rpm2cpio 指令的结果将会输出到标准输出设备上，如果希望保存到文件中，则需要使用输出重定向。

【示例 17.29】 转换 RPM 包为 CPIO 文件，具体步骤如下。

（1）将 RPM 包 zsh-4.2.6-1.i386.rpm，转换为 CPIO 格式的文件。在命令行中输入下面的命令：

```
#将 RPM 包转换为 CPIO 文件
[root@hn ~]# rpm2cpio zsh-4.2.6-1.i386.rpm > zsh.cpio
```

（2）使用 file 指令输出生成的文件 zsh.cpio 的类型。在命令行中输入下面的命令：

```
[root@hn ~]# file zsh.cpio                    #输出文件类型
```

输出信息如下：

```
zsh.cpio: ASCII cpio archive (SVR4 with no CRC)
```

17.18　rpmbuild 指令：创建 RPM 软件包

【语　　法】 rpmbuild [选项]　★★★★☆

【功能介绍】 rpmbuild 指令用于创建 RPM 的二进制软件包和源代码软件包。

【选项说明】

选　项	功　能
--rebuild	依据<source package>构建二进制软件包
-ba	创建（build）二进制和源代码包
-bb	创建（build）二进制（binary）代码包
-bs	创建（build）源代码包（source package）

【经验技巧】 RPM 的二进制软件包的文件名后缀类似 i386.rpm，其中，i386 表示依赖的硬件平台。RPM 源代码软件包名的后缀为 src.rpm。

【示例 17.30】 根据 RPM 源代码包创建 RPM 二进制代码包，具体步骤如下。

（1）使用 rpm 指令安装 RPM 的源代码包。在命令行中输入下面的命令：

```
[root@hn ~]# rpm -ivh zsh-4.2.6-1.src.rpm    #安装 RPM 源代码包
```

输出信息如下：

```
   1:zsh            ################################ [100%]
```

（2）使用 rpmbuild 指令编译源代码包。在命令行中输入下面的命令：

```
#编译 zsh 软件包
[root@hn ~]# rpmbuild -ba /usr/src/redhat/SPECS/zsh.spec
```

源代码编译时间较长，输出信息较多，限于篇幅，本例省略了输出信息。

17.19　rpmdb 指令：RPM 数据库管理工具

【语　　法】 rpmdb [选项]　★★★★☆

【功能介绍】 rpmdb 指令用于初始化和重建 RPM 数据库。

【选项说明】

选　项	功　能
--initdb	初始化RPM数据库
--rebuilddb	从已安装的包头文件反向重建RPM数据库

【经验技巧】 RPM 数据库是 RPM 包管理器最重要的工作依据，软件的安装、卸载、升级和验证功能都要依赖此数据库。

【示例 17.31】 使用 rpmdb 指令的--rebuilddb 选项重建系统的 RPM 数据库。在命令行中输入下面的命令：

```
[root@hn ~]# rpmdb --rebuilddb      #重建 RPM 数据库
```

17.20　rpmquery 指令：RPM 软件包查询工具

【语　　法】 rpmquery [选项]　★★★★☆

【功能介绍】 rpmquery 指令使用多种依据，可以从 RPM 数据库中查询软件包信息。

【选项说明】

选　项	功　能
-qf	查询（query）指定的文件（file）所属的软件包
-q	查询（query）指定的软件包是否已安装
-qc	查询（query）软件包中的配置（config）文件
-qd	查询（query）软件包中的文档（document）文件

【经验技巧】

- rpmquery 和 rpm -q 指令的功能相同。
- rpmquery 指令实际上是文件/usr/bin/rpm 的符号链接。

【示例 17.32】 查询 RPM 软件包，具体步骤如下。

（1）使用 rpmquery 指令的-q 选项查询软件包是否已安装。在命令行中输入下面的命令：

```
[root@hn ~]# rpmquery -q zsh                    #查询软件包是否已安装
```

输出信息如下：

```
zsh-5.8-9.el9.x86_64
```

rpmquery 指令输出已安装的软件包的名称和版本号。

（2）使用 rpmquery 指令的-qc 选项查询软件包中的配置文件。在命令行中输入下面的命令：

```
[root@hn ~]# rpmquery -qc zsh                   #查询zsh软件包中的配置文件
```

输出信息如下：

```
/etc/skel/.zshrc
/etc/zlogin
/etc/zlogout
/etc/zprofile
/etc/zshenv
/etc/zshrc
```

【相关指令】rpm

17.21　rpmsign 指令：管理 RPM 软件包签名

【语　　法】rpmsign [选项]　　★★★★☆

【功能介绍】rpmsign 指令是 RPM 软件包的签名管理工具。

【选项说明】

选　　项	功　　能
--addsign	为自动软件包添加签名（add sign）
--delsign	删除（delete）软件包签名（sign）
--resign	重新签名软件包

【经验技巧】使用 rpmsign 指令进行 RPM 软件包的签名，可以提高 RPM 软件包的安全性，防止安装未经确认的 RPM 软件包。

【示例 17.33】为软件包添加签名，具体步骤如下。

（1）使用 rpmsign 指令的--addsign 为存在的 RPM 软件包 zsh-4.2.6-1.i386.rpm 添加签名。在命令行中输入下面的命令：

```
#给软件包添加签名
[root@hn ~]# rpmsign --addsign zsh-4.2.6-1.i386.rpm
```

输出信息如下：

```
zsh-4.2.6-1.i386.rpm:
```

（2）使用 rpm 指令的-qpi 选项显示 RPM 软件包的签名。在命令行中输入下面的命令：

```
#查询指定软件包的基本信息
[root@hn ~]# rpm -qpi zsh-4.2.6-1.i386.rpm
```

输出信息如下：

```
Name        : zsh         Relocations: (not relocatable)
Version     : 4.2.6    Vendor: CentOS
Release     : 1        Build Date: Sun Jan  7 19:32:22 2007
......省略部分输出内容......
Signature   : RSA/SHA256, 2022年02月24日 星期四 21时59分15秒, Key
ID 199e2f91fd431d51
Source RPM  : zsh-4.2.6-1.i386.rpm
Build Date  : 2022年02月23日 星期三 20时10分14秒
```

说明：在上面的输出信息中，以 Signature 开头的行即为使用 rpmsign 指令添加的签名。

17.22　rpmverify 指令：验证 RPM 包

【语　　法】rpmverify [选项]　★★★★☆

【功能介绍】rpmverify 指令用来验证已安装的 RPM 软件包的正确性。

【选项说明】

选　项	功　能
-Va	验证（verify）所有（all）的软件包，比较耗时
-Vf <软件包>	验证（verify）指定的软件包（file package）

【经验技巧】

- rpmverify 与 rpm -v 指令的功能相同。
- rpmverify 指令实际上是文件/usr/bin/rpm 的符号链接。

【示例 17.34】使用 rpmverify 指令验证 zsh 软件包。在命令行中输入下面的命令：

```
[root@hn ~]#rpmverify -Vf zsh                    #验证 zsh 软件包的正确性
```

说明：如果软件包 zsh 没有任何问题，则 rpmverify 指令没有任何输出信息；否则会显示错误信息。

【相关指令】rpm

17.23　习　　题

一、填空题

1．RPM 全称为________，是 Redhat Linux 中的软件包管理工具。

2．apt-get 是________发行版中的 APT 软件包管理工具。

3．aptitude 指令是一个基于________的软件包管理工具，它通过________和________两种方式管理软件包。

二、选择题

1．rpm 命令中的（　　）选项用来安装软件包。

A．-i　　B．-e　　C．-h　　D．-v

2．下面的（　　）命令用来安装.deb 后缀的软件包。

A．rpm　　B．apt-get　　C．dpkg　　D．yum

3．rpmquery 命令中的（　　）选项用来查询软件包的基本信息。

A．-qf　　B．-qc　　C．-qd　　D．-qi

三、判断题

1．使用 yum/dnf 命令可以很好地解决 RPM 软件包的依赖关系。（　　）

2．dpkg-split 指令可以在任意系统中分割软件包。（　　）

四、操作题

1．使用 dnf 命令安装 Apache 服务器软件包。

2．使用 apt-get 命令安装 DNS 服务器软件包。

第 18 章　系统安全管理

安全性是衡量一个操作系统的重要指标。Linux 继承了 UNIX 系统良好的安全机制，增加了一系列增强系统安全性的实用工具。本章将介绍 Linux 中与操作系统安全性相关的系统日志和指令。

18.1　chroot 指令：切换根目录环境

【语　　法】 chroot [选项] [参数]　　★★★★☆

【功能介绍】 chroot 指令用来在指定的根目录下运行指令。

【选项说明】

选　项	功　能
--help	显示指令的帮助信息
--version	显示指令的版本信息

【参数说明】

参　数	功　能
目录	指定新的根目录
指令	指定要执行的指令

【经验技巧】

- chroot 指令运行时先将根目录切换到指定的目录下，以实现在新的根目录环境下运行指令的效果。如果未指定需要运行的指令，则默认调用/bin/sh -i。
- 使用 chroot 指令可以将具有安全隐患的指令约束在新的根目录环境下，以增强系统安全性。
- 指定新的根目录下必须具有/bin、/sbin 和/etc 等 Linux 操作系统运行所必备的目录和文件。

【示例 18.1】 切换根目录环境，具体步骤如下。

（1）在一台机器上安装了两个不同版本的 Linux 操作系统，使用 chroot 指令可以在不重新启动计算机的情况下使用另一个 Linux 操作系统，将另一个 Linux 操作系统的根分区加载到指定的目录下。在命令行中输入下面的命令：

```
[root@hn ~]# mount -t ext4 /dev/sdb1 /mnt/          #加载文件系统
```

说明：本例中的/dev/sdb1 为另一 Linux 操作系统的根文件系统。

（2）使用 chroot 指令切换到新的根目录环境/mnt。在命令行中输入下面的命令：

```
[root@hn ~]# chrot /mnt/                    #切换根目录环境
```

说明：切换成功后所有的环境将变成另一个 Linux 操作系统的环境。

18.2　lastb 指令：显示错误登录列表

【语　　法】 lastb [选项] [参数]　　★★★★☆

【功能介绍】 lastb 指令用于显示用户错误的登录列表，此指令可以发现系统登录异常情况。

【选项说明】

选　　项	功　　能
-n <行数>	显示登录列表的行数（number）
-f <日志文件>	指定记录登录信息的日志文件（file）。默认为/var/log/btmp
-R	抑制（suppress）显示主机名字段
-a	在最后一列（last column）显示主机名
-d	显示非本地登录主机的主机名称
-i	显示非本地登录主机的IP地址
-x	显示系统关闭和运行等级改变的记录

【参数说明】

参　　数	功　　能
用户名	显示终端用户的登录列表
终端	显示指定终端的登录列表

【经验技巧】

- last 指令显示用户成功登录的列表，而 lastb 指令则显示错误登录的列表。
- lastb 指令读取的日志文件为/var/log/btmp。

【示例 18.2】 使用 lastb 指令显示 zhangsan 用户的错误登录列表。在命令行中输入下面的命令：

```
[root@hn ~]# lastb zhangsan              #显示用户的错误登录列表
```

输出信息如下：

```
zhangsan ssh:notty   61.163.231.205   Thu Jun 1 08:30 - 08:30
(00:00)
```

```
zhangsan ssh:notty    61.163.231.205   Thu Jun 1 08:30 - 08:30
(00:00)
btmp begins Thu Jun 8 05:42:59 2023
```

说明： 在上面的输出信息中，第 1 列表示用户名，第 2 列表示登录方式，第 3 列表示登录 IP，第 4 列表示登录日期与时间和退出日期与时间，第 5 列表示登录的时长。

【相关指令】 last，lastlog

18.3　last 指令：显示用户最近的登录列表

【语　　法】 last [选项] [参数]　★★★★★

【功能介绍】 last 指令用于显示用户的最近登录列表。默认情况下，last 指令读取日志文件/var/log/wtmp，显示文件中记录的所有用户的登录与退出信息。

【选项说明】

选　项	功　能
-n <行数>	显示登录列表的行数（number）
-t <日期时间>	显示指定时间（time）的登录列表。日期时间格式为YYYYMMDDHHMMSS
-f <日志文件>	指定记录登录信息的日志文件（file）。默认为/var/log/wtmp
-R	抑制（suppress）显示主机名字段
-a	在最后一列（last column）显示主机名
-d	显示非本地登录的主机名称
-i	显示非本地登录的主机IP地址
-x	显示系统关闭和运行等级改变的记录

【参数说明】

参　数	功　能
用户名	显示终端用户的登录列表
终端	显示从指定终端的登录列表

【经验技巧】

- 如果单独使用 last 指令，则显示系统中所有用户的登录列表。当显示终端的登录列表时，last 0 与 last tty0 等价。
- 通过查看系统日志可以及早发现系统的非正常登录信息，以加强系统的安全性。

【示例 18.3】 使用 last 指令显示 zhangsan 用户的登录列表。在命令行中输入下面的命令：

```
[root@hn ~]# last zhangsan            #显示 zhangsan 用户的登录列表
```

输出信息如下：

```
zhangsan pts/3  61.163.231.205  Wed May 10 23:17 - 00:05  (00:48)
wtmp begins Sat Dec 3 04:52:24 2022
```

说明：在上面的输出信息中，第 1 列表示用户名，第 2 列表示登录终端，第 3 列表示登录 IP，第 4 列表示登录日期与时间和退出日期与时间，第 5 列表示登录的时长。

【相关指令】lastb，lastlog

18.4　lastlog 指令：显示用户最近一次的登录信息

【语　　法】lastlog [选项]　★★★★★

【功能介绍】lastlog 指令用于显示系统中所有用户最近一次的登录信息。

【选项说明】

选　　项	功　　能
-b <天数>	显示指定天数前（before）的登录信息
-h	显示指令的帮助（help）信息
-t <天数>	显示指定天数以来的登录信息
-u <用户名>	显示指定用户（user）的最近登录信息

【经验技巧】

- lastlog 指令读取的日志文件为/var/log/lastlog，此文件内记录了用户上一次登录和退出系统的信息。
- 当使用-t 选项时，-u 选项将不起作用。

【示例 18.4】使用 lastlog 指令显示指定用户上次登录的信息。在命令行中输入下面的命令：

```
[root@hn ~]# lastlog -u root    #显示 root 用户的最近一次的登录信息
```

输出信息如下：

```
Username         Port     From             Latest
root  pts/2  61.163.231.205 Sun Jun 4 08:23:15 +0800 2023
```

【相关指令】last，lastb

18.5　logsave 指令：将指令输出信息保存到日志中

【语　　法】logsave [选项] [参数]　　★★★☆☆

【功能介绍】logsave 指令用于运行给定的指令，并且将指令的输出信息保存到指定的日志文件中。

【选项说明】

选　　项	功　　能
-a	追加（append）信息到指定的日志文件中

【参数说明】

参　　数	功　　能
日志文件	指定记录指令运行信息的日志文件
指令	需要执行的指令

【经验技巧】在/var 文件系统加载之前，经常使用 logsave 指令保存系统日志。

【示例 18.5】保存指令运行日志，具体步骤如下。

（1）使用 logsave 指令将其他指令运行时输出的信息记录到日志文件中。在命令行中输入下面的命令：

```
#保存 ls 指令的输出信息到日志文件中
[root@hn ~]# logsave /tmp/ls-log ls
```

输出信息如下：

```
Desktop
anaconda-ks.cfg
install.log
install.log.syslog
```

（2）使用 cat 指令查看生成的日志文件。在命令行中输入下面的命令：

```
[root@hn ~]# cat /tmp/ls-log                  #显示文本文件的内容
```

输出信息如下：

```
Log of ls
Fri Jun  9 09:33:40 2023
......省略部分输出内容......
Fri Jun  9 09:33:40 2023
----------------
```

说明：在上面的输出信息中，为了方便以后阅读，logsave 指令为日志文件添加了文件头和尾。

18.6　logwatch 指令：生成日志报告

【语　　法】 logwatch [选项]　　　　★★★☆☆

【功能介绍】 logwatch 指令是一个可定制和可插入的日志监视系统，它通过遍历指定时间范围内的系统日志文件而产生日志报告。

【选项说明】

选　　项	功　　能
--detail <报告详细程度>	指定日志报告的详细程度。报告详细程度可以是一个整数（10、5或者0）和关键字（high、med、low）
--logfile <日志文件>	仅处理指定的日志文件，如--logfile messages、xferlog
--service <服务名>	仅处理指定服务的日志文件，如--service login、pam、inentd
--mailto <邮件地址>	将结果发送至指定的邮件地址
--range <日期范围>	指定处理日志的日期范围，常用的日期范围为： Yesterday：处理昨天的日志； Today：处理今天的日志； All：处理所有的日志； Help：显示日期范围的帮助信息
--archives	处理归档日志文件（如/var/log/messages.1或/var/log/messages1.gz）
--debug <调试等级>	调试模式，调试等级为0～100。通常不使用此选项，因为它会使输出信息混乱
--logdir <目录>	指定查找日志（log）文件的目录（directory），不使用默认的日志目录
--hostname <主机名>	指定在日志报告中使用的主机名，不使用系统默认的主机名
--numeric	在报告中显示IP地址而不是主机名
--help	显示指令的帮助信息

【经验技巧】

- logwatch 指令通过--range 选项指定要处理的日志的日期范围，日期范围的格式很灵活，可以使用指令 logwatch --range Help 获得格式的帮助信息。
- 当 logwatch 指令运行时运行结果存放在临时目录/var/cache/logwatch 下，可以手动删除旧的文件。

【示例 18.6】 使用 logwatch 指令报告 sshd 服务今天的日志。在命令行中输入下面的命令：

```
#报告 sshd 服务的日志
[root@www1 ~]# logwatch --service sshd --range today
```

输出信息如下：

```
############## Logwatch 7.5.5 (01/22/21) ##############
......省略部分输出内容......
 -------------------- SSHD Begin -------------
 Failed logins from:
    59.120.0.13 (59-120-0-13.HINET-IP.hinet.net): 49 times
......省略部分输出内容......
----------------- SSHD End -------------------------
#################### Logwatch End ##################
```

说明：上面的信息较为详细，而且比直接查看日志文件更容易阅读。通过日志报告，可以及时查看日志记录中关于系统安全的报告。

18.7 logrotate 指令：日志轮转工具

【语　　法】 logrotate [选项] [参数]　　★★★☆☆

【功能介绍】 logrotate 指令用于对系统日志进行轮转、压缩和删除，也可以将日志发送至指定的邮箱，使管理员可以更方便地管理系统日志。

【选项说明】

选　项	功　能
-v	打开详细信息（verbose）模式
-d	打开调试（debug）模式，包含-v选项的功能
-f	强制（force）执行轮转操作
-m <指令>	指定发送日志文件到邮箱时使用的指令。默认的指令为/bin/mail -s
--usage	显示简短的帮助信息

【参数说明】

参　数	功　能
配置文件	指定lograote指令的配置文件

【经验技巧】

- logrotate 指令通常作为 crond 服务的任务每天定时运行，通常不在命令行中直接使用 logrotate 指令。
- logrotate 指令通过配置文件/etc/logrotate.conf（和目录/etc/logrotate.d/下的文件）确定日志轮转的具体操作。

【示例 18.7】 使用 lograote 指令的-f 选项强制进行日志轮转操作。在命令行中输入下面的命令：

```
#强制进行日志轮转操作
[root@hn ~]# logrotate -f /etc/logrotate.conf
```

18.8　sudo 指令：以另一个用户身份执行指令

【语　　法】sudo [选项] [参数]　★★★★★

【功能介绍】sudo 指令用于解决 Linux 的授权问题，它允许授权用户以超级用户或者其他用户身份去执行指令。

【选项说明】

选　项	功　能
-H	设置HOME环境（宿主目录环境）
-K	与-k选项相似，不需要密码，但是删除用户的时间戳
-S	从标准输入（stdin）读取密码而非终端设备
-b	在后台（background）运行指定的指令
-c	在给定的登录class的资源限制下运行给定的指令（command）
-e	编辑（edit）一个或者多个文件而非运行一个指令
-i	模拟初始化登录（login）
-k	禁用时间戳，使用纪元记法，不需要提供密码
-l	列出（list）用户在当前主机上允许和禁止执行的指令列表
-p	使用定制的密码提示符而不是默认的提示符（prompt）
-s	如果环境变量SHELL被定义，则运行其指定的Shell，或者运行密码文件中指定的Shell
-u	以非root用户（user）身份运行指令

【参数说明】

参　数	功　能
指令	需要运行的指令和对应的参数

【经验技巧】

- sudo 指令可以使管理员的管理工作更加方便灵活，在不公开 root 用户密码的前提下即可分配适当的权限给指定的用户。
- 当用户执行 sudo 指令时，系统会自动查找配置文件/etc/sudoers，判断当前用户是否有执行 sudo 指令的权限。此配置文件可以使用 visudo 指令编辑，visudo 指令与 vi 指令的用法完全相同，它在保存文件时会检查文件语法是否正确。
- root 用户使用 sudo 指令时不需要密码，如果欲切换的用户身份与当前用户身份相同，则不需要密码。
- sudo 指令的运行情况会记录在日志文件/var/log/secure 中。

【示例 18.8】以 root 身份执行指令，具体步骤如下。

（1）需要编辑 sudo 指令的配置文件/etc/sudoers，添加如下的内容：

```
zhangsan ALL=/sbin/fdisk -l
```

（2）以 zhangsan 用户身份登录系统，在命令行中执行/sbin/fdisk -l 指令将得不到任何输出信息，因为 zhangsan 用户没有对应的权限。在命令行中输入下面的命令：

```
[zhangsan@hn root]$ /sbin/fdisk -l                #执行 fdisk 指令
```

说明：因为 zhangsan 用户为普通用户，权限不够，所以命令没有任何输出信息。

（3）使用 sudo 指令运行指令。在命令行中输入下面的命令：

```
[zhangsan@hn root]$ sudo /sbin/fdisk -l         #以 sudo 方式运行指令
```

输出信息如下：

```
Password:                         #输入用户 zhangsan 的密码，密码不回显
Disk /dev/nvme0n1: 80 GiB, 85899345920 字节, 167772160 个扇区
磁盘型号: VMware Virtual NVMe Disk
单元: 扇区 / 1 * 512 = 512 字节
扇区大小(逻辑/物理): 512 字节 / 512 字节
I/O 大小(最小/最佳): 512 字节 / 512 字节
磁盘标签类型: dos
磁盘标识符: 0x0247dfff
设备            启动    起点     末尾      扇区 大小 Id 类型
/dev/nvme0n1p1 *       2048   2099199   2097152   1G 83 Linux
/dev/nvme0n1p2      2099200 167772159 165672960  79G 8e Linux LVM
```

（4）查看日志文件/var/log/secure。在命令行中输入下面的命令：

```
[root@hn ~]# tail -n 5 /var/log/secure           #查看系统安全日志
```

输出信息如下：

```
Jun  9 09:51:45 hn sudo[6908]: zhangsan : TTY=pts/1 ; PWD=/root ;
USER=root ; COMMAND=/sbin/fdisk -l
```

18.9　习　　题

一、填空题

1. ________是衡量一个操作系统的重要指标。
2. lastb 指令读取的日志文件为________。
3. last 指令读取的日志文件为________。

二、选择题

1．下面的（　　）指令用来显示用户的错误登录列表。

A．last　　B．lastb　　C．lastlog　　D．chroot

2．下面的（　　）指令用来显示用户最近一次登录的信息。

A．last　　B．lastb　　C．lastlog　　D．chroot

三、操作题

1．查看用户的最近登录列表。

2. 使用 sudo 指令设置用户 test 可以执行 useradd 命令，以创建用户 user1。

第 19 章 编 程 开 发

Linux 操作系统作为开放源代码运动的成功典范，内置了许多开放源代码的开发工具，可以满足不同编程语言开发者的需求。本章将介绍 Linux 中常用的编程开发类指令。

19.1 test 指令：测试条件表达式

【语　　法】 test [选项]　　★★★★☆

【功能介绍】 test 指令是在 Shell 环境中测试条件表达式的实用工具，通过返回值可以判断表达式的真假（如果返回 0，则条件为真；如果返回非 0，则条件为假）。在 Shell 脚本编程中经常使用 test 指令进行条件判断，它支持 4 种表达式（文件测试、字符串测试、整数测试和布尔运算）。

【选项说明】

选　项	功　能
-b <文件>	如果文件是块（block）设备文件则返回真；否则返回假
-c <文件>	如果文件是字符（character）设备文件则返回真；否则返回假
-d <文件>	如果文件为目录（directory）则返回真；否则返回假
-e <文件>	如果文件存在（exist）则返回真；否则返回假
-f <文件>	如果文件是普通文件（file）则返回真；否则返回假
-g <文件>	如果文件设置了sgid权限则返回真；否则返回假
-k <文件>	如果文件设置了粘附权限则返回真；否则返回假
-O <文件>	如果文件存在并属于当前用户则返回真；否则返回假
-p <文件>	如果文件存在并且为命名管道（pipe）则返回真；否则返回假
-r <文件>	如果文件可读（readable）则返回真；否则返回假
-s <文件>	如果文件长度（size）为0则返回真；否则返回假
-S <文件>	如果文件是套接字（socket）文件则返回真；否则返回假
-u <文件>	如果文件具有suid权限则返回真；否则返回假
-w <文件>	如果文件具有写（write）权限则返回真；否则返回假
-x <文件>	如果文件具有可执行（execute）权限则返回真；否则返回假
<文件1> -ef <文件2>	如果文件1与文件2有相同的inode则返回真；否则返回假
<文件1> -nt <文件2>	如果是文件1比文件2新（newer than）则返回真；否则返回假

续表

选　　项	功　　能
<文件1> -ot <文件2>	如果文件1比文件2更老（older than）则返回真；否则返回假
<字符串>	如果字符串不为空则返回真；否则返回假
-n <字符串>	如果字符串不为空（nonzero）则返回真；否则返回假
-z <字符串>	如果字符串为空（zero）则返回真；否则返回假
<字符串1> = <字符串2>	如果字符串1等于字符串2则返回真；否则返回假
<字符串1> != <字符串2>	如果字符串1和字符串2不相同则返回真；否则返回假
<整数1> -eq <整数2>	如果整数1等于（equal to）整数2则返回真；否则返回假
<整数1> -ge <整数2>	如果整数1大于或等于（greater than or equal to）整数2则返回真；否则返回假
<整数1> -gt <整数2>	如果整数1大于（greater than）整数2则返回真；否则返回假
<整数1> -le <整数2>	如果整数1小于或等于(less than or equal to)整数2则返回真；否则返回假
<整数1> -lt <整数2>	如果整数1小于（less than）整数2则返回真；否则返回假
<整数1> -ne <整数2>	如果两个整数不相等（not equal）则返回真；否则返回假
! <表达式>	测试表达式是否为假，如果是则返回真；否则返回假
<表达式1> -a　<表达式2>	如果两个表达式同时为真则返回真；否则返回假
<表达式1> -o　<表达式2>	如果两个表达式任一个为真则返回真；否则返回假

【经验技巧】

- 通过 Shell 环境的特殊变量“$?”获取 test 指令的返回值，以判断表达式的真假。
- 在 Shell 脚本中进行编程时，经常使用“[...]”的形式简化 test 指令的写法。具体使用请参考典型示例。

【示例 19.1】使用 test 指令测试文件是否可读。在命令行中输入下面的命令：

```
[root@hn ~]# test -r test                #测试文件是否可读
[root@hn ~]# echo $?                     #显示 test 指令的返回值
```

输出信息如下：

```
0
```

【示例 19.2】在 Shell 脚本中利用 test 指令进行条件测试，使用 cat 指令显示 Shell 脚本的内容。在命令行中输入下面的命令：

```
[root@hn demo]# cat test.sh              #显示文本文件的内容
```

输出信息如下：

```
#!/bin/bash
var1=100
```

```
var2=200
if [ $var1 -le $var2 ]
then
 echo "Hello World!";
fi
```

说明：在 Shell 脚本中通常将 test 指令简化为“[....]”指令（方括号内部为测试条件，并且左方括号后和右方括号前都要有一个空格）。

19.2　expr 指令：表达式求值

【语　　法】expr [选项] [参数]　★★★★☆

【功能介绍】expr 指令是一款表达式计算工具，使用它可以完成表达式的求值操作。expr 指令经常用在 Shell 脚本编程中，可以对 Shell 脚本中的流程进行控制。

【选项说明】

选　项	功　能
--help	显示指令的帮助信息
--version	显示指令的版本信息

【参数说明】

参　数	功　能
表达式	要求值的表达式

【经验技巧】

- expr 指令支持的表达式种类有算数表达式、逻辑表达式和字符串表达式等。
- 使用 expr 指令进行表达式运算时，最重要的就是要正确地书写表达式。因为有些字符在 Shell 中有特殊用途，所以为了屏蔽其特殊用途需要使用“\”。另外，在运算符的前后必须添加空格。

【示例 19.3】算数表达式求值，具体步骤如下。

（1）使用 expr 完成简单的算术表达式运算。在命令行中输入下面的命令：

```
[root@hn ~]# expr 5 + 5                          #计算 5+5 的值
```

输出信息如下：

```
10
```

说明：在本例中，算数表达式 5 + 5 的加号前后要加空格，否则得不到预期的值。

（2）使用 expr 完成复杂的算术表达式运算。在命令行中输入下面的命令：

```
#计算复杂的算术表达式
[root@hn ~]# expr \( 9 + 10 \) \* \( 8 - 2 \) + 2 \* 2
```

输出信息如下：

```
118
```

说明：本例中的表达式使用了“\”来屏蔽字符“(”“)”“*”在 Shell 中的特殊含义。去掉“\”和多余的空格后的表达式为“(9+10)*(8-2)+2*2”。

【示例 19.4】 字符串操作，具体步骤如下。

（1）使用 expr 指令求给定字符串的长度。在命令行中输入下面的命令：

```
[root@hn ~]# expr length "Hello World"         #求字符串的长度
```

输出信息如下：

```
11
```

（2）使用 expr 指令求子字符串出现的位置。在命令行中输入下面的命令：

```
#求 demo 出现的位置
[root@hn ~]# expr index "Hi,This is a demo" "demo"
```

输出信息如下：

```
14
```

19.3　gcc 指令：GNU C/C++编译器

【语　　法】 gcc [选项] [参数]　　★★★★★

【功能介绍】 gcc 指令是使用 GNU 推出的基于标准 C/C++的编译器，其是开放源代码领域中应用最广泛的编译器，具有功能强大、编译的代码支持性能优化等特点。

【选项说明】

选　　项	功　　能
-o <输出文件>	指定生成的输出（output）文件
-E	仅执行编译预处理（preprocess）操作
-S	将C代码转换为汇编代码
-Wall	显示警告信息
-c	仅执行编译操作（compile），不进行链接操作

【参数说明】

参　　数	功　　能
C源文件	指定C语言源代码文件

【经验技巧】

- 使用 gcc 指令可以一步完成编译、链接等操作，借助其他选项可以分步执行编译操作，详情可参看示例。
- 默认情况下 gcc 指令将编译 C/C++程序，但是 gcc 指令也支持其他多种语言的编译。

【示例 19.5】编译 C 语言源文件，具体步骤如下。

（1）使用 gcc 指令编译 C 语言源文件。在命令行中输入下面的命令：

```
[root@hn ~]# gcc hello.c                    #编译 C 语言源文件
```

说明：如果源代码没有异常或者语法错误，则会自动在当前目录下生成可执行的目标文件 a.out。

（2）使用 gcc 指令的-o 选项可以设置输出的目标文件的名称，在命令行中输入下面的命令：

```
#编译 C 代码，生成的目标文件为 hello
[root@hn ~]# gcc -o hello hello.c
```

（3）使用-Wall 选项显示所有警告信息。在命令行中输入下面的命令：

```
[root@hn ~]# gcc -Wall hello.c              #显示警告信息
```

输出信息如下：

```
hello.c: In function 'main':
hello.c:5: warning: control reaches end of non-void function
```

【示例 19.6】分步执行编译操作，具体步骤如下。

（1）默认情况下，gcc 指令将编译和链接过程一步完成，使用适当的选项可以将编译的整个过程中分步骤完成。使用-E 选项仅完成编译预处理操作。在命令行中输入下面的命令：

```
#仅执行编译预处理，指定预处理后生成的文件
[root@hn ~]# gcc -E -o hello.i hello.c
```

（2）使用-S 选项生成汇编代码。在命令行中输入下面的命令：

```
[root@hn ~]# gcc  -S -o hello.s hello.i #生成汇编代码文件 hello.s
```

（3）使用-c 选项将汇编代码文件编译为目标文件。在命令行中输入下面的命令：

```
[root@hn ~]# gcc  -c -o hello.o hello.s #将汇编代码编译为目标文件
```

（4）用 gcc 指令将第（3）步生成的目标文件链接为可执行文件。在命令行中输入下面的命令：

```
[root@hn ~]# gcc -o hello hello.o           #链接目标文件
```

【相关指令】gdb

19.4　gdb 指令：GNU 调试器

【语　　法】gdb [选项] [参数]　★★★★★

【功能介绍】gdb 指令在 GNU 的 GCC 开发套件中，是功能强大的程序调试器。

【选项说明】

选　　项	功　　能
-cd	改变（change）工作目录（directory）
-q	安静（quiet）模式，不显示介绍信息和版权信息
-d	添加文件查找路径（directory）
-x	从指定的文件中执行（execute）GDB指令
-s	设置读取的符号表（symbol table）文件

【参数说明】

参　　数	功　　能
文件	二进制可执行程序

【经验技巧】

- gdb 指令拥有较多的内部指令。在 gdb 指令的提示符（gdb）状态下输入 help 可以查看所有内部指令及其使用说明。
- gdb 指令是功能强大的交互式的命令行调试工具，能在程序运行时观察程序的内部结构和内存的使用情况。要使用 gdb 指令调试程序，在使用 gcc 编译源代码时必须加上-g 选项。

【示例 19.7】调试程序，具体步骤如下。

（1）启动 gdb 调试器。在命令行中输入下面的命令：

```
[root@localhost ~]# gdb                    #启动 gdb 调试器
```

输出信息如下：

```
GNU gdb (GDB) Red Hat Enterprise Linux 10.2-10.el9
Copyright (C) 2006 Free Software Foundation, Inc.
......省略部分输出内容......
 (gdb)
```

（2）加载二进制可执行程序（编译时使用了-g 选项）。在命令行中输入下面的命令：

```
(gdb) file a.out                          #加载二进制可执行文件 a.out
```

```
Reading symbols from /root/demo/a.out...(no debugging symbols
found)...done.
Using host libthread_db library "/lib/libthread_ db.so.1".
```

（3）运行程序并跟踪程序的运行状况。在命令行中输入下面的命令：

```
 (gdb) start                                    #运行 a.out
Breakpoint 1 at 0x8048395: file test.c, line 4.
Starting program: /root/demo/a.out
main () at test.c:4
4             printf("hello");
(gdb) next                                     #执行下一步
5             return 0;
(gdb) next                                     #执行下一步
6      }
(gdb) next                                     #执行下一步
0x008a4dec in __libc_start_main () from /lib/libc.so.6
(gdb) next                                     #执行下一步
Single stepping until exit from function __libc_start_ main,
which has no line number information.
hello
Program exited normally.
```

【相关指令】gcc

19.5　ld 指令：GNU 链接器

【语　　法】ld [选项] [参数]　★★★★★

【功能介绍】ld 指令是 GNU 的链接器，将目标文件链接为可执行程序。

【选项说明】

选　项	功　能
-o	指定输出（output）的文件名
-e	指定程序的入口符号（entry）

【参数说明】

参　数	功　能
目标文件	指定需要链接的目标文件

【经验技巧】很少单独使用 ld 指令对目标文件进行链接操作，通常是使用 gcc 指令在编译后自动进行链接。

【示例 19.8】将目标文件链接为可执行程序。具体步骤如下。

（1）使用 gcc 指令的-c 选项仅编译 C 语言源文件而不进行链接操作。在命令行中输入下面的命令：

```
[root@hn demo]# gcc -c test.c            #编译 C 语言源文件
```

说明：指令执行成功后将会生成目标文件 test.o。

（2）使用 ld 指令将目标文件链接为可执行程序。在命令行中输入下面的命令：

```
#将目标文件 test.o 链接为可执行程序 test
[root@hn demo]# ld -o test test.o -lc -e main
```

说明：指令执行成功后将会生成可执行程序 test。

19.6　ldd 指令：显示程序依赖的共享库

【语　　法】 ldd [选项] [参数]　　★★★★★

【功能介绍】 ldd 指令用于显示程序或者库文件所依赖的共享库列表。

【选项说明】

选　　项	功　　能
--version	显示指令版本号
-v	详细（verbose）信息模式，显示所有的相关信息
-u	显示未使用的（unused）直接依赖
-d	执行重定位并报告任何丢失的对象，仅对ELF格式的二进制文件有效
-r	执行数据对象和函数的重定位（relocation），并且报告任何丢失的对象和函数，仅对ELF格式的二进制文件有效
--help	显示帮助信息

【参数说明】

参　　数	功　　能
文件	指定可执行程序或者库文件

【经验技巧】 如果指令所依赖的共享库丢失，则指令无法运行。

【示例 19.9】 使用 ldd 指令显示 ls 指令依赖的共享库。在命令行中输入下面的命令：

```
[root@hn demo]# ldd /bin/ls            #显示 ls 指令依赖的共享库
```

输出信息如下：

```
linux-vdso.so.1 (0x00007ffe8b1a5000)
libselinux.so.1 => /lib64/libselinux.so.1 (0x00007f403971c000)
......省略部分输出内容......
/lib64/ld-linux-x86-64.so.2 (0x00007f403977c000)
```

19.7　make 指令：GNU 工程化编译工具

【语　　法】make [选项] [参数]　★★★★★

【功能介绍】make 指令是 GNU 的工程化编译工具，用于编译众多相互关联的源代码文件，以方便进行工程化的管理，提高开发效率。

【选项说明】

选　　项	功　　能
-f	指定Makefile文件（file）。通常情况下，Makefile文件保存在软件的源代码目录下

【参数说明】

参　　数	功　　能
目标	指定编译目标

【经验技巧】

- make 指令本身不执行代码编译工作，它根据 Makefile 文件调用 gcc 指令完成代码的编译工作。
- Linux 系统中的开放源代码软件绝大多数都是用 C 或者 C++语言开发的，安装时使用 make 工具完成代码的编译和安装。源代码软件安装的一般步骤为配置（configure）、编译（make）和安装（make install）。

【示例 19.10】安装源代码软件，具体步骤如下。

（1）在 Linux 中编译和安装源代码软件需要下载源代码软件包，这里以 proftpd-1.3.2a.tar.gz（高性能的 FTP 服务器套件）为例。使用 tar 指令进行解压缩操作。在命令行中输入下面的命令：

```
[root@hn ~]# tar -zxf proftpd-1.3.2a.tar.gz        #执行解压缩操作
```

说明：解压缩完成后生成目录 proftpd-1.3.2a，所有源代码都保存在此目录下。

（2）切换到源代码目录，执行配置、编译和安装操作。在命令行中输入下面的命令：

```
[root@hn ~]# cd proftpd-1.3.2a               #切换到源代码目录
[root@hn proftpd-1.3.2a]# ./configure --prfefix=/usr/ local/
proftpd-1.3.2a                               #执行配置操作
[root@hn proftpd-1.3.2a]#make                #进行工程化编译
[root@hn proftpd-1.3.2a]#make install        #安装生成的可执行程序
```

说明：由于 configure、make 和 make install 的输出内容较多，所以本例中未给出其输出信息。

19.8　as 指令：GNU 汇编器

【语　　法】 as [选项] [参数]　　★★★★★

【功能介绍】 as 指令是 GNU 组织推出的一款汇编语言编译器，它支持多种不同类型的处理器。as 指令最初用于汇编 GNU 的 gcc 指令的输出代码，以供 ld 指令使用。

【选项说明】

选　　项	功　　能
-ac	忽略失败条件（conditional）
-ad	忽略调试（debug）指令
-ah	包括高级（high-level）源
-al	包括装配（assembly）
-am	包括宏（macro）扩展
-an	忽略形式处理
-as	包括符号（symbol）
=file	设置列出文件的名字
--alternate	以交互式宏模式开始
-f	跳过空白和注释预处理
-g	产生（generate）调试信息
-I <目录>	将目录加入.include指令
-J	如果有符号溢出则不显示警告信息
-L	在符号表中保留本地（local）符号
-o <目标文件>	指定要生成的目标（object）文件
--statistics	显示汇编所用的最大空间和总时间

【参数说明】

参　　数	功　　能
汇编源文件	指定要汇编的源文件

【经验技巧】 在 Linux 中进行开发时，很少单独使用 as 指令进行汇编操作，通常是由 gcc 指令自动完成汇编和链接等操作。

【示例 19.11】 将 gcc 编译 C 语言源文件的过程分解执行，以验证 as 指令的功能。

（1）使用 cat 指令显示待编译的 C 语言源文件。在命令行中输入下面的命令：

```
[root@hn ~]# cat hello.c                    #显示文本文件的内容
```

输出信息如下：

```
#include <stdio.h>
int main()
{
        printf("hello!");
        return 0;
}
```

（2）使用gcc指令的-S选项将C语言源文件编译成汇编语言程序。在命令行中输入下面的命令：

```
[root@hn ~]# gcc -S hello.c     #将C语言源文件编译为汇编代码文件
```

（3）使用cat指令查看生成的.s文件。在命令行中输入下面的命令：

```
[root@hn ~]# cat hello.s                 #显示文本文件的内容
```

输出信息如下：

```
        .file   "hello.c"
        .section        .rodata
......省略部分输出内容......
        .section        .note.GNU-stack,"",@progbits
```

（4）使用as指令的-o选项将汇编代码文件编译为目标文件hello.o。在命令行中输入下面的命令：

```
[root@hn ~]# as -o hello.o hello.s  #将汇编文件编译为目标文件
```

【相关指令】 gcc

19.9　gcov指令：测试代码的覆盖率

【语　　法】 gcov [选项] [参数]　★★★★★

【功能介绍】 gcov指令是一款测试程序的代码覆盖率工具，与gcc指令一起使用，可以分析代码，从而创建更高效的程序。

【选项说明】

选　　项	功　　能
-h	显示帮助（help）信息
-v	显示版本（version）信息
-a	输出所有（all）的基本块的执行计数
-n	不（do not）创建输出文件

【参数说明】

参　　数	功　　能
C语言文件	C语言源代码文件

【经验技巧】使用 gcov 指令测试代码的覆盖率时，需要使用 gcc 指令的-fprofile-arcs 和-ftest-coverage 选项编译 C 语言源文件。

【示例 19.12】测试代码的覆盖率。具体步骤介绍如下。

（1）使用 cat 指令显示 C 语言源文件 test.c 的内容。在命令行中输入下面的命令：

```
[root@hn demo]# cat test.c              #显示C语言源代码
```

输出信息如下：

```
#include <stdio.h>
int main()
{
 int i,j;
 i=5;
 j=6;
 if(i>j){
  printf("i>j");
  if(i<j){
   printf("i<j");
  }
 }
}
```

（2）使用 gcc 指令编译 test.c。在命令行中输入下面的命令：

```
[root@hn demo]# gcc -fprofile-arcs -ftest-coverage -g -o test
test.c                                  #编译C语言源文件
```

说明：编译成功后，生成 test 和 test.gcno 文件。

（3）执行编译生成的可执行文件 test。在命令行中输入下面的命令：

```
[root@hn demo]# ./test                  #执行编译生成的可执行文件
```

说明：执行完毕后生成文件 test.c.gcov。

（4）使用 gcov 进行代码覆盖率测试。在命令行中输入下面的命令：

```
[root@hn demo]# gcov test.c             #测试代码覆盖率
```

输出信息如下：

```
File 'test.c'
已执行的行数：57.14% (共 7 行)
正在创建 'test.c.gcov'
```

说明：上面的输出信息表明，C 语言的源文件 test.c 的代码覆盖率为 57.14%，并且生成了文件 test.c.gcov。

（5）使用 cat 指令查看文件 test.c.gcov。在命令行中输入下面的命令：

```
[root@hn demo]# cat test.c.gcov         #显示文本文件的内容
```

输出信息如下：

```
        -:    0:Source:test.c
        -:    0:Graph:test.gcno
......省略部分输出内容......
    #####:   10:   printf("i<j");
        -:   11:  }
        -:   12: }
        -:   13:}
```

说明：在上面的输出信息中，以“####”开头的行是未被覆盖的代码。

【相关指令】gcc

19.10　nm 指令：显示目标文件的符号表

【语　　法】nm [选项] [参数]　★★★★☆

【功能介绍】nm 指令用于显示二进制目标文件的符号表。

【选项说明】

选　项	功　能
-A	在每个符号前显示文件名
-D	显示动态（dynamic）的符号
-g	仅显示外部符号
-r	反序（reverse）显示符号表

【参数说明】

参　数	功　能
目标文件	二进制目标文件，通常是库文件和可执行文件

【经验技巧】如果不指定目标文件，则 nm 指令在当前目录下查找文件 a.out。

【示例 19.13】显示目标文件的符号表，具体步骤如下。

（1）使用 cat 指令显示 C 语言文件的内容。在命令行中输入下面的命令：

```
[root@hn demo]# cat test.c              #显示 C 语言文件的内容
```

输出信息如下：

```
#include "stdio.h"
int main()
{
      printf("hello");
      return 0;
}
```

（2）使用 gcc 指令的-c 选项编译 test.c 文件，在命令行中输入下面的命令：

```
[root@hn demo]# gcc -c test.c          #仅编译 C 语言文件，不进行链接
```

（3）使用 nm 指令显示目标文件 test.o 的符号表。在命令行中输入下面的命令：

```
[root@hn demo]# nm test.o                    #显示目标文件 test.o 的符号表
```

输出信息如下：

```
00000000 T main
         U printf
```

19.11　perl 指令：Perl 语言解释器

【语　　法】perl [选项] [参数]　★★★★★

【功能介绍】perl 指令是 Perl 语言解释器，负责解释和执行 Perl 语言程序。

【选项说明】

选　　项	功　　能
-w	输出有用的警告（warn）信息
-U	允许不安全（unsafe）的操作
-c	仅检查（check）文件的语法
-d	在调试器（debugger）模式下运行脚本程序

【参数说明】

参　　数	功　　能
文件	要运行的Perl脚本程序。默认的后缀为.pl

【示例 19.14】运行 Perl 程序，具体步骤如下。

（1）使用 perl 指令解释并执行 Perl 脚本程序，使用 cat 指令显示编写好的 Perl 脚本文件。在命令行中输入下面的命令：

```
[root@hn demo]# cat test.pl                  #显示 Perl 脚本文件的内容
```

输出信息如下：

```
$count = 1;
@array = (1, 2, 3);
while ($count <= @array) {
  print ("element $count: $array[$count-1]\n");
  $count++;
}
```

（2）使用 perl 指令运行 Perl 脚本文件。在命令行中输入下面的命令：

```
[root@hn demo]# perl test.pl                 #运行 Perl 脚本程序
```

输出信息如下：

```
element 1: 1
```

```
element 2: 2
element 3: 3
```

19.12 php 指令：PHP 的命令行接口

【语　　法】php [选项] [参数]　　★★★★★

【功能介绍】php 指令是流行的 Web 开发语言 PHP 的命令行接口，可以使用系统管理员使用 PHP 语言开发基于命令行的系统管理脚本程序。

【选项说明】

选　项	功　能
-a	进入交互式模式
-c	指定php.ini的搜索路径

【参数说明】

参　数	功　能
文件	要执行的PHP脚本

【经验技巧】PHP 语言是最流行的 Web 开发语言。使用 php 指令可以利用 PHP 语言开发 Linux 系统的管理脚本，实现和 Bash 脚本类似的功能。

【示例 19.15】运行 PHP 脚本，具体步骤如下。

（1）使用 cat 指令显示编辑好的 PHP 脚本文件源代码。在命令行中输入下面的命令：

```
[root@hn demo]# cat test.php            #显示 PHP 脚本文件源代码
```

输出信息如下：

```
<?php
echo "hello,This is a php script\n";
?>
```

（2）在命令行中使用 php 指令运行 PHP 脚本文件。在命令行中输入下面的命令：

```
[root@hn demo]# php test.php            #运行 PHP 脚本文件
```

输出信息如下：

```
hello,This is a php script
```

19.13 mktemp 指令：创建临时文件

【语　　法】mktemp [选项] [参数]　　★★★★☆

【功能介绍】mktemp 指令用来创建临时文件，供 Shell 脚本使用。

【选项说明】

选　项	功　能
-d	创建一个目录（directory）而非文件
-p <目录>	在指定的目录下创建临时文件
-q	发生错误时不输出任何信息，保持安静（quiet）模式
-u	使用不安全（unsafe）模式，临时文件在mktemp指令退出前将被删除

【参数说明】

参　数	功　能
文件	指定创建的临时文件

【经验技巧】mktemp 指令在 Shell 脚本编程中通常用于临时保存数据。临时文件具有独特的名称，可以防止黑客猜测文件名，从而提高脚本的安全性。

【示例 19.16】

使用 cat 指令显示 Shell 脚本程序的代码。在命令行中输入下面的命令：

```
[root@hn ~]# cat tt.sh                    #显示 Shell 脚本的内容
```

输出信息如下：

```
#!/bin/bash
TMPFILE='mktemp /tmp/example.XXXXXXXXXX' || exit 1
echo "program output" >> $TMPFILE
```

说明：在本例中，使用命令替换功能将 mktemp 指令生成的临时文件名赋值给变量 TMPFILE，然后通过此变量来访问临时文件。

19.14　习　　题

一、填空题

1．test 指令是 Shell 环境中________的实用工具。

2．test 支持的表达式有 4 种，分别为________、________、________和________。

3．expr 指令支持的表达式种类有________、________和________等。

4．安装源代码软件的一般步骤为________、________和________。

二、选择题

1．下面的（　　）指令用来执行 PHP 脚本。

A．gdb　　B．gcc　　C．php　　D．perl

2．gcc 指令中的（　　）选项用来指定生成的输出文件。

A．-o　　B．-c　　C．-E　　D．-S

三、判断题

1．在 Shell 脚本中，通常将 test 指令简化为“[...]”形式。此时，方括号的两侧都必须有一个空格。（　　）

2．make 指令本身不执行代码编译工作，它根据 Makefile 文件调用 gcc 指令完成代码的编译工作。（　　）

四、操作题

1．使用 test 命令测试/etc/passwd 文件是否可执行。

2．使用 expr 指令计算 2×3 的运算结果。

第3篇 Linux 网络管理指令

第 20 章　网 络 配 置

Linux 作为一款网络操作系统，几乎兼容所有的网络连接方式和连接协议，同时提供了丰富的网络工具进行网络的配置和管理。本章将介绍 Linux 系统中的网络配置指令，熟练掌握这些指令，可以更加有效地使用 Linux 的网络配置功能。

20.1　ifconfig 指令：配置网络接口

【语　　法】 ifconfig [参数]　　★★★★★

【功能介绍】 ifconfig 指令用于配置和显示 Linux 内核中网络接口的网络参数。该指令执行后将会立即生效。

【参数说明】

参　　数	功　　能
网络接口	指定要设置或显示的网络接口
ip地址	设置网络接口的IP地址
配置指令	网络接口常用的配置指令如下： up：激活指定的网络接口； down：关闭指定的网络接口； mtu：设置网络接口的最大传输单元（Maximum Transmission Unit，MTU）； dstaddr：设置点到点连接的远程终点（destination）IP地址； netmask：设置网络掩码； add：为网络接口添加IPv6地址； del：删除（delete）网络接口的IPv6地址； irq：指定网络接口的中断号（IRQ）； io_addr：设置网络接口的I/O空间地址； media：设置物理端口或媒体的类型； broadcast：设置广播地址； hw：设置网络接口的物理地址； multicast：设置网络接口的多播标志

【经验技巧】

- ifconfig 指令所做的修改仅反映在当前的 Linux 内核中，重启动系统后配置将丢失。可以将配置参数写入相应的配置文件，使配置在开机后自动生效。

- 如果希望为同一个网络接口配置多个 IP 地址，则指令参数网络接口使用类似 ens160:0 的格式即可。

【示例 20.1】 设置网络接口的 IP 地址，具体步骤如下。

（1）使用 ifconfig 指令设置网络接口（ens160）的 IP 地址。在命令行中输入下面的命令：

```
#为网络接口 ens160 设置 IP 地址，使用标准子网掩码
[root@hn ~]# ifconfig ens160 192.168.0.2
```

说明： 在上面的指令中，指定了 IP 地址而没有指定子网掩码，因此使用默认的子网掩码。

（2）如果使用非标准子网掩码，则在命令行中输入下面的命令：

```
#为网络接口 ens160 设置 IP 地址并指定非标准子网掩码
[root@hn ~]# ifconfig ens160 192.168.0.2 netmask 255. 255.255.224
```

【示例 20.2】 查看网络接口的配置，具体步骤如下。

（1）使用不带参数的 ifconfig 指令显示当前激活的所有网络接口信息。在命令行中输入下面的命令：

```
[root@hn ~]# ifconfig            #显示所有网络接口的配置信息
```

输出信息如下：

```
ens160: flags=4163<UP,BROADCAST,RUNNING,MULTICAST>  mtu 1500
        inet 192.168.164.146  netmask 255.255.255.0  broadcast
192.168.164.255

......省略部分输出内容......
lo: flags=73<UP,LOOPBACK,RUNNING>  mtu 65536
        inet 127.0.0.1  netmask 255.0.0.0
......省略部分输出内容......
```

（2）如果只希望显示某个网络接口的配置信息（如 ens160），则在命令行中输入下面的命令：

```
[root@hn ~]# ifconfig eth0       #显示网络接口 eth0 的配置信息
```

输出信息如下：

```
ens160: flags=4163<UP,BROADCAST,RUNNING,MULTICAST>  mtu 1500
        inet 192.168.164.146  netmask 255.255.255.0  broadcast
192.168.164.255
......省略部分输出内容......
        TX errors 0  dropped 0 overruns 0  carrier 0  collisions 0
```

20.2　route 指令：显示并设置路由

【语　　法】route [选项] [参数]　　★★★★★

【功能介绍】route 指令用来显示并设置 Linux 内核中的网络路由表。route 指令设置的路由主要是静态路由。

【选项说明】

选　项	功　能
-A <地址类型>	设置地址类型（family）。默认的地址类型为inet（即IPv4地址）
-C	显示Linux核心的路由缓存（cache）
-v	详细（verbose）信息模式
-n	不执行DNS反向查找，直接显示数字形式的IP地址
-e	使用netstat格式显示路由表
-net	到一个网络（net）的路由
-host	到一个主机的路由

【参数说明】

参　数	功　能
add	增加指定的路由记录
del	删除指定的路由记录
target	目的网络或目的主机
gw <IP地址>	设置默认网关（gateway）
mss <数字>	设置TCP的最大区块长度（MSS），单位为MB
window <窗口大小>	指定通过路由表的TCP连接的TCP窗口的大小
dev <网络接口>	路由记录使用的网络接口

【经验技巧】route 指令是 UNIX 中比较传统的路由配置指令，在 Linux 中推荐使用功能更加强大的 ip 指令。

【示例 20.3】在 Linux 系统中使用 route 指令的 gw 参数添加默认网关。在命令行中输入下面的命令：

```
[root@hn ~]# route add default gw 61.163.231.193    #添加默认网关
```

说明：默认网关及默认路由的作用是如果在路由记录中找不到匹配的记录，则将数据包发送给默认的网关进行处理。

【示例 20.4】使用 route 指令显示当前 Linux 核心中的路由表。在命令行中输入下面的命令：

```
[root@hn ~]# route -n                #显示 Linux 内核中当前的路由表
```

说明：本例中使用的-n 选项可以加快指令的运行速度（不用进行 DNS 反向查询）。

输出信息如下：

```
Kernel IP routing table
Destination  Gateway   Genmask  Flags Metric Ref    Use Iface
255.255.255.255 -     255.255.255.255 !H    0      -    0 -
61.163.231.0    0.0.0.0   255.255.255.0 U 0 0 0 ens160
0.0.0.0    61.163.231.193  0.0.0.0   UG  0    0     0 ens160
```

20.3　ifcfg 指令：配置网络接口

【语　　法】ifcfg [参数]　★★★★★

【功能介绍】ifcfg 指令是一个 Bash 脚本程序，用来设置 Linux 中的网络接口参数。

【参数说明】

参　　数	功　　能
网络接口	指定要操作的网络接口
add/del	添加或删除网络接口上的地址
IP地址	指定IP地址和子网掩码
stop	停用指定的网络接口的IP地址

【经验技巧】ifcfg 指令是一个 Bash 脚本程序，在脚本内部通过调用 ip 指令完成网络参数的设置。

【示例 20.5】使用 ifcfg 指令停用网络接口 ens160 上的 IP 地址。在命令行中输入下面的命令：

```
[root@hn ~]# ifcfg ens160 stop        #停用 ens160 上的 IP 地址
```

【示例 20.6】使用 ifcfg 指令为网络接口 ens160 设置 IP 地址。在命令行中输入下面的命令：

```
#为 ens160 设置 IP 地址
[root@hn ~]# ifcfg ens160 add 192.168.0.1/24
```

20.4　ifdown 指令：禁用网络接口

【语　　法】ifdown [参数]　★★★★★

【功能介绍】ifdown 指令是一个 Bash 脚本程序，用于禁用指定的网络接口。

【参数说明】

参　　数	功　　能
网络接口	要禁用的网络接口

【示例 20.7】使用 ifdown 指令禁用网络接口 ens160。在命令行中输入下面的命令：

```
[root@hn ~]# ifdown ens160                    #禁用网络接口 ens160
```

20.5　ifup 指令：激活网络接口

【语　　法】ifup [参数]　★★★★★

【功能介绍】ifup 指令用于激活指定的网络接口。

【参数说明】

参　　数	功　　能
网络接口	要激活的网络接口

【经验技巧】ifup 指令是一个 Bash 脚本程序，用于激活指定的网络接口。

【示例 20.8】使用 ifup 指令激活网络接口 ens160。在命令行中输入下面的命令：

```
[root@hn ~]# ifup ens160                      #激活网络接口 ens160
```

20.6　hostname 指令：显示和设置系统的主机名称

【语　　法】hostname [选项] [参数]　★★★★★

【功能介绍】hostname 指令用于显示和设置系统的主机名称。

【选项说明】

选　　项	功　　能
-a	显示主机别名（alias）
-d	显示DNS域名
-f	显示FQDN名称
-i	显示主机的IP地址
-s	显示短（short）主机名称，在第一个点处截断
-y	显示NIS域名

【参数说明】

参　数	功　能
主机名	指定要设置的主机名

【经验技巧】

- hostname 指令的-a 选项可以显示主机的别名。主机别名在本地使用时与主机的全名等效，可以减少输入字符量。
- hostname 显示的主机名信息是 Linux 系统启动时从文件/etc/hosts 中读取的。使用 hostname 指令设置的主机名称仅在系统重新启动前起效，重启系统后将使用原来的主机名称。

【示例 20.9】显示主机名称，具体步骤如下。

（1）hostname 指令显示的主机名称信息来自文件/etc/hosts，使用 cat 指令显示此文件的内容。在命令行中输入下面的命令：

```
[root@www1 ~]# cat /etc/hosts                    #显示文本文件的内容
```

输出信息如下：

```
127.0.0.1              localhost.localdomain localhost
202.102.240.73          www1.nyist.net www1 testname
```

说明：从上面的输出信息中可以看到，本机的 IP 地址为 202.102.240.73，主机名为 www1.nyist.net，主机别名为 www1 和 testname。下面可以使用 hostname 指令进行验证。

（2）使用 hostname 指令显示主机名。在命令行中输入下面的命令：

```
[root@www1 ~]# hostname                          #显示主机名
```

输出信息如下：

```
www1.nyist.net
```

（3）使用 hostname 指令的-i 选项显示主机的 IP 地址。在命令行中输入下面的命令：

```
[root@www1 ~]# hostname -i                       #显示主机的 IP 地址
```

输出信息如下：

```
202.102.240.73
```

（4）使用 hostname 指令的-a 选项显示主机的别名。在命令行中输入下面的命令：

```
[root@www1 ~]# hostname -a                       #显示主机的别名
```

输出信息如下：

```
www1 testname
```

【示例 20.10】设置主机名称，具体步骤如下。

（1）使用 hostname 指令设置主机名称。在命令行中输入下面的命令：

```
[root@www1 ~]# hostname demo.nyist.net          #设置主机名
```

（2）使用 hostname 指令显示当前的主机名称。在命令行中输入下面的命令：

```
[root@www1 ~]# hostname                         #显示主机名称
```

输出信息如下：

```
demo.nyist.net
```

说明：使用 hostname 指令设置的主机名称仅在系统重新启动前生效，重启系统后将使用原来的主机名称。如果希望启动系统后生效，则需要修改文件/etc/hosts。

20.7　dhclient 指令：动态获取或释放 IP 地址

【语　　法】dhclient [选项] [参数]　★★★★☆

【功能介绍】dhclient 指令使用动态主机配置协议动态地配置网络接口的网络参数，它也支持 BOOTP。

【选项说明】

选　项	功　能
-p	指定DHCP客户端监听的端口（port）。默认端口号为68
-d	总是以前台方式运行程序
-q	安静（quiet）模式，不显示任何错误提示信息
-r	释放IP地址

【参数说明】

参　数	功　能
网络接口	操作的网络接口

【经验技巧】使用 dhclient 指令可以立即向外发出 DHCP 请求报文，不需要修改配置文件。

【示例 20.11】使用 dhclient 指令在指定的网络接口上向外发送 DHCP 请求，以获得 DHCP 服务器发来的应答报文，为网络接口设置网络参数。在命令行中输入下面的命令：

```
[root@hn ~]# dhclient ens160 -d     #为 ens160 发出 DHCP 广播请求
```

输出信息如下：

```
Internet Systems Consortium DHCP Client 4.4.3
Copyright 2004-2022 Internet Systems Consortium.
......省略部分输出内容......
DHCPDISCOVER on ens160 to 255.255.255.255 port 67 interval 6
DHCPDISCOVER on ens160 to 255.255.255.255 port 67 interval 6
```

说明：dhclient 指令将每隔 6s 向外发送一次 DHCP 请求报文，直到收到 DHCP 服务器的应答报文。

20.8　dnsdomainname 指令：显示 DNS 的域名

【语　　法】dnsdomainname [选项]　★★★★★

【功能介绍】dnsdomainname 指令用于显示 DNS 系统中 FQDN（Fully Qualified Domain Name，完全合格的域名）的域名。

【选项说明】

选　项	功　能
-V	显示指令的版本号（version）
-h	显示指令的帮助（help）信息

【经验技巧】dnsdomainname 指令仅显示 FQDN 中的域名部分。例如，主机 FQDN 为 www.nyist.edu.cn，使用 dnsdomainname 指令将会显示 nyist.edu.cn。

【示例 20.12】使用 dnsdomainname 指令显示 DNS 名称中的域名部分。在命令行中输入下面的命令：

```
[root@www1 ~]# dnsdomainname                  #显示 DNS 域名
```

输出信息如下：

```
nyist.net
```

20.9　domainname 指令：显示和设置系统的 NIS 域名

【语　　法】domainname [选项] [参数]　★★★★★

【功能介绍】domainname 指令用于显示和设置系统的 NIS 域名。

【选项说明】

选　项	功　能
-F	指定读取域名信息的文件（file）

【参数说明】

参　数	功　能
NIS域名	指定要设置的NIS域名

【经验技巧】 使用 domainname 设置的 NIS 域名重启系统后将会失效。

【示例 20.13】 使用 domainname 指令设置系统的 NIS 域名。在命令行中输入下面的命令：

```
[root@hn ~]# domainname test.nyist.net        #设置 NIS 域名
```

20.10　习　题

一、填空题

1．________指令用来配置和显示 Linux 内核中网络接口的网络参数。

2．________指令用来显示并设置 Linux 内核中的网络路由表。

3．dhclient 指令使用________协议动态地配置网络接口的网络参数。

二、选择题

1．下面的（　　）指令用来激活网络接口。

A．ifconfig　　B．ifup　　C．ifdown　　D．ifcfg

2．下面的（　　）指令用来显示 DNS 域名。

A．dnsdomainame　　B．domainname

C．nisdomainname　　D．ypdomainname

3．hostname 指令的（　　）选项用来显示主机别名。

A．-a　　B．-d　　C．-f　　D．-i

三、操作题

1．查看当前网络接口配置信息。

2．查看当前系统的路由表。

第 21 章　网 络 测 试

Linux 作为一款优秀的网络操作系统，提供了众多的网络实用工具。本章将介绍 Linux 中的网络测试指令，熟练掌握这些指令，有助于迅速地排除网络故障。

21.1　ping 指令：测试主机的网络连通性

【语　　法】ping [选项] [参数]　★★★★★

【功能介绍】ping 指令用来测试主机的网络连通性，它使用的协议是 ICMP（Internet Control Message Protocol，Internet 控制消息协议）。ping 指令发出 ICMP Request 报文到目的主机，目的主机收到此报文后给出 ICMP Response 回应信息。如果发送端主机没有收到应答信息，则表明与目的主机的网络出现故障。

【选项说明】

选　　项	功　　能
-c <次数>	指定发送ICMP Request报文的次数（count），否则ping指令将一直发送报文
-f	设置在发送端主机没有收到应答报文或者尚未超时时，就立即发送接下来的请求报文。这是一种极限的检测方法，每秒发送的请求可达到上百次，就像洪水（flood）一样。发送的请求用圆点来表示。此选项可能会造成网络拥塞，只有root用户有权使用此选项
-i <间隔时间>	指定ping指令发送报文的间隔（interval）秒数
-I <网络接口>	当主机具有多个网络接口时，指定发送报文的网络接口（interface）
-n	不（do not）查询主机名，直接显示其IP地址
-q	安静（quiet）模式，只显示指令开始运行和运行结束的统计信息。忽略指令运行过程中的输出信息
-r	不查询本机的路由表（routing table），直接将数据包发送到网络上
-R	显示报文经过的路由（route）信息
-s <数据包大小>	设置发送报文的大小（size）
-t <生存期>	设置发送的数据包的生存期（TTL）的值

【参数说明】

参　　数	功　　能
目的主机	指定发送ICMP报文的目的主机（IP地址或主机名）

【经验技巧】

- ping 指令会显示一个时间作为衡量网络延迟的参数，以判断发送端主机与目的主机之间网速。
- ping 指令的输出信息中含有 TTL（Time To Life）值。TTL 称为生存期，它表示 ICMP 报文在网络上的存活时间。不同操作系统发出的 ICMP 报文的生存期各不相同，常见的生存期有 32、64、128 和 255 等。TTL 值反映了 ICMP 报文能够经过的最大数目的路由器，每经过一个路由器，数据包的生存期就减去 1，如果 TTL 值变为 0，则路由器将不再转发此报文。
- ping 指令显示的 TTL 值是目的主机的默认 TTL 减去经过的路由器后得到的值。
- ping 指令是常用的网络测试指令，但是 ping 指令的结果并不能完全反映网络的连通性，因为有时目的主机会屏蔽 ICMP 请求报文，这将导致发送端主机无法收到应答报文。
- 由于 ping 指令是基于网络层的 ICMP 工作的，所以，如果 ping 域名，则在发送 ICMP 报文之前，ping 指令会自动调用域名解析器将域名转换为 IP 地址。

【示例 21.1】使用 ping 指令测试与目的主机的网络连通性。ping 指令的-c 选项可以指定发送的测试报文数目。在命令行中输入下面的命令：

```
#向 www.baidu.com 发送 4 个测试报文
[root@localhost root]# ping -c 4 www.baidu.com
```

输出信息如下：

```
PING www.a.shifen.com (202.108.22.5) 56(84) bytes of data.
64 bytes from xd-22-5-a8.bta.net.cn (202.108.22.5): icmp_seq=0
ttl=53 time=19.6 ms
......省略部分输出内容......
rtt min/avg/max/mdev = 19.652/21.493/22.870/1.225 ms,pipe 2
```

说明：上面的输出信息可以用来判断当前主机与目的主机网络的连通性（查看是否丢失数据包）和网速（查看最后一行的平均时间）。

【示例 21.2】使用 ping 指令的-R 选项显示报文经过的路由器的信息。在命令行中输入下面的命令：

```
#显示报文经过的中间路由器
[root@localhost root]# ping -c 4 -R www.baidu.com
```

输出信息如下：

```
PING www.a.shifen.com (202.108.22.43) 56(124) bytes of data.
64 bytes from xd-22-43-a8.bta.net.cn (202.108.22.43): icmp_seq=0
```

```
ttl=51 time=406 ms
......省略部分输出内容......
3 packets transmitted, 3 received, +2 errors, 0% packet loss, time
20627ms
rtt min/avg/max/mdev = 34.795/159.003/406.162/174.768 ms, pipe 2
```

说明： 在上面的输出信息中，由于每个 ICMP 报文在网络中经过的中间路由器可能不同，所以显示了不同的路由器信息。

【示例 21.3】 使用 ping 指令的-q 选项可以不显示指令的执行过程，仅显示结果的汇总信息，在命令行中输入下面的命令：

```
#不显示 ping 指令的执行过程，仅显示结果的汇总信息
[root@localhost root]# ping -c 4 -q www.baidu.com
```

输出信息如下：

```
PING www.a.shifen.com (202.108.22.5) 56(84) bytes of data.
--- www.a.shifen.com ping statistics ---
4 packets transmitted, 3 received, 25% packet loss, time 3030ms
rtt min/avg/max/mdev = 20.420/22.211/23.392/1.299 ms, pipe 2
```

说明： 上面的输出信息中没有显示每个报文的测试信息。

【相关指令】 arping

21.2　netstat 指令：显示网络状态

【语　　法】 netstat [选项]　★★★★★

【功能介绍】 netstat 指令用来显示 Linux 中网络子系统的状态信息。netstat 指令的功能是显示网络连接状态、路由表内容、网络接口状态、伪装的连接和多播成员等。

【选项说明】

选　　项	功　　能
-a或--all	显示处于监听状态和非监听状态的socket信息
-A <网络类型>或--<网络类型>	显示指定网络类型的网络连接状态
-c或--continuous	每秒持续显示指定的网络状态信息
-C或--cache	显示路由缓冲区中的路由器信息
-e或--extend	显示网络的附加信息。此选项连续使用两次将显示最详细的信息
-F或--fib	从FIB中显示路由信息
-g或--groups	显示多播功能群组成员
-h或--help	显示帮助信息

续表

选　　项	功　　能
-i或--interfaces	显示网络接口信息
-l或--listening	显示处于监听状态的Socket信息
-M或--masquerade	显示IP伪装时的网络连接列表
-n或--numeric	以数字方式显示网络状态信息和主机信息（主机IP地址）
-N或--symbolic	以主机名的方式显示网络状态信息和主机信息（主机名称）
-o或--timers	显示计时器
-p或--programs	显示每个socket所属进程的进程号和进程名称
-r或--route	显示Linux核心路由表
-s或--statistice	显示每个网络协议的汇总统计信息
-t或--tcp	仅显示TCP连接的状态信息
-u或--udp	仅显示UDP连接的状态信息
-v或--verbose	显示指令执行的详细过程
-V或--version	显示指令的版本信息

【经验技巧】

- 使用 netstat 指令的-p 选项可以显示打开 socket 进程的相关信息。
- 使用 netstat 指令的-M 选项可以显示 IP 伪装的网络连接列表。IP 伪装通常由 Linux 的防火墙 ipchains（2.2 内核）或者 iptables（2.4 和 2.6 内核）实现。-M 选项可以显示 ipchains 中 IP 伪装的网络连接列表，但是不能显示 iptables 中 IP 伪装的网络连接的列表（错误信息为 netstat: no support for 'ip_masquerade' on this system.），此时只能查看/proc/net/ip_conntrack 文件得到 IP 伪装的网络连接信息。
- 默认情况下 netstat 指令会尝试解析并显示主机的主机名，这个过程通常比较长。如果要提高指令执行速度，则可以在 netstat 指令中使用-n 选项，以数字方式显示主机信息。

Linux 主机与外界通信离不开路由表，如果路由表错误，则会导致 Linux 主机无法和外界进行通信。当进行网络测试或者故障排除时，经常会使用 netstat 指令的-r 选项显示 Linux 系统核心的路由表。

【示例 21.4】显示系统核心路由表。在命令行中输入下面的命令：

```
[root@localhost root]# netstat -r    #显示 Linux 系统的核心路由表
```

输出信息如下：

```
Kernel IP routing table
Destination  Gateway Genmask Flags MSS Window  irtt Iface
```

```
......省略部分输出内容......
default  hn.ly.kd.adsl 0.0.0.0  UG  0 0  0 ens160
```

说明：本例的运行效果与 route 指令的运行效果相同。

显示当前所有活动的 socket 信息需要使用 netstat 指令的-a 选项。为了避免域名解析而导致指令运行速度慢，可以使用-n 选项，以数字方式显示主机信息。

【示例 21.5】以数字方式显示全部的 socket 信息。在命令行中输入下面的命令：

```
#以数字方式显示当前所有活动的 socket 连接信息
[root@localhost root]# netstat -an
```

输出信息如下：

```
Active Internet connections (servers and established)
Proto Recv-Q Send-Q Local Address  Foreign Address  State
tcp    0    0 0.0.0.0:22    0.0.0.0:*    LISTEN
......省略部分输出内容......
unix  2      [ ]        DGRAM                  3197
```

netstat 指令还可以显示 Linux 主机中的网络接口状态，这是通过-i 选项来实现的。

【示例 21.6】显示网络接口的状态信息。在命令行中输入下面的命令：

```
[root@localhost ~]# netstat -i       #显示本机所有网络接口的状态信息
```

输出信息如下：

```
Kernel Interface table
Iface    MTU Met  RX-OK RX-ERR RX-DRP RX-OVR TX-OK TX-ERR TX-DRP
TX-OVR Flg
ens160    1500   0  19091644   0  0  0 17439567  0  0  0 BMRU
lo    16436   0  22450      0  0  0 22450  0  0  0 LRU
```

说明：上面的输出信息显示了两个网络接口，分别是 ens160 网络接口和本地回环网络接口 lo（loopback），以及网络接口的最大传输单元（MTU）和通信数据的计数器的值。

【示例 21.7】使用 netstat 指令的-s 选项显示当前 Linux 主机上所有网络协议的运行情况。在命令行中输入下面的命令：

```
[root@localhost ~] # netstat -s       #显示网路协议的工作状态
```

输出信息如下：

```
Ip:
   2169196146 total packets received
......省略部分输出内容......
```

```
TcpExt:
    26 resets received for embryonic SYN_RECV sockets
......省略部分输出内容......
1 connections aborted due to timeout
```

【示例 21.8】使用 netstat 指令的-p 选项显示开启 socket 的进程 ID 和程序名。在命令行中输入下面的命令：

```
[root@www1 ~]# netstat -p              #显示开启 socket 的进程信息
```

输出信息如下：

```
Active Internet connections (w/o servers)
Proto Recv-Q Send-Q Local Address Foreign Address  State
PID/Program name
tcp 0 0 www1.nyist.net:http 125.46.4.119:intersan SYN_RECV   -
```

【相关指令】route

21.3　nslookup 指令：域名查询工具

【语　　法】nslookup [选项] [参数]　★★★★★

【功能介绍】nslookup 指令是常用的域名查询工具，支持交互式查询方式。在交互式查询方式中支持的内部命令如下。

命　　令	功　　能
exit	退出nslookup命令
server <域名服务器>	指定解析域名的服务器地址
set 关键字＝值	设置查询关键字（域名属性）的值。常见的关键字如下： all（全部）　查询域名有关的所有信息 domain=name　指定查询的域名 port=端口号　指定域名服务器使用的端口号 type=类型名　指定域名查询的类型（例如，A、HINFO、PTR、NS等） retry=<次数>　指定查询时重试的次数 timeout=秒数　指定查询的超时时间

【参数说明】

参　　数	功　　能
域名	指定要查询的域名

【经验技巧】

- nslookup 指令支持交互式查询和非交互式查询两种工作方式。交互式查询首先需要进入 nslookup 的提示符，在 nslookup 提示符下输入要查询的域名信息后进行查询。非交互式查询在命令行中输入要查询的信息即可。

- Linux 操作系统通过文件/etc/resolv.conf 为本机指定域名解析服务的域名服务器地址。
- 通常，域名服务器仅管理授权的域名，其他域名解析任务都需要借助于其他域名服务器来完成。查询非授权的域名时，域名服务器将显示“Non-authoritative answer:”的信息。
- 通常情况下，一个域名与一个 IP 地址对应。但是在某些特殊情况下，如为了提高系统的可靠性或者实现负载均衡，可以指定一个域名对应于多个 IP 地址。

nslookup 指令支持非交互式的域名查询，这种情况下需要在命令行中输入要查询的域名的基本信息。

【示例 21.9】非交互式方式查询域名。在命令行中输入下面的命令：

```
#非交互查询 www.163.com 域名对应的 IP 地址
[root@localhost root]# nslookup  www.163.com
```

输出信息如下：

```
Server:        192.168.164.2
Address: 192.168.164.2#53

Non-authoritative answer:
www.163.com   canonical name = www.163.com.163jiasu.com.
www.163.com.163jiasu.com    canonical name = www.163.com.bsgslb.cn.
www.163.com.bsgslb.cn canonical name = z163picipv6.v.bsgslb.cn.
Name:     z163picipv6.v.bsgslb.cn
Address: 116.177.237.152
......省略部分输出内容......
```

说明：在上面的输出信息中，前两行（Server 与 Address 行）显示了域名服务器的信息。信息“Non-authoritative answer:”表示得到的域名信息是非授权的信息，这说明本域名服务器给出的域名解析信息是从其他域名服务器那里查询到的信息，而非自己管理的域。

【示例 21.10】交互式域名解析查询，具体步骤如下。

（1）进入 nslookup 指令提示符状态下。在命令行中输入下面的命令：

```
#进入 nslookup 指令提示符状态进行交互式查询
[root@localhost root]# nslookup
```

输出信息如下：

```
>                          #nslookup 指令的提示符
```

说明：在上面的输出信息中，符号“>”是 nslookup 指令的提示符。可以在此提示符下输入要查询的域名信息进行查询。

（2）在 nslookup 指令的命令提示符下查询域名信息。在命令行中输入下面的命令：

```
> www.google.cn         #查询域名 www.google.cn 对应的 IP 地址
Server:         202.102.240.65
......省略部分输出内容......
Name:   google.cn
Address: 203.208.37.104
Name:   google.cn
Address: 203.208.37.160
```

（3）在 nslookup 指令的提示符下使用 set 命令可以设置域名的查询类型，如查询域名有关的所有信息。在命令行中输入下面的命令：

```
> set type=ANY          #查询域名有关的所有信息
> www.google.com        #使用 ANY 类型查询 www.google.com 的域名信息
Server:         202.102.240.65
......省略部分输出内容......
google.cn       nameserver = c.l.google.com.
google.cn       nameserver = f.l.google.com.
```

（4）要查询邮件转发器（Mail eXchanger.MX）信息，需要使用 MX 查询类型。在命令行中输入下面的命令：

```
> set type=MX           #查询邮件转发器
>google.cn              #查询 google.cn 的邮件转发器
Server:         202.102.240.65
......省略部分输出内容......
smtp3.google.com        internet address = 209.85.137.25
smtp4.google.com        internet address = 72.14.221.25
```

说明：在上面的输出信息中，域名 google.cn 拥有多条 MX 记录。如果要配置邮件服务器，则 MX 记录必须正确配置。

（5）要查询 IP 地址对应的域名信息，需要设置查询类型为 PTR。在命令行中输入下面的命令：

```
> set type=PTR          #设置查询类型为 PTR
> 202.102.240.73        #指定要查询的 IP 地址
Server:         202.102.240.65
Address:        202.102.240.65#53
73.240.102.202.in-addr.arpa     name = www1.nyist.net.
```

说明：上面的输出信息表明 IP 地址 202.102.240.73 所对应的域名为 www1.nyist.net。

【相关指令】dig，host

21.4　traceroute 指令：追踪数据包到达目的主机的路由

【语　　法】 traceroute [选项] [参数]　　★★★★★

【功能介绍】 traceroute 指令用于追踪数据包在网络上传输的全部途径，它默认发送的数据包大小是 40B。

【选项说明】

选　　项	功　　能
-d	激活socket级的调试（debug）功能，此选项需要Linux核心的支持
-f <TTL值>	指定发送第一个（first）数据包的最大生存期（TTL）数值
-F	忽略IP数据包中的碎片（fragment）位
-i <网络接口>	如果主机具有多个网络接口（interface），本选项用于指定发送数据包的网络接口
-I	使用ICMP回应数据包进行路由追踪
-T	使用TCP的SYN进行路由追踪
-U	使用UDP追踪路由，此选项是默认值
-m <TTL值>	指定发送的测试报文最大（maximum）生存期（TTL）数值
-n	使用IP地址而非主机名
-p <UDP端口>	指定使用的UDP端口（port）
-r	不查询本机路由表（routing table），直接将报文发送到网络上
-s <IP地址>	当主机具有多个IP地址时，可以使用本选项指定发送数据包时使用的源（source）IP地址
-t <服务类型>	指定探测报文的服务类型（TOS）值
-V	显示指令的版本（version）信息
-w <超时时间>	指定超时时间（s），超过该时间则不再等待（wait）响应包

【参数说明】

参　　数	功　　能
主机	指定目的主机IP地址或主机名

【经验技巧】

- tracroute 指令默认使用 ICMP 进行路由追踪。默认的报文大小为 40 字节。最多经过的路由器数目为 30。
- traceroute 指令对路由过程中的每个路由器节点都测试 3 次，返回的 3 个时间值表示到达这些节点的网络速度，如果测试超时，则用“*”表示。

【示例 21.11】使用 traceroute 指令测试到达目的主机经过的路由并显示详细的测试信息。在命令行中输入下面的命令：

```
#对目的主机 www.baidu.com 追踪路由
[root@localhost root]# traceroute www.baidu.com
```

输出信息如下：

```
traceroute to www.baidu.com (110.242.68.4), 30 hops max, 60 byte
packets
 1  localhost (192.168.1.1)  1.900 ms  1.923 ms  2.274 ms
 2  localhost (10.188.0.1)  12.651 ms  12.725 ms  12.814 ms
......省略部分输出内容......
28  * * *
29  * * *
30  * * *
```

说明：在上面的输出信息中，每个路由器节点都进行了 3 次测试并且给出了 3 次所用的时间。其中“*”表示测试超时。这些信息对于测试网络性能和网络排错很有帮助。

【相关指令】tracepath

21.5　arp 指令：操纵 ARP 缓冲区

【语　　法】arp [选项] [参数]　★★★★★

【功能介绍】arp 指令用于操作本机的 ARP 缓冲区，它可以显示 ARP 缓冲区中的所有条目、删除指定的条目或者添加静态的 IP 地址与 MAC 地址的对应关系。

【选项说明】

选　　项	功　　能
-a <主机>	显示ARP缓冲区中的所有条目。其中，主机是可选参数。如果不添加此选项，则显示全部ARP条目。如果指定主机的IP地址或者主机名，则从ARP缓冲区中查找指定主机的ARP条目并以BSD风格显示在终端上
-H <地址类型>	指定arp指令使用的地址类型。默认情况下地址类型为ether（以太网）。支持的地址类型包括arcnet、pronet、ax25、netrom和ether等
-d <主机>	从ARP缓冲区中删除（delete）指定主机的ARP条目
-D	使用指定接口的硬件设备（device）地址
-e	以Linux的显示风格显示ARP缓冲区中的条目
-i <接口>	指定要操纵ARP缓冲区的网络接口（interface）。如果不使用此选项，则Linux内核通过路由表来选择使用的网络接口
-s <主机> <MAC地址>	设置（set）指定主机的IP地址与MAC地址的静态映射

续表

选　　项	功　　能
-n	以数字方式显示ARP缓冲区中的条目
-v	显示详细（verbose）的ARP缓冲区条目，包括缓冲区条目的统计信息
-f <文件>	设置主机的IP地址与MAC地址的静态映射。与-s选项的功能相似，只是地址的映射关系从指定文件（file）中获取而不是在命令行中输入。默认情况下，存放IP地址与MAC地址映射关系的文件为/etc/ethers。文件格式是每行一个记录，每个记录由IP地址和MAC地址两列组成，它们之间使用空格隔开

【参数说明】

参　　数	功　　能
主机	查询ARP缓冲区中指定主机的ARP条目

【经验技巧】

- 不带选项和参数时，arp 指令将以 Linux 风格显示当前 ARP 缓冲区中的所有条目。
- ARP 缓冲区是本地计算机中的特殊内存区域，用来缓存和远程主机通信的 IP 地址和 MAC 地址的对应关系。ARP 缓冲区由操作系统根据网络情况自动维护。计算机在和目标主机通信时必须首先获得对方的硬件地址（MAC 地址）。ARP 缓冲区可以减少不必要的 ARP 请求报文，提高网络带宽的利用率。
- 为了防止局域网内的 ARP 欺骗攻击，可以在每台主机上都使用 arp 指令的-s 选项指定网关的 MAC 地址的静态映射。

【示例 21.12】显示 ARP 缓冲区的所有条目。

不带任何选项和参数的 arp 指令将显示本机 ARP 缓冲区中的所有条目。在命令行中输入下面的命令：

```
[root@localhost root]# arp                #显示本机 ARP 缓冲区中的所有记录
```

输出信息如下：

```
Address       HWtype   HWaddress          Flags Mask     Iface
172.16.2.86  ether   00:E0:4C:62:25:09    C              ens160
......省略部分输出内容......
172.16.2.102 ether   00:E0:4C:00:00:C6    C              ens160
```

说明：在上面的输出信息中，第 1 列表示主机的 IP 地址或者主机名，第 2 列表示硬件地址类型（ether 表示以太网硬件地址），第 3 列以十六进制表示主机的硬件地址，第 4 列表示标志掩码，第 5 列表示对应的网络接口。

【示例 21.13】使用 arp 指令的-n 选项以数字方式显示主机信息，这种方式避免了查询对应主机的名称，可以提高指令的运行速度。在命令行中输入下面的命令：

```
[root@localhost root]# arp -n  #以数字方式显示 ARP 缓冲区中的所有记录
```

输出信息如下：

```
Address      HWtype  HWaddress           Flags Mask  Iface
172.16.2.86 ether   00:E0:4C:62:25:09     C          ens160
......省略部分输出内容......
61.163.231.205 ether 00:0C:76:AD:97:02    C          ens254
```

【示例 21.14】查询指定主机的 ARP 条目。

将要查询的主机的 IP 地址作为 arp 指令的参数传递给 arp 指令时，arp 指令将在本机的 ARP 缓冲区查询此主机，然后将查询结果在显示终端上显示。在命令行中输入下面的命令：

```
[root@localhost root]# arp 61.163.231.193 #查询指定主机的 ARP 条目
```

输出信息如下：

```
Address        HWtype   HWaddress          Flags Mask Iface
hn.ly.kd.adsl ether 00:E0:FC:09:C1:80       C     eth1
```

说明：在本例中，主机 61.163.231.193（其域名为 hn.ly.kdadsl.）对应的 MAC 地址为“00:E0:FC:09:C1:80”。

【示例 21.15】静态绑定 IP 地址与 MAC 地址，具体步骤如下。

（1）使用 arp 指令的-s 选项静态绑定 IP 地址和 MAC 地址。在命令行中输入下面的命令：

```
[root@localhost root]# arp -i ens160 -s 172.16.200.200
ab:cd:ef:aa:bb:cc:dd                           #设置主机的静态地址映射
```

说明：本例使用-i 选项指定网络接口为 ens160，使用-s 选项将 IP 地址为 172.16.200.200 的主机的 MAC 地址设置为 ab:cd:ef:aa:bb:cc:dd。此时本机的 ARP 缓冲区将不再动态更新主机 172.16.200.200 的 ARP 条目。

（2）显示网络接口 ens160 的 ARP 缓冲区记录。在命令行中输入下面的命令：

```
[root@localhost root]# arp -i ens160  #显示 ens160 的 ARP 缓冲区记录
```

输出信息如下：

```
Address             HWtype  HWaddress           Flags Mask Iface
 172.16.200.200 ether ab:cd:ef:aa:bb:cc:dd   CM     ens160
```

说明： 上面的输出信息表示，在 ens160 网络接口上设置的静态地址映射已经存在，在 Flags Mask 列中的 M 表示本 ARP 条目是静态的，不会自动更新。

【相关指令】arpwatch，arptables

21.6　dig 指令：DNS 查询工具

【语　　法】dig [选项] [参数]　　★★★★★

【功能介绍】dig 指令是常用的域名查询工具，可以用来测试域名系统工作是否正常。

【选项说明】

选　　项	功　　能
@<服务器地址>	指定进行域名解析的域名服务器。如果不希望使用本机默认的DNS服务器设置，则可以使用此选项指定进行域名解析的其他域名服务器
-b <IP地址>	当本机具有多个IP地址时，指定使用本机的哪个IP地址向域名服务器发送域名查询请求。指定的IP地址必须是网络接口上可用的IP地址或者是“0.0.0.0”、“::”。在IP地址后可以追加使用的端口号“#<port>”
-f<文件名称>	指定dig以批处理的方式运行，指定的文件（file）中保存的是需要批处理查询的DNS任务信息。文件中的每一行包含一个查询的数字编号，数字编号后面使用空格与查询的具体请求分隔开，查询的具体请求与命令行中的选项和参数相同
-p <端口号>	指定域名服务器使用的端口号（port number）。默认情况下，域名服务器使用UDP的53端口，如果域名服务器没有按照规范使用53端口号，则使用dig指令时必须使用本选项指定正确的端口号
-t <类型>	指定要查询的DNS数据类型（type），如A、MX和PTR等。默认的查询类型为A
-x <IP地址>	执行逆向（或反向）域名查询，根据输入的IP地址查询其对应的域名信息
-4	使用IPv4。此选项为默认值
-6	使用IPv6
-h	显示指令的帮助（help）信息

【参数说明】

参　　数	功　　能
主机	指定要进行查询的域名主机
查询类型	指定DNS查询的类型。支持的查询类型有ANY、A、MX和SIG等。默认值为A。此参数为可选项

续表

参　　数	功　　能
查询类	指定查询DNS的class。此参数为可选项
查询选项	指定查询选项。此参数为可选项

【经验技巧】

- DNS 的全称为 Domain Name System，它负责完成 IP 地址和主机域名之间的相互转换，这个转换过程称为域名解析。由主机域名查询其对应的 IP 地址的过程称为正向域名解析，由 IP 地址查找域名的过程称为反向域名解析。
- dig 指令经常用来测试域名服务器的工作是否正常。
- 通常情况下，一个域名与一个 IP 地址对应。但是在某些特殊情况下，如为了提高系统的可靠性或者实现负载均衡，则可以指定一个域名对应多个 IP 地址。具体情况请参考下面的示例。

【示例 21.16】dig 指令最常用的功能就是查询指定域名的 IP 地址。在命令行中输入下面的命令：

```
[root@department root]# dig www.sina.com.cn #查询域名对应的IP地址
```

输出信息如下：

```
; <<>> DiG 9.16.23-RH <<>> www.sina.com.cn
......省略部分输出内容......
www.sina.com.cn.  54   IN   CNAME    spool.grid.sinaedge.com.
spool.grid.sinaedge.com. 54    IN   CNAME    ww1.sinaimg.cn.w.
                                             alikunlun.com.
ww1.sinaimg.cn.w.alikunlun.com.54 IN    A    219.159.26.58
ww1.sinaimg.cn.w.alikunlun.com.54 IN    A    123.6.21.244
ww1.sinaimg.cn.w.alikunlun.com.54 IN    A    219.159.26.61
......省略部分输出内容......
```

说明：上面的输出信息中显示了主机域名 www.sina.com.cn 的 IP 地址和其他的详细信息。这种域名查询或者域名解析被称为域名的正向查询或正向解析。

【示例 21.17】域名反向解析查询。

完整的域名解析包括正向解析和反向解析，使用 dig 指令中的-x 选项可以进行反向域名解析，即给定 IP 地址，查询其对应的域名信息。在命令行中输入下面的命令：

```
[root@www1 ~]# dig -x 103.231.13.42 #反向域名解析，查找给定IP的域名
```

输出信息如下：

```
; <<>> DiG 9.16.23-RH <<>> -x 103.231.13.42
```

```
......省略部分输出内容......
```

```
;; QUESTION SECTION:
;42.13.231.103.in-addr.arpa.    IN   PTR

;; ANSWER SECTION:
42.13.231.103.in-addr.arpa. 21600 IN    PTR  scdc.worra.com.
......省略部分输出内容......
```

【示例 21.18】批处理域名查询，具体步骤如下。

（1）显示查询任务文本文件的内容。在命令行中输入下面的命令：

```
[root@www1 ~]# cat test.dns                    #显示文本文件的内容
```

输出信息如下：

```
1 www.edu.cn
2 www.google.com
3 www.baidu.com
```

说明：利用上面的文本文件可以使 dig 以批处理的方式依次进行 3 次域名查询。

（2）dig 指令的-f 选项支持批处理的查询方式。在命令行中输入下面的命令：

```
[root@www1 ~]# dig -f test.dns                 #以批处理方式查询域名
```

输出信息与上面示例的输出信息相似，此处省略。

dig 指令默认查询的域名类型为 A（正向域名查询），如果要查询其他类型的域名信息，则必须使用-t 选项指定域名类型。

【示例 21.19】查询邮件交换器（Mail Exchanger）的域名信息，需要使用 MX 类型进行查询。在命令行中输入下面的命令：

```
[root@www1 ~]# dig -t MX google.com           #查询 MX 类型的域名信息
```

输出信息与上面示例的输出信息相似，此处省略。

【相关指令】host，nslookup

21.7 host 指令：域名查询工具

【语　　法】host [选项] [参数]　★★★★★

【功能介绍】host 指令是常用的分析域名的查询工具，可以用来测试域名系统工作是否正常。

【选项说明】

选　项	功　能
-a	显示所有（all）的DNS信息。此选项等价于使用-v选项并指定查询类型为ANY

续表

选　项	功　能
-c <类型>	指定查询类型（class），默认值为IN（Internet的简称）
-C	查询指定主机的完整的SOA记录
-r	在查询域名时，不使用递归（recursive）的查询方式
-t <类型>	指定查询的域名信息类型（type），可以是A、ALL、MX和NS等
-v	显示指令执行的详细（verbose）信息
-w	如果域名服务器没有给出应答信息，则总是等待（wait），直到域名服务器给出应答
-W<时间>	指定域名查询等待（wait）的最长时间，如果在指定时间内域名服务器没有给出应答信息，则退出指令
-4	使用IPv4。此选项为默认值
-6	使用IPv6

【参数说明】

参　数	功　能
主机	指定要查询信息的主机域名

【经验技巧】通常情况下，一个域名与一个 IP 地址对应。但是在某些特殊情况下，如为了提高系统的可靠性或者实现负载均衡，则可以指定一个域名对应多个 IP 地址。

【示例 21.20】正向域名解析查询。

正向域名解析是最常使用的功能，host 指令可以根据输入的域名查询其对应的 IP 地址列表。在命令行中输入下面的命令：

```
[root@proxyiitcc root]# host www.163.com     #查询域名对应的IP地址
```

输出信息如下：

```
www.163.com is an alias for www.163.com.163jiasu.com.
www.163.com.163jiasu.com is an alias for www.163.com.w.kunluncan.
                                         com.
www.163.com.w.kunluncan.com has address 221.204.66.211
www.163.com.w.kunluncan.com has address 221.204.66.208
www.163.com.w.kunluncan.com has address 221.204.66.204

......省略部分输出内容......
z163picipv6.v.bsgslb.cn has IPv6 address 2408:8776:1:8::2:fa
```

说明：上面的输出信息表明域名 www.163.com 对应了多个 IP 地址。这种方式可以实现基于域名的负载均衡，当用户访问网站 www.163.com 时，域名服务器会随机地给出一个其对应的 IP 地址，这样可以由多个 IP 地址分担网络流量，达到负载均衡的效果。

【示例 21.21】使用 host 指令的-v 选项显示域名解析的详细过程。在命令行中输入下面的命令：

```
[root@hn ~]# host -v www.nyist.edu.cn    #显示域名查询的详细信息
```

输出信息与上面示例的输出信息相似，此处省略。

说明：详细的输出信息对于分析域名解析过程和排错很有帮助。

host 指令默认查询的域名类型为 A（正向域名查询），如果要查询其他类型的域名信息，则必须使用-t 选项指定域名类型。

【示例 21.22】查询邮件交换器（Mail Exchanger）的域名信息，需要使用 MX 类型进行查询。在命令行中输入下面的命令：

```
[root@hn ~]# host -t MX microsoft.com    #查询邮件交换器的域名信息
```

输出信息如下：

```
microsoft.com mail is handled by 10 microsoft-com.mail.protection.
outlook.com.
```

说明：在上面的输出信息中，10 表示邮件交换器的优先级。

【相关指令】dig，nslookup

21.8　nc/ncat 指令：随意操纵 TCP 或 UDP 连接和监听端口

【语　　法】nc [选项] [参数]　★★★★★

【功能介绍】nc 指令（有的系统中是 ncat 指令）可以打开 TCP 连接、发送 UDP 数据包、监听任意的 TCP 和 UDP 端口、进行端口扫描、处理 IPv4 和 IPv6 数据包。nc 指令的常规应用包括：简单的 TCP 代理、基于 HTTP 客户端和服务器端的 Shell 脚本、网络守护进程测试、面向 SSH 的 SOCKS 或者 HTTPS 代理端口的代理指令等。

【选项说明】

选　　项	功　　能
-4	强制仅使用IPv4地址
-6	强制仅使用IPv6地址
-d	设置等待读和写的延迟时间
-h	显示指令的帮助信息

续表

选　　项	功　　能
-i <时间间隔>	指定文本行发送和接收的时间间隔（interval），此选项将使一个主机在连接到多个端口时出现延迟
-k	当前的连接完全保持（keep）监听状态，等待下一个连接
-l	指定nc去监听（listen），以等待到来的连接请求而不是初始化一个到远程的连接。该选项与-p、-s或-z选项连用时将导致错误。如果与-w选项一起使用，则指定的超时时间将被忽略
-n	在任何地址、主机名或者端口上不（do not）执行DNS或服务查询
-p <源端口>	指定nc指令使用的源端口（port）。与-l选项连用时将导致错误
-s <源IP地址>	指定用来发送数据包的网络接口源（source）IP地址
-t	使用nc指令发送RFC854规范（Telnet规范），不应答RFC854规范。此选项使nc指令可以脚本化Telnet会话
-U	指定使用UNIX Domain Sockets
-v	使用nc指令输出更多的详细（verbose）信息
-w <超时时间>	如果一个连接或者标准输入的空闲时间超过设置的超时时间，则此连接将自动关闭。此选项和-l选项连用时无效。默认情况下，连接没有超时限制，将会一直监听对应的端口
-x <代理服务ideas地址0>:<端口号>	指定nc指令连接主机使用的代理服务器的地址和端口号。如果不指定端口号，则使用固定的端口号（如SOCKS代理端口号为1080，HTTPS代理端口号为3128）
-z	指定nc指令仅扫描监听守护进程，不向监听守护进程发送任何数据。此选项和-l选项连用时将会出现错误

【参数说明】

参　　数	功　　能
主机名	指定主机的IP地址或者主机名称（当没有使用-n选项时）。通常情况下必须指定主机名。除非指定-l选项时可以不指定主机名，这种情况下将使用本机地址
端口号	可以是单个整数或者一个范围。如果指定范围，格式为nn-mm。通常情况下，必须指定目标端口。除非指定-U选项时可以不指定端口号，但是必须指定一个socket

【经验技巧】使用 nc 指令，无须编程即可模拟 TCP 和 UDP 的通信过程。

【示例 21.23】模拟 TCP 连接并传输文本内容，具体步骤如下。

（1）使用 nc 指令可以非常轻松地模拟 TCP 连接，不需要进行底层的网络编程。使用 nc 指令启动 TCP 服务器监听指定的端口。在命令行中输入下面的命令：

```
#使用 nc 指令监听本机的 12345 端口
[root@www1 ~]# nc -l 12345 >outfile.txt
```

说明：本例中，监听本机的 12345 端口，并将收到的数据保存到文件 outfile.txt 中。

（2）在本机的另外一个终端中使用 nc 指令连接上一步监听的 12345 端口。在命令行中输入下面的命令：

```
#连接监听端口并传输文件
[root@www1 ~]#nc 192.168.0.1 12345 < /etc/passwd
```

说明：本例中使用 nc 指令向本机 192.168.0.1 的 12345 端口打开 TCP 连接，并且将文件/etc/passwd 的内容传输到监听的端口 12345。

（3）显示文件 outfile.txt 的内容。在命令行中输入下面的命令：

```
[root@www1 ~]#cat outfile.txt          #显示文本文件的内容
```

输出信息如下：

```
root:x:0:0:root:/root:/bin/bash
......省略部分输出内容......
radiusd:x:95:95:radiusd user:/:/bin/false
```

说明：上面的输出信息与文件/etc/passwd 的内容完全一样，证明使用 nc 指令将本地文件通过监听端口 12345 送到了 TCP 服务器上。

【示例 21.24】手动与 HTTP 服务器建立连接。

为了诊断网络连接故障，通常需要手动建立到服务器的整个连接过程，使用 nc 指令可以轻松地实现手动与 HTTP 服务器的连接。在命令行中输入下面的命令：

```
[root@www1 ~]#nc www.nyist.net 80    #连接 HTTP 服务器，端口号为 80
```

输出信息如下：

```
#用 GET 方法获取文件 test.php，使用的 HTTP 版本为 1.0
GET /test.php HTTP/1.0 \r\n\r\n

HTTP/1.1 200 OK
......省略部分输出内容......
Content-Type: text/html; charset=GB2312

<html>
......省略部分输出内容......
</html>
```

说明：上面的输出信息中，前半部分是 HTTP 的头内容，后半部分为网页文档的内容。

21.9　arping 指令：向邻居主机发送 ARP 请求报文

【语　　法】arping [选项] [参数]　★★★★☆

【功能介绍】arping 指令用于向邻居主机发送 ARP 报文进行测试网络。

【选项说明】

选　　项	功　　能
-A	更新邻居主机的ARP缓存，但是用ARP Reply（ARP应答）报文代替ARP Request（ARP请求）报文
-b	指定仅发送介质访问控制级（MAC Level）的广播（broadcast）报文。正常情况下，arping指令先发送广播报文，收到应答报文后切换到发送单播报文
-c <次数>	发送指定次数（count）的ARP报文后退出指令。当使用-w选项时，如果超时时间未到，则arping指令将一直等待接收到指定数目的应答报文后才退出。如果超时时间到达，则不管是否接收到指定数目的应答报文都退出指令的执行
-D	使用重复地址检测模式（Duplicate Address Detection mode，DAD）。关于重复地址检测模式可以参考文档“RFC2131, 4.4.1. ”。如果返回0，则表示DAD成功，即没有收到任何应答
-f	当收到第一个（first）应答报文时，立即退出指令。此选项用来判断目标主机是否存在或者正常运行
-h	显示指令的帮助（help）信息
-I <网络接口>	指定发送ARP报文的网路接口（interface）
-q	安静（quiet）模式，不显示任何信息
-s<源地址>	指定发送ARP报文中的源（source）IP地址。如果忽略此选项，则ARP报文中的源IP地址分为以下3种情况： ❑ 在重复地址检测模式中ARP报文中的源IP地址被设置为“0.0.0.0”; ❑ 在主动请求ARP模式（当使用-U或者-A选项时）中，ARP报文中的源IP地址被设置为目的主机的IP地址; ❑ 其他情况下，基于本机的路由表来决定ARP报文中的源IP地址
-U	更新（update）邻居主机ARP缓存

【参数说明】

参　　数	功　　能
目的主机	指定发送ARP报文的目的主机

【经验技巧】

❑ arping 指令与 ping 指令的功能类似，都能用来测试目的主机的网络连通性。但是，由于 arping 指令是基于 ARP 广播机制的，所以 arping 指令只能测试同一网段（或者子网）主机的网络连通性；ping 指令则是基于 ICMP 的，而 ICMP 是可以路由的。所以，使用 ping 指令可以测试任意网段主机的网络连通性。

- 当要测试的目的主机设置的防火墙策略禁止 ping 时，可以使用 arping 指令测试与邻居主机的网络连通性。
- 使用 arping 指令可以更新邻居主机的 ARP 缓存。

【示例 21.25】使用 arping 指令的-f 选项快速测试目的主机是否存活。在命令行中输入下面的命令：

```
[root@localhost ~]# arping -f 192.168.0.1    #测试目的主机的存活状态
```

输出信息如下：

```
ARPING 192.168.0.1 from 192.168.0.2 ens160
Unicast reply from 192.168.0.1 [00:03:47:71:47:46]  0.607ms
Sent 1 probes (1 broadcast(s))
Received 1 response(s)
```

说明：上面的输出信息表明从本机发出了一个到目的主机的 ARP 报文，并且收到了应答，证明目的主机的状态是存活的。

默认情况下，arping 指令会一直向目的主机发送 ARP 报文，直到用户使用组合键 Ctrl+C 终止指令的运行。可以通过-c 选项，指定发送 ARP 报文的数目。当报文发送完成时自动退出指令。

【示例 21.26】向目的主机发送指定数目的 ARP 报文。在命令行中输入下面的命令：

```
#向目的主机发送指定数目的 ARP 报文
[root@localhost ~]# arping -c 5 192.168.0.1
```

输出信息如下：

```
ARPING 192.168.0.1 from 192.168.0.2 ens160
Unicast reply from 192.168.0.1 [00:03:47:71:47:46]  0.673ms
......省略部分输出内容......
Sent 5 probes (1 broadcast(s))
Received 5 response(s)
```

说明：在本例中，arping 指令在发送 5 个 ARP 报文后自动退出指令。

如果主机是多端口主机（拥有多个网络接口），则可以使用 arping 指令的-I 选项指定发送 ARP 报文的网络接口。

【示例 21.27】从指定网络接口发送 ARP 报文。在命令行中输入下面的命令：

```
#使用 ens160 网络接口发送 5 个 ARP 报文
[root@hn ~]# arping -I ens160 -c 5 61.163.231.200
```

输出信息如下：

```
ARPING 61.163.231.200 from 61.163.231.197 ens160
Unicast reply from 61.163.231.200 [00:03:47:B3:28:E1]  0.902ms
......省略部分输出内容......
Sent 5 probes (1 broadcast(s))
Received 5 response(s)
```

说明：在本例中，使用-I 选项指定发送报文的网络接口为 ens160，发送报文的数目为 5。

【相关指令】 arp，arpwatch，ping

21.10 arpwatch 指令：监控 ARP 缓冲区的变化情况

【语　　法】 arpwatch [选项]　★★★★☆

【功能介绍】 arpwatch 指令用来跟踪本机 ARP 缓冲区中的 MAC 地址与 IP 地址的变化情况。arpwatch 指令可以将 ARP 缓冲区的变化记入系统日志或者使用 E-mail 的方式报告 ARP 缓冲区的变化。arpwatch 指令使用数据包捕获库（Packet Capture library）在本地以太网接口上监听 ARP 报文。

【选项说明】

选　项	功　能
-d	激活调试（debug）模式。在调试模式下，将禁止后台运行和电子邮件报告。所有的信息都显示在标准错误设备（显示终端）上
-f <数据文件>	指定记录以太网地址和IP地址对的数据库文件名（file name），默认文件名为arp.dat
-i <网络接口>	指定arpwatch指令监控的网络接口（interface）
-N	关闭报告错误的网络数据包的功能
-r <文件>	使用指定的文件代替从网络中读取（read）数据报。指定的文件格式可以是tcpdump指令生成的或者是pcapture指令所生成的
-u <用户名>	指定运行arpwatch指令的用户名（user name）
-s <用户名>	指定使用E-mail方式发送（send）报告后接收者回复的用户名

【经验技巧】 默认情况下，arpwatch 指令以后台方式运行，并且将相关信息发送到系统日志文件/var/log/messages 和数据库文件/var/lib/arpwatch/arp.dat 中。如果要实时查看这两个文件的变化情况，可以使用带有-f 选项的 tail 指令。

【示例 21.28】使用 arpwatch 指令监控 ARP 缓冲区。

默认情况下，arpwatch 指令以后台守护进程的方式运行并将监测信息发送给系统日志文件/var/log/messages 和数据库文件/var/lib/arpwatch/arp.dat。在命令行中输入下面的命令：

```
[root@localhost ~]# arpwatch          #监控 ARP 缓冲区
```

说明：上面的命令没有任何输出信息，可以通过查看上述两个文本文件来了解指令的运行情况。

【示例 21.29】以调试模式运行。

使用 arpwatch 指令的-d 选项，可以使 arpwatch 指令以调试模式在前台运行，所有的输出信息都显示在终端上。在命令行中输入下面的命令：

```
[root@hn ~]# arpwatch -d            #以调试模式运行 arpwatch 指令
```

输出信息如下：

```
......省略部分输出内容......
From: arpwatch
To: root
Subject: new station (proxy4.nyist.net)
......省略部分输出内容......
```

说明：当 arpwatch 指令以调试模式运行时，调试信息都将显示在显示终端上。如要退出 arpwatch 指令，需要使用组合键 Ctrl+C。

【相关指令】arp，arping

21.11 tracepath 指令：追踪报文经过的路由信息

【语　　法】tracepath [参数] ★★★★☆

【功能介绍】tracepath 指令用来追踪并显示报文到达目的主机所经过的路由信息，还能够发现路由中的 MTU 值。tracepath 指令的输出包含多列信息。第一列是探测到的 TTL 值，如果显示的有问号，则表示此 TTL 值是 tracepath 指令猜测的值；第二列是经过的路由节点（IP 地址和主机名）；剩余的几列是本路由节点的最大传输单元之类的其他信息。

【参数说明】

参　数	功　能
目的主机	指定追踪路由信息的目的主机
端口	指定使用的UDP端口号。此参数是可选项。如果不指定，则随机选择

【经验技巧】 tracepath 不但能够追踪报文经过的路由信息，还能够发现路由上的最大传输单元。

【示例 21.30】 追踪报文经过的路由信息。

在网络排错中经常使用 tracepath 指令追踪报文到达目的主机的路由信息。在命令行中输入下面的命令：

```
#追踪到达目的主机的路由
[root@localhost root]# tracepath www.sina.com.cn
```

输出信息如下：

```
1?: [LOCALHOST]                    0.015 毫秒 pmtu 1472
 1:  2408:8226:4001:9e66:69e0:c36:91af:968c 1.631 毫秒
 1:  2408:8226:4001:9e66:69e0:c36:91af:968c      2.838 毫秒
 2:  2408:8000:4005::2018                        6.208 毫秒
......省略部分输出内容......
30:  无应答
     Too many hops: pmtu 1472
     回程: 路径 MTU 1472
```

【相关指令】 traceroute

21.12　习　　题

一、填空题

1．________指令用来测试主机之间网络的连通性。

2．netstat 指令的功能包括________、________、________、________和________等。

3．arping 指令用于向邻居主机发送________测试网络。

二、选择题

1．下面的（　　）指令可以用来测试域名系统的工作是否正常。

A．ping　　B．traceroute　　C．arp　　D．dig

2．下面的（　　）指令可以通过交互式查询域名。

A．nslookup　　B．dig　　C．host　　D．ping

3．使用 traceroute 指令追踪路由，默认发送的数据包大小是（　　）字节。

A．10　　B．20　　C．30　　D．40

三、判断题

1．使用 ping 命令可以准确测试出网络的连通性。　　（　　）

2. Linux 主机与外界通信离不开路由表。如果路由表错误，则会导致 Linux

主机无法和外界进行通信。　　（　　）

四、操作题

1．测试当前主机是否能够访问百度网站。

2．查看当前系统的 ARP 缓存表。

3．使用 dig 指令查询域名 baidu.com 的相关信息。

第 22 章　网 络 应 用

Linux 是最流行的开放源代码的网络操作系统。开发者们在 Linux 环境下开发出了非常丰富的网络应用程序来满足人们的日常工作需求。本章将介绍 Linux 系统中常用的网络应用指令。

22.1　elinks 指令：纯文本界面的 WWW 浏览器

【语　　法】 elinks [选项] [参数]　　★★★★☆

【功能介绍】 elinks 指令是一个纯文本界面的 WWW 浏览器，操作方式与 lynx 类似。使用 elinks 指令浏览 WWW 页面时只能显示文本信息，不支持图形、声音和视频等多媒体信息。它的速度很快，支持框架、表格和鼠标及菜单操作。

【选项说明】

选　　项	功　　能
-anonymous <值>	是否使用匿名账号方式。可选的值为0和1，分别表示不使用匿名账号方式和使用匿名账号方式。默认值为0
-auto-submit <值>	对于偶然遇到的第一个表单是否自动提交。可选值0和1分别表示不自动提交和自动提交。默认值为0
-config-dir <目录>	指定elinks指令运行时读取和写入自身的配置和运行状态的存放目录（directory）。默认的目录是“~/.elinks/”。如果指定的路径不是以“/”开头，则系统假设其是相对于用户的宿主目录
-dump	将HTML文档以纯文本的方式在标准输出设备（显示终端）上显示
-dump-charset <字符集>	指定使用-dump选项时采用的字符编码
-dump-width <宽度>	指定使用-dump选项时输出的宽度
-lookup <主机名称>	查找给定主机名称所对应的IP地址
-version	显示指令的版本信息
-h	显示帮助（help）信息

【参数说明】

参　　数	功　　能
URL	指定要访问的URL地址。支持本地URL和远程URL格式。本地URL的前缀为file://，远程URL的前缀为http://、ftp://或https://）

【经验技巧】

- elinks 指令提供了方便的命令菜单，任何时候都可以使用组合键 Alt+S 或者按 Esc 键激活菜单命令。
- 可以把 elinks 指令作为一个本地的文件查看器，输入的 URL 使用类似“file://PATH”的格式即可。
- elinks 指令以交互式的方式运行，要想退出指令，可以使用菜单命令或者直接输入 q 即可。
- elink 指令是纯文本的 Web 浏览器，当使用 elinks 指令查看网页时，页面中的图片等多媒体元素将被忽略，只显示相关的文字描述信息。

【示例 22.1】使用 elinks 指令访问 Web 站点。在命令行中输入下面的命令：

```
[root@localhost root]# elinks www.baidu.com #文本方式访问百度网站
```

输出信息如下：

```
                                                    百度一下，你就知道
----------[ 百度一下 ]
          新闻    hao123    地图   视频   贴吧    登录  更多产品
                          关于百度 About Baidu
...省略部分输出内容...
Text field,name wd(press Enter to edit)
```

说明：如果要跳转到对应的链接页面，可以使用键盘的箭头键选择对应的超级链接，按 Enter 键进入对应的页面。elink 指令也支持鼠标操作，用鼠标单击超级链接即可访问对应的页面。要退出 elink 指令时，直接输入 q 命令即可。

【相关指令】lynx

22.2　ftp 指令：文件传输协议客户端

【语　　法】ftp [选项] [参数]　★★★★★

【功能介绍】ftp 指令是 FTP（File Transfer Protocol，文件传输协议）的客户端工具，用于在本地主机和远程文件服务器之间上传和下载文件。ftp 指令使用 FTP 和远程文件服务器进行通信。其提供了丰富的内置命令用来实现 FTP 服务器和本地主机之间的交互。FTP 指令的内置命令如下。

内 置 命 令	功　　能
ascii	默认选项，表示以ASCII方式传送文件
bell	每完成一次文件传送，都进行响铃提示

续表

内 置 命 令	功　　能
Binary或image	以二进制方式传送文件。当传送二进制文件时，必须先使用此命令将传输模式转换为二进制方式
bye或quit	断开与FTP服务器的连接并退出
case	当将该命令设置为on时，使用mget命令从FTP服务器上下载的文件在保存到本地主机上时，文件名将被转换为小写字母
cd	切换（change）远程FTP服务器上的当前工作目录（directory）
chmod	改变（change）代表远程FTP服务器上文件的权限
close	断开与FTP服务器的连接并退出，然后删除所有的宏定义
delete	删除远程FTP服务器上的文件
dir [远程目录] [本地文件] 或者 ls [远程目录] [本地文件]	显示远程FTP服务器指定目录（directory）的内容列表，如果给出了本地文件参数，则将显示结果写入给定的本地文件中
get <文件>或 recv <远程文件>	从FTP服务器上下载指定的文件
help [命令]	显示指定命令的帮助信息。当省略命令参数时将显示所有可用的内部命令列表
lcd [本地目录]	切换（change）本地（local）工作目录（directory），如果不指定本地目录参数，则切换到用户的宿主目录
mdelete <远程文件列表>	一次删除远程FTP服务器上的多个（multiple）文件
mget <远程文件列表>	一次从远程FTP服务器上下载多个文件
mkdir <目录>	在远程FTP服务器上创建（make）目录（directory）
mput <本地文件列表>	一次将多个本地文件上传（put）到远程FTP服务器上
open <主机> [端口号]	打开一个到指定的FTP服务器的新连接。如果省略端口号参数，则使用默认值21
prompt	使ftp指令工作在交互模式下
put <本地文件>或 send <本地文件>	将单个文件上传到远程的FTP服务器上
pwd	显示（print）远程FTP服务器上的当前工作目录（work directory）
rename <源文件名> <目的文件名>	重命名远程FTP服务器上的文件
rmdir <远程目录>	删除（remove）远程FTP服务器上的指定目录（directory）
status	显示ftp指令当前的工作状态
system	显示远程FTP服务器的操作系统类型
user <用户名> <密码>	用指定的用户名登录远程FTP服务器
!	暂时回到Shell环境，并不真正退出ftp指令

【选项说明】

选　　项	功　　能
-d	使用调试（debug）模式运行
-i	关闭交互（interactive）模式，在遇到问题时不询问用户直接执行
-n	禁用自动登录功能
-v	显示指令执行的详细（verbose）信息
-g	关闭文件名通配符（globbing）功能
-t	激活数据包追踪（tracing）功能

【参数说明】

参　　数	功　　能
主机	指定要连接的FTP服务器的主机名或IP地址

【经验技巧】

- 匿名 FTP 服务器在登录时使用 anonymous 作为用户名，用任意的电子邮件作为密码。通常，匿名 FTP 服务器只能下载文件，不允许用户上传文件。
- FTP 使用明文传送用户的认证信息（用户名和密码），很容易被局域网内的网络嗅探器截获，所以使用 ftp 指令时要格外小心。

【示例 22.2】ftp 指令的内部指令的基本应用，具体步骤如下。

（1）ftp 的内部指令必须在 ftp 提示符下完成。如果要进入 ftp 指令的命令行提示符模式，则需要在命令行中输入下面的命令：

```
[root@localhost root]# ftp                #进入 ftp 提示符
```

输出信息如下：

```
ftp>
```

说明：在上面的输出信息中，“ftp>”是命令提示符。

（2）通过 help 命令获取 ftp 指令的内部命令列表。在命令行中输入下面的命令：

```
ftp> help                                 #获得所有命令列表
Commands may be abbreviated.  Commands are:
!              cr         mdir      proxy    send
......省略部分输出内容......
cprotect       mdelete        protect  safe
```

说明：ftp 的内部命令较多，这里不再一一介绍。

（3）使用 help 目录获取内部命令的帮助信息。在命令行中输入下面的命令：

```
ftp> help rename                            #获得某个内部命令的帮助信息
chmod          change file permissions of remote file
```

【示例 22.3】下载文件，具体步骤如下。

（1）使用 ftp 指令下载文件时，首先需要建立与远程 FTP 服务器的连接，在命令行中输入下面的命令：

```
[root@hn ~]# ftp ftp.nyist.net        #连接 FTP 服务器：ftp.nyist.net
```

输出信息如下：

```
Connected to ftp.nyist.net.
......省略部分输出内容......
Name (ftp.nyist.net:root): anonymous     #使用匿名账号登录
331 User name okay, please send complete E-mail address as password.
Password:                               #输入任意的电子邮件地址作为密码
......省略部分输出内容......
ftp>
```

（2）使用 ls 指令显示 FTP 服务器的文件列表。在命令行中输入下面的命令：

```
ftp> ls                                 #显示 FTP 服务器上的文件列表
227 Entering Passive Mode (202,102,240,87,12,58)
150 Opening ASCII mode data connection for /bin/ls.
......省略部分输出内容......
drw-rw-rw-   1 user    group     0 Apr 25  2008 学习资源 2
226 Transfer complete.
```

（3）使用 lcd 指令切换本机的工作目录。在命令行中输入下面的命令：

```
ftp> lcd /tmp                #切换本地目录，下载文件将自动保存在此目录下
Local directory now /tmp
```

（4）使用 ASCII 目录切换到 ASCII 传输模式。在命令行中输入下面的命令：

```
ftp> get 使用说明.txt                        #下载文件
local: 使用说明.txt remote: 使用说明.txt
227 Entering Passive Mode (202,102,240,87,12,59)
150 Opening ASCII mode data connection for 使用说明.txt (127 Bytes).
226 Transfer complete.
127 bytes received in 0.00055 seconds (2.3e+02 Kbytes/s)
```

（5）使用 quit 命令退出 ftp 指令返回到终端的 Shell 环境。在命令行中输入下面的命令：

```
ftp> quit                               #退出 ftp 指令
221 Goodbye.
[root@localhost root]#                  #已回到 Shell 环境
```

【相关指令】ncftp

22.3　ipcalc 指令：简单的 IP 地址计算器

【语　　法】ipcalc [选项]　★★★★☆

【功能介绍】ipcalc 指令是一个简单的 IP 地址计算器，可以完成简单的 IP 地址计算任务。

【选项说明】

选　　项	功　　能
-b	由给定的IP地址和网络掩码计算出广播地址
-h	显示给定的IP地址所对应的主机名
-m	由给定的IP地址计算其网络掩码
-p	显示给定的掩码或IP地址的前缀
-n	由给定的IP地址和网络掩码计算网络地址
-s	安静模式，不显示任何错误信息
--help	显示帮助信息

【经验技巧】ipcalc 指令在进行 IP 地址规划时非常有用，可以方便地计算给定的 IP 地址的相关信息。

【示例 22.4】IP 地址计算。

使用 ipcalc 指令的-b、-n 和-m 选项分别计算给定 IP 地址的广播地址、网络地址和网络掩码。在命令行中输入下面的命令：

```
#计算 IP 地址
 [root@localhost ~]# ipcalc -b -n -m 218.28.87.18/28
```

输出信息如下：

```
NETMASK=255.255.255.240
BROADCAST=218.28.87.31
NETWORK=218.28.87.16
```

22.4　lftp 指令：文件传输程序

【语　　法】lftp [选项] [参数]　★★★★★

【功能介绍】lftp 指令是一个优秀的文件传输客户端程序，它支持 FTP、SFTP、HTTP 和 FTPs 等多种文件传输协议。

【选项说明】

选　　项	功　　能
-f <脚本文件>	指定lftp指令要执行的脚本文件（file）

续表

选　项	功　能
-c <命令>	执行指定的命令（command）后退出
--help	显示帮助信息
--version	显示指令的版本号

【参数说明】

参　数	功　能
站点	要访问的站点的IP地址或者域名

【经验技巧】

- lftp 指令的运行界面与 Shell 类似，有命令补全、历史记录、允许多个后台任务执行等功能。
- lftp 指令还有书签、排队、镜像、断点续传和多进程下载等功能。

【示例 22.5】lftp 指令默认使用 FTP 进行文件下载。在命令行中输入下面的命令：

```
[root@www1 dir1]# lftp ftp.ubuntu.com    #建立与FTP服务器的匿名连接
```

输出信息如下：

```
lftp ftp.ubuntut.com:~> ls                    #显示目录列表
drwxr-xr-x    36   997  997  4096 Jun 14 08:47 cdimage
drwxr-xr-x    29   997  997  4096 Jun 14 09:01 cloud-images
drwxr-xr-x    6    997  997  4096 Nov 08  2021 extras
drwxr-xr-x    4    997  997  4096 Jun 14 08:10 lxc-images
drwxr-xr-x    8    997  997  4096 Jun 14 08:45 maas-images
drwxr-xr-x    5    997  997  4096 May 11  2010 old-images
drwxr-xr-x    15   997  997  4096 Jun 14 08:47 releases
drwxr-xr-x    6    997  997  4096 Jun 14 08:59 simple-streams
drwxr-xr-x    7    997  997  4096 Jun 14 07:33 ubuntu
drwxr-xr-x    4    997  997  4096 May 13  2022 ubuntu-cloud-archive
drwxr-xr-x    7    997  997  4096 Jun 14 08:04 ubuntu-ports
lftp ftp.ubuntu.com:/> get /cdimage/source/pending/source/lunar-
src-1.list                                    #下载文件
103136 bytes transferred in 4 seconds (27.4 KiB/s)
```

说明：在上面的输出信息中，“lftp ftp.redhat.com:~>”表示 lftp 指令的提示符，冒号前面的内容表示服务器的主机名，冒号后面的内容表示所在服务器的当前目录。

lftp 指令支持 SFTP，可以使用 SFTP 下载加密的文件。

【示例 22.6】使用 SFTP 下载文件。在命令行中输入下面的命令：

```
[root@localhost ~]# lftp                      #启动 lftp
```

输出信息如下：

```
lftp :~> open sftp://202.102.240.73                  #打开 SFTP 连接
lftp 202.102.240.73:~> user root
Password:                                            #密码不回显

lftp root@202.102.240.73:~> cd Desktop               #进入 Desktop 目录
lftp root@202.102.240.73:~/Desktop> ls               #查看目录列表
drwxr-xr-x    3 root     root          4096 May 14 23:33 .
......省略部分输出内容......
-rw-r--r--    1 root     root          666 Apr 14  2005 netnb
lftp root@202.102.240.73:~/Desktop> get netnb        #下载文件
666 bytes transferred
```

说明：在上面的输出信息中，首先使用 open sftp://202.102.240.73 命令打开了与远程主机的 SFTP 连接，接着切换到 Desktop 目录，然后使用 ls 命令显示对应的文件列表，最后使用 get netnb 命令下载文件 netnb。可以看到，使用 SFTP 下载文件和使用 FTP 下载文件的操作过程基本一致。

【示例 22.7】使用 HTTP 下载网页。在命令行中输入下面的命令：

```
[root@localhost ~]# lftp                                   #启动 lftp
```

输出信息如下：

```
lftp :~> open http://www.baidu.com  #打开到 www.baidu.com 的连接
cd ok, cwd=/
lftp www.baidu.com:/>
lftp www.baidu.com:/> ls            #显示列表
-rw-r--r--  --  img/baidu_logo.gif
......省略部分输出内容......
lftp www.baidu.com:/>get home.html  #下载文件 home.html
11415 bytes transferred
```

说明：在上面的输出信息中，首先使用 open http://www.baidu.com 命令打开了与远程主机的 HTTP 连接，接下来使用 ls 命令显示对应的文件列表，最后使用 get home.html 命令下载文件 home.html。可以看到，使用 HTTP 下载文件和使用 FTP 下载文件的操作过程基本一致。

【相关指令】ftp，lftpget

22.5　lftpget 指令：使用 lftp 下载文件

【语　　法】lftpget [选项] [参数]　　★★★★★

【功能介绍】lftpget 指令通过调用 lftp 指令下载指定的文件。

【选项说明】

选　项	功　能	选　项	功　能
-c	继续（continue）之前的下载	-v	输出详细（verbose）信息
-d	输出调试（debug）信息		

【参数说明】

参　数	功　能
文件	指定要下载的文件，文件必须是合法的URL路径格式

【经验技巧】在使用 lftpget 指令下载文件时，给出的文件必须是合法的 URL 格式，否则将会出现 get1: file name missed in URL 的错误。

【示例 22.8】使用 lftpget 指令下载 FTP 服务器上的文件。在命令行中输入下面的命令：

```
[root@localhost ~]#lftpget ftp://ftp.ubuntu.com/cdimage/source/
pending/source/lunar-src-1.list            #下载 FTP 服务器上的文件
```

使用 lftpget 指令下载 HTTP 服务器上的文件。在命令行中输入下面的命令：

```
#下载网站上的网页文件
[root@localhost ~]#lftpget http://www.baidu.com/index.php
```

【相关指令】lftp，wget

22.6　lynx 指令：纯文本网页浏览器

【语　　法】lynx [选项] [参数]　　★★★☆☆

【功能介绍】lynx 是纯文本模式的网页浏览器，不支持图形和音视频等多媒体信息。

【选项说明】

选　项	功　能
-accept_all_cookies	接受访问站点的所有cookies
-anonymous	限制anonymous的应用
-auth=ID:PASSWD	在启动时设置认证（authorization）用户ID和密码（PASSWD）以保护文档
-cache=NUMBER	修改缓存区的文件数目，默认值为10
-case	在搜索字符串时区分大小写
-ftp	关闭FTP功能
-index=URL	指定首页的URL地址
-nobrowse	关闭目录浏览功能

续表

选　　项	功　　能
-nocolor	关闭彩色显示模式
-noexec	不执行任何本机的程序，此选项是默认值
-reload	更新代理服务器的缓存，只对首页有效
--help	显示指令的帮助信息
--version	显示指令的版本信息

【参数说明】

参　　数	功　　能
URL	指定要访问的网站的URL地址

【经验技巧】

- lynx 指令在全屏幕文本模式下运行，所以不支持鼠标操作，需要使用光标来选择超链接，然后按 Enter 键进入超链接对应的网页。屏幕的下方会显示相应的帮助命令。
- lynx 指令只能显示纯文本内容，多媒体信息不能显示，用文件名代替。

【示例 22.9】使用文本模式访问网站。

在文本模式下，使用 lynx 指令访问的网站。在命令行中输入下面的命令：

```
#以文本模式访问网站并接受全部的 cookies
[root@proxyiitcc root]# lynx -accept_all_cookies www.baidu.com
```

输出信息如下：

```
                                    百度一下，你就知道
......省略部分输出内容......
        ?008 Baidu 使用百度前必读 京 ICP 证 030173 号 [gs.
        gif]
(NORMAL LINK)   Use right-arrow or <return> to activate.
 Arrow keys: Up and Down to move.  Right to follow a link; Left
to go back.
 H)elp O)ptions P)rint G)o M)ain screen Q)uit /=search [delete]=
history list
```

说明：最下面两行是 lynx 内置命令的简短说明。其中：H 用户获得指令的帮助信息；O 配置指令选项；G 打开新的网址；M 返回主屏幕；Q 退出 lynx 指令；“/”表示搜索相关的内容；delete 显示浏览网址的历史记录（注意是键盘的 Delete 键）。

【相关指令】elinks

22.7　mailq 指令：显示邮件传输队列

【语　　法】mailq [选项]　★★★★☆

【功能介绍】mailq 指令用于显示待发送的邮件队列，显示的每个条目包括邮件队列 ID、邮件大小、加入队列的时间、邮件发送者和接收者。如果邮件最后一次尝试后还没能够将邮件发送出去，则显示发送失败的原因。

【选项说明】

选　项	功　能
-v	显示详细（verbose）信息

【经验技巧】mailq 指令最早出现在 Sendmail 服务器中，用来显示 Sendmail 服务器程序的发送邮件队列，实际上是执行 sendmail -bp 指令，邮件发送队列保存在/var/spool/mqueue/目录下。但是，由于 Sendmail 配置复杂，存在安全问题，所以就开发出了一些 Sendmail 的替代邮件服务器，最新的 Linux 新版本中所带的 mailq 指令已经不再单纯地显示 Sendmail 服务器的邮件发送队列了，还和其他的邮件服务器系统兼容，如 Postfix。

【示例 22.10】显示待发送的邮件队列。

直接使用 mailq 指令即可显示待发送的邮件队列。在命令行中输入下面的命令：

```
[root@mail /root]# mailq                         #显示邮件发送队列
```

输出信息如下：

```
-Queue ID- --Size-- ----Arrival Time---- -Sender/ Recipient-------
ABB9E18FAFF   173064 Sat Mar 14 04:02:58  root          root
......省略部分输出内容......
110FD18FAF0     1034 Fri Mar  6 04:02:56  root          root
```

说明：从上面的输出信息中可看到，共有 5 个字段（分别是队列 ID、邮件大小、邮件到达的时间、发信人和收信人）来显示一个邮件发送队列。

【相关指令】mail

22.8　mailstat 指令：显示到达的邮件状态

【语　　法】mailstat [选项] [参数]　★★★★☆

【功能介绍】mailstat 指令用来显示到达的邮件状态。它显示的邮件状态是基于邮件日志文件的。

【选项说明】

选　　项	功　　能
-k	保持（keep）邮件日志文件的完整性，不清空日志文件
-l	使用长格式（long display format）显示邮件状态
-m	合并（merge）任何错误信息到一行中显示
-o	使用旧（old）的邮件日志文件
-t	使用简洁（terse）的格式显示邮件状态
-s	如果没有邮件则不输出任何信息，保持安静（silent）模式

【参数说明】

参　　数	功　　能
邮件日志文件	指定要读取的邮件日志文件

【经验技巧】

- mailstat 指令是通过读取邮件日志文件来显示邮件状态的，所以需要给出邮件日志文件的位置。通常的邮件日志文件为/var/log/maillog。
- 默认情况下，mailstat 指令在显示邮件状态后会将邮件日志文件清空，如果希望保留邮件日志文件的内容，则需要使用-k 选项。

【示例 22.11】显示邮件状态，具体步骤如下。

（1）mailstat 指令需要读取邮件日志文件方可显示邮件状态，所以需要在命令行中给出邮件日志文件的具体位置。在命令行中输入下面的命令：

```
[root@localhost ~]# mailstat /var/log/maillog    #显示邮件状态
```

输出信息如下：

```
  Total  Number Folder
  -----  ------ ------
      0       1  ## May 24 20:02:55 www1 postfix/ postdrop[14896]:
warning: unable to look up public/pickup: No such file or directory
......省略部分输出内容......
```

说明：上例中的指令执行成功后将会清空邮件日志文件。

（2）使用 ls 指令进行验证。在命令行中输入下面的命令：

```
[root@www1 ~]# ls -l /var/log/maillog    #显示日志文件详细信息
```

输出信息如下：

```
-rw------- 1 root root 0 Jun  2 15:42 /var/log/maillog
```

说明：从上面的输出信息中可以看出，日志文件 maillog 的大小变为 0。

22.9　mail 指令：接收和发送电子邮件

【语　　法】mail [选项] [参数]　★★★★★

【功能介绍】mail 指令是命令行的电子邮件发送和接收工具。mail 指令有一系列的内置命令，可以实现对邮件的管理。具体的内部命令请参看示例。

【选项说明】

选　项	功　能
-b <邮件地址>	指定密件抄送的收信人地址
-c <邮件地址>	指定抄送的收信人地址
-f <邮件文件>	读取指定邮件文件中的邮件
-i	不显示终端发出的信息
-n	不使用s-nail.rc文件中的配置
-N	阅读邮件时，不显示邮件标题
-s <邮件主题>	指定邮件的主题（subject）
-u <用户>	读取指定用户的邮件

【参数说明】

参　数	功　能
邮箱地址	收信人的电子邮件地址

【经验技巧】

- 使用 mail 指令发送电子邮件时，支持交互式和预定义两种模式。交互式模式要求用户在命令行中输入邮件的正文，而预定义模式下用户的邮件内容可以来自事先编辑好的文件。默认的模式为交互式模式，如果希望使用预定义模式则必须使用-f 选项。
- Linux 系统将收到的邮件存放在/var/spool/mail/目录下。不同用户的邮件保存在以用户名命名的文件中。例如，root 用户的邮件将保存在文件/var/spool/mail/root 中。
- 使用 mail 指令阅读过邮件后，邮件将被保存在其宿主目录下的 mbox 文件中。例如，root 用户阅读过的邮件将保存在文件/root/mbox 中。

【示例 22.12】显示 mail 指令的内部命令，具体步骤如下。

（1）进入 mail 指令的提示符模式，在命令行中输入下面的命令：

```
[root@localhost root]# mail                    #进入 mail 指令的提示符模式
```

输出信息如下：

```
Mail version 8.1 6/6/93.  Type ? for help.
"/var/spool/mail/root": 14 messages 14 unread
>U  1 logwatch@locahost  Thu Jun  15 15:36 12409/1074839 "Logwatch
for locahost (Linux)"
......省略部分输出内容......
&
```

说明： 在上面的输出信息中，最后一行的&是 mail 指令的提示符，&上面的内容则是邮件的列表。在&提示符模式下可以输入 mail 指令的内部命令完成相应的功能。

（2）输入内部命令 help 用于显示内部命令帮助列表。在命令行中输入下面的命令：

```
& help                                   #显示内部命令帮助列表
    Mail   Commands
t <message list>               type messages
......省略部分输出内容......
&
```

【示例 22.13】 管理邮件，具体步骤如下。

（1）进入 mail 指令提示符模式。在命令行中输入下面的命令：

```
[root@www1 ~]# mail                      #进入 mail 指令提示符模式
```

输出信息如下：

```
Mail version 8.1 6/6/93.  Type ? for help.
"/var/spool/mail/root": 353 messages 353 unread
>U  1 logwatch@www1.nyist.  Thu Jun  15 15:36 12409/1074839
"Logwatch for w"
......省略部分输出内容......
&
```

（2）在提示符“&”模式下输入邮件编号即可阅读邮件（如果直接按 Enter 键则从第一封邮件开始阅读）。例如，阅读第 10 封邮件，在命令行中输入下面的命令：

```
& 10                                     #阅读第 10 封邮件
Message 10:
From root@www1.nyist.net  Thu Jun  15 15:36:13 2023
......省略部分输出内容......
X-Cron-Env: <USER=root>
Date: Thu, 15 Jun 2023 04:03:00 +0800 (CST)
......省略部分输出内容......
&
```

（3）如果要删除邮件，则使用 mail 指令的内部命令 d 实现。在命令行中输入下面的命令：

```
& d 10                                   #删除第 10 封邮件
```

（4）如果要退出 mail 指令，则使用 mail 指令的内部命令 quit。在命令行中输入下面的命令：

```
& quit                                          #退出 mail 指令
Saved 1 message in mbox
Held 350 messages in /var/spool/mail/root
```

说明：上面的输出信息表明，有 1 封邮件（已阅读过的）被保存到了用户宿主目录的文件/root/mbox 中，还有 350 封邮件保存在文件/var/spool/mail/root 中。

【示例 22.14】发送电子邮件，具体步骤如下。

（1）使用 mail 指令发送电子邮件时，必须在命令行中使用相应的选项。例如，向指定的邮箱发送邮件，在命令行中输入下面的命令：

```
#指定邮箱邮件，邮件主题为 test
[root@localhost ~]# mail -s "test" test@gmail.com
This is a test email!  #输入的邮件正文
Thanks !
.                      #遇到以句点“.”开头的行，则结束邮件正文的输入
Cc: test@yahoo.com     #将邮件抄送给 test@yahoo.com
```

（2）在命令行中指定抄送邮箱需要使用-c 选项，指定密件抄送邮箱使用-b 选项。在命令行中输入下面的命令：

```
[root@localhost ~]#mail -s "test" -c test@yahoo.com -b
test@163.com test@gmail.com
Hi,This is a test email!   #输入的邮件正文
Thanks!
.                          #以 “.”结束邮件正文的输入
Cc: test@yahoo.com         #因为在命令行中指定了抄送的邮箱，此处的邮箱
                           #将会自动出现，不需要输入
```

22.10　wget 指令：从指定的 URL 地址下载文件

【语　　法】wget [选项] [参数]　　★★★★☆

【功能介绍】wget 指令用来从指定的 URL 地址上下载文件。wget 指令支持的协议包括 HTTP、HTTPS 和 FTP。wget 指令以非交互式的方式运行，可以使用 wget 指令完成对网站的镜像。

【选项说明】

选　　项	功　　能
-a <日志文件>或者 --append- output <日志文件>	在指定的日志文件中记录资料的执行过程
-A <后缀名>或者 --accept <后缀名>	指定要下载文件的后缀名，多个后缀名之间使用逗号进行分隔

续表

选　　项	功　　能
-b或者--background	以后台的方式运行wget
-B <链接地址>	设置参考的链接地址的基地址
-c	继续执行上次中断的任务
-d	以调试模式运行指令
-D <域名列表>	设置域名列表文件，域名之间用“,”分隔
-e <指令>或者 --excute <指令>	作为文件“.wgetrc”中的一部分执行指定的指令
-F或者--force-html	当输入是从一个文件中读取时，输入的文件将会被强制认为是HTML格式
-h	显示指令的帮助信息
-i <文件>	从指定文件中获取要下载的URL地址
-L或者--relative	下载关联链接
-r	递归下载方式
-R <文件类型列表>或者 --reject<文件类型列表>	设忽略下载的文件类型，多个文件类型用“,”分隔
-nc	当文件存在时，下载的文件不覆盖原有的文件
-nd	所有的文件包都下载到当前目录下，如果文件名有重复，则依次加上数字后缀名
-nv	下载时只显示更新和出错信息，不显示指令的详细执行过程
-q	不显示指令的执行过程
-nH	禁用生成的以主机为前缀的目录
-v	显示详细的执行过程
-V或--version	显示指令的版本信息
--follow-ftp	从HTML文件中下载FTP链接的文件

【参数说明】

参　　数	功　　能
URL	下载指定的URL地址

【经验技巧】对 wget 的选项进行适当的组合可以实现镜像整个网站的全部内容。

【示例 22.15】使用 wget 指令下载网页。在命令行中输入下面的命令：

```
[root@localhost root]# wget www.baidu.com          #下载网页
```

输出信息如下：

```
--2023-06-15 09:36:50--  http://www.baidu.com/
正在解析主机 www.baidu.com (www.baidu.com)... 110.242.68.3,
110.242.68.4
正在连接 www.baidu.com (www.baidu.com)|110.242.68.3|:80... 已连接。
已发出 HTTP 请求，正在等待回应... 200 OK
长度：2381 (2.3K) [text/html]
正在保存至："index.html"
index.html       100%[===========>]   2.33K  --.-KB/s  用时 0s
2023-06-15 09:36:50 (83.3 MB/s) - 已保存 "index.html"

 [2381/2381])
```

【示例 22.16】下载指定主页及其下面的 3 层网页。

如果要使用递归的方式下载指定网站及其下属的网页，则可以使用 wget 指令的-r 和-l 选项。在命令行中输入下面的命令：

```
[root@localhost root]# wget -r -l 3 www.baidu.com  #下载 3 层网页
```

说明：上述命令的输出内容比较多，此处省略。

【示例 22.17】使用 wget 指令的-P 选项指定保存的文件。在命令行中输入下面的命令：

```
#下载网页到/home 目录
[root@localhost root]# wget -P /baidu www.baidu.com
```

输出信息如下：

```
--2023-06-15 09:38:10--  http://www.baidu.com/
正在解析主机 www.baidu.com (www.baidu.com)... 110.242.68.4,
110.242.68.3
正在连接 www.baidu.com (www.baidu.com)|110.242.68.4|:80... 已连接。
已发出 HTTP 请求，正在等待回应... 200 OK
长度：2381 (2.3KB) [text/html]
正在保存至："/baidu/index.html"
index.html    100%[==============>]   2.33K  --.-KB/s  用时 0s
2023-06-15 09:38:10 (265 MB/s) - 已保存 "/baidu/index.html"
```

说明：从输出结果中可以看出，最后一行显示的是下载的网页文件并且已经保存在指定目录 baidu 下。

【示例 22.18】指定忽略下载的文件类型。

如果要忽略特定的文件类型，则使用 wget 指令的-R 选项指定忽略下载的文件类型。在命令行中输入下面的命令：

```
#不下载图片文件
[root@localhost root]# wget -R .jpg,.gif www.baidu.com
```

输出信息如下：

```
--2023-06-15 09:39:31--  http://www.baidu.com/
正在解析主机 www.baidu.com (www.baidu.com)... 110.242.68.3,
110.242.68.4
正在连接 www.baidu.com (www.baidu.com)|110.242.68.3|:80... 已连接。
已发出 HTTP 请求，正在等待回应... 200 OK
长度：2381 (2.3K) [text/html]
正在保存至："index.html.1"
index.html.1     100%[===========>]   2.33K  --.-KB/s  用时 0s
2023-06-15 09:39:31 (182 MB/s) - 已保存 "index.html.1"
[2381/2381])
```

22.11　ncftp 指令：增强的 FTP 客户端工具

【语　　法】 ncftp [选项] [参数]　　★★★★☆

【功能介绍】 ncftp 指令是增强的 FTP 工具，比传统的 FTP 指令的功能更加强大。

【选项说明】

选　　项	功　　能
-u <用户名>	指定登录FTP服务器时使用的用户名（user name）
-p <密码>	指定登录FTP服务器时使用的密码（password）
-P <端口号>	如果FTP服务器没有使用默认的TCP的21端口，则使用此选项指定FTP服务器的端口（port）

【参数说明】

参　　数	功　　能
FTP服务器	指定远程FTP服务器的IP地址或主机名

【经验技巧】 FTP 服务器支持匿名访问（anonymous）和非匿名访问。使用 ncftp 指令，当不指定用户名时，自动使用匿名账号连接 FTP 服务器。

【示例 22.19】 从 FTP 服务器上下载文件，具体步骤如下。

（1）因特网上有很多支持匿名登录的 FTP 服务器，使用 ncftp 指令可以匿名登录 FTP 服务器。在命令行中输入下面的命令：

```
[root@localhost root]# ncftp ftp.ubuntu.com    #匿名登录 FTP 服务器
```

输出信息如下：

```
NcFTP 3.2.5 (Feb 02, 2011) by Mike Gleason (http://www.NcFTP.
com/contact/).
Connecting to ftp.ubuntu.com...
FTP server (vsftpd)
```

```
Logging in...
Login successful.
Logged in to ftp.ubuntu.com.
ncftp / >
```

说明：上例中，ncftp指令使用匿名账号anonymous登录FTP服务器，登录成功后显示ncftp指令的提示符“ncftp / >”。

（2）ncftp指令支持标准的FTP规定的所有内部指令，使用help可以显示所有ncftp指令支持的内部指令。在命令行中输入下面的命令：

```
ncftp / > help                                #显示ncft指令的内部指令
```

输出信息如下：

```
Commands may be abbreviated.  'help showall' shows hidden and
unsupported
commands.  'help <command>' gives a brief description of <command>.
ascii    cat    help   lpage    open    quit    show
......省略部分输出内容......
```

（3）使用ncftp指令的内部指令cd切换服务器的当前目录，使用pwd指令显示服务器上的绝对路径，使用ls指令显示服务器上的目录列表，使用get指令下载指定的文件，使用quit指令退出ncftp指令。在命令行中输入下面的命令：

```
ncftp / >cd /cdimage/source/pending/source   #切换到指定目录
Directory successfully changed.
ncftp .../source/pending/source > pwd   #显示当前目录的绝对路径
  ftp://ftp.ubuntu.com/cdimage/source/pending/source/
This URL is also valid on this server:
  ftp://ftp.ubuntu.com/cdimage/source/20230419/source/
ncftp .../source/pending/source > ls    #显示当前目录列表
FOOTER.html   lunar-src-2.jigdo lunar-src-4.iso.zsync
 lunar-src-6.iso
HEADER.html   lunar-src-2.list  lunar-src-4.jigdo
 lunar-src-6.iso.zsync
......省略部分输出内容......
#下载HEADER.html文件
ncftp .../source/pending/source > get HEADER.html
HEADER.html:                      3.56 kB   12.78 kB/s
ncftp .../source/pending/source > quit  #退出ncftp指令
 Thank you for using NcFTP Client.
 If you find it useful, please consider making a donation!
 http://www.ncftp.com/ncftp/donate.html
  [root@localhost root]#
```

【相关指令】 ftp

22.12　习　　题

一、填空题

1．elinks 指令是一个________的 WWW 浏览器。

2．ftp 指令用于在本地主机和远程文件服务器之间________。

3．lftp 指令支持________、________、________和________等多种文件传输协议。

二、选择题

1．ipcalc 指令的（　　）选项用来计算指定 IP 地址的网络掩码。

A．-b　　B．-h　　C．-m　　D．-n

2．wget 指令的（　　）选项用来实现递归下载。

A．-a　　B．-c　　C．-i　　D．-r

3．ncftp 指令的（　　）选项用来指定登录 FTP 服务器使用的用户名。

A．-u　　B．-p　　C．-P　　D．-h

三、判断题

1．使用 lftpget 指令下载文件时，给出的文件必须是合法的 URL 格式。（　　）

2．lynx 支持纯文本模式的网络浏览器，不支持图形、音视频等多媒体信息。（　　）

3．使用 mailstat 指令显示邮件状态时，邮件日志文件的内容不会清空。（　　）

四、操作题

1．使用 elinks 指令访问腾讯网站。

2．使用 ftp 指令远程登录 FTP 服务器并查看服务器的共享资源。

3．使用 wget 指令下载腾讯网站的主页。

第 23 章　高级网络管理

由于 Linux 操作系统公开源代码，许多新功能被加入到 Linux 中。Linux 除了具备基本的网络指令外，还加入了众多新的高级网络指令。本章将介绍这些高级网络指令。要掌握这些指令，需要读者具备一定的网络理论知识。

23.1　iptables 指令：内核包过滤与 NAT 管理工具

【语　　法】 iptables [选项]　　★★★☆☆

【功能介绍】 iptables 指令是 Linux 操作系统中在用户空间配置内核防火墙的工具。它可以设置、维护和检查 Linux 内核中的 IPv4 包过滤规则，管理网络地址转换（NAT）。

要想管理 Linux 中的防火墙，就必须理解 iptables 中的表、链和规则的关系，掌握规则链内规则的定义。

【选项说明】

选　　项	功　　能
-t <表>	指定要操纵的表（table），支持fiter、nat或mangle
-A	向规则链中追加（append）条目
-D	从规则链中删除（delete）条目
-I	向规则链中插入（insert）条目
-R	替换（replace）规则链中的相应条目
-L	列出（list）规则链链中已有的条目
-F	清除（flush）规则链中现有的条目。不改变规则链的默认目标策略
-Z	将规则链中的数据包计数器和字节计数器置0（zero）
-N	创建新（new）的用户自定义规则链
-P	定义规则链中的默认目标（策略（policy））
-h	显示帮助（help）信息
-p <协议>	指定要匹配的数据包的协议（protocol）类型。支持tcp、udp、icmp和all 4个选项。其中，all表示所有协议。如果在协议前加上“！”则表示否定
-s <源地址>	指定要匹配的数据包的源（source）IP地址。源地址可以是分配给主机的单个IP地址，也可以是基于子网掩码的IP网络

续表

选　项	功　能
-j <目标>	指定要跳转（jump）的目标。支持内置目标（ACCEPT、DROP和QUEUE等）和自定义链（在同一个表中）
-i <网络接口>	指定数据包进入本机的网络接口（interface），只能在INPUT链、FORWARD链和PREROUTING链中使用。如果在网络接口前加上“!”则表示否定
-o <网络接口>	指定数据包离开（out）本机所使用的网络接口，只能在OUTPUT链、FORWARD链和POSTROUTING链中使用。如果网络接口前加上“!”则表示否定
-c <包计数> <字节计数>	在执行插入操作（INSERT）、追加操作（APPEND）和替换操作（REPLACE）时初始化包计数器和字节计数器（counter）

【经验技巧】

- iptables 指令是工作在用户空间的 Linux 内核防火墙管理工具，其真正的功能是由 Linux 内核模块实现的。在配置服务器策略前必须加载相应的内核模块。
- 不同的 Linux 内核支持的防火墙功能是不同的。Linux 2.0 内核使用的防火墙称为 ipfwadm，Linux 2.2 内核中的防火墙称为 ipchains；Linux 2.4 和 2.6 内核中的防火墙称为 iptables。在 Linux 2.4 内核中可以同时支持 ipchains 和 iptables，但是由于 ipchains 模块和 iptables 模块是不兼容的，所以在 Linux 2.4 内核中只能二选一，推荐使用功能更加强大的 iptables。Linux 2.6 内核仅支持 iptables。
- iptables 指令仅支持 IPv4，如果使用的 IP 是 IPv6 则需要使用专门的管理工具 ip6tables。
- NAT 又称为网络地址翻译或者网络地址转换，其通常应用在 IP 地址紧缺或者需要提高主机安全性的场景，以便使内部主机的所有数据包被伪装成网关的 IP 地址发送出去。
- iptables 的 nat 表可以实现 NAT 功能，源地址 NAT（SNAT）只能应用在 POSTROUTING 链中，目标地址 NAT（“DNAT”）只能应用在 PREROUTING 链中。

【示例 23.1】 显示 iptables 规则，具体步骤如下。

（1）iptables 指令中的-L 选项可以显示内核当前的防火墙配置。默认情况下显示的是过滤（filter）表的规则。在命令行中输入下面的命令：

```
[root@localhost ~]# iptables -L      #显示内核当前的 filter 表
```

输出信息如下：

```
Chain INPUT (policy ACCEPT)
```

```
target     prot opt source               destination
DROP       all  --  192.168.0.1          anywhere
......省略部分输出内容......
target     prot opt source               destination
```

说明：在命令行中可以加上-t filter 选项，运行效果与上例相同。

（2）iptables 指令默认情况下操作的是 filter 表，如果要显示 nat 表的内容，则必须使用-t nat 选项。在命令行中输入下面的命令：

```
[root@localhost ~]# iptables -L -t nat  #显示内核当前的 nat 表
```

输出信息如下：

```
Chain PREROUTING (policy ACCEPT)
target     prot opt source               destination
ACCEPT     all  --  172.16.0.0/16        anywhere
Chain POSTROUTING (policy DROP)
......省略部分输出内容......
Chain OUTPUT (policy ACCEPT)
target     prot opt source               destination
```

【示例 23.2】filter 表基本操作，具体步骤如下。

（1）iptables 对 filter 表的操作包括插入、追加和删除等操作。例如，向 OUTPUT 链中追加一条规则，用于禁止某主机对某 IP 地址的访问。在命令行中输入下面的命令：

```
[root@localhost ~]# iptables -t filter -A OUTPUT -d 172.16.0.1  -j
DROP                                    #禁止本机对 172.16.0.1 的访问
```

说明：上面的命令没有任何输出信息。

（2）使用-L 选项查看设置情况。在命令行中输入下面的命令：

```
#显示 filter 表的 OUTPUT 链
[root@localhost ~]# iptables -L OUTPUT -t filter
```

输出信息如下：

```
Chain OUTPUT (policy ACCEPT)
target     prot opt source               destination
DROP       all  --  anywhere             172.16.0.1
```

说明：在上面的输出信息中，最后一行即为本例添加的防火墙规则。

（3）如果要丢弃主机 172.16.2.2 发送到本机的所有 ICMP 数据包，则需要在 filter 表的 INPUT 链中追加相应的条目。在命令行中输入下面的命令：

```
[root@localhost ~]# iptables -A INPUT -s 172.16.2.2 -p icmp -j DROP
```

说明：此命令没有任何输出信息。此时，主机 172.16.2.2 将不能 ping 通本机（ping 指令使用的是 ICMP）。

（4）允许主机172.16.2.3向本机发送所有TCP数据包。在命令行中输入下面的命令：

```
[root@localhost ~]# iptables -A INPUT -s 172.16.2.3 -p tcp -j ACCEPT
```

说明：上面的命令没有任何输出信息。

（5）禁止主机172.16.2.4向本机发送所有TCP数据包中端口号为80的数据包。在命令行中输入下面的命令：

```
[root@localhost ~]# iptables -A INPUT -s 172.16.2.4 -p tcp --dport
-j DROP
```

说明：上面的命令没有任何输出信息。此时，主机172.16.2.4将不能访问本机的Web服务（Web服务默认使用TCP的80端口）。

（6）禁止172.16.2.5向本机发给所有非TCP的数据包。在命令行中输入下面的命令：

```
[root@localhost ~]# iptables -A INPUT -s 172.16.2.5 -p ! tcp -j
DROP
```

说明：上面的命令没有任何输出信息。此时，主机将只能与本机进行TCP通信。

（7）可以使用子网的方式控制一批主机对本机的访问。例如禁止172.16.3.0/255.255.255.0子网的所有主机发给本机的UDP数据包。在命令行中输入下面的命令：

```
[root@localhost ~]# iptables -A INPUT -s 172.16.3.0/24 -p udp -j
DROP
```

说明：上面的命令没有任何输出信息。上面的“255.255.255.0”简写为“24”。

（8）禁止对172.16.4.0/255.255.255.0子网的所有主机的数据包进行转发操作。在命令行中输入下面的命令：

```
[root@localhost ~]# iptables -A FORWARD -s 172.16.4.0/24 -j DROP
```

说明：上面的命令没有任何输出信息，说明该命令禁止了对172.16.4.0/255.255.25.0子网的数据包转发功能。此类指令通常用在局域网网关中，以对需要转发的数据包进行控制。

【示例23.3】操纵NAT表，实现代理局域网主机访问外网，具体步骤如下。

（1）本例假设Linux主机是局域网的网关，Linux主机配置了双网卡，一个网卡连接局域网内部（网段为 172.16.0.0/255.255.0.0，网卡 IP 地址为172.16.250.250）；另一个网卡连接外部网络（网卡 IP 地址为公共网络 IP 地址），要实现的功能是利用网关的 NAT 功能代理局域网内部主机访问互联网。使用 ifconfig 指令显示本机的网络接口配置信息。在命令行中输入下面的命令：

```
[root@localhost ~]# ifconfig          #显示 Linux 主机当前的网络配置
```

输出信息如下：

```
eth0      Link encap:Ethernet  HWaddr 00:0C:76:7E:6C:2D
          inet addr:172.16.250.250  Bcast:172.16.255.255
          Mask:255.255.0.0
......省略部分输出内容......
 eth1      Link encap:Ethernet  HWaddr 00:03:47:B3:28:E1
         inet addr:61.163.231.200  Bcast:61.163.231.207
         Mask:255.255.255.240
......省略部分输出内容......
```

说明：上面的输出信息中包括 2 个网络接口信息。其中：eth0 为内部网络接口，和局域网内部相连；eth1 为外部网络接口，直接接入因特网。

（2）打开内核的数据包转发功能。在命令行中输入下面的命令：

```
#激活内核 IP 包的转发功能
[root@localhost ~]# echo 1 > /proc/sys/net/ipv4/ip_ forward
```

说明：上面的命令没有任何输出信息。

（3）在 nat 表的 POSTROUTING 链中配置源地址 NAT（SNAT）。在命令行中输入下面的命令：

```
[root@localhost ~]# iptables -t nat -A POSTROUTING -s 172.16.0.0/16
-o eth1 -j MASQUERADE
```

说明：上面的命令没有任何输出信息。MASQUERADE 是一种特殊的目标（target），可以将内部局域网机器的 IP 地址伪装为 NAT 服务器的外部网络接口的 IP 地址，从而达到网络地址转换的目的，它是源地址 NAT 中的一种。

（4）显示配置后的 nat 表。在命令行中输入的命令如下：

```
[root@proxyiitcc root]# iptables -L -t nat   #显示内核的 nat 表
```

输出信息如下：

```
......省略部分输出内容......
Chain POSTROUTING (policy ACCEPT)
target     prot opt source               destination
MASQUERADE  all  --  172.16.0.0/16        0.0.0.0/0
......省略部分输出内容......
```

说明：此时，内部局域网的主机在访问因特网时首先把请求发送给网关，然后网关将接收到的 IP 包中的源地址字段，修改为网关的外部网卡的 IP 地址，最后将 IP 数据包转发出去。被访问的因特网主机并不知道本地局域网的存在，它将应答数据包发送给网关的外部网卡，网关接收到应答数据包后将其转发给内部局域网对应的主机。这种 NAT 方式不但能够节省 IP 地址资源，而且能够将内外网隔离以保护内网主机。

【示例 23.4】配置端口映射，具体步骤如下。

（1）前面很好地解决了局域网主机能够访问因特网的问题。但是，如果希望因特网的主机能够访问局域网内部的某台主机上的服务，就要使用端口映射功能。显示本机的网络接口配置信息。在命令行中输入下面的命令：

```
[root@localhost ~]# ifconfig                           #显示网络配置
```

输出信息如下：

```
eth0      Link encap:Ethernet  HWaddr 00:0C:76:7E:6C:2D
          inet addr:172.16.250.250  Bcast:172.16.255.255
          Mask:255.255.0.0
......省略部分输出内容......
eth1     Link encap:Ethernet  HWaddr 00:03:47:B3:28:E1
         inet addr:61.163.231.200  Bcast:61.163.231.207
         Mask:255.255.255.240
......省略部分输出内容......
         RX bytes:3751666277 (3.4 GiB)  TX bytes:999850
         444 (953.5 MiB)
         Memory:f1000000-f1020000
```

说明：上面的输出信息中包括 2 个网络接口信息。其中：eth0 为内部网络接口，和局域网内部相连;eth1 为外部网络接口，直接接入因特网。

（2）打开内核的数据包转发功能。在命令行中输入下面的命令：

```
#激活内核 IP 包的转发功能
[root@localhost ~]# echo 1 > /proc/sys/net/ipv4/ip_ forward
```

（3）在 nat 表的 PREROUTING 链中配置目的地址 NAT（DNAT）。在命令行中输入下面的命令：

```
[root@localhost ~]# iptables -t nat -A PREROUTING -d 61.163.231.200
-p tcp --dport 80 -j DNAT --to 172.16.1.1:80
```

说明：上面的命令没有任何输出信息。在本例中，iptables 将所有发往 NAT 服务器外部网卡 IP 地址的 80 端口的 TCP 数据包，转发到内部局域网主机 172.16.1.1 的 80 端口（通常 80 端口对应的是 Web 服务）。

（4）显示配置后的 nat 表。在命令行中输入下面的命令：

```
[root@localhost ~]# iptables -L -t nat
```

输出信息如下：

```
Chain PREROUTING (policy ACCEPT)
target     prot opt source               destination
DNAT       tcp  --  0.0.0.0/0            61.163.231.200
tcp dpt:80 to:172.16.1.1:80
......省略部分输出内容......
```

说明：在进行端口转发时，一个端口只能对应一个服务，如果有其他服务需要外网访问，则需要设置其他端口。

【相关指令】 iptables-save，iptable-restore

23.2　iptables-save 指令：保存 iptables 表

【语　　法】 iptables-save [选项]　★★★☆☆

【功能介绍】 iptables-save 指令用于将 Linux 内核中的 iptables 表导出到标准输出设备上。通常使用 Shell 中的 I/O 重定向功能将其输出内容保存到指定文件中。

【选项说明】

选　项	功　能
-c	指定在保存iptables表时，保存当前的数据包计数器和字节计数器（counter）的值
-t <表>	指定要保存的表（table）的名称

【经验技巧】

- 使用 iptables-save 指令备份 iptables 表，使用 iptables-restore 指令还原 iptables 表。
- 默认情况下，iptables-save 指令的输出信息将显示到标准输出设备上，可以使用重定向功能将其保存到指定文件中。

【示例 23.5】 保存 iptables 表，具体步骤如下。

（1）使用 iptables-save 指令将当前系统的 iptables 的 filter（过滤）表导出并显示在标准输出设备上。在命令行中输入下面的命令：

```
#导出当前 iptables 表的内容
[root@localhost ~]# iptables-save -t filter
```

输出信息如下：

```
# Generated by iptables-save v1.8.8 (nf_tables) on Fri Jun 16
```

```
10:41:03 2023
*filter
:INPUT ACCEPT [1012066:66894778]
......省略部分输出内容......
-A INPUT -i eth0 -p udp -m udp --dport 493 -j DROP
COMMIT
# Completed on Fri Jun 16 10:41:03 2023
```

说明：保存 iptables 表的内容，方便以后查看或者使用 iptables-resotre 指令来还原 iptables 表。

（2）借助重定向将输出内容发送到指定的文件中。在命令行中输入下面的命令：

```
#将当前 iptables 表内容保存到文件中
[root@localhost ~]# iptables-save -t filter > iptables.bak
```

说明：使用重定向操作后，终端上将不显示任何信息。

在 Linux 内核中有 iptables 表的数据包计数器和字节计数器，为了保存这些计数器的值，需要使用 iptables-save 指令的-c 选项。

【示例 23.6】保存 iptables 表的计数器的值。在命令行中输入下面的命令：

```
#保存 iptables 表
[root@ localhost ~]# iptables-save -c -t filter
```

输出信息如下：

```
# Generated by iptables-save v1.8.8 (nf_tables) on Fri Jun 16
10:41:03 2023
*filter
:INPUT ACCEPT [21653869:1477271455]
......省略部分输出内容......
[0:0] -A INPUT -i eth0 -p udp -m udp --dport 493 -j DROP
COMMIT
# Completed on Fri Jun 16 10:41:03 2023
```

说明：在上面的输出信息中，第一列的两个数字分别表示数据包计数器和字节计数器。

【相关指令】iptables-restore，iptables

23.3　iptables-restore 指令：还原 iptables 表

【语　　法】iptables-restore [选项]　★★★☆☆

【功能介绍】iptables-restore 指令用来还原备份的 iptables 配置。要还原的 iptables 表的内容可以从标准式输入设备中读取，也可以从文件中导入。

【选项说明】

选　项	功　能
-c	指定在还原iptables表时，还原当前的数据包计数器和字节计数器（counter）的值。要求备份的iptables表中包括数据包计数器和字节计数器
-t <表>	指定要还原的表（table）的名称

【经验技巧】

- 通常，使用 iptables-save 指令备份 iptables 表，使用 iptables-restore 指令还原 iptables 表。
- 当使用-c 选项还原数据包计数器和字节计数器时，要求所备份的 iptables 内容也包含相应的计数器（即要求在使用 iptables-save 指令时也添加-c 选项）。

【示例 23.7】还原备份的 iptables 表内容，具体步骤如下。

（1）使用 iptables 指令显示当前的 iptables 表的内容。在命令行中输入下面的命令：

```
#显示当前的 iptables 表的内容
[root@localhost ~]# iptables -L-t filter
```

输出信息如下：

```
Chain INPUT (policy ACCEPT)
target     prot opt source               destination
ACCEPT     icmp --  anywhere             172.16.250.250
......省略部分输出内容......
Chain FORWARD (policy ACCEPT)
target     prot opt source               destination
Chain OUTPUT (policy ACCEPT)
target     prot opt source               destination
```

（2）使用 iptables-save 指令备份 iptables 表。在命令行中输入下面的命令：

```
#保存当前的 iptables 表
[root@localhost ~]#iptables-save -t filter> iptables.bak
```

（3）使用 iptables 指令的-F 选项删除所有的 iptables 表。在命令行中输入下面的命令：

```
[root@localhost ~]#iptables -F -t filter     #删除 filter 表
```

（4）再次使用 iptables 指令显示当前的 iptables 表的内容。在命令行中输入下面的命令：

```
#显示当前的 iptables 表的内容
[root@localhost ~]# iptables -L -t filter
```

输出信息如下：

```
Chain INPUT (policy ACCEPT)
target     prot opt source               destination
```

```
Chain FORWARD (policy ACCEPT)
target     prot opt source               destination
Chain OUTPUT (policy ACCEPT)
target     prot opt source               destination
```

说明：上面的输出信息表明当前的 iptables 表已经被清空了。

（5）使用 iptables-restore 指令还原 iptables 表。在命令行中输入下面的命令：

```
#还原 iptables 表
[root@localhost ~]# iptables-restore < iptables.bak
```

（6）使用 iptables 指令显示当前的 iptables 表的内容。在命令行中输入下面的命令：

```
[root@localhost ~]# iptables -L -t filter
```

输出信息如下：

```
Chain INPUT (policy ACCEPT)
target     prot opt source               destination
ACCEPT     icmp --  anywhere             172.16.250.250
......省略部分输出内容......
Chain FORWARD (policy ACCEPT)
target     prot opt source               destination
Chain OUTPUT (policy ACCEPT)
target     prot opt source               destination
```

说明：上面的输出信息表明使用 iptables-restore 指令还原 iptables 表已经成功。

【相关指令】 iptables-save，iptables

23.4 ip6tables 指令：IPv6 版内核包过滤管理工具

【语　　法】 ip6tables [选项]　★★★☆☆

【功能介绍】 ip6tables 指令是 Linux 操作系统中在用户空间配置内核防火墙的工具，采用的 TCP/IP 为 IPv6。ip6tables 指令可以用来设置、维护和检查 Linux 内核中防火墙的 IPv6 包过滤规则。由于 ip6tables 指令和 iptables 指令都是操纵 Linux 内核的防火墙工具，所以其实现机制是相同的，不同的只是 TCP/IP 的版本。更加详细的功能描述，请参考 iptables 指令中的介绍。

【选项说明】

选　项	功　能
-t <表>	指定要操纵的表（table），可以是filter、nat或mangle
-A	向规则链中追加（append）条目

续表

选　项	功　能
-D	从规则链中删除（delete）条目
-I	向规则链中插入（insert）条目
-R	替换（replace）规则链中的相应条目
-L	列出（list）规则链链中已有的条目
-F	清除（flush）规则链中现有的条目，不改变规则链的默认目标策略
-Z	将规则链中的数据包计数器和字节计数器置0（zero）
-N	创建新（new）的用户自定义规则链
-P	定义规则链中的默认目标（策略（policy）
-h	显示帮助（help）信息
-p <协议>	指定要匹配的数据包的协议（protocol）类型，支持tcp、udp、icmp和all这4个选项。其中，all表示所有的协议。如果在协议前加上“！”则表示否定
-s <源地址>	指定要匹配的数据包的源（source）IP地址。源地址可以是分配给主机的单个IP地址，也可以是基于子网掩码的IP网络
-j <目标>	指定要跳转（jump）的目标。支持内置目标（ACCEPT、DROP和QUEUE等）和自定义链（在同一个表中）
-i <网络接口>	指定数据包进入本机的网络接口（interface）。只能在INPUT链、FORWARD链和PREROUTING链中使用。如果在网络接口前加上“！”则表示否定
-o <网络接口>	指定数据包离开（out）本机所使用的网络接口。只能在OUTPUT链、FORWARD链和POSTROUTING链中使用。如果网络接口前加上“！”则表示否定
-c <包计数> <字节计数>	在执行插入操作（INSERT）、追加操作（APPEND）和替换操作（REPLACE）时初始化包计数器和字节计数器（counter）

【经验技巧】

- ip6tables 指令仅是用户空间的 Linux 内核防火墙管理工具，其真正功能是由 Linux 内核实现的。
- ip6tables 目前不支持网络地址转换（nat）功能。如果要实现网络地址转换和端口映射等功能，则不能使用 ip6tables，只能使用 iptables。
- ip6tables 支持 IPv6 协议，可以支持长度为 128 位的 IPv6 地址。

【示例 23.8】使用 ip6tables 指令中的-L 选项显示内核中当前的防火墙配置。默认情况下显示的是过滤（filter）表的规则。在命令行中输入下面的命令：

```
[root@localhost ~]# ip6tables -L          #显示内核当前服务器的设置
```

输出信息如下：

```
Chain INPUT (policy ACCEPT)
......省略部分输出内容......
```

```
Chain OUTPUT (policy ACCEPT)
target     prot opt source               destination
```

说明：可以在命令行中可以加上-t filter 选项，运行效果相同。

【示例 23.9】filter 表的基本操作，具体步骤如下。

（1）ip6tables 对 filter 表的操作包括插入、追加和删除等操作。下面向 OUTPUT 链中追加一条规则，用于禁止某主机对某 IP 地址的访问，在命令行中输入下面的命令：

```
[root@localhost ~]# ip6tables -t filter -A OUTPUT -d 3ffe:
ffff:100::1/128 -j DROP          #禁止本机对主机 3ffe:ffff:100::1 的访问
```

说明：上面的命令没有任何输出信息。

（2）使用-L 选项查看设置情况。在命令行中输入下面的命令：

```
[root@localhost ~]# ip6tables -L    #显示 filter 表
```

输出信息如下：

```
......省略部分输出内容......
Chain OUTPUT (policy ACCEPT)
target     prot opt source               destination
DROP     all     anywhere            3ffe:ffff:100::1
```

说明：在上面的输出信息中，最后一行即为本例添加的防火墙规则，其中，3ffe:ffff:100::1 是 IPv6 格式的 IP 地址。

（3）如果要丢弃主机 3ffe:ffff:100::2 发送到本机的所有 ICMP 数据包，则需要在 filter 表的 INPUT 链中追加相应的条目。在命令行中输入下面的命令：

```
[root@localhost ~]# ip6tables -A INPUT -s 3ffe:ffff:100::2/128 -p
icmp -j DROP
```

说明：上面的命令没有任何输出信息。此时，主机 3ffe:ffff:100::2 不能 ping 通本机（ping 指令使用的是 ICMP）。

（4）允许主机 3ffe:ffff:100::3 给本机发送的所有 TCP 数据包。在命令行中输入下面的命令：

```
[root@localhost ~]# ip6tables -A INPUT -s 3ffe:ffff:100::3/128 -p
tcp -j ACCEPT
```

说明：上面的命令没有任何输出信息。

（5）禁止主机 3ffe:ffff:100::4 发给本机的所有 TCP 数据包中端口号为 80 的数据包。在命令行中输入下面的命令：

```
[root@localhost ~]# ip6tables -A INPUT -s 3ffe:ffff:100::4/128 -p
tcp --dport 80 -j DROP
```

说明：上面的命令没有任何输出信息。此时，主机 3ffe:ffff:100::4 将不能访问本机的 Web 服务（Web 服务默认使用 TCP 的 80 端口）。

（6）禁止主机 3ffe:ffff:100::5 发给本机的所有非 TCP 数据包。在命令行中输入下面的命令：

```
[root@localhost ~]# ip6tables -A INPUT -s 3ffe:ffff:100:: 5/128
! -p tcp -j DROP
```

说明：上面的命令没有任何输出信息。此时，主机 3ffe:ffff:100::5 只能与本机进行 TCP 通信。

（7）使用子网方式控制一批主机对本机的访问。例如，禁止 4ffe:ffff:100::3/64 子网的所有主机发给本机的 UDP 数据包。在命令行中输入下面的命令：

```
[root@localhost ~]# ip6tables -A INPUT -s 4ffe:ffff:100::3/64 -p
udp -j DROP
```

说明：上面的命令没有任何输出信息。

（8）禁止对 5ffe:ffff:100::3/64 子网的所有主机的数据包进行转发操作。在命令行中输入下面的命令：

```
[root@localhost ~]# ip6tables -A FORWARD -s 5ffe:ffff:100::3/64
-j DROP
```

说明：上面的命令没有任何输出信息，在示例中禁止了对 5ffe:ffff:100::3/64 子网的数据包转发功能。此类指令通常用在局域网网关中，以对需要转发的数据包进行控制。

【相关指令】Ip6tables-save，ip6table-restore

23.5　ip6tables-save 指令：保存 ip6tables 表

【语　　法】ip6tables-save [选项]　★★★☆☆

【功能介绍】ip6tables-save 指令用于将 Linux 内核中的 ip6tables 表导出到标准输出设备上。通常，使用 Shell 中的 I/O 重定向功能将其输出内容保存到指定文件中。

【选项说明】

选　项	功　能
-c或--counter	指定在保存ip6tables表时，保存当前的数据包计数器（counter）和字节计数器的值
-t <表>或--table <表>	指定要保存的表（table）的名称

【经验技巧】

- 使用 ip6tables-save 指令备份 ip6tables 表，使用 ip6tables-restore 指令还原 ip6tables 表。
- 默认情况下，ip6tables-save 指令的输出信息将显示到标准输出设备上，可使用重定向功能将其发送到指定的文件中。

【示例 23.10】保存 ip6tables 表，具体步骤如下。

（1）ip6tables-save 指令将当前系统的 ip6tables 的 filter（过滤）表导出并显示在标准输出设备上。在命令行中输入下面的命令：

```
#导出当前的 ip6tables 表的内容
[root@localhost ~]# ip6tables-save -t filter
```

输出信息如下：

```
# Generated by ip6tables-save v1.8.8 (nf_tables) on Fri Jun 16
11:02:54 2023
*filter
......省略部分输出内容......
-A OUTPUT -s ::/0 -d 3ffe:ffff:100::1/128 -j DROP
COMMIT
# Completed on Fri Jun 16 11:02:54 2023
```

（2）为了保存 ip6tables 表以便以后查看或者使用 ip6tables-resotre 指令来还原 ip6tables 表，可以借助重定向将其输出内容发送到指定的文件中。在命令行中输入下面的命令：

```
#将当前 ip6tables 表保存到文件中
[root@localhost ~]# ip6tables-save -t filter > ip6tables.bak
```

说明：使用重定向操作后，终端上将不显示任何信息。

【示例 23.11】保存 ip6tables 表的计数器的值。

在 Linux 内核中有 ip6tables 表的数据包计数器和字节计数器，为了保存这些计数器的值，需要使用 ip6tables-save 指令的-c 选项。在命令行中输入下面的命令：

```
#保存 ip6tables 表
[root@ localhost ~]# ip6tables-save -c -t filter
```

输出信息如下：

```
# Generated by ip6tables-save v1.8.8 (nf_tables) on Fri Jun 16
11:04:24 2023
*filter
......省略部分输出内容......
[0:0] -A OUTPUT -s ::/0 -d 3ffe:ffff:100::1/128 -j DROP
COMMIT
# Completed on Fri Jun 16 11:04:24 2023
```

说明：在上面的输出信息中，第一列的两个数字分别表示数据包计数器和字节计数器。

【相关指令】ip6tables-restore，ip6tables

23.6　ip6tables-restore 指令：还原 ip6tables 表

【语　　法】ip6tables-restore [选项]　★★★☆☆

【功能介绍】ip6tables-restore 指令用来还原 ip6tables 表。要还原的 ip6tables 表的内容可以从标准式输入设备读取也可以从文件中导入。

【选项说明】

选　项	功　能
-c或--counter	指定在还原ip6tables表时，还原当前的数据包计数器（counter）和字节计数器的值。要求备份的ip6tables表中包括数据包计数器和字节计数器
-T<表>或--table <表>	指定要还原的表（table）的名称

【经验技巧】

- 通常，使用 ip6tables-save 指令备份 ip6tables 表，使用 ip6tables-restore 指令还原 ip6tables 表。
- 当使用-c 选项还原数据包计数器和字节计数器时，要求所备份的 ip6tables 内容也包含相应的计数器（即要求在使用 ip6tables-save 指令时也需要添加-c 选项）。

【示例 23.12】还原备份的 ip6tables 表，具体步骤如下。

（1）使用 ip6tables 指令显示当前的 ip6tables 表的内容。在命令行中输入下面的命令：

```
#显示当前的 iptables 表的内容
[root@localhost ~]# ip6tables -L -t filter
```

输出信息如下：

```
Chain INPUT (policy ACCEPT)
target     prot opt source              destination
DROP       icmp    3ffe:ffff:100::2/128  anywhere
Chain FORWARD (policy ACCEPT)
target     prot opt source              destination
Chain OUTPUT (policy ACCEPT)
target     prot opt source              destination
```

（2）使用 ip6tables-save 指令备份 ip6tables 表。在命令行中输入下面的命令：

```
#保存当前的 ip6tables 表
[root@localhost ~]#ip6tables-save -t filter > ip6tables.bak
```

（3）使用 ip6tables 指令的-F 选项删除所有的 ip6tables 表。在命令行中输入下面的命令：

```
[root@localhost ~]#ip6tables -F -t filter    #删除 filter 表
```

（4）再次使用 ip6tables 指令显示当前的 ip6tables 表。在命令行中输入下面的命令：

```
#显示当前的 ip6tables 表
[root@localhost ~]# ip6tables -L -t filter
```

输出信息如下：

```
Chain INPUT (policy ACCEPT)
target     prot opt source               destination
Chain FORWARD (policy ACCEPT)
target     prot opt source               destination
Chain OUTPUT (policy ACCEPT)
target     prot opt source               destination
```

说明：上面的输出信息表明，当前的 ip6tables 表已经被清空了。

（5）使用 ip6tables-restore 指令还原 ip6tables 表。在命令行中输入下面的命令：

```
#还原 ip6tables 表
[root@localhost ~]# ip6tables-restore < ip6tables.bak
```

（6）使用 ip6tables 指令显示当前的 ip6tables 表的内容。在命令行中输入下面的命令：

```
[root@localhost ~]# ip6tables -L -t filter
```

输出信息如下：

```
Chain INPUT (policy ACCEPT)
target     prot opt source               destination
DROP       icmp    3ffe:ffff:100::2/128  anywhere
Chain FORWARD (policy ACCEPT)
target     prot opt source               destination
Chain OUTPUT (policy ACCEPT)
target     prot opt source               destination
```

说明：上面的输出信息与备份前的内容完全一样，表明使用 ip6tables-restore 指令还原 ip6tables 表成功。

【相关指令】 ip6tables-save，ip6tables

23.7　firewall-cmd 指令：防火墙管理工具

【语　　法】 firewall-cmd [选项]　　　★★★★★

【功能介绍】 firewall-cmd 指令用于管理防火墙，该命令用于 CentOS/RHEL 7

或更高版本的防火墙管理。

【选项说明】

选　　项	功　　能
--get-default-zone	查询默认的区域名称
--set-default-zone=<区域名称>	设置默认的区域，使其永久生效
--get-zones	显示可用的区域
--get-services	显示预先定义的服务
--get-active-zones	显示当前正在使用的区域与网卡名称
--add-source=	将源自此IP或子网的流量导向指定的区域
--remove-source=	不再将源自此IP或子网的流量导向某个指定区域
--add-interface=<网卡名称>	将源自该网卡的所有流量都导向某个指定区域
--change-interface=<网卡名称>	将某个网卡与区域进行关联
--list-all	显示当前区域的网卡配置参数、资源、端口及服务等信息
--list-all-zones	显示所有区域的网卡配置参数、资源、端口及服务等信息
--add-service=<服务名>	设置默认区域允许该服务的流量
--add-port=<端口号/协议>	设置默认区域允许该端口的流量
--remove-service=<服务名>	设置默认区域不再允许该服务的流量
--remove-port=<端口号/协议>	设置默认区域不再允许该端口的流量
--reload	让永久生效的配置规则立即生效，并覆盖当前的配置规则
--panic-on	开启应急状况模式
--panic-off	关闭应急状况模式

【经验技巧】

- firewalld 是 CentOS/RHEL 7 系统默认的防火墙管理工具，取代了之前的 iptables 防火墙，其也工作在网络层，属于包过滤防火墙。
- RHEL 7 的内核版本是 3.10，在此版本的内核里防火墙的包过滤机制是 firewalld，使用 firewalld 来管理 netfilter，不过底层调用的命令仍然是 iptables 等。
- firewalld 支持动态更新技术，并加入了区域的概念。区域是 firewalld 预先准备的几套防火墙策略集合（策略模板）。用户可以根据工作场景不同选择合适的策略集合，从而实现防火墙策略之间的快速切换。firewalld 常见的区域有 trusted、home、internal、work、public、external、dmz、block 和 drop。其中，默认区域为 public。
- 使用 firewalld-cmd 指令配置的防火墙策略默认为运行时（Runtime）模式，又称为当前生效模式，其会随着系统的重启而失效。如果想让配置一直存在，就需要使用永久(Permanent)模式。实现方法是用 firewall-cmd 命令正常设置防火墙策略时添加--permanent 选项，这样配置的防火墙策略就可以永久生效了。但是，永久生效模式有一个特点，那就是使用它设置的策略只有在系统重启之后才能自动生效。如果想让配置的策略立即生效，则需要手动执行 firewall-cmd --reload 命令。

【示例 23.13】 查看当前有哪些域，输入命令如下：

```
[root@localhost ~]# firewall-cmd --get-zones
block dmz drop external home internal nm-shared public trusted work
```

【示例 23.14】 把 HTTPS 的流量设置为永久允许放行，输入命令如下：

```
[root@localhost ~]# firewall-cmd --zone=public --add-service=
https --permanent
success
```

【示例 23.15】 把访问 8080 到 8085 端口的流量策略设置为允许，输入命令如下：

```
[root@localhost ~]# firewall-cmd --zone=public --add-port=8080-
8085/tcp
success
```

【示例 23.16】 把原本访问本机 8080 端口的流量转发到 22 端口上，输入命令如下：

```
[root@localhost ~]# firewall-cmd --permanent --zone=public
--add-forward-port=port=888:proto=tcp:toport=22:toaddr=
192.168.10.10
success
```

【相关指令】 iptables

23.8　ip 指令：显示或操纵路由、网络设备和隧道

【语　　法】 ip [选项] [参数]　★★★★☆

【功能介绍】 ip 指令用来显示或设置 Linux 主机的路由、网络设备、策略路由和隧道，是 Linux 中较新且功能强大的网络配置工具。

【选项说明】

选　　项	功　　能
-V或-Version	显示指令的版本信息
-s或-stats或-statistics	输出更详细的信息，可以重复使用此选项
-f <协议类型>或-family <协议类型>	强制（force）使用指定的协议族，支持的常见协议族如下： inet：使用IPv4协议族； inet6：使用IPv6协议族；

续表

选　　项	功　　能
-f <协议类型>或 -family <协议类型>	link：特殊的协议类型，表示不涉及网络协议； ipx：使用IPX协议族； any：使用任意的协议族 如果不指明协议类型，则默认使用inet或any，即使用IPv4族
-4	指定使用的网络层协议是IPv4。与-f inet的功能相同
-6	指定使用的网络层协议是IPv6。与-f inet6的功能相同
-0	特殊的协议类型，表示不涉及网络协议
-o或-oneline	每条记录用一行输出，即使内容较多也不换行显示
-r或-resove	显示主机时不使用IP地址而使用主机的域名（调用域名解析器完成域名解析）

【参数说明】

参　　数	功　　能
网络对象	指定要管理的网络对象，支持的网络对象如下： link：管理系统中的网络设备； address：管理系统中的设备的协议地址； route：管理Linux内核中的路由表； rule：管理Linux内核中的策略路由表； neighbour：管理系统中的ARP或NDISO缓存表； tunnel：管理IP隧道； maddress：管理多播地址； mrout：管理多播路由缓存表
具体操作	对指定的网络对象完成具体的操作。通常，每个操作命令后面都有一组相关的命令选项。不同的操作对象支持的操作命令不同。下面按照操作的网络对象给出支持的常见操作命令。 link对象支持的操作命令有：set、show； address对象支持的操作命令有：add、del、flush、show； route对象支持的操作命令有：list、flush、get、add、del、change、append、replace、monitor； rule对象支持的操作命令有：list、add、del、flush； neighbour对象支持的操作命令有：add、del、change、replace、show、flush； tunnel对象支持的操作命令有：add、change、del、show； maddress对象支持的操作命令有：add、del； mroute对象支持的操作命令为show
help	显示网络对象支持的操作命令的帮助信息。使用此参数时不要使用具体操作参数

【经验技巧】

- ip 指令可以显示或配置几乎所有的网络参数，在使用 ip 指令时必须指明相应的网络对象和操作命令。不同的网络对象支持的操作命令各不相同。
- 可以使用 help 参数得到网络对象所支持的操作命令的帮助信息。例如，指令 ip link help 将显示网络对象 link 所支持的操作命令及相关的语法。

【示例 23.17】显示网络状态，具体步骤如下。

（1）显示网络设备的运行状态。在命令行中输入下面的命令：

```
[root@localhost ~]# ip link list      #显示设备的状态信息
```

输出信息如下：

```
1: lo: <LOOPBACK,UP,LOWER_UP> mtu 65536 qdisc noqueue state UNKNOWN
mode DEFAULT group default qlen 1000
    link/loopback 00:00:00:00:00:00 brd 00:00:00:00:00:00
2: ens160: <BROADCAST,MULTICAST,UP,LOWER_UP> mtu 1500 qdisc mq
state UP mode DEFAULT group default qlen 1000
    link/ether 00:0c:29:fb:3a:1d brd ff:ff:ff:ff:ff:ff
    altname enp3s0
```

（2）上面的输出信息比较简略，如果要显示更加详细的信息，则需要使用 ip 指令的-s 选项。在命令行中输入下面的命令：

```
[root@localhost ~]# ip -s link list #显示网络设备更加详细的状态信息
```

输出信息如下：

```
1: lo: <LOOPBACK,UP,LOWER_UP> mtu 65536 qdisc noqueue state UNKNOWN
mode DEFAULT group default qlen 1000
    link/loopback 00:00:00:00:00:00 brd 00:00:00:00:00:00
......省略部分输出内容......
2: ens160: <BROADCAST,MULTICAST,UP,LOWER_UP> mtu 1500 qdisc mq
state UP mode DEFAULT group default qlen 1000
    link/ether 00:0c:29:fb:3a:1d brd ff:ff:ff:ff:ff:ff
......省略部分输出内容......
```

说明：在上面的输出信息中，除了显示设备的基本状态，还显示了每个网络设备上数据包的统计信息。

（3）显示 Linux 核心路由表。在命令行中输入下面的命令：

```
[root@hn ~]# ip route list              #显示核心路由表
```

输出信息如下：

```
default via 192.168.164.2 dev ens160 proto dhcp src 192.168.164.146
metric 100
192.168.164.0/24 dev ens160 proto kernel scope link src
192.168.164.146 metric 100
```

（4）显示邻居路由表信息。在命令行中输入下面的命令：

```
[root@hn ~]# ip neigh list              #显示邻居路由表
```

输出信息如下：

```
192.168.164.254 dev ens160 lladdr 00:50:56:e1:80:97 STALE
192.168.164.2 dev ens160 lladdr 00:50:56:fb:d5:3d STALE
192.168.164.132 dev ens160 FAILED
```

【示例 23.18】关闭和激活网络设备，具体步骤如下。

（1）使用网络对象 link 的 set 命令，关闭网络设备 ens160。在命令行中输入下面的命令：

```
[root@localhost ~]# ip link set ens160 down #关闭网络设备 ens160
```

（2）激活网络设备 ens160。在命令行中输入下面的命令：

```
[root@localhost ~]# ip link set ens160 up   #激活网络设备 ens160
```

【示例 23.19】修改网卡 MAC 地址，具体步骤如下。

（1）网卡的 MAC 地址通常是固化在网卡的芯片上。Linux 操作系统在进行网络通信时使用的网卡 MAC 地址是从硬件中读取的，通过 ip 指令还可以修改 Linux 内核中使用的网卡 MAC 地址。只有关闭状态的网卡，才允许修改其 MAC 地址，所以必须先关闭网卡。在命令行中输入下面的命令：

```
[root@localhost ~]# ip link set ens160 down #关闭网卡 ens160
```

（2）指定网卡的新物理地址。在命令行中输入下面的命令：

```
#修改 ens160 的 MAC 地址
[root@localhost ~]# ip link set ens160 address 22:22:22:33: 33:33
```

说明：上面的命令将网络设备 ens160 的物理地址设置为 22:22:22:33: 33:33。

【示例 23.20】显示命令的帮助信息，具体步骤如下。

（1）ip 指令的功能强大，可用的选项和内部命令较多，可以借助 help 命令获取指定命令的帮助信息。这里显示 ip 指令的命令行用法，在命令行中输入下面的命令：

```
[root@localhost ~]# ip help                 #显示 set 命令的帮助信息
```

输出信息如下：

```
Usage: ip [ OPTIONS ] OBJECT { COMMAND | help }
       ip [ -force ] [-batch filename
......省略部分输出内容......
```

（2）使用 help 命令，显示 rule 命令的帮助信息，在命令行中输入下面的命令：

```
[root@hn ~]# ip rule help                  #显示 rule 命令的帮助信息
```

输出信息如下：

```
Usage: ip rule [ list | add | del | flush ] SELECTOR ACTION
SELECTOR := [ from PREFIX ] [ to PREFIX ] [ tos TOS ] [ fwmark FWMARK ]
```

```
......省略部分输出内容......
TABLE_ID := [ local | main | default | NUMBER ]
```

【示例 23.21】 管理路由表,具体步骤如下。

（1）显示本机路由表时，ip 指令的操作对象是 route，操作命令是 show。在命令行中输入下面的命令：

```
[root@localhost ~]# ip route show        #显示本机路由表
```

输出信息如下：

```
default via 192.168.164.2 dev ens160 proto dhcp src 192.168.164.148
metric 100
192.168.164.0/24 dev ens160 proto kernel scope link src
192.168.164.148 metric 100
```

（2）添加路由表，需要使用操作命令 add。在命令行中输入下面的命令：

```
[root@localhost ~]# ip route add 192.168.1.0/24 via
192.168.164.148                                   #添加路由表条目
```

说明： 上面的命令没有任何输出信息。本例中添加了一条路由表条目，使到达目的网络 192.168.1.0/24 的数据包都送到“192.168.164.148”中。

【相关指令】 无

23.9　tcpdump 指令：监听网络流量

【语　　法】 tcpdump [选项]　　★★★☆☆

【功能介绍】 tcpdump 指令是一款嗅探工具，它可以显示出所有经过网络接口数据包的头信息，也可以使用-w 选项将数据包保存到文件中，方便以后分析。tcpdump 指令在工作时需要把网卡的工作模式切换到混杂模式（promiscuous mode）。因为要修改网络接口的工作模式，所以 tcpdump 指令需要以 root 身份运行。

【选项说明】

参　　数	功　　能
-A	以ASCII码方式显示每个数据包。可用来抓取网页
-c <数据包数目>	接收到指定的数据包数目（count）后退出指令
-d	以容易阅读的方式转存（dump）并显示监听到的数据包
-dd	以C语言格式显示监听到的数据包
-ddd	以十进制（decimal）的格式显示监听到的数据包
-e	显示监听到的数据包时，显示其数据链路层的头信息
-f	用数字方式显示IP地址

续表

参　　数	功　　能
-F <文件>	从指定的文件（file）中读取数据包的过滤规则
-i <网络接口>	指定要监听的数据包的网络接口（interface）
-n	对主机取消DNS查询操作，不（do not）显示主机的域名
-N	不（do not）显示完全合格的主机域名（FQDN）
-0	不运行数据包代码匹配优化器
-p	运行指令时，不将网卡的运行模式切换为混杂（promiscuous）模式。此选项将导致不能监听到所有的网络流量
-q	以快速输出方式运行，此选项仅显示数据包的协议概要信息，输出信息短，接近于安静（quiet）模式
-r <文件>	从指定的文件中读取（read）数据包，而不是实时地监听网卡数据包
-s <数据包大小>	指定捕获的数据包大小（size）
-S	显示TCP数据包的绝对序号（sequence number）而非关联的序号
-t	在每行输出信息中不显示时间戳标记（timestamp）
-tt	在每行输出信息中显示无格式的时间戳标记（timestamp）
-v	显示指令执行的详细（verbose）信息
-vv	显示比-v选项更加详细的信息
-x	用十六进制（hexadecimal）的格式显示监听到的数据包

【经验技巧】

- 网卡一般有两种工作模式，即正常模式和混杂模式（promiscuous mode）。正常模式下，网卡只接收发送给自己的数据包，而在混杂模式下，网卡将接收到达本网卡的所有数据包。当 tcpdump 指令启动时，自动将网卡切换到混杂模式；当退出 tcpdump 指令时，网卡的工作模式将还原为正常模式。
- tcpdump 是 Linux 中使用最广泛的网络协议分析工具。使用 tcpdump 时，要求使用者必须精通 TCP/IP 的工作原理。

【示例 23.22】 监听网卡收到的数据包。

默认情况下，tcpdump 指令监听所有网卡收到的数据包，使用-i 选项可以指定要监听的网卡。在命令行中输入下面的命令：

```
#监听网卡 ens160 收到的数据包
[root@localhost root]# tcpdump -i ens160
```

输出信息如下：

```
tcpdump: verbose output suppressed, use -v[v]... for full protocol
decode
listening on ens160, link-type EN10MB (Ethernet), snapshot length
```

```
262144 bytes
......省略部分输出内容......
44 packets captured
44 packets received by filter
0 packets dropped by kernel
```

说明： 使用 tcpdump 指令时，如果不输入过滤规则，那么输出的数据量将会很大。在 tcpdump 指令运行期间可以使用组合键 Ctrl+C 终止程序。在上面的输出信息中，最后 3 行就是按 Ctrl+C 组合键后输出的监听到的数据包汇总信息。

【示例 23.23】以快速输出方式运行 tcpdump 指令。

默认情况下，tcpdump 指令的输出信息较多，为了显示精简的信息，需要使用-q 选项。在命令行中输入下面的命令：

```
#监听网卡 ens160 收到的数据包
[root@localhost root]# tcpdump -q -i ens160
```

输出信息如下：

```
tcpdump: verbose output suppressed, use -v[v]... for full protocol
decode
listening on ens160, link-type EN10MB (Ethernet), snapshot length
262144 bytes
......省略部分输出内容......
74 packets captured
74 packets received by filter
0 packets dropped by kernel
```

【相关指令】无

23.10　arpd 指令：ARP 守护进程

【语　　法】arpd [选项] [参数]　★★★☆☆

【功能介绍】arpd 指令是用来收集免费（gratuitous）的 ARP 信息的一个守护进程，它将收集到的信息保存在磁盘上，或者在需要时提供给内核，以避免多余的广播（在内核 ARP 缓冲区大小有限制的情况下）。

【选项说明】

选　项	功　能
-l	在标准输出设备中列出（list）arpd数据库存储的信息。输出信息由3列组成，即接口索引列、IP地址列和MAC地址列。由于不可用的主机的ARP实体也会显示，这种情况下MAC地址使用FAILED来代替。FAILED后面是冒号和主机被证明不可用的最近时间
-f 文件	指定读取和加载arpd数据库的文本文件（file），文件的格式与-l输出的信息类似

续表

选　　项	功　　能
-b 数据库文件	指定arpd数据库文件，默认的位置为/var/lib/arpd/arpd.db
-a 数字	指定目标被认为不可用前查询的次数
-k	禁止通过内核（kernel）发送广播查询，与-a选项一起使用
-n 时间	设定缓冲失效的时间

【参数说明】

参　　数	功　　能
网络接口	指定网络接口。如果不指定网络接口，则显示本机所有接口的arp数据

【经验技巧】直接输入不带-b 的 arpd 指令时，会得到 db_open: No such file or directory 的错误信息。

【示例 23.24】启动 arpd 收集免费的 ARP 信息，具体步骤如下。

（1）启动 arpd 收集免费的 ARP 信息，但是不影响内核的功能。在命令行中输入下面的命令：

```
[root@localhost ~]# arpd -b /var/tmp/arpd.db  #启动 arpd 守护进程
```

说明：上面的命令没有任何输出信息。

（2）等待一段时间后查看运行结果。在命令行中输入下面的命令：

```
#查看 arpd 的运行效果
[root@localhost ~]# arpd -l -b /var/tmp/arpd.db
```

输出信息如下：

```
#Ifindex IP              MAC
2        172.16.250.8    00:23:54:c5:c5:91
......省略部分输出内容......
3        202.102.240.72  00:11:09:7a:bc:e3
```

说明：在上面的输出信息中，第 1 列是网络接口编号，第 2 列是 IP 地址，第 3 列是 IP 地址对应的 MAC 地址。

【相关指令】arp

23.11　arptables 指令：ARP 包过滤管理工具

【语　　法】arptables [选项]　　★★★☆☆

【功能介绍】arptables 指令用来设置、维护和检查 Linux 内核中的 ARP 包过滤规则表。使用 arptables 指令可以定义多个不同的规则表，每个规则表包含多个内置的规则链（chain）或者用户自定义规则链。理解规则链和目标（target）的含义是学习 arptables 指令工作机制的重点。规则链用于匹配 Linux 内核接收到的 ARP 帧，链中的规则列表是有先后顺序的，排在前面的规则表优先匹配。目标是指在找到匹配的规则后采取怎样的措施。

【选项说明】

选　项	功　能
-A或--append	向规则链中追加规则
-D或--delete	从指定的链中删除规则，可以通过规则号和规则内容两种方法进行删除。当使用规则号时，可以指定起始规则号和结束规则号，以删除指定范围的规则
-I或--insert	向规则链中插入一条新的规则。序号0表示在规则链的最后一条规则后插入新规则，与-A选项相同
-R或--replace	替换指定的规则
-P或--policy	设置规则链的默认策略。支持的默认策略有ACCEPT（接受）、DROP（丢弃）或RETURN（返回）
-F或--flush	刷新指定的规则链，将其中的所有规则删除，但是不改变规则链的默认策略。当不指定规则链时，表示清空所有规则链中的内容
-Z或--zero	将规则链计数器清0。当不指定规则链时，则将所有规则链计数器清0
-L或--list	显示指定规则链中的规则列表。当不指定规则链时，将会输出所有规则链中的规则列表
-N或--new-chain	新建用户自定义规则链
-X或--delete- chain	删除指定的用户自定义规则链
-h或--help	显示指令的帮助信息
-j或--jump目标	指定满足规则时添加的目标（操作），该选项支持的值可以是ACCEPT、DROP、RETURN、目标扩展或用户自定义的链名
-s或--source-ip	指定要匹配的ARP包的源IP地址
-d或--destination -ip	指定要匹配的ARP包的目的IP地址
--source-mac	指定要匹配的ARP包的源物理地址（MAC）
--destination-mac	指定要匹配的ARP包的目的物理地址（MAC）

【经验技巧】

- arptables 指令工作在 ARP（地址解析协议）层，要掌握此指令必须理解 ARP 的原理。
- ARP 过滤规则表是由 Linux 内核提供的，arptables 指令只是一个 Linux 核心 ARP 过滤规则表的管理工具。
- ARP 过滤表的规则匹配顺序是自上而下进行的，只要找到一个匹配的规则，就可以直接使用与此规则对应的目标操作，不再检查剩余的规则。

- 使用-F 选项清空规则链时，不会改变工作量链的默认策略。
- 对于规则链的数量没有限制，但规则链的名称最多只能包含 31 个字符。

【示例 23.25】 添加并显示内核的 ARP 包过滤规则，具体步骤如下。

（1）使用 arptables 指令的-A 选项向 ARP 规则表中添加新的规则表。新的规则由两部分组成，一种是规则定义的条件，另一种是规则的目标（即满足规则条件时如何处理数据包）。这里丢弃由主机 192.168.0.110 发送的 ARP 数据包，规则条件为-s 192.168.0. 110，规则目标为-j DROP。在命令行中输入下面的命令：

```
#添加新规则
[root@localhost root]# arptables -A INPUT -s 192.168.0.110 -j DROP
```

（2）使用 arptables 指令的-L 选项显示当前 Linux 内核中的 ARP 过滤规则表。在命令行中输入下面的命令：

```
[root@localhost root]# arptables -L      #显示 ARP 包的过滤规则
```

输出信息如下：

```
Chain INPUT (policy ACCEPT)
target source-ip  destination-ip  source-hw
destination-hw  hlen  op     hrd   pro
DROP   192.168.0.110  anywhere  anywhere  anywhere
any  any  any       any
......省略部分输出内容......
```

【相关指令】 arp，arpd

23.12　lnstat 指令：显示 Linux 的网络状态

【语　　法】 lnstat [选项]　　★★★☆☆

【功能介绍】 lnstat 指令用来显示 Linux 系统的网络状态。

【选项说明】

选　　项	功　　能
-h或--help	显示帮助信息
-V或--version	显示指令的版本信息
-c <次数>或--count <次数>	指定更新显示网络状态需要间隔的时间
-d或--dump	显示可用的文件或关键字
-i <秒数> 或 --interval <秒数>	指定一个间隔时间的秒数
-k 关键字 或 --keys 关键字	只显示给定的关键字。多个关键字之间使用逗号分隔
-s [0-2] 或 –subject [0-2]	是否显示标题头。0表示没有标题头内容；1表示只在程序开始运行时显示一个标题头；2表示每20行显示一个标题头
-w宽度 或 --width 宽度	指定每个字段占用的宽度

【经验技巧】lnstat 指令实际上是读取虚拟文件系统“/proc”中/proc/net/stat/目录下的文件，以显示 Linux 主机的网络状态。

【示例 23.26】使用-d 选项可以显示 lnstat 指令支持的统计文件。在命令行中输入下面的命令：

```
[root@localhost ~]# lnstat -d          #显示 lnstat 指令支持的统计文件
```

输出信息如下：

```
/proc/net/stat/nf_conntrack:
        1: entries
        2: clashres
        3: found
......省略部分输出内容......
/proc/net/stat/ndisc_cache:
        1: entries
        2: allocs
         3: destroys
......省略部分输出内容......
/proc/net/stat/arp_cache:
        1: entries
        2: allocs
......省略部分输出内容......
       10: periodic_gc_runs
       11: forced_gc_runs
       12: unresolved_discards
       13: table_fulls
/proc/net/stat/rt_cache:
 1: entries
 2: in_hit
 3: in_slow_tot
......省略部分输出内容......
```

说明：在上面的输出信息中，4 个文件 nf_conntrack、ndisc_cache、arp_cache 和 rt_cache 都是由内核自动产生的，无须进行人工干预，lnstat 指令从这些文件中读取信息以显示网络状态。数字标号的行分别表示该文件的字段数及对应的名称。

【示例 23.27】显示网络状态，具体步骤如下。

（1）lnstat 可以显示众多的网路状态。在命令行中输入下面的命令：

```
[root@localhost ~]# lnstat                         #显示网络状态
```

输出信息如下：

```
arp_cach|arp_cach|arp_cach|arp_cach|arp_cach|arp_cach|arp_
cach|arp_cach|arp_cach|arp_cach|arp_cach|rt_cache|rt_cache|rt_
cache|rt_cache|rt_cache|rt_cache|rt_cache|rt_cache|rt_cache|
rt_ca
... 省略部分输出内容......
   4|   3|   1|    7|    3|    0|    0|    0|  11242|    0|
```

说明：可以发现，上面的输出信息很多而且不太友好，要想得到更加友好的信息，就需要对其输出内容进行适当的定制。

（2）指定要读取的文件及文件的具体字段。在命令行中输入下面的命令：

```
[root@localhost ~]# lnstat -k arp_cache:entries,rt_cache:in_hit,
arp_cache:destroys
```

输出信息如下：

```
arp_cach|rt_cache|arp_cach|
  entries|    in_hit| destroys|
       3|  29469|     144|
```

说明：从上面的输出信息中可以看出，可以定制 lnstat 指令以显示自己需要的信息。

【相关指令】rtacct

23.13　nstat/rtacct 指令：网络状态统计工具

【语　　法】nstat [选项]　　★★☆☆☆

【功能介绍】nstat/rtacct 指令是一个简单的监视内核的 SNMP 计数器和网络接口状态的实用工具。

【选项说明】

选　项	功　能
-h	显示帮助（help）信息
-V或--version	显示指令的版本信息
-z	显示值为0（zero）的计数器。默认不显示这些计数器
-r	清零（reset）历史统计
-n	不（do not）显示任何内容，仅更新历史
-a	显示计数器的绝对值（absolute value）。默认情况下，只计算上次使用本指令后的相对数值
-s	不更新历史
-d <秒数>	以守护进程（daemon）的方式运行本指令。给定的秒数为时间间隔

【经验技巧】默认情况下，nstat 指令不显示值为 0 的计数器。如果要看到包括值为 0 的计数器值在内的全部统计信息，则必须使用-z 选项。

【示例 23.28】显示网络统计信息，具体步骤如下。

nstat 指令默认只显示计数器值不为 0 的统计信息。在命令行中输入下面的命令：

```
[root@www1 ~]# nstat                    #显示网络状态的统计信息
```

输出信息如下：

```
#kernel
IpInReceives                    342                 0.0
......省略部分输出内容......
TcpExtTCPSackRecoveryFail         2                 0.0
```

说明：nstat 指令的输出信息较复杂，必须深刻理解 Linux 核心中的网络部分才能够彻底地明白每个统计值的含义。

【相关指令】 lnstat

23.14　ss 指令：显示活动套接字信息

【语　　法】 ss [选项]　★★☆☆☆

【功能介绍】 ss 指令用来显示处于活动状态的套接字信息。

【选项说明】

选　项	功　能
-h或--help	显示指令的帮助信息
-V或--version	显示指令的版本信息
-n或--numeric	不解析服务名称，以数字方式显示
-a	显示所有（all）的套接字
-l	显示处于监听（listen）状态的套接字
-o	显示计时器信息
-m	显示套接字的内存（memory）使用情况
-p	显示使用套接字的进程（process）信息
-i	显示内部的TCP信息（information）
-4	只显示IPv4的套接字
-6	只显示IPv6的套接字
-t	只显示TCP套接字
-u	只显示UDP套接字
-d	只显示DCCP套接字
-w	只显示RAW套接字
-x	只显示UNIX域套接字

【经验技巧】 ss 指令可以显示当前系统的所有套接字信息，如果要查看处于监听状态的套接字，则可以使用-l 选项。

【示例 23.29】 显示套接字信息，具体步骤如下。

（1）显示处于活动状态的套接字信息。在命令行中输入下面的命令：

```
[root@www1 ~]# ss                          #显示套接字信息
```

输出信息如下：

```
Netid    State    Recv-Q  Send-Q     Local   Address:Port  Peer
Address:Port  Process
u_dgr    ESTAB    0     0     /run/chrony/chronyd.sock  13286  * 0
u_dgr    ESTAB    0     0     /run/systemd/notify       12424  * 0

......省略部分输出内容......
```

（2）如果要显示处于监听状态的套接字，则可以使用-l 选项。在命令行中输入下面的命令：

```
[root@www1 ~]# ss -l                       #显示套接字信息
```

输出信息如下：

```
Netid    State    Recv-Q    Send-Q   Local Address:Port    Peer
Address:Port      Process
nl       UNCONN   0         0    rtnl:evolution-addre/2299 *
nl       UNCONN   0         0    rtnl:kernel               *

......省略部分输出内容......
tcp      LISTEN   0         70        *:33060       *:*
```

（3）使用-s 选项显示套接字的概要信息。在命令行中输入下面的命令：

```
[root@www1 ~]# ss -s
```

输出信息如下：

```
Total: 944
TCP:   31 (estab 0, closed 4, orphaned 0, timewait 0)
Transport  Total     IP       IPv6
RAW          1        0        1
UDP          23       15       8
TCP          27       13       14
INET         51       28       23
FRAG         0        0        0
```

【相关指令】 netstat

23.15 iptraf 指令：监视网卡流量

【语　　法】 iptraf [选项]　　★★☆☆☆

【功能介绍】 iptraf 指令可以实时地监视网卡流量，可以生成网络协议数据包信息（TCP、UDP、ICMP 和 OSPF）、以太网信息、网络节点状态信息、IP 校验和错误等信息。

【选项说明】

选　项	功　能
-i 网络接口	立即在指定网络接口（interface）上开启IP流量监视。如果网路接口参数使用all，则监视所有网卡的IP流量
-g	立即生成网络接口的概要（general）状态信息
-d 网卡	在指定网卡上立即开始监视详细（detail）的网络流量信息
-s 网卡	在指定网卡上立即开始监视TCP和UDP的网络流量信息
-z 网卡	在指定网卡上显示包计数
-l 网卡	在指定网卡上监视局域网（LAN）工作站信息。如果网路接口参数使用all，则监视所有网卡的局域网工作站信息
-t 时间	指定iptraf指令监视的分钟数（timeout minute）。此选项必须和其他选项配合使用
-B	将标准输出重定向到/dev/null，关闭标准输入，将程序作为后台进程运行
-f	清空（flush）所有计数器
-h	显示帮助（help）信息

【经验技巧】

- iptraf 指令支持命令行和菜单操作两种方式，当不带任何选项时，iptraf 指令将进入菜单操作方式，通过屏幕菜单来执行相应的操作。
- iptraf 指令显示的信息是实时刷新的，如果没有使用退出指令则其会一直运行。可以通过-t 选项指定 iptraf 指令运行多长时间后自动退出。
- 在 RHEL 9 系统中执行的 iptraf 指令为 iptraf-ng。

【示例 23.30】使用 iptraf 指令的-d 选项可以监视网卡的详细流量信息。在命令行中输入下面的命令：

```
[root@localhost ~]# iptraf -d ens160      #监视网卡的详细流量信息
```

由于本例输出信息较多，会占用整个屏幕，所以此处省略了输出信息。

说明：要退出 iptraf 指令，输入 x 即可。

【示例 23.31】使用 iptraf 指令的-i 选项可以监视网络接口的 IP 流量。在命令行中输入下面的命令：

```
[root@localhost ~]# iptraf -i ens160      #监视网卡的 IP 流量
```

由于本例的输出信息较多，会占用整个屏幕，所以此处省略了输出信息。

【示例 23.32】使用 iptraf 指令的-s 选项可以监视网卡 TCP 和 UDP 流量。在命令行中输入下面的命令：

```
#监视网卡的 TCP 和 UDP 流量详细流量
[root@localhost ~]# iptraf -s ens160
```

由于本例输出信息较多，会占用整个屏幕，所以此处省略了输出信息。

【示例23.33】使用iptraf指令的-l选项可以监视网络接口的工作站。在命令行中输入下面的命令：

```
[root@localhost ~]# iptraf -l ens160      #监视网卡的工作站
```

由于本例输出信息较多，会占用整个屏幕，所以此处省略了输出信息。

【相关指令】无

23.16　习　　题

一、填空题

1．iptables指令可以设置、维护和检查Linux内核中的______和______。

2．firewall-cmd指令使用的默认区域为________。

3．ip指令用来显示或操纵Linux主机的________、________、________。

二、选择题

1．tcpdump指令的（　　）选项用来指定监听的网络接口。

A．-c　　B．-d　　C．-f　　D．-i

2．使用arpd指令收集免费的ARP信息时，必须指定以下（　　）选项。

A．-a　　B．-b　　C．-n　　D．-l

3．ss指令的（　　）选项仅显示TCP套接字信息。

A．-i　　B．-u　　C．-t　　D．-d

三、判断题

1．网卡通常有两种工作模式，分别为正常模式和混杂模式。在正常模式下，网卡只接收发送给自己的数据包，而在混杂模式下，网卡将接收到达本网卡的所有数据包。（　　）

2．arpd指令可以收集所有的ARP信息。（　　）

四、操作题

1．使用firewall-cmd指令设置防火墙允许HTTP放行。

2．使用ip指令查看网络设备的运行状态信息。

3．使用tcpdump指令监听以太网接口的数据包。

第 24 章　网络服务器管理

Linux 操作系统最重要的应用是作为网络服务器，它支持繁多的网络服务指令。本章将介绍 Linux 常用的服务器程序。

24.1　ab 指令：Apache 的 Web 服务器性能测试工具

【语　　法】ab [选项] [参数]　★★★★★

【功能介绍】ab 指令是 Apache 的 Web 服务器的性能测试工具，它可以测试安装 Web 服务器每秒钟处理的 HTTP 请求。

【选项说明】

选　　项	功　　能
-A <用户名:密码>	指定连接服务器的基本认证（authentication）凭据
-c <并发请求数>	指定并发（concurrency）一次向服务器发出的请求数
-C <cookie名:值>	添加cookie
-g <文件>	将测试结果输出为gnuplot文件
-h	显示使用帮助（help）
-H <定制头>	为请求追加一个额外的头（header）
-i	使用HEAD请求方法取代（instead）GET请求方法
-k	激活HTTP的KeepAlive特性。默认不打开KeepAlive功能
-n <请求数>	指定测试会话使用的请求数（request number）
-p <Post文件>	指定包含数据的文件，以执行POST操作
-q	不显示进度百分比
-T <内容类型>	当使用POST数据时，设置内容类型头（content-type）
-v <数字>	设置冗余（verbose）模式的等级，用数字1～4表示，数字越大详细程度越高
-w	以HTML表格的方式显示结果
-x <表格属性>	以表格方式输出时，设置表格<table>的属性
-X <代理主机:端口>	使用指定的代理服务器发出请求
-y	以表格方式输出时，设置表格行<tr>的属性
-z	以表格方式输出时，设置表格行<td>的属性

【参数说明】

参　数	功　能
主机	被测试主机。格式为[http[s]://]hostname[:port]/path，如http:// www.nyist.net/、http://www.nyist.net:8080/和http://www.nyist.net/ test/

【经验技巧】当使用 ab 指令测试目的主机时，主机名后需要添加“/”，否则会出错。例如，指令 ab http://www.nyist.edu.cn 是错误的，而指令 ab http://www.nyist.edu.cn/则是正确的。

【示例 24.1】测试 Web 服务器的性能，具体步骤如下。

（1）使用 ab 指令测试目标 Web 服务器的性能。在命令行中输入下面的命令：

```
[root@hn ~]# ab http://www.nyist.edu.cn/      #测试 Web 服务器的性能
```

输出信息如下：

```
......省略部分输出内容......
                min  mean[+/-sd] median   max
Connect:        0    0    0.0  0    0
Processing:     261  261  0.0  261  261
Waiting:        2    2    0.0  2    2
Total:          261  261  0.0  261  261
```

（2）ab 指令的默认输出信息适合在终端查看。如果希望在 Web 浏览器中查看结果，则可以使用 ab 指令的-w 选项。在命令行中输入下面的命令：

```
[root@hn ~]# ab -w -x "border=1 align=center"  -y "bgcolor=green"
-z "bgcolor=blue" http://www.nyist.edu. cn/ #输出结果为 HTML 格式
                                            #并定制输出的 HTML 表
                                            #格样式
```

说明：本例中使用-x、-y 和-z 选项定义输出的表格、行和单元格的属性。

输出信息如下：

```
<p>
 This is ApacheBench, Version 2.3 <i>&lt;$Revision: 1879490
$&gt;</i><br>
......省略部分输出内容......
<tr bgcolor=green><th bgcolor=blue>Total:</th><td bgcolor=blue>
84</td><td bgcolor=blue>  84</td><td bgcolor=blue>  84</td></tr>
</table>
```

说明：可以将上面的输出信息重定向到 HTML 文件中，然后在 Web 浏览器中查看。

（3）默认情况下，ab 指令对 Web 服务器发送的测试请求压力较小，可以通过-n 和-c 选项增大测试压力。在命令行中输入下面的命令：

```
#增大测试压力，测试 Web 服务器
[root@hn ~]# ab -n 1000 -c 100 http://www.nyist.edu.cn/
```

输出信息如下：

```
......省略部分输出内容......
Finished 1000 requests
Server Port:            80
......省略部分输出内容......
  99%   8830
 100%   9422 (longest request)
```

说明：大压力的测试可能会使服务器的响应变慢，从而影响正常用户的访问。

24.2　apachectl 指令：Apache Web 服务器控制工具

【语　　法】apachectl [参数]　★★★★★

【功能介绍】apachectl 指令是 Apache 的 Web 服务器前端控制工具，用于启动、关闭和重新启动 Web 服务器进程。

【参数说明】

参　　数	功　　能
start	启动Apache的Web服务器进程
stop	停止Apache的Web服务器进程
restart	重新启动Apache的Web服务器进程
status	报告Apache的Web服务器进程状态
configtest	测试配置文件的语法

【示例 24.2】使用 apachectl 指令测试 Apache 服务器的配置文件语法，如果语法正确，则显示 Syntax OK；否则报告出现错误的内容。在命令行中输入下面的命令：

```
[root@luntan root]# apachectl configtest      #测试配置文件语法
```

输出信息如下：

```
Syntax error on line 1099 of /etc/httpd/conf/httpd.conf:
/etc/httpd/conf/httpd.conf:1099: <VirtualHost> was not closed.
```

说明：上面的输出信息表明，配置文件中出错的地方在 1099 行。

【示例 24.3】使用 apachectl 指令的 status 参数显示当前服务器进程的状态。在命令行中输入下面的命令：

```
[root@www root]# apachectl status          #显示服务器的状态
```

输出信息如下：

```
● httpd.service - The Apache HTTP Server
    Loaded: loaded (/usr/lib/systemd/system/httpd.service;
disabled; vendor preset: disabled)
   Drop-In: /usr/lib/systemd/system/httpd.service.d
           └─php-fpm.conf
    Active: active (running) since Fri 2023-06-09 16:47:32 CST;
6 days ago
      Docs: man:httpd.service(8)
  Main PID: 4066 (httpd)
    Status: "Total requests: 18; Idle/Busy workers 100/0;
Requests/sec: 3.46e-05; Bytes served/sec:   0 B/sec"
     Tasks: 213 (limit: 24454)
    Memory: 46.5M
       CPU: 1min 48.228s

......省略部分输出内容......
```

24.3　exportfs 指令：输出 NFS 文件系统

【语　　法】 exportfs [选项] [参数]　★★★★★

【功能介绍】 exportfs 指令用于维护当前输出的 NFS 共享文件系统。

【选项说明】

选　　项	功　　能
-a	输出配置文件/etc/exports中所有（all）的NFS共享文件系统
-o <选项>	指定输出文件系统的选项（option）
-i	忽略（ignore）配置文件/etc/exports，所有的选项都通过命令行提供或者使用默认值
-r	重新输出（reexport）所有的共享文件系统。使用/etc/exports同步/var/lib/nfs/etab
-u	不输出（unexport）一个或者多个共享目录
-v	冗余（verbose）模式

【参数说明】

参　　数	功　　能
共享目录	指定要通过 NFS 服务器共享的目录，格式为 host:/directory，如 192.168.0.1(ro):/home/zhangsan

【经验技巧】 使用 exportfs 指令输出的 NFS 共享目录被保存在文件/var/lib/nfs/ etab 中（使用 exportfs-a 指令时初始化此文件），当远程主机请求加载 NFS 文件系统时，mountd 守护进程将会读取此文件。

【示例 24.4】输出 NFS 共享目录，具体步骤如下。

（1）使用 exportfs 指令输出 NFS 共享目录有两种方式，一种是通过配置文件/etc/exports，另一种是在命令行中直接共享。这里通过命令行参数输出共享目录。在命令行中输入下面的命令：

```
[root@hn ~]# exportfs :/home    #将/home 目录共享，任何主机都可以访问
#将/bak 目录共享给主机 61.163.231.200
[root@hn ~]# exportfs 61.163.231.200:/bak
```

（2）使用 showmount 指令显示 NFS 服务器上共享的目录列表。在命令行中输入下面的命令：

```
[root@hn ~]# showmount -e localhost        #显示本机的 NFS 共享目录
```

输出信息如下：

```
Export list for localhost:
/bak  61.163.231.200
/home (everyone)
```

（3）通过编辑配置文件/etc/exports 共享 NFS 目录并显示此文件的内容。在命令行中输入下面的命令：

```
[root@hn ~]# cat /etc/exports              #显示文本文件的内容
```

输出信息如下：

```
/home   202.102.240.73(ro) 202.102.240.88(rw)
/test   61.163.231.200(rw)
```

（4）使用 exportfs 指令的-a 选项将文件/etc/exports 中的目录共享出来。在命令行中输入下面的命令：

```
[root@hn ~]# exportfs -a                   #输出 NFS 共享目录
```

（5）使用 showmount 指令显示 NFS 服务器上共享的目录列表。在命令行中输入下面的命令：

```
[root@hn ~]# showmount -e localhost        #显示本机的 NFS 共享目录
```

输出信息如下：

```
Export list for localhost:
/test 61.163.231.200
/home 202.102.240.88,202.102.240.73
```

24.4　htdigest 指令：管理用户摘要认证文件

【语　　法】htdigest [选项] [参数]　★★☆☆☆

【功能介绍】htdigest 指令是 Apache 的 Web 服务器内置工具，用于创建和更新存储的用户名、域和用于摘要认证的密码文件。

【选项说明】

选　项	功　能
-c	创建（create）密码文件。如果密码文件已经存在则删除旧文件

【参数说明】

参　数	功　能
密码文件	指定要创建或更新的密码文件
域	指定用户名所属的域
用户名	要创建或者更新的用户名

【经验技巧】使用 htdigest 指令和“.htaccess”文件可以在 Apache 的 Web 服务器中实现访问目录时输入密码认证（使用摘要认证）的效果。

【示例 24.5】使用 htdigest 指令生成用户的摘要认证文件。在命令行中输入下面的命令：

```
#生成用户的摘要认证文件
[root@hn ~]# htdigest -c /var/www/html/.htdigest test-realm test
```

输出信息如下：

```
Adding password for test in realm test-realm.
New password:                                  #输入用户密码，密码不回显
Re-type new password:                          #确认用户密码
```

24.5　htpasswd 指令：管理用户的认证文件

【语　　法】htpasswd [选项] [参数]　　★★★★☆

【功能介绍】htpasswd 指令是 Apache 的 Web 服务器内置工具，用于创建和更新用户名、域和进行基本认证的密码文件。

【选项说明】

选　项	功　能
-c	创建（create）密码文件。如果密码文件已经存在则删除老文件
-m	使用MD5加密
-D	删除（delete）用户

【参数说明】

参　数	功　能
用户	要创建或者更新密码的用户名
密码	用户的新密码

【经验技巧】使用 htpasswd 指令和“.htaccess”文件可以在 apache 的 Web 服务器中实现访问目录时输入密码认证（使用基本认证）的效果。

【示例 24.6】访问 Web 目录时输入密码，具体步骤如下。

（1）使用 htpasswd 指令生成用户的基本认证文件。在命令行中输入下面的命令：

```
#生成用户的基本认证文件
[root@hn ~]# htpasswd -c /var/www/html/.htpasswd test
```

输出信息如下：

```
New password:                                  #输入用户密码，密码不回显
Re-type new password:                          #确认用户密码
Adding password for user test
```

（2）在网站目录下生成“.htaccess”文件，使用 cat 指令显示其内容。在命令行中输入下面的命令：

```
[root@hn ~]# cat /var/www/html/.htaccess      #显示文本文件的内容
```

输出信息如下：

```
AuthUserFile /var/www/html/.htpasswd
AuthGroupFile /dev/null
AuthName "Protected Directory"
AuthType Basic
Require valid-user
```

说明：经过上面的设置，用户访问网站时必须输入密码方可看到网站内容。本例的前提是在配置中激活了“.htaccess”配置文件。

24.6　httpd 指令：Apache 的 Web 服务器守护进程

【语　　法】httpd [选项]　　★★★★★

【功能介绍】httpd 指令是 Apache 的 Web 服务器守护进程，用于为网络用户提供基于 HTTP 的 HTML 网页浏览服务。

【选项说明】

选　项	功　能
-d	设置服务器根路径（directory）
-f	指定服务器的配置文件（file）
-k	控制服务器守护进程，支持的参数有start、restart、graceful、stop和graceful-stop
-C	读取配置文件之前设置给定的配置指令（command）
-c	读取配置文件之后设置给定的配置指令（command）
-e	设置LogLevel等级

续表

选　项	功　能
-E	当启动出错时，将错误信息（error）保存到指定文件中
-h	输出简短的命令行选项列表
-l	输出被编译进httpd的模块列表（list）
-M	输出被加载的静态模块和动态模块列表
-t	测试（test）配置文件的语法
-v	显示版本号（version）并退出
-V	显示版本号和编译参数并退出
-X	以调试模式运行
-S	显示配置文件中的虚拟主机配置

【经验技巧】通常情况下不应该单独使用 httpd 指令，应该使用 apachectl 指令和 Linux 的系统管理脚本来控制 Apache 服务器。

【示例 24.7】使用 httpd 指令的-l 选项显示内置于 httpd 中的 apache 模块。在命令行中输入下面的命令：

```
[root@hn ~]# httpd -l                      #显示编译进 httpd 的模块列表
```

输出信息如下：

```
Compiled in modules:
  core.c
  prefork.c
  http_core.c
  mod_so.c
```

【示例 24.8】使用 httpd 指令的-t 选项可以检测其配置文件语法是否正确。在命令行中输入下面的命令：

```
[root@hn ~]# httpd -t                      #测试配置文件的语法
```

输出信息如下：

```
Syntax OK
```

【示例 24.9】在 httpd 的配置文件中包含大量的虚拟主机配置，使用 httpd 指令的-S 选项显示已配置的虚拟主机列表。在命令行中输入下面的命令：

```
[root@www root]# httpd -S                  #显示虚拟主机配置列表
```

输出信息如下：

```
VirtualHost configuration:
202.102.240.88:*        is a NameVirtualHost
......省略部分输出内容......
Syntax OK
```

【相关指令】apachectl

24.7　postconf 指令：管理邮件服务器 Postfix 的配置文件

【语　　法】postconf [选项]　★★★★★

【功能介绍】postconf 指令用于管理邮件服务器 Postfix 的配置文件。

【选项说明】

选　　项	功　　能
-a	列出Postfix SMTP服务器的可用SASL插件类型
-A	列出Postfix SMTP客户端的可用SASL插件类型
-c config_dir	指定配置文件main.cf的目录
-d	查看默认设置
-p	显示main.cf文件的默认参数设置
-e	编辑main.cf配置文件，并且使用name=value参数更新
-n	仅显示在main.cf中具有name=value设置的配置参数

【参数说明】

参　　数	功　　能
parameter	查看及设置指定的参数

【经验技巧】postconf 命令可以查看指定配置的值，也可以修改指定配置的值。postconf 不带任何选项，将显示当前 Postfix 服务所使用的配置参数。如果使用-n 选项，则只列出不同于默认值的配置参数。

【示例 24.10】查看当前 Postfix 服务器所使用的配置参数。执行命令如下：

```
[root@localhost ~]# postconf
2bounce_notice_recipient = postmaster
access_map_defer_code = 450
access_map_reject_code = 554
address_verify_cache_cleanup_interval = 12h
address_verify_default_transport = $default_transport
address_verify_local_transport = $local_transport
address_verify_map = btree:$data_directory/verify_cache
address_verify_negative_cache = yes
address_verify_negative_expire_time = 3d
......省略部分输出内容......
```

24.8　mysqldump 指令：MySQL 数据库的备份工具

【语　　法】mysqldump [选项]　★★★★★

【功能介绍】mysqldump 指令是 MySQL 数据库的备份工具，用于将 MySQL

服务器中的数据库以标准 SQL 语言的方式导出并保存到文件中。

【选项说明】

选 项	功 能
--add-drop-database	在每个创建数据库语句前添加删除数据库的语句
--add-drop-table	在每个创建数据库表语句前添加删除数据库表的语句
--add-locks	备份数据库表时锁定数据库表
--all-databases	备份MySQL服务器上的所有数据库
--comments,	添加注释信息
--compact	压缩模式，产生更少的输出
--complete-insert	输出完成的插入语句
--databases	指定要备份的数据库
--default-character-set	指定默认字符集
--force	当出现错误时仍然继续备份操作
--host	指定要备份数据库的服务器
--lock-tables	备份前锁定所有的数据库表
--no-create-db	禁止生成创建数据库语句
--no-create-info	禁止生成创建数据库表语句
--password	连接MySQL服务器的密码
--port	MySQL服务器的端口号
--user	连接MySQL服务器的用户名

【经验技巧】默认情况下，mysqldump 指令将所有的 SQL 语句都输出到屏幕上，为了进行备份，需要使用 Shell 中的输出重定向功能。

【示例 24.11】使用 mysqldump 指令备份本机 MySQL 服务器上的所有数据库，备份文件名为 test.bak。在命令行中输入下面的命令：

```
[root@hn ~]# mysqldump --host localhost --user root --password
--all-databases  >test.bak       #备份 MySQL 服务器上的所有数据库
Enter password:                  #输入密码，密码不回显
```

【相关指令】mysqlimport

24.9 mysqladmin 指令：MySQL 服务器的客户端管理工具

【语 法】mysqladmin [选项] [参数] ★★★★★

【功能介绍】mysqladmin 指令是完成 MySQL 服务器管理任务的客户端工

具，它可以检查 MySQL 服务器的配置和当前的工作状态，可以创建和删除数据库、创建用户、修改用户密码等。

【选项说明】

选　项	功　能
-h	MySQL服务器主机名（host name）或IP地址
-u	连接MySQL服务器的用户名（user name）
-p	连接MySQL服务器的密码（password）
--help	显示帮助信息

【参数说明】

参　数	功　能
管理命令	需要在MySQL服务器上执行的管理命令

【经验技巧】mysqlamdin 指令支持的 MySQL 服务器管理指令非常丰富，可以通过--help 选项显示所有可用的 MySQL 服务器管理指令。

【示例 24.12】使用 mysqladmin 指令在 MySQL 服务器上创建新数据库 newdb。在命令行中输入下面的命令：

```
#创建新数据库 newdb
[root@hn ~]# mysqladmin -h localhost -u root -p create newdb
```

输出信息如下：

```
Enter password:                              #输入密码，密码不回显
```

在修改完用户的权限后，为了使修改立即生效，需要重新加载权限表。

【示例 24.13】使用 mysqladmin 指令刷新 MySQL 服务器的权限表。在命令行中输入下面的命令：

```
#刷新权限表
[root@hn ~]# mysqladmin -h localhost -u root -p flush- privileges
```

输出信息如下：

```
Enter password:                              #输入密码，密码不回显
```

24.10　mysqlimport 指令：MySQL 服务器的数据导入工具

【语　　法】mysqlimport [选项] [参数]　★★★★★

【功能介绍】mysqlimport 指令为 MySQL 数据库服务器提供了一种命令行方式导入数据工具，它从特定格式的文本文件中读取数据插入 MySQL 数据库

表中。

【选项说明】

选　项	功　能
-d	导入数据前删除（delete）表中的所有数据
-f	出现错误时强制（force）处理剩余的操作
-h	MySQL服务器的IP地址或主机名（host name）
-u	连接MySQL服务器的用户名（user name）
-p	连接MySQL服务器的密码（password）

【参数说明】

参　数	功　能
数据库名	指定要导入的数据库名称
文本文件	包含特定格式的文本文件

【经验技巧】使用 mysqlimport 向 MySQL 服务器导入数据时需要注意文件的编码格式，否则可能会导致导入的数据出现乱码。

【相关指令】mysqldump

24.11　mysqlshow 指令：显示数据库、数据表和列信息

【语　法】mysqlshow [选项] [参数]　★★★★★

【功能介绍】mysqlshow 指令用于显示 MySQL 服务器中的数据库、表和列信息。

【选项说明】

选　项	功　能
-h	MySQL服务器的IP地址或主机名（host name）
-u	连接MySQL服务器的用户名（user name）
-p	连接MySQL服务器的密码（password）
--count	显示每个数据表中数据的行数
-k	显示数据库表的索引
-t	显示数据表的类型（type）
-i	显示数据表的额外信息

【参数说明】

参　数	功　能
数据库信息	指定要显示的数据库信息，可以是一个数据库名，或者是数据库名和表名，或者是数据库名、表名和列名

【经验技巧】使用 mysqlshow 指令的“-i”选项可以显示数据库的更为全面的信息。这些信息可以帮助管理员全面了解数据库。

【示例 24.14】使用 mysqlshow 指令查看数据库信息。

```
#查看 newdb 数据库的信息
[root@hn ~]# mysqlshow -h localhost -u root -p -t newdb
```

输出信息如下：

```
Enter password:                              #输入密码，密码不回显
Database: newdb
......省略部分输出内容......
```

24.12　mysql 指令：MySQL 服务器的客户端工具

【语　　法】mysql [选项] [参数]　★★★★★

【功能介绍】mysql 指令是 MySQL 数据库服务器的客户端工具，它工作在命令行终端中，完成对远程 MySQL 数据库服务器的操作。

【选项说明】

选　项	功　能
-h	MySQL服务器的IP地址或主机名（host name）
-u	连接MySQL服务器的用户名（user name）
-p	连接MySQL服务器的密码（password）

【参数说明】

参　数	功　能
数据库	指定连接服务器后自动打开的数据库

【经验技巧】MySQL 数据库服务器内置了很多管理命令，使用 MySQL 指令连接服务器可以执行 MySQL 服务器全部的管理指令。

【示例 24.15】使用 MySQL 指令连接 MySQL 数据库服务器。在命令行中输入下面的命令：

```
#连接 MySQL 服务器并打开数据库 newdb
[root@hn ~]# mysql -h localhost -u root -p newdb
```

输出信息如下：

```
Enter password:    #输入密码，密码不回显
......省略部分输出内容......
Type 'help;' or '\h' for help. Type '\c' to clear the buffer.
mysql>             #MySQL 提示符，可以输入 MySQL 的内置管理指令和语句
```

24.13　nfsstat 指令：列出 NFS 的工作状态

【语　　法】nfsstat [选项]　★★★☆☆

【功能介绍】nfsstat 指令用于列出 NFS 客户端和服务器的工作状态。

【选项说明】

选　项	功　能
-s	仅列出NFS服务器端（server-side）的状态
-c	仅列出NFS客户器端（client-side）的状态
-n	仅列出NFS的状态，默认显示NFS客户端和服务器的状态
-2	仅显示NFS版本2的状态
-3	仅显示NFS版本3的状态
-4	仅显示NFS版本4的状态
-m	显示已加载（mount）的NFS文件系统状态
-r	仅显示RPC状态

【经验技巧】当使用 nfsstat 指令的-m 选项时，其他的选项将被忽略。

【示例 24.16】显示 NFS 的状态。

默认情况下，nfsstat 指令显示 NFS 服务器和客户端的状态（包括 NFS 版本 2、版本 3 和版本 4）。在命令行中输入下面的命令：

```
[root@hn mnt]# nfsstat                #显示 NFS 服务器和客户端的状态
```

输出信息如下：

```
Client rpc stats:
calls      retrans    authrefrsh
2654         0            0
......省略部分输出内容......
server_caps  delegreturn
0       0%  0            0%
```

【示例 24.17】使用 nfsstat 指令的-m 选项显示本机当前已经加载的 NFS 文件系统状态。在命令行中输入下面的命令：

```
[root@hn mnt]# nfsstat -m             #显示已加载的文件系统状态
```

输出信息如下：

```
/mnt from 61.163.231.197:/test
 Flags: rw,vers=3,rsize=32768,wsize=32768,hard,proto=tcp,
timeo=600,retrans=2,sec=sys,addr=61.163.231.197
```

24.14　showmount 指令：显示 NFS 服务器的加载信息

【语　　法】 showmount [选项] [参数]　　★★★★☆

【功能介绍】 showmount 指令用于查询 mountd 守护进程，以显示 NFS 服务器的加载信息。

【选项说明】

选　　项	功　　能
-d	仅显示已被NFS客户端加载的目录（directory）
-e	显示NFS服务器上的所有共享目录（export list）

【参数说明】

参　　数	功　　能
NFS服务器	指定NFS服务器的IP地址或者主机名

【经验技巧】 如果希望获得已经被客户端加载的 NFS 共享目录，则可以使用-d 选项。如果希望获得 NFS 服务器的全部共享目录，则使用-e 选项。

【示例 24.18】 使用 showmount 指令的-e 选项显示远程 NFS 服务器上的共享目录。在命令行中输入下面的命令：

```
#显示 NFS 服务器上的共享目录
[root@hn ~]# showmount -e 61.163.231.197
```

输出信息如下：

```
Export list for 61.163.231.197:
/test 61.163.231.200
/home 202.102.240.88,202.102.240.73
```

24.15　smbclient 指令：samba 套件的客户端工具

【语　　法】 smbclient [选项] [参数]　　★★★☆☆

【功能介绍】 smbclient 指令属于 samba 套件，它提供了一种在命令行中使用的交互方式，方便用户访问 samba 服务器的共享资源。

【选项说明】

选　　项	功　　能
--help	显示指令的帮助信息
-I	指定samba服务器的IP地址

续表

选　　项	功　　能
-L	显示samba服务器的共享资源列表（list）
-n	指定客户端使用的NetBIOS名称
-p	指定samba服务器的TCP端口（默认为139端口）
-s	指定samba配置文件的位置
-T	以tar包的方式打包服务器共享的所有文件
-U	指定samba用户名（user name）
-W	指定samba用户的SMB域（workgroup）

【参数说明】

参　　数	功　　能
smb服务器	指定要连接的SMB服务器

【经验技巧】 smbclient 指令的使用方法与 ftp 指令的用法相似，都是使用内置的指令完成在远程服务器和本地目录间传送文件。

【示例 24.19】 上传文件到 samba 服务器，具体步骤如下。

（1）使用 smbclient 指令以交互式的方式在本地主机和 samba 服务器间传输文件。这里将本地文件上传到远程的 samba 访问。使用 smbclient 连接到 samba 服务器上。在命令行中输入下面的命令：

```
#连接远程服务器并指明使用的用户名为 user1
[root@localhost ~]# smbclient -U user1 //61.163.231.200/ user1
```

输出信息如下：

```
Password:                                   #输入用户密码，密码不回显
Domain=[LOCALHOST] OS=[Unix] Server=[Samba 3.0.23c-2]
smb: \>
```

（2）使用 smbclient 指令的内置命令 put 上传文件到 samba 服务器上。在命令行中输入下面的命令：

```
smb: \> put install.log                     #上传文件到 samba 服务器上
```

（3）与 ftp 指令类似，smbclient 指令拥有众多的内置命令，使用 help 可以得到 smbclient 指令的全部内置命令列表和功能说明。在命令行中输入下面的命令：

```
smb: \> help                                #内置命令列表
?          altname   archive   blocksize    cancel
......省略部分输出内容......
Volume     vuid      logon     listconnect  showconnect    !
```

24.16　smbpasswd 指令：修改用户的 SMB 密码

【语　　法】smbpasswd [选项] [参数]　★★★☆☆

【功能介绍】smbpasswd 指令属于 samba 套件，用于添加、删除 samba 用户和为用户修改密码。

【选项说明】

选　项	功　能
-a	向smbpasswd文件中添加（add）用户
-c <配置文件>	指定samba的配置（configuration）文件
-x	从smbpasswd文件中删除用户
-d	在smbpasswd文件中禁用（disable）指定的用户
-e	在smbpasswd文件中激活（enable）指定的用户
-n	将指定用户的密码置空（null）

【参数说明】

参　数	功　能
用户名	指定要修改SMB密码的用户

【经验技巧】

- 因为 samba 用户是基于 Linux 的系统用户的，所以在添加 samba 用户前需要先创建 Linux 的系统用户；否则添加 samba 用户将失败。
- 使用 smbpasswd 指令的-a 选项可以实现创建 samba 用户的功能。

【示例 24.20】使用 smbpasswd 指令的-a 选项添加 samba 用户。在命令行中输入下面的命令。

```
[root@www1 ~]# smbpasswd -a user1          #添加 samba 用户 user1
```

输出信息如下：

```
New SMB password:
Retype new SMB password:
Added user user1.
```

24.17　squidclient 指令：squid 客户端管理工具

【语　　法】squidclient [选项] [参数]　★★★☆☆

【功能介绍】squidclient 指令是 squid 服务器的客户端管理工具，它可以查看 squid 服务器的详细运行信息并且管理 squid 服务器。

【选项说明】

选　项	功　能
-a	不包含Accept:header
-r	强制缓存重新加载（reload）URL
-s	安静（silent）模式，不输出信息到标准输出设备上
-h <主机>	从指定主机（host）获取URL，默认主机为localhost
-l <主机:	指定一个本地（local）IP地址进行绑定
-p	端口号（port number），默认为3128
-m <方法>	指定发送请求的方法（method），默认为GET
-u <用户名>	代理认证用户名（user name）
-w <密码>	代理认证密码（password）
-U <用户名>	WWW认证用户名（user name）
-W <密码>	WWW认证密码

【参数说明】

参　数	功　能
URL	指定操作缓存中的URL

【经验技巧】squidclient 指令是 squid 服务器的客户端管理工具，使用 squidclient 指令前必须先启动 squid 服务器。

【示例 24.21】使用 squidclient 指令对服务器进行全面管理。在命令行中输入下面的命令：

```
[root@hn test]# squidclient mgr:menu     #显示可用的管理指令列表
```

输出信息如下：

```
HTTP/1.0 200 OK
Server: squid/5.7
......省略部分输出内容......
non_peers          List of Unknown sites sending ICP messages
public
```

说明：在上面的输出信息中，左边为管理指令，右边为功能说明。

【相关指令】squid

24.18　squid 指令：代理服务器的守护进程

【语　　法】squid [选项]　　★★★★☆

【功能介绍】squid 指令是高性能的 Web 客户端代理缓存服务器套件 squid 服

务器的守护进程。它支持 FTP、Gopher 和 HTTP 的数据对象。

【选项说明】

选　　项	功　　能
-d <调试等级>	将指定调试（debug）等级的信息发送到标准错误设备上
-f <配置文件>	使用指定的配置文件（file）而不使用默认的配置文件
-k	向squid服务器发送指令。支持的指令如下： reconfigure：重新读取配置文件； rotate：截断squid日志； shutdown：关闭squid服务器； kill：杀死指定的squid进程； debug：调试squid服务器； check：检查squid服务器的运行状况； parse：分析配置文件语法，然后向正在运行的squid服务发送信号
-s	启用syslog日志
-z	创建缓存目录
-C	不捕获（catch）致命信号
-N	以非（no）守护进程模式运行
-X	强制进入完全调试模式

【经验技巧】

- squid 是使用最广泛的代理服务器软件，可以节省网络带宽，提高网站的访问速度。它对服务器硬件的内存要求较高。
- 在运行 squid 服务器前，必须先执行 squid -z 指令，以创建缓存目录。

【示例 24.22】创建交换目录。

squid 为了提高缓存的读写效率使用了多级缓存目录来保存数据，在开始使用 squid 之前必须使用-z 选项创建缓存目录。在命令行中输入下面的命令：

```
[root@hn~]# squid -z                              #创建缓存目录
```

输出信息如下：

```
2023/06/15 21:35:32 kid1| Set Current Directory to /var/
spool/squid
2023/06/15 21:35:32 kid1| Creating missing swap directories
2023/06/15 21:35:32 kid1| No cache_dir stores are configured.
2023/06/15 21:35:32| Removing PID file (/run/squid.pid)
```

【相关指令】squidclient

24.19　习　　题

一、填空题

1．exportfs 指令输出的 NFS 共享目录被保存在__________文件中。

2．mysqladmin 指令可以检查 MySQL 服务器的__________和__________、__________、__________等操作。

3．mysqlshow 指令用来显示 MySQL 服务器中的__________、__________和__________。

二、选择题

1．exportfs 指令的（　　）选项用来输出所有的 NFS 共享文件系统。

A．-a　　B．-o　　C．-i　　D．-r

2．httpd 指令的（　　）选项用来测试配置文件语句错误。

A．-d　　B．-f　　C．-l　　D．-t

3．mysql 指令的（　　）选项用来指定连接的 MySQL 服务器地址。

A．-l　　B．-h　　C．-u　　D．-p

三、判断题

1．当使用 ab 指令测试目的主机时，主机名后需要添加“/”，否则会报错。（　　）

2．使用 smbpasswd 指令创建 samba 用户时，必须先创建 Linux 的系统用户。（　　）

四、操作题

1．使用 httpd 命令查看 Apache 服务器配置文件的语法是否有误。

2．使用 mysql 命令远程连接 MySQL 服务器。

3．使用 smbclient 命令查看 samba 服务器的共享资源。

第 25 章　网络安全管理

随着因特网的发展，网络安全问题越来越受到人们的重视。Linux 作为最流行的网络操作系统，以其自身的安全性得到了广泛的认可。本章将介绍 Linux 的网络安全指令。

25.1　scp 指令：复制远程文件

【语　　法】 scp [选项] [参数]　　★★★★★

【功能介绍】 scp 指令以加密的方式在本地主机和远程主机（或者两台远程主机）之间复制文件。

【选项说明】

选　　项	功　　能
-4	使用IPv4地址
-6	使用IPv6地址
-B	以批处理（batch）模式运行
-C	使用压缩（compression）功能
-F <文件>	指定SSH配置文件（file）
-l <带宽限制>	指定带宽限制（limit），单位为Kbit/s
-o <ssh选项>	指定使用的SSH选项（option）
-P <端口>	指定远程主机的端口号（port number）
-p	保留（preserve）源文件的最后修改时间、最后访问时间和权限模式
-q	使用安静（quiet）模式，不显示复制进度
-r	以递归（recursive）方式复制目录
-V	冗余（verbose）模式，输出更多程序运行信息

【参数说明】

参　　数	功　　能
源文件	指定要复制的源文件。如果是本地文件，则直接输入文件名即可；如果是远程主机上的文件，则格式为user@host:filename。例如，root@192.168.0.1:/root/install.log
目标文件	目标文件，格式为user@host:filename（文件名为目标文件的名称）。例如，root@192.168.0.1:/root/destfile

【经验技巧】scp 指令使用 ssh 对文件传输过程进行加密，用来代替以明文方式传送信息的 rcp 指令。

【示例 25.1】使用 scp 指令将本地主机上的文件复制到远程主机。在命令行中输入下面的命令：

```
[root@hn ~]# scp anaconda-ks.cfg root@202.102.240.88: /root/
demofile                                        #将本地文件复制到远程主机
```

说明：在本例中，将本地文件 anaconda-ks.cfg 复制至远程主机 202.102.240.88 上，并且改名为 demofile。

输出信息如下：

```
#输入远程主机上的 root 用户密码，密码不回显
root@202.102.240.88's password:
anaconda-ks.cfg              100% 4530     4.4KB/s   00:00
```

【示例 25.2】在两台远程主机之间复制文件（即将从远程主机上将文件复制到另一台远程主机）。在命令行中输入下面的命令：

```
[root@hn ~]# scp root@202.102.240.88:/root/install.log root@
61.163.231.200:/root/test                       #在两台远程主机之间复制文件
```

说明：在本例中，将主机 202.102.240.88 上的文件 install.log 复制至主机 61.163.231.200 上，并且重命名为 test。

输出信息如下：

```
#输入源文件所在主机上的 root 用户密码，密码不回显
root@202.102.240.88's password:
#输入目标主机上的 root 用户密码，密码不回显
root@61.163.231.200's password:
install.log                  100% 4530    26.3MB/s   00:00
Connection to 202.102.240.88 closed.
```

【相关指令】rcp

25.2　sftp 指令：加密文件传输

【语　　法】sftp [选项] [参数]　　★★★★★

【功能介绍】sftp 指令是一款交互式的文件传输程序，该指令的运行和使用方式与 ftp 指令相似。但是，sftp 指令对传输的所有信息使用 SSH 进行加密，它还支持公钥认证和压缩等功能。

【选项说明】

选　　项	功　　能
-B <缓冲区大小>	指定传输文件时缓冲区（buffer）的大小
-b <文件>	指定批处理文件，文件中包含以批处理（batch）方式运行的全部指令
-C	使用压缩（compression）功能
-o <ssh选项>	指定SSH选项（option）
-F <文件>	指定SSH配置文件（file）
-R <请求数>	指定一次可以容忍多少请求数（request number）。可以加快文件传输，但是增加内存使用量
-v	升高日志等级，提供更多的冗余（verbose）信息

【参数说明】

参　　数	功　　能
目标主机	指定sftp服务器的IP地址或者主机名

【经验技巧】

- sftp 指令以交互式方式完成文件的传输，其内置了很多内部指令，可以在 sftp 指令的提示符下“sftp>”输入 help，以列出全部指令及其功能说明。
- sftp 指令基于 SSH 进行文件的加密传送，保证了文件传送的安全。

【示例 25.3】使用 sftp 指令传输文件时，必须借助其内置命令。使用 help 指令列出全部内部命令的帮助信息，在命令行中输入下面的命令：

```
[root@hn ~]# sftp 61.163.231.200          #连接至远程 sftp 服务器
```

输出信息如下：

```
#输入 sftp 服务器上 root 用户的密码，密码不回显
root@61.163.231.200's password:
Connecting to 61.163.231.200...
sftp> help                                #使用内置命令 help
Available commands:
bye                           Quit sftp
cd path                       Change remote directory to 'path'
lcd path                      Change local directory to 'path'
......省略部分输出内容......
version                       Show SFTP version
!command                      Execute 'command' in local shell
!                             Escape to local shell
?                             Synonym for help
```

【示例 25.4】使用 sftp 指令上传本地文件到远程 sftp 服务器上，然后从服务器上下载文件保存到本地主机上。在命令行中输入下面的命令：

```
[root@hn ~]# sftp 202.102.240.88          #连接至远程 sftp 服务器
```

输出信息如下：

```
root@202.102.240.88's password:       #输入密码，密码不回显
Connecting to 202.102.240.88...
sftp> lcd /root/test                  #切换本地目录为"/root/test"
sftp> lls                             #浏览当前所在的本地目录
aa  hello  hello.c
sftp> put hello.c                     #上传文件到 sftp 服务器上
Uploading hello.c to /root/hello.c
hello.c                      100%   64     0.1KB/s   00:00
sftp> ls                              #浏览 sftp 服务器的当前目录
gparted-livecd-0.2.5-3.iso
hello.c
install.log
install.log.syslog
ssh-3.2.9.1.tar.gz
sftp> get ssh-3.2.9.1.tar.gz          #从 sftp 服务器上下载文件
Fetching /root/ssh-3.2.9.1.tar.gz to ssh-3.2.9.1.tar.gz
/root/ssh-3.2.9.1.tar.gz       100% 2216KB   2.2MB/s   00:00
sftp> exit                            #退出 sftp 指令
```

【相关指令】ftp

25.3　ssh 指令：安全连接客户端

【语　　法】ssh [选项] [参数]　★★★★★

【功能介绍】ssh 指令是 openssh 套件中的客户端连接工具，可以通过 SSH 加密协议安全地远程登录服务器，实现对服务器的远程管理。

【选项说明】

选　项	功　能
-4	强制使用IPv4地址
-6	强制使用IPv6地址
-A	开启认证代理（agent）连接转发功能
-a	关闭认证代理（agent）连接转发功能
-b <IP地址>	使用本机的绑定（bind）地址作为连接的源IP地址
-C	请求压缩（compress）所有数据
-F <配置文件>	指定ssh指令的配置文件（file）。默认的配置文件为/etc/ssh/ssh_config
-f	后台执行ssh指令
-g	允许远程主机连接本机的转发端口
-i <身份文件>	指定身份认证（identity）文件（即私钥文件）。默认的文件为~/.ssh/id_rsa、~/.ssh/id_dsa、~/.ssh/id_ecdsa、~/.ssh/id_ecdsa_sk、~/.ssh/id_ed25519和~/.ssh/id_ed25519_sk
-l <登录名>	指定连接远程服务器的登录（login）用户名

续表

选　项	功　能
-N	不（do not）执行远程指令。对于SSH端口转发有用
-o <选项>	指定配置选项（option）
-p <端口>	指定远程服务器上的端口（port）
-q	静默（quiet）模式。所有的警告和诊断信息被禁止输出
-X	开启X11转发功能
-x	关闭X11转发功能
-y	开启信任X11转发功能

【参数说明】

参　数	功　能
远程主机	指定要连接的远程SSH服务器
指令	要在远程SSH服务器上执行的指令

【经验技巧】 ssh 指令支持 SSH 协议的版本 1 和版本 2，默认情况下使用协议版本 2。由于存在安全问题，不推荐使用协议版本 1。

【示例 25.5】 登录远程 SSH 服务器，具体步骤如下。

（1）使用 ssh 指令可以轻松地连接到远程 SSH 服务器执行管理操作。在命令行中输入下面的命令：

```
[root@hn ~]# ssh 202.102.240.88                #登录远程服务器
```

输出信息如下：

```
The authenticity of host '202.102.240.88 (202.102.240. 88)' can't
be established.
ED25519 key fingerprint is SHA256:Pxx+3zhfmqYunG6XQPZfOQYTzGvU
fEjEIMGLxsPDGZE.
This key is not known by any other names

Are you sure you want to continue connecting (yes/no/fingerprint)?
yes                                          #输入 yes 继续连接
Warning: Permanently added '202.102.240.88' (ED25519) to the list
of known hosts.
root@202.102.240.88's password:              #输入密码，密码不回显
Activate the web console with: systemctl enable --now
cockpit.socket
Register this system with Red Hat Insights: insights-client
--register
Create an account or view all your systems at https://red.ht/
insights-dashboard
Last login: Fri Jun  9 11:44:53 2023
[root@luntan root]#                          #远程服务器的命令提示符
```

说明： 当出现远程服务器的命令提示符时，即可管理远程服务器了。本例没有在命令行中指定连接远程服务器使用的用户名，则 SSH 自动使用当前登录的用户名连接远程服务器。

（2）如果不希望使用当前登录用户连接远程 SSH 服务器，可以使用 ssh 指令的-l 选项指定用户名。在命令行中输入下面的命令：

```
#用 test 用户名连接远程服务器
[root@hn ~]# ssh -l test 202.102.240.88
```

输出信息如下：

```
#输入 test 用户在服务器上的密码，密码不回显
test@202.102.240.88's password:
Activate the web console with: systemctl enable --now
cockpit.socket
Register this system with Red Hat Insights: insights-client
--register
Create an account or view all your systems at https://red.ht/
insights-dashboard
Last login: Wed Jun 14 11:11:00 2023
[root@luntan test]$                          #远程服务器的命令提示符
```

说明： 本例中的指令与指令 ssh test@202.102.240.88 等效。

【示例 25.6】 在远程服务器上执行指令。

ssh 指令可以不登录远程服务器，直接在远程服务器上执行指令。例如，查看远程服务器上的分区情况。在命令行中输入下面的命令：

```
#在远程服务器上执行指令，查看其分区列表
[root@hn ~]# ssh 202.102.240.88 /sbin/fdisk -l
```

输出信息如下：

```
#输入服务器上 root 用户的密码，密码不回显
root@202.102.240.88's password:
Disk /dev/sda: 36.7 GB, 36703305728 bytes
255 heads, 63 sectors/track, 4462 cylinders
Units = cylinders of 16065 * 512 = 8225280 bytes
   Device Boot     Start     End    Blocks      Id   System
/dev/sda1   *      1         1275   10241406    83   Linux
/dev/sda2          1276      1402   1020127+    82   Linux swap
/dev/sda3          1403      4462   24579450    83   Linux
```

说明： 由以上输出信息可以发现，使用这种方式可简化服务器的管理操作。

【相关指令】 sshd

25.4　sshd 指令：openssh 服务器守护进程

【语　　法】sshd [选项]　★★★★★

【功能介绍】sshd 指令是 openssh 软件套件中的服务器守护进程。

【选项说明】

选　　项	功　　能
-4	强制使用IPv4地址
-6	强制使用IPv6地址
-D	以非后台守护进程（daemon）的方式运行服务器
-d	调试（debug）模式
-e	将错误（error）发送给标准错误设备，而不是将其发送给系统日志
-f <配置文件>	指定服务器的配置文件（file）
-g <登录过期时间>	指定客户端登录时的有效（effective）时间（默认时间为120s），如果在此期限内用户没有正确认证，则服务器断开此客户端的连接
-h <主机key文件>	指定读取主机（host）key文件
-i	sshd以inetd方式运行
-o <选项>	指定sshd的配置选项（option）
-p <端口>	指定使用的端口号（port number）
-q	静默（quiet）模式，没有任何信息写入系统日志
-t	测试（test）模式

【经验技巧】

- SSH 是 Secure Shell 的简称，是因特网上应用非常广泛的加密协议。SSH 协议有两个版本，即版本 1 和版本 2。版本 1 已经被淘汰，目前使用的协议为版本 2。openssh 是 SSH 协议的开放源代码实现，是所有 Linux 和类 UNIX 操作系统的标配组件，它支持 SSH 协议版本 1 和版本 2。
- openssh 套件在不安全的网络中为两台未信任的主机之间建立加密的数据通信，是 rlogin、rsh 等明文传输数据的通信工具的替代品。sshd 指令是 openssh 套件中的核心程序，其他指令如 sftp-server、slogin 和 scp 等都是基于 sshd 指令的。

【示例 25.7】以调试模式运行 ssh 服务器。

通常，Linux 发行版都把 sshd 指令作为 Linux 系统服务自动运行，如果希望获得更多的运行信息，可以使用-d 选项以调试模式启动 sshd 指令。在命令行中输入下面的命令：

```
[root@hn ~]# /usr/sbin/sshd -d              #以调试模式运行 sshd
```

输出信息如下：

```
debug1: sshd version OpenSSH_8.7, OpenSSL 3.0.1 14 Dec 2021
debug1: private host key #0: ssh-rsa SHA256:4wpZvYuvCIVN7h5cvb
3vayNWvWpw5kDhrfn3Jl9Hseg
......省略部分输出内容......
debug1: Bind to port 22 on 0.0.0.0.
Bind to port 22 on 0.0.0.0 failed: Address already in use.
```

说明： 上面的输出信息是 sshd 服务器启动时的调试信息。如果有客户端连接到服务器上，则在服务器的终端会输出其登录的调试信息。

【相关指令】 ssh

25.5　ssh-keygen 指令：生成、管理和转换认证密钥

【语　　法】 ssh-keygen [选项]　　★★☆☆☆

【功能介绍】 ssh-keygen 指令用于为 SSH 生成、管理和转换认证密钥，它支持 RSA 和 DSA 两种认证密钥。

【选项说明】

选　项	功　能
-b <位数>	指定密钥长度，单位为比特（bit）位。RSA要求密钥最小为1024位，默认为3072位。DSA密钥为1024位
-C <注释>	添加注释（comment）
-e	读取openssh的私钥或者公钥文件，并以“RFC4716”SSH公钥文件格式显示在标准输出上
-f <文件名>	指定用来保存密钥的文件名（file name）
-i	读取未加密的SSH-v2兼容的私钥/公钥文件，然后在标准输出设备上显示OpenSSH兼容的私钥/公钥
-l	显示公钥文件的指纹数据。对于RSA和DSA密钥，将会寻找对应的公钥文件，然后显示其指纹数据
-N <新密语>	提供一个新（new）密语
-P <密语>	提供（旧）密语（passphrase）
-q	静默（quiet）模式
-t <密钥类型>	指定要创建的密钥类型（type），可选值为dsa、ecdsa、ecdsa-sk、ed25519、ed25519-sk或rsa

【经验技巧】 openssh 支持公钥/私钥认证方式，使用 ssh-keygen 指令可以

生成认证时使用的公钥/私钥对。

【示例 25.8】使用 ssh-keygen 指令生成 RSA 认证密钥对。在命令行中输入下面的命令：

```
[root@hn ~]# ssh-keygen -t rsa                    #生成 RSA 认证密钥对
```

输出信息如下：

```
Generating public/private rsa key pair.
#按 Enter 键使用默认文件
Enter file in which to save the key (/root/.ssh/id_rsa):
Enter passphrase (empty for no passphrase): #按 Enter 键，密语为空
Enter same passphrase again:                #按 Enter 键，确认密语
Your identification has been saved in /root/.ssh/id_rsa.
Your public key has been saved in /root/.ssh/id_rsa.pub.
The key fingerprint is:
SHA256:HhAvxT4pp0XxCXw27LLKXUzEKAJYnm2KhQdbGCPUydU
root@localhost
The key's randomart image is:
+---[RSA 3072]----+
|***.o.oo+=       |
|+B *. .E=oB.     |
|o = o.o+.*o.     |
| + o  .oB o      |
|. .    =S*       |
|      ....o      |
|     . o..       |
|      o .        |
|                 |
+----[SHA256]-----+
```

说明：指令执行成功后，RSA 认证的公钥保存在文件/root/.ssh/id_rsa.pub 中，私钥保存在文件/root/.ssh/id_rsa 中。

【示例 25.9】使用 ssh-keygen 指令的-l 选项显示公钥文件的指纹数据。在命令行中输入下面的命令：

```
[root@hn ~]# ssh-keygen -l                    #显示公钥文件的指纹数据
```

输出信息如下：

```
Enter file in which the key is (/root/.ssh/id_rsa):
3072 SHA256:HhAvxT4pp0XxCXw27LLKXUzEKAJYnm2KhQdbGCPUydU root@hn
(RSA)
```

【相关指令】ssh-keyscan

25.6　ssh-keyscan 指令：收集主机的 SSH 公钥

【语　　法】ssh-keyscan [选项] [参数]　　★★☆☆☆

【功能介绍】ssh-keyscan 指令是一个收集大量主机公钥的实用工具，它的目的是创建和验证 ssh_known_hosts 文件。

【选项说明】

选　项	功　能
-4	强制使用IPv4地址
-6	强制使用IPv6地址
-f <文件名>	从指定文件（file）中读取"地址列表/名字列表"对
-p <端口>	指定连接远程主机的端口（port）
-T <超时时间>	指定连接尝试的超时时间（timeout）
-t <密钥类型>	指定要获取的密钥类型（type），可选值为dsa、ecdsa、ed25519或rsa。当指定多个值时使用逗号分隔。默认获取rsa、ecdsa和ed25519密钥。
-v	冗余（verbose）模式，显示调试信息

【参数说明】

参　数	功　能
主机列表	指定要收集公钥的主机列表

【经验技巧】ssh-keyscan 指令支持 SSH 和 SSH2 版本，而且默认会同时获取两种协议的公钥。

【示例 25.10】使用 ssh-keyscan 指令收集指定主机的 SSH 公钥。在命令行中输入下面的命令：

```
#收集主机 SSH 公钥并输出调试信息
[root@hn ~]# ssh-keyscan -v 202.102.240.65
```

输出信息如下：

```
debug1: compat_banner: match: OpenSSH_8.7 pat OpenSSH* compat
0x04000000
# 202.102.240.65 SSH-2.0-OpenSSH_8.7
......省略部分输出信息......
```

【相关指令】ssh-keygen

25.7　sftp-server 指令：安全的 SFTP 服务器

【语　　法】sftp-server　★★★☆☆

【功能介绍】sftp-server 指令是一个 SFTP 的服务器端程序，它使用加密的方式进行文件传输。

【经验技巧】sftp-server 服务器是 openSSH 服务器的子系统，通常不直接在命令行中调用。要想使用 sftp-server，必须在 sshd 的配置文件（通常的位置为/etc/ssh/sshd_config）中添加类似 Subsystem sftp /usr/libexec/openssh/sftp-server 的内容，并且保证 sshd 服务器已经启动。

【示例 25.11】配置 SSH 服务器的 SFTP 子系统。

SFTP 服务器通常作为 SSH 服务器的子系统。通过配置 sshd 服务器的配置文件/etc/ssh/sshd_config 可以启动 SFTP 服务器。打开配置文件/etc/ssh/sshd_config，添加内容 Subsystem sftp /usr/libexec/openssh/ sftp-server。在命令行中输入下面的命令：

```
[root@hn ~]# echo "Subsystem     sftp    /usr/libexec/
openssh/sftp-server" >>
/etc/ssh/sshd_config                          #激活 sshd 的 SFTP 子系统
```

说明：上面的指令需要在一行中输入。重新启动 SSH 服务后，即可使用 sftp 指令连接 SFTP 服务器进行加密文件的传输。

【相关指令】sftp

25.8　nmap 指令：网络探测工具和安全端口扫描器

【语　　法】nmap [选项] [参数]　　★★★☆☆

【功能介绍】nmap 指令是一款开放源代码的网络探测和安全审核工具，用于快速地扫描大型网络。nmap 可以发现网络上有哪些主机，主机提供什么服务（应用程序名称和版本号），探测操作系统类型及版本信息。

【选项说明】

选　项	功　能
-O	激活操作（operate）系统探测
-P0	只进行扫描，不Ping主机
-sV	探测（scan）服务版本（version）信息
-sP	Ping扫描（scan），仅判断目标主机是否存活
-PS	发送同步（SYN）报文
-PU	发送UDP Ping
-PE	强制执行直接的ICMP Ping
-PB	默认选项，可以使用ICMP Ping和TCP Ping
-6	使用IPv6地址
-v	冗余（verbose）模式，显示更详细的信息

续表

选　　项	功　　能
-d	增加调试（debug）信息的输出
-oN	将标准输出（output）写入指定文件
-oX	以XML格式向指定文件输出信息
-A	使用所有（all）高级扫描选项
--resume	继续上次未执行完的扫描
-p <端口>	指定要扫描的端口（port），可以是一个单独的端口，也可以是用逗号隔开的多个端口，还可以使用“-”表示端口范围
-e	在多网络接口Linux系统中，指定扫描使用的网络接口
-g	将指定的端口作为源端口进行扫描
--ttl	指定发送扫描报文的生存期
--packet-trace	显示扫描过程中收发报文统计
--scanflags	设置在扫描（scan）报文中的TCP标志（flag）。TCP标志可以是整数形式和字符串形式

【参数说明】

参　　数	功　　能
IP地址	指定待扫描主机的IP地址

【经验技巧】 nmap 指令通常用于进行系统的安全评估，系统管理员和网络管理员还可以通过该指令查看整个网络的信息、管理服务升级计划、监视主机和服务的运行等。

【示例 25.12】 使用 nmap 指令扫描目标主机开放的端口并探测目标主机的操作系统。在命令行中输入下面的命令：

```
#扫描目标主机开放的端口，探测 OS 类型
[root@hn ~]# nmap -O 61.163.231.205
```

输出信息如下：

```
Starting Nmap 7.91 ( https://nmap.org ) at 2023-06-15 16:08 CST
......省略部分输出信息......
PORT     STATE SERVICE
80/tcp   open  http
......省略部分输出信息......
OS details: Microsoft Windows 2003 Server Standart Edition SP1,
Microsoft Windows 2003 Server, 2003 Server SP1 or XP Pro SP2
Nmap done: 1 IP address (1 host up) scanned in 3.784 seconds
```

说明：上面的输出信息中包括目标主机开放的端口和探测出的操作系统类型。

【示例 25.13】探测目标主机的服务和操作系统版本。

上例仅列出了目标主机的端口和操作系统版本，使用 nmap 指令的-sV 选项还可以探测出端口对应的服务及其版本信息。在命令行中输入下面的命令：

```
[root@hn ~]# nmap -O -sV 61.163.231.205 #扫描目标主机的服务版本号
```

输出信息如下：

```
Starting Nmap 7.91 ( https://nmap.org ) at 2023-06-15 16:08 CST
......省略部分输出内容......
PORT     STATE SERVICE       VERSION
80/tcp   open  http       Apache httpd 2.2.8 ((Win32) PHP/ 5.2.6)
......省略部分输出内容......
Service Info: OS: Windows
Nmap done: 1 IP address (1 host up) scanned in 117.368 seconds
```

说明：上面的输出信息中不但包含端口号，而且还包括服务的版本号。在网络安全性要求较高的主机上最好屏蔽服务版本号，以防止黑客利用特定版本的服务的漏洞进行攻击。

【示例 25.14】扫描目标主机的指定端口。

默认情况下 nmap 指令基于 nmap-services 数据库进行扫描，当目标主机上的端口是非知名端口或者不希望仅扫描特定的端口时，使用-p 选项手工指定要扫描的端口。在命令行中输入下面的命令：

```
#扫描目标主机的指定端口，探测服务版本
[root@hn ~]# nmap -p 8080 -sV 59.69.132.88
```

输出信息如下：

```
Starting Nmap 7.91 ( https://nmap.org ) at 2023-06-15 16:11 CST
Nmap scan report for 59.69.132.88:
Host is up (0.00055s latency).
PORT     STATE SERVICE VERSION
8080/tcp open  http    Apache Tomcat/Coyote JSP engine 1.1
Service detection performed. Please report any incorrect results
at https://nmap.org/submit/ .
Nmap done: 1 IP address (1 host up) scanned in 19.434 seconds
```

【示例 25.15】扫描目标网络的主机列表。

使用 nmap 指令的-sP 选项可以发现目标网络中存活的主机列表，不需要进行更深层次的扫描。在命令行中输入下面的命令：

```
[root@hn ~]# nmap -sP 202.102.240.64/27      #扫描目标网络主机列表
```

说明：本例中通过可变长子网掩码的方式指定扫描 202.102.240.64 网络。

输出信息如下：

```
Starting Nmap 7.91 ( https://nmap.org ) at 2023-06-15 16:14 CST
Nmap scan report for 202.102.240.64
```

```
......省略部分输出内容......
Host is up (0.00071s latency).
Nmap done: 32 IP addresses (24 hosts up) scanned in 8.498 seconds
```

说明： 上面的输出信息中仅包含使用-sP 选项探测出的存活主机列表（包括 IP 对应的域名）。

25.9　习　　题

一、填空题

1．scp 指令以________的方式在本地主机和远程主机之间复制文件。

2．stftp 指令对传输的所有信息使用_______进行加密，它还支持_______和________等功能。

3．SSH 是________的简称，是因特网上应用非常广泛的________协议。

二、选择题

1．使用 ssh 指令远程连接服务器时，使用（　　）选项指定登录用户名。

A．-a　　B．-b　　C．-g　　D．-l

2．ssh-keygen 指令生成的密钥默认长度为（　　）。

A．1024　　B．2048　　C．3072　　D．768

3．nmap 指令的（　　）选项用来探测目标主机的操作系统类型。

A．-A　　B．-O　　C．-V　　D．-p

三、操作题

1．使用 scp 指令从服务器上将文件复制到本地主机上。

2．使用 nmap 指令扫描域名 www.baidu.com 开放的端口。

附录　Linux 指令索引

A

B

C

D

E

F

G

H

I

J

K

L

M

N

O

P

Q

R

S

T

U

V

W

X

Y

Z